安徽省高等学校“十二五”省级规划教材
高职机械类精品教材

工艺装备
计算机辅助设计与制造

GONGYI ZHUANGBEI
JISUANJI FUZHU SHEJI YU ZHIZAO

主　编　徐春林
副主编　李钦生　方慧敏
　　　　袁帮谊

中国科学技术大学出版社

内 容 简 介

本书以工作实际应用的机床夹具和检具为载体，按照项目教学的要求，培养读者使用三维CAD/CAM系统进行工艺装备计算机辅助设计与制造的能力，可作为高职高专机械设计与制造、数控技术应用、机械制造及自动化等专业“工艺装备计算机辅助设计与制造”、“机械 CAD/CAM”等课程的教材，也可作为企业从事工艺装备设计与制造人员的培训用书，还可作为企业技术人员从事机床夹具、检具设计与制造的参考书。

图书在版编目(CIP)数据

工艺装备计算机辅助设计与制造/徐春林主编. 一合肥：中国科学技术大学出版社，2016.8
ISBN 978-7-312-03974-4

Ⅰ. 工… Ⅱ. 徐… Ⅲ. ① 工艺装备—计算机辅助设计 ② 工艺装备—计算机辅助制造
Ⅳ. TH16-39

中国版本图书馆 CIP 数据核字(2016)第 116091 号

出版 中国科学技术大学出版社
安徽省合肥市金寨路 96 号，230026
http://press.ustc.edu.cn
印刷 安徽省瑞隆印务有限公司
发行 中国科学技术大学出版社
经销 全国新华书店
开本 787 mm×1092 mm 1/16
印张 22
字数 577 千
版次 2016 年 8 月第 1 版
印次 2016 年 8 月第 1 次印刷
定价 44.00 元

前　　言

项目课程是以工作任务为中心选择、组织课程内容，并以完成工作任务为主要学习方式的课程模式，已成为当前高等职业教育课程改革的发展方向。由于项目课程不同于传统的学科课程结构框架，因此课程教材的定位也需要从传统的知识呈现转变为学生学习的指导和完成工作任务的工具。本书以工作实际应用的机床夹具和检具为载体，按照项目教学的要求，培养读者使用三维 CAD/CAM 系统进行工艺装备计算机辅助设计与制造的能力，可作为高职高专机械设计与制造、数控技术应用、机械制造及自动化等专业“工艺装备计算机辅助设计与制造”、“机械 CAD/CAM”等课程的教材，也可作为企业从事工艺装备设计与制造人员的培训用书，还可作为企业技术人员从事机床夹具、检具设计与制造的参考用书。

当前，机械制造类企业针对机床夹具、检具等工艺装备的单件(或小批量)生产、生产周期短等特点，广泛使用三维 CAD/CAM 系统进行工艺装备的辅助设计与制造，以提高设计与制造的精度，达到产品对市场的快速响应。因此，三维 CAD/CAM 的应用能力是机械设计与制造专业人才应该具备的重要职业能力。本书的前身《工艺装备三维设计与制造》在教学中取得了较好的使用效果，在此基础上，根据 CAD/CAM 技术发展和工艺装备发展要求，本书结合企业技术标准，增加了检具设计内容。本书保持了《工艺装备三维设计与制造》贯彻的“教师教中做、学生做中学”的职业教育理念，坚持以实际工作任务为导向的编写特色，并对使用过程中师生发现的谬误进行了修订。本书有以下特点：

(1) 围绕使用 Siemens NX 8.0 进行真实工艺装备辅助设计与制造能力的培养，组织与安排内容，摒弃了以往同类教材重视软件命令全面介绍、忽视专业技能培养的问题。本书强调专业知识、专业技能、职业素养的有机结合，淡化 CAD/CAM 理论知识介绍，以够用为度，加强使用 Siemens NX 8.0 进行具体工艺装备零部件设计与制造的应用技能和职业素养的培养。

(2) 针对当前尚没有专门介绍有关汽车检具设计教材的现状，结合奇瑞汽车股份有限公司等企业技术标准，介绍了汽车检具三维建模的方法和工作流程。

(3) 系统设计内容，全书安排六个项目：项目一培养学生安装与配置 Siemens NX 8.0 软件的能力；项目二培养学生使用 Siemens NX 8.0 软件进行机床夹具零部件设计的能力；项目三培养学生使用 Siemens NX 8.0 软件进行机床夹具虚拟装配的能力；项目四培养学生使用 Siemens NX 8.0 软件绘制机床夹具零部件工程图的能力；项目五培养学生使用 Siemens NX 8.0 软件进行检具设计的能力；项目六培养学生使用 Siemens NX 8.0 软件完成夹具和检具零部件辅助编程的能力。每个任务的内容安排上采用“任务介绍、相关知识、分析与计划、任务实施、任务总结、任务拓展”的结构进行，为教学过程中教师指导、学生实际操作相结合的理实一体教学提供指南，并在任务拓展模块中兼顾了学生学习迁移能力的培养。项目中的任务在难度安排上由易到难，项目之间的内容相互关联，六个项目覆盖了工艺装备计算机辅助设计与制造的完整工作过程。

本书由安徽机电职业技术学院徐春林担任主编，安徽机电职业技术学院李钦生、方慧敏、袁帮谊担任副主编，其中徐春林编写了绪论、项目一、项目三、项目四、项目五，方慧敏编写了项目二中的任务一至任务五，袁帮谊编写了项目二中的任务六、任务七，李钦生编写了项目六。

安徽机电职业技术学院机械设计与制造专业建设项目组全体教师对本书的编写给予了大力支持，芜湖瑞景模具有限公司程华在本书的编写方案设计与内容组织上提供了宝贵意见，在此一并表示感谢。

由于项目课程的教材编写仍处于探索之中，加之时间仓促和作者水平有限，书中疏漏之处在所难免，恳请广大读者批评指正。

编　者

2016 年 3 月

目　　录

绪　论

1. 课程性质和任务

工艺装备计算机辅助设计与制造是计算机辅助设计(Computer Aided Design,CAD)和计算机辅助制造(Computer Aided Manufacturing,CAM)技术在工艺装备(简称工装)设计与生产中的具体应用,是指工程技术人员以计算机为工具完成工艺装备设计,达到提高工艺装备设计效率和质量、缩短产品开发周期、降低产品成本这一过程的各项工作,包括设计、工程分析、仿真、绘图、计算机辅助数控加工编程等。

工艺装备的设计和制造是生产技术准备工作中工作量最大、周期最长的阶段。在中小批量生产中,专用工装的设计和制造工作占到工艺准备工作量的50%,大批量生产中甚至占到80%以上,而且工艺装备的费用平均占产品成本的10%～15%甚至更高。因此,应用机械CAD/CAM技术提高工艺装备设计、制造的质量和效率,对于保证产品质量、缩短研制周期意义重大。

本课程培养学习者运用CAD/CAM软件完成专用工艺装备设计与制造工作任务的专业能力,为"工艺装备设计"、"机床夹具设计"等课程学习做好准备,并可以将CAD/CAM软件应用到产品设计与制造等相关工作中去。鉴于CAD/CAM技术在模具类工艺装备上已经形成专门的应用系统,因此本书中对此方面内容不做介绍。本书介绍的内容集中在机床夹具、冲压检具、焊接夹具方面。

2. 工艺装备计算机辅助设计与制造发展概况

目前,机械CAD/CAM技术在机床夹具、焊接夹具、装配夹具、冲压检具的设计、测量、装配和制造中得到了广泛应用,工艺装备计算机辅助设计与制造也随CAD/CAM技术和工艺装备发展而不断进步,主要表现在以下方面:

(1) 使用商用CAD/CAM系统

CAD/CAM技术经历了从二维交互式绘图系统到三维建模系统的发展历程。随着CAD/CAM技术的发展,出现了不少成熟的商用CAD/CAM系统,主要有法国达索公司的CATIA和SolidWorks、西门子公司的NX、美国参数技术公司的Creo、北京数码大方科技股份有限公司的CAXA。目前在企业中广泛使用上述的CAD/CAM系统进行工艺装备设计的三维建模、虚拟装配和工程图绘制等。这些软件系统经过多年的发展,技术上已经趋于成熟,主要具有以下两个特征:

① 以建模技术为核心,商用CAD/CAM系统提供了产品的外形设计、机械设计、设备与系统工程、管理数字样机、机械加工、分析和模拟等。这些系统在建模对象上包括实体建模和曲面建模;在建模方法上可以实现基于特征的变量和参数化混合建模,也可以实现不依赖历史记录的非参数建模和同步建模。各个模块之间具有关联性,可以共享产品的几何模型数据。例如,工艺装备的结构设计可以在产品几何模型上进行,保证了工艺装备结构适应产品制造的需要。

② 系统集成化发展趋势。随着制造业信息化(Manufacture Information Engineering, MIE)的发展,将信息技术、自动化技术、现代管理技术与制造技术相结合,可以改善制造企业的经营、管理、产品开发和生产等各个环节,提高生产效率、产品质量和企业的创新能力,降低消耗,带动产品设计方法和设计工具的创新、企业管理模式的创新、制造技术的创新以及企业间协作关系的创新,从而实现产品设计制造和企业管理的信息化、生产过程控制的智能化、制造装备的数控化以及咨询服务的网络化。制造业信息化主要包括设计制造数字化、经营管理信息化等内容,设计制造数字化技术中包括了 CAD、CAE、CAM、PDM、PLM 等。

(2) 设计开发专用的工艺装备计算机辅助设计与制造系统

开发专用的工艺装备计算机辅助设计与制造系统可以实现冲压模具、塑料模具、机床夹具、焊装夹具的设计过程在 CAD/CAM 环境下进行,例如工艺装备的结构方案规划、强度校核。开发专用的工艺装备计算机辅助设计与制造系统的方法主要有两种:一种是在商用的 CAD/CAM 系统上进行二次开发,例如西门子公司的塑料模设计模块,可以实现型腔的布局、分型面设计、模架和标准件的参数化建模等功能;另一种是利用 ACIS、Parasolid 等成熟的 CAD 图形内核,使用 C++等编程语言开发专用的工艺装备设计与制造系统。

3. 内容安排

本课程主要面向工艺装备领域中的机床夹具和冲压件检具,围绕使用 Siemens NX 8.0 完成机床夹具和冲压件检具的建模、虚拟装配和工程图纸等工作任务,进行内容方面的组织。本书具体内容安排如下:

项目一主要介绍 Siemens NX 8.0 软件的安装与配置。

项目二主要介绍机床夹具零件的实体建模。

项目三主要介绍机床夹具的虚拟装配。

项目四主要介绍机床夹具的工程图绘制。

项目五主要介绍检具的实体建模。

项目六主要介绍夹具和检具零部件数控加工的辅助编程。

项目一

Siemens NX 8.0 软件的安装与运行

项目描述

本项目是根据 Siemens NX 8.0 软件的安装要求，完成 Siemens NX 8.0 软件的安装，为工艺装备的三维建模、虚拟装配等工作提供操作平台。

学习目标

本项目学习目标如表 1-1-1 所示。

表 1-1-1

序号	类别	目标
一	专业知识	(1) 了解 Siemens NX 8.0 软件在 Windows XP 系统上安装的软硬件要求； (2) 掌握 Siemens NX 8.0 软件的基本功能； (3) 了解 Siemens NX 8.0 软件的安装步骤； (4) 了解 Siemens NX 8.0 软件的功能模块。
二	专业技能	(1) 能够完成 Siemens NX 8.0 软件的安装； (2) 会根据安装要求对 Siemens NX 8.0 软件参数进行配置。
三	职业素养	(1) 培养沟通能力及团队协作精神； (2) 培养通过网络等工具主动获取和处理信息的能力； (3) 培养发现问题、分析问题、解决问题的能力。

工作任务

本项目的工作任务是根据 Siemens NX 8.0 软件的安装要求，在 Windows XP 系统上安装 Siemens NX 8.0 软件，并对许可证进行参数配置。具体工作内容和工作要求如表 1-1-2 所示。

表 1-1-2

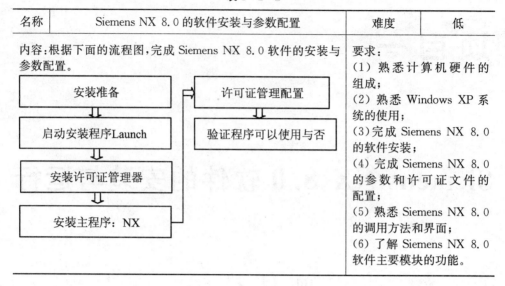

名称	Siemens NX 8.0的软件安装与参数配置	难度	低
内容：根据下面的流程图，完成 Siemens NX 8.0 软件的安装与参数配置。 安装准备 ⇩ 启动安装程序Launch ⇩ 安装许可证管理器 ⇩ 安装主程序：NX ⇨ 许可证管理配置 ⇩ 验证程序可以使用与否		要求： (1) 熟悉计算机硬件的组成； (2) 熟悉 Windows XP 系统的使用； (3) 完成 Siemens NX 8.0 的软件安装； (4) 完成 Siemens NX 8.0 的参数和许可证文件的配置； (5) 熟悉 Siemens NX 8.0 的调用方法和界面； (6) 了解 Siemens NX 8.0 软件主要模块的功能。	

任务　Siemens NX 8.0 软件的安装与参数配置

学习视频 1-1

任务介绍

Siemens NX 8.0 软件的安装是根据安装程序的提示，将 Siemens NX 8.0 软件安装到指定的目录上，并在安装过程中正确选择安装参数。Siemens NX 8.0 采取许可证管理工具对软件的使用许可权限进行管理，所以在安装 Siemens NX 8.0 软件的时候，需要先安装软件的许可管理工具软件 LMTOOLS，然后安装软件的主程序 NX。安装完成后，可以根据需要对软件的基本参数进行配置。

相关知识

一、运行 Siemens NX 8.0 的计算机硬件平台简介

Siemens NX 8.0 可以在个人计算机和各种图形工作站上运行，可以从该公司官方网站上或软件的安装手册中查到运行 Siemens NX 8.0 对硬件系统的要求，具体如下：

(1) 处理器。可以采用目前主流的处理器，处理器速度越快，运行 Siemens NX 8.0 性能越好，但是硬盘驱动器的类型、读取速度以及内存等的读取速度也会影响软件的运行效率。

(2) 内存。采用目前主流的内存，推荐内存大小至少 2 GB。

(3) 显卡。最好使用经 NX 认证的显卡，显存最好 256 MB 以上。例如 nVidia Quadro FX 系列专业显卡。不推荐使用低端显卡、普通显卡和游戏显卡，因为这些图形设备专为 DirectX 市场开发，不能很好地支持 OpenGL。从该软件的官方网站上可查阅到显卡的认证情况。

(4) 硬盘。硬盘上要有 7.4 GB 的安装空间。

二、运行 Siemens NX 8.0 的计算机软件平台简介

Siemens NX 8.0 可运行于 Linux、Microsoft Windows、Mac OS X 操作系统，鉴于 PC 机上使用 Windows 操作系统比较多，建议使用 Windows 系统。

微软公司的 Windows 系列从 20 年前流行的 Windows 95 到现在已推出了众多版本，目前常见的版本主要有：Windows XP、Windows 7、Windows 8，并且 Windows 分为 32 位和 64 位两种类型，在安装 Siemens NX 8.0 时，需要选择对应的类型。

三、许可证管理器简介

Siemens NX 8.0 采用许可证的方式对软件的使用许可权限进行管理。其实很多类似的软件都是采用这种方式进行管理的。这对于软件的版权保护起到了一定的作用。用户必须从正版软件销售商那里得到合法可用的许可证文件，才能被许可证管理程序支持，否则无法运行 Siemens NX 8.0 程序。

在这类软件中，附带了一个许可证管理软件，需要在安装主程序之前先安装此软件，而且需要有合法的许可证文件，并且使用端口 28000 与服务器通信。

任务分析与计划

一、Siemens NX 8.0 软件的安装

1. 安装 Siemens NX 8.0 许可证管理器

将合法获取的 Siemens NX 8.0 许可证文件复制到硬盘，用记事本打开该文件，修改第一行的“this_host ”为所需要安装 Siemens NX 8.0 的计算机名称。

2. 安装 Siemens NX 8.0 软件

Siemens NX 8.0 软件的安装，需要在几个关键地方进行合理的配置，如软件语言的选择、许可证文件的选择以及安装路径的选择等。

其他的附属模块属于选择安装项目，如 MOLDWIZARD、NASTRAN 等，需要额外的使用权限。

整个软件安装程序如图 1-2-1 所示。

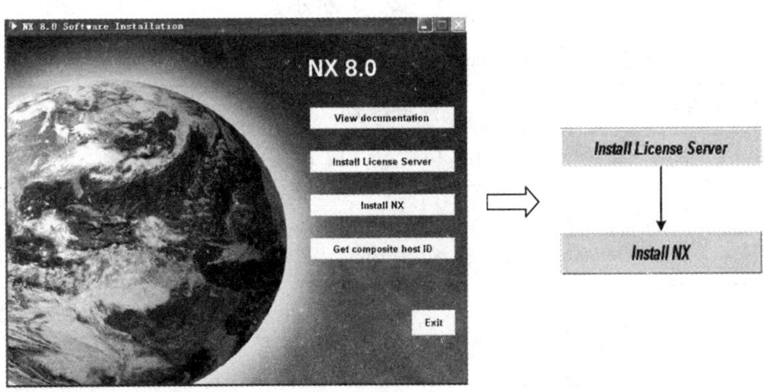

图 1-2-1　Siemens NX 8.0 安装程序

二、Siemens NX 8.0 的参数配置

1. LMTOOLS 参数配置

Siemens NX 8.0 安装后，在使用之前，可对 LMTOOLS 进行一定的参数配置。如图 1-2-2所示。

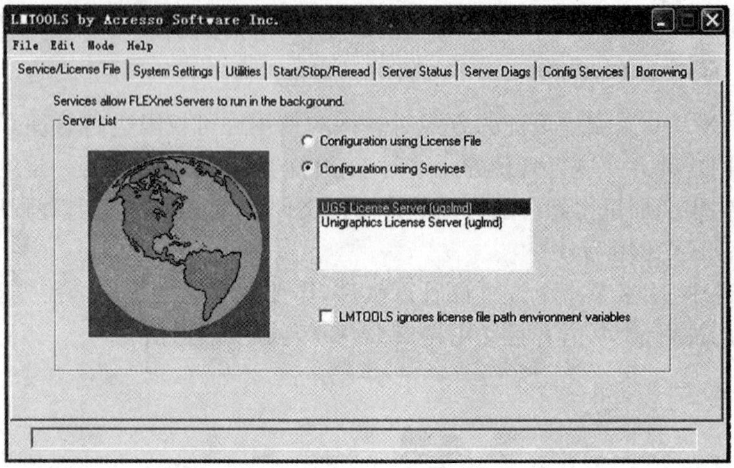

图 1-2-2　许可证管理器"Service/License File"选项卡

2. Siemens NX 8.0 主程序参数配置

Siemens NX 8.0 主程序在运行时可对部分参数进行配置。参数配置文件是 ugii_env.dat，可用记事本程序打开它。对参数配置文件中的内部参数进行适当的修改，可以实现对各功能模块的设置。

任务实施——Siemens NX 8.0 的安装与启动

一、计算机软件、硬件准备

在进行该软件安装前，需要准备计算机一台、Siemens NX 8.0 软件安装光盘及许可证文件一份。其中计算机的建议配置如表 1-2-1 所示。

表 1-2-1　安装 Siemens NX 8.0 的计算机软硬件建议配置

名称	需要配置	建议配置	备注
CPU	Intel Core i5-4460	Intel Core i5 以上	
内存	2 GB	4 GB 以上	
硬盘	1 TB	1 TB 以上	安装路径下留有 10 GB 以上的空间
光驱	DVD	DVD	需要从光盘安装
主板	Intel 芯片组	Intel 芯片组	
显卡	显存需要 256 MB 以上	最好使用经 NX 认证的专业图形显卡，显存最好 256 MB 以上	显卡芯片：nVidia——GeForce，nForce，Quadro FX；ATI——Radeon
声卡	内置		

续表

名称	需要配置	建议配置	备注
键盘	普通键盘	普通键盘	
鼠标	三键光电鼠	三键光电鼠	需要三键
网卡	有	有	
操作系统	Windows XP	Windows 7	

二、安装 Siemens NX 8.0

1. Siemens NX 8.0 软件使用授权文件准备

将合法获得的许可证文件复制到非中文路径的文件夹中，修改第一行的 host 为所在计算机的计算机名称，然后保存文件。

2. 安装 Siemens NX 8.0 许可证管理器

（1）打开安装光盘，找到 launch. exe 文件，双击执行，出现如图 1-2-3 所示的安装界面。

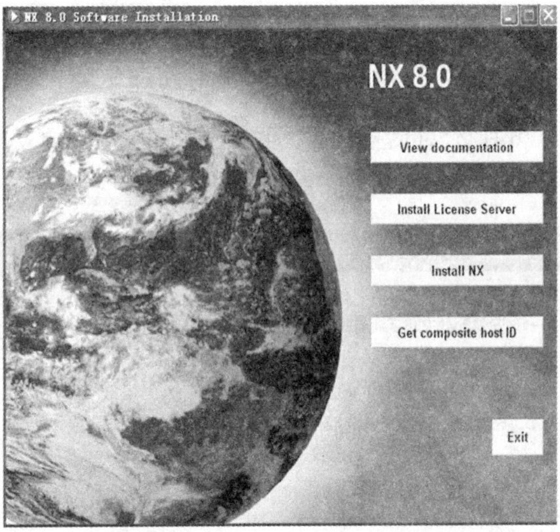

图 1-2-3　安装初始界面

（2）点击 Install License Server ，开始安装许可证管理器。

（3）弹出选择安装语言对话框，选择“中文（简体）”，如图 1-2-4 所示，点击“确定”按

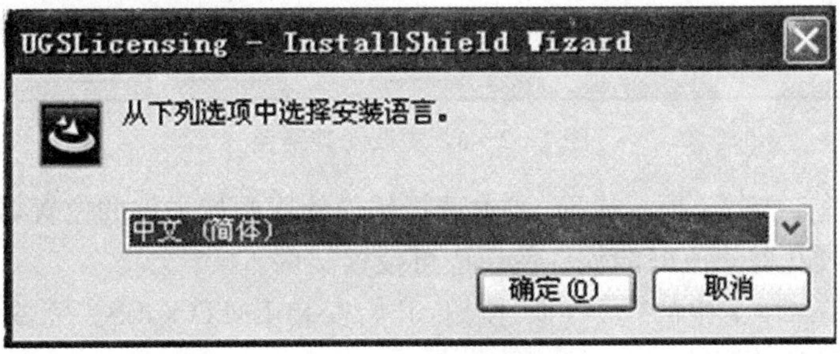

图 1-2-4　选择安装语言

钮。在弹出的如图 1-2-5 所示的“UGSLicensing InstallShield Wizard”对话框中，单击“下一步”按钮。

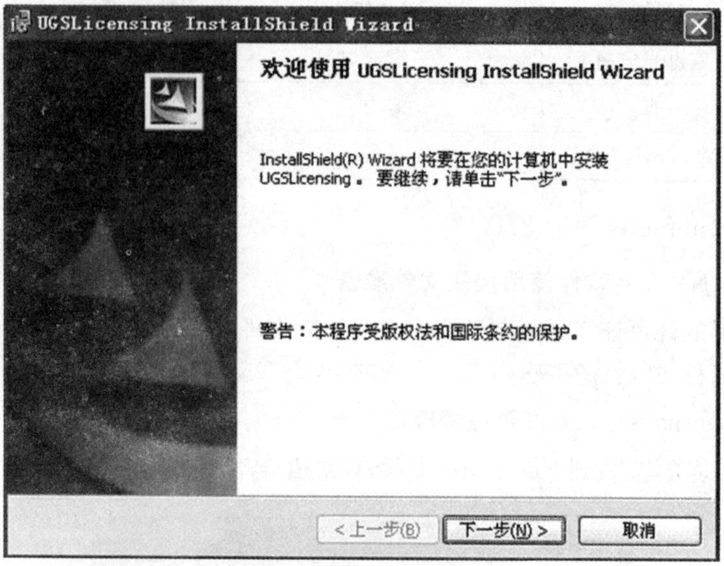

图 1-2-5　安装向导

(4) 单击如图 1-2-6 所示对话框中的“更改”按钮，选择 UGSLicensing 的安装路径。设置好后，单击“下一步”按钮。

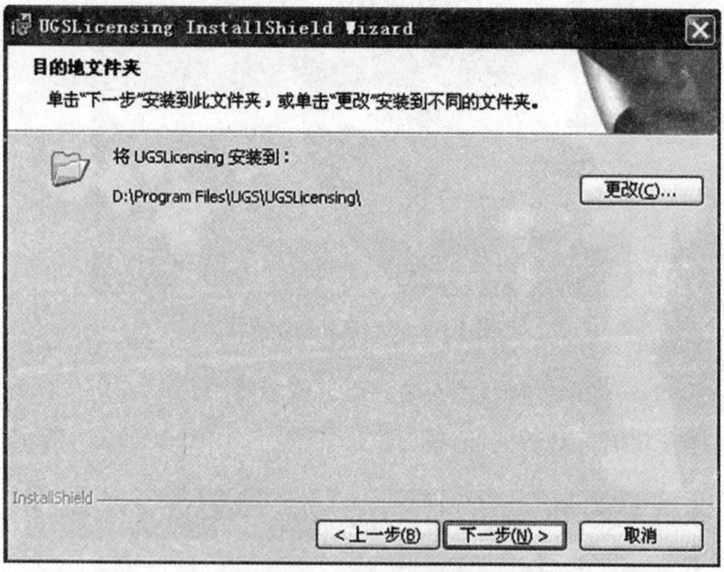

图 1-2-6　更改安装路径

(5) 弹出如图 1-2-7 所示界面，要求选择软件使用授权文件的位置，单击“浏览”按钮，选择刚才复制到硬盘并修改好的软件使用许可授权文件。

(6) 单击图 1-2-7 中的“下一步”按钮，开始安装 LMTOOLS。完成后单击“完成”按钮，完成 LMTOOLS 的安装。

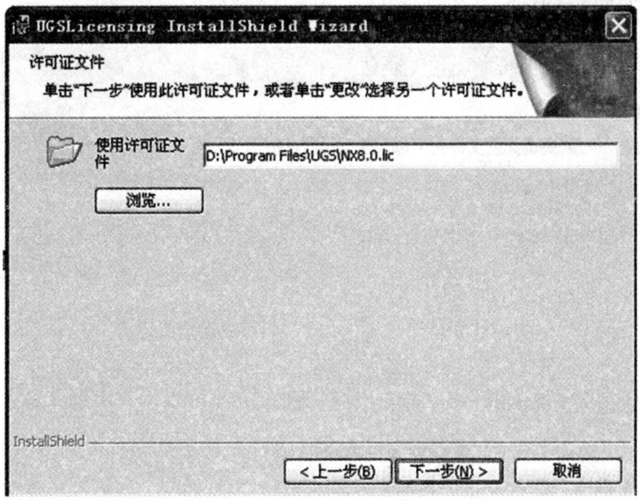

图 1-2-7　选择许可证文件

3. 安装 Siemens NX 8.0

(1) 单击图 1-2-3 中的

按钮。与前面一样，选择安装语言时，选择“中文(简体)”。此时会出现如图 1-2-8 所示的对话框。

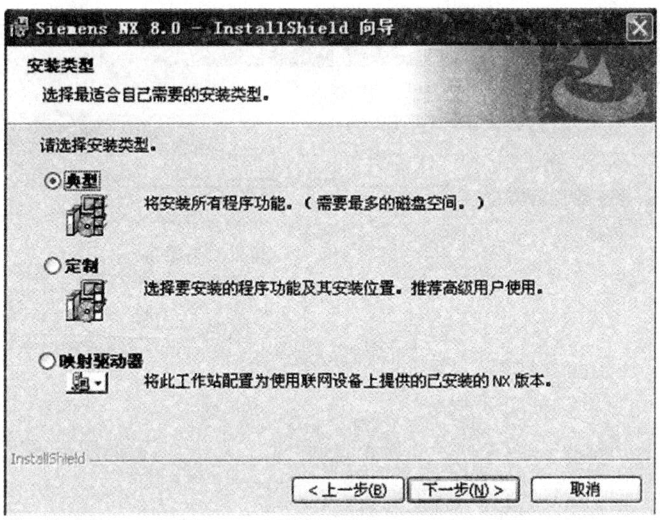

图 1-2-8　选择安装类型

在此对话框中，需对安装类型进行选择。对话框中各选项意义如下：

① 典型。安装 Siemens NX 8.0 的全部功能，需要的磁盘空间也最大。

② 定制。对于熟悉本软件模块的用户，可以选择安装自己需要的模块。

③ 映射的驱动器。此类型是将软件安装在局域网上，共享服务器上的许可证许可。

(2) 单击“下一步”按钮，出现如图 1-2-9 所示对话框，对话框中显示出 Siemens NX 8.0 程序将要安装到的文件夹，可以单击“更改”按钮重新选择文件夹。

(3) 单击图 1-2-9 中的“下一步”按钮，弹出如图 1-2-10 所示的对话框。在此对话框中，“输入服务器名或许可证文件”文本框中的内容在“@”符号后面的部分，如果不是所安装的计算机名称，则说明 LMTOOLS 没有安装好，需要重新安装。

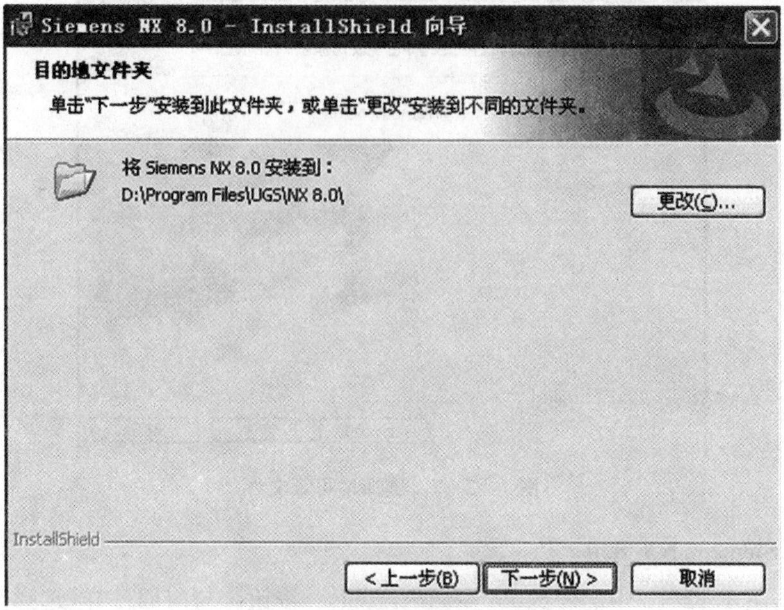

图 1-2-9　更改安装路径

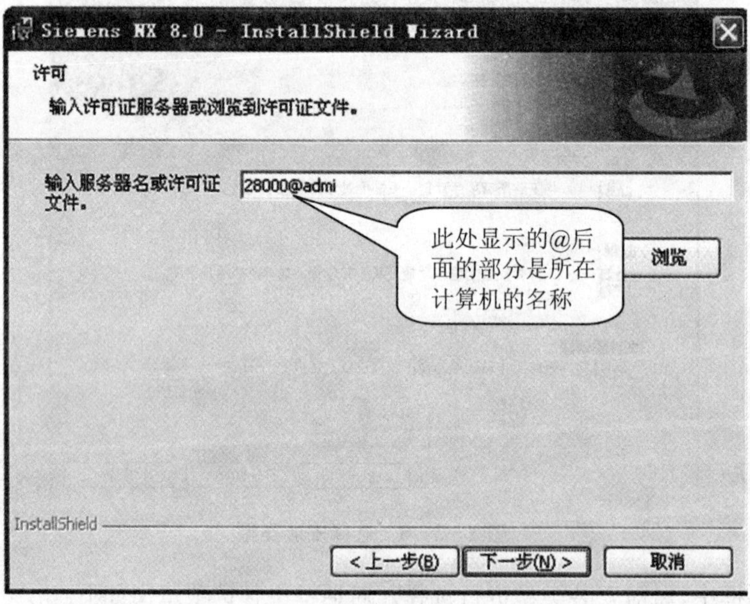

图 1-2-10　软件使用许可文件

(4) 单击如图 1-2-10 所示对话框中的"下一步"按钮，系统会弹出如图 1-2-11 所示的"NX 语言选择"对话框。选择"简体中文"后，单击"下一步"按钮，系统弹出"准备安装程序"对话框，单击"安装"按钮，安装向导开始安装 Siemens NX 8.0，并弹出如图 1-2-12 所示的"正在安装 Siemens NX 8.0"对话框。

(5) 安装结束后，弹出"InstallShield Wizard 完成"对话框，单击"完成"按钮，即完成了 Siemens NX 8.0 程序的安装。

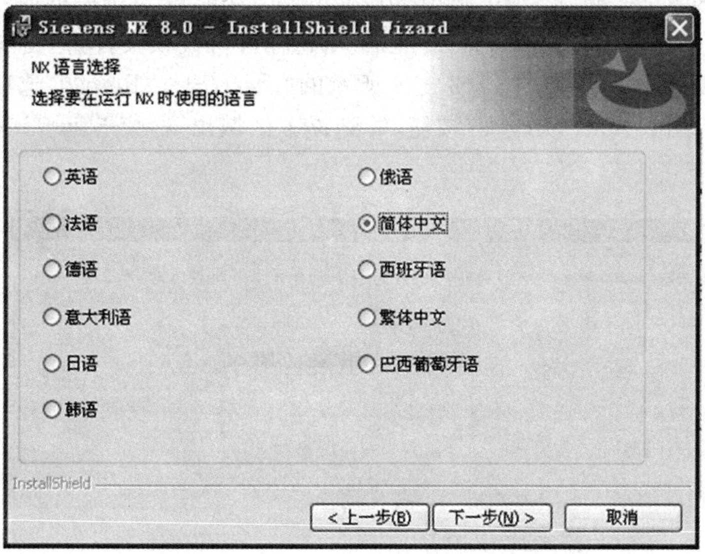

图 1-2-11 “NX 语言选择”对话框

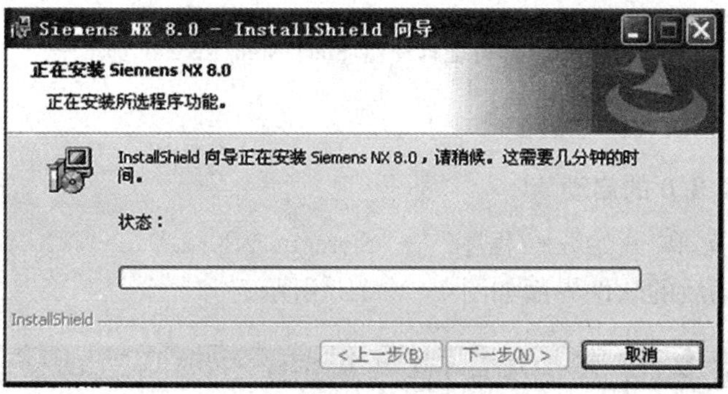

图 1-2-12 安装进度对话框

4. 配置 LMTOOLS

依次选择操作系统菜单“开始”→“所有程序”→“Siemens NX 8.0”→“NX 许可工具”→“Lmtools”，启动 LMTOOLS 软件（即许可证管理器），弹出如图 1-2-13 所示的“LMTOOLS by Acresso Software Inc.”对话框。

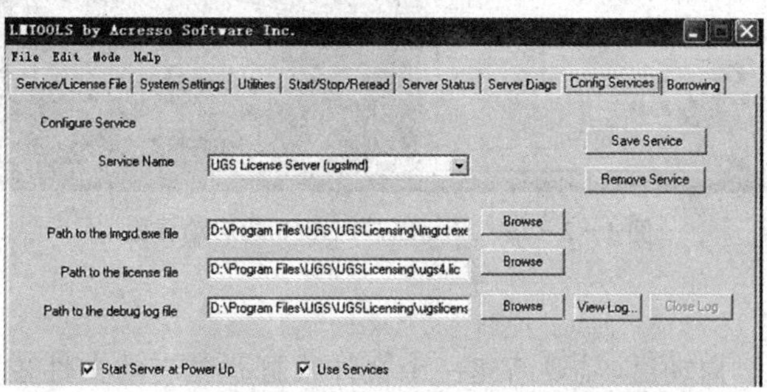

图 1-2-13 许可证管理器“Config Services”选项卡

在“Config Services”选项卡中，“Path to the license file”文本框中的内容为软件使用许可授权文件存放路径。单击“Browse”，可以重新选择许可授权文件，但是变动后需要单击“Save Service”按钮，再打开如图 1－2－14 所示的“Start/Stop/Reread”选项卡，单击“Stop Service”按钮，再单击“Start Service”按钮，等到提示区域出现 Server Start Successful ，即可关闭 LMTOOLS。

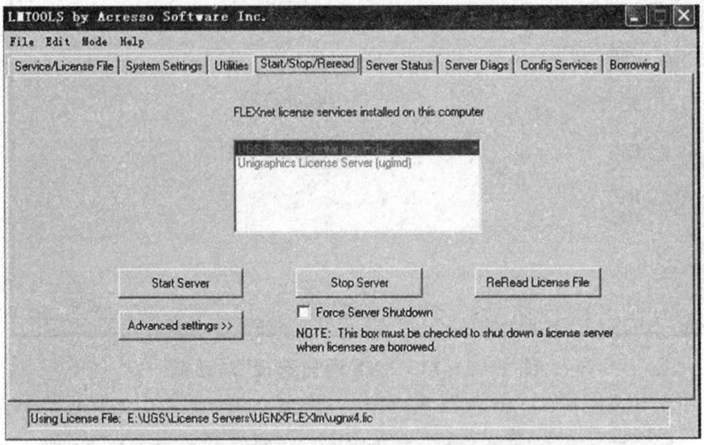

图 1－2－14　许可证管理器“Start/Stop/Reread”选项卡

三、Siemens NX 8.0 的运行

1. Siemens NX 8.0 的启动

选择操作系统菜单“开始”→“程序” →“Siemens NX 8.0”→“NX 8.0”，启动 Siemens NX 8.0 软件。启动后的软件界面如图 1－2－15 所示。

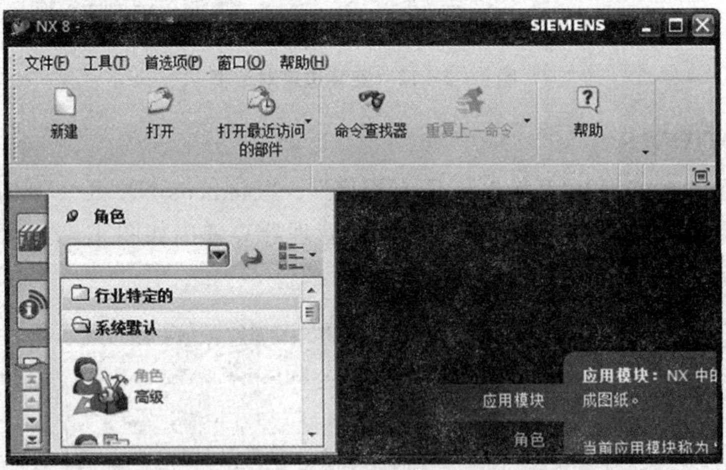

图 1－2－15　Siemens NX 8.0 的启动界面

2. 新建文件

Siemens NX 8.0 启动后，需要新建一个文件或打开已有的文件才能操作。单击菜单“文件”→“新建”，会出现“新建”对话框，如图 1－2－16 所示。需要注意的是新建文件的文件名和所处的路径均不能有中文符号出现，否则 Siemens NX 8.0 不能识别或认为出错。在

新建文件时，需要选择新建文件的单位是英寸还是毫米。

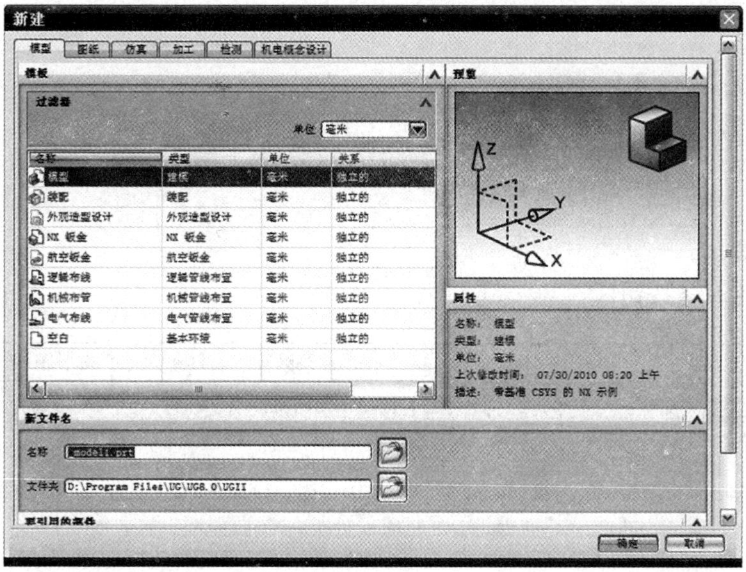

图 1-2-16 “新建”对话框

单击“新建”对话框中的“确定”按钮后，进入 Siemens NX 8.0 的建模界面。

3. 打开文件

单击“ ”按钮，弹出如图 1-2-17 所示的“打开”对话框，选择文件“fadongji”后，单击“OK”按钮，发动机三维模型被显示在图形窗口中。同样，需要打开文件的文件名和所处的路径均不能有中文符号出现，否则 Siemens NX 8.0 不能识别或认为出错。使用 Siemens NX 8.0 无法打开新版本(包括 Siemens NX 8.5 等)软件创建的文件，可以打开 Siemens NX 8.0 及以前版本创建的文件，还可以打开如 IGES、STEP 等格式的文件。

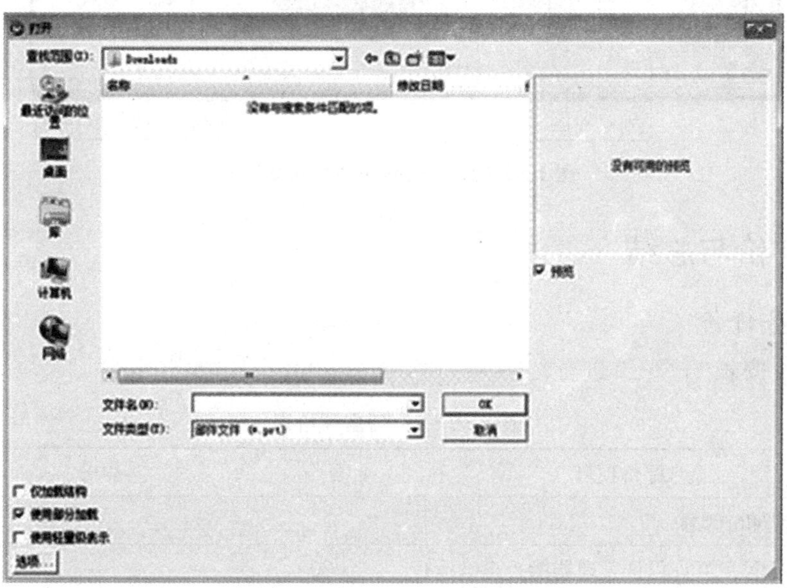

图 1-2-17 “打开”对话框

如图 1－2－18 所示，Siemens NX 8.0 窗口主要包括以下部分：

(1) 标题栏。

(2) 菜单条。

(3) 图形窗口。

(4) 工具条区。

(5) 资源条区。

(6) 提示行区。

(7) 导航器区。

(8) 底部工具条按钮区。

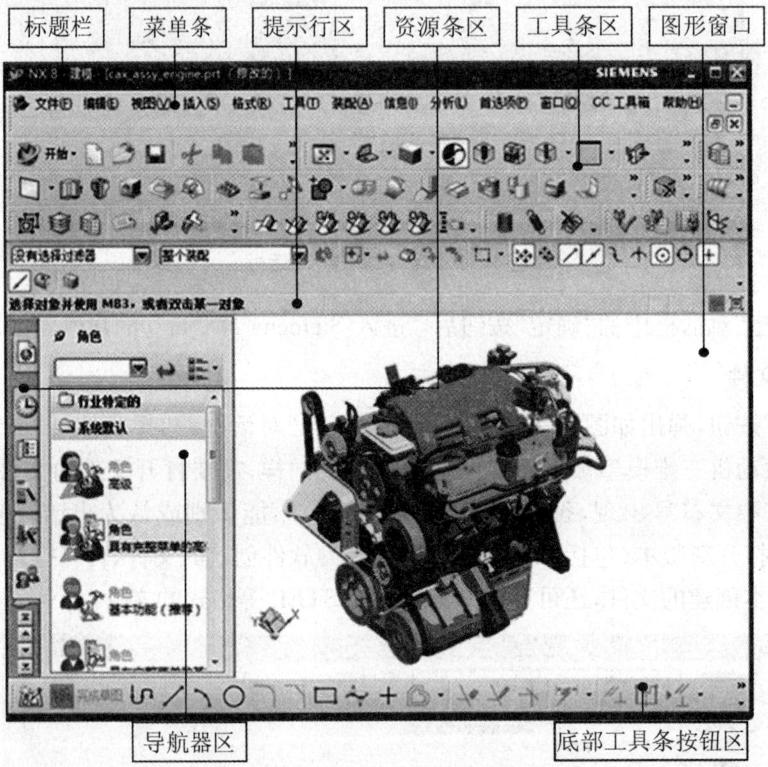

图 1－2－18　Siemens NX 8.0 界面

任务评价与总结

一、任务评价

任务评价按表 1－2－2 进行。

表 1－2－2　任务评价表

评价项目	配分	得分
一、成果评价：60％		
Siemens NX 8.0 许可证管理器能否正确运行	20	
Siemens NX 8.0 能否正确启动	30	

续表

评价项目	配分	得分
Siemens NX 8.0 许可证管理器参数配置	10	
二、自我评价:15%		
学习活动的目的性	3	
是否独立寻求解决问题的方法	5	
团队合作氛围	4	
个人在团队中的作用	3	
三、教师评价:25%		
工作态度是否端正	3	
工作量是否饱满	2	
工作难度是否适当	2	
任务完成情况	15	
自主学习	3	
总分		

二、任务总结

(1) 需要先安装许可证管理器程序,并确定许可证管理器中的服务程序能够成功运行,才能确保所安装的 Siemens NX 8.0 正确运行。

(2) Siemens NX 8.0 许可证管理文件、Siemens NX 8.0 应用程序应安装在非中文的路径或文件夹中。

任务拓展

一、Siemens NX 8.0 的主要功能模块

Siemens NX 8.0 是现今主流的 CAD/CAM/CAE 软件之一,为产品设计、分析与制造提供了一体化数字解决方案,广泛应用于航空、航天、汽车、造船、通用机械和电子等工业领域。其主要功能模块如表 1-2-3 所示。

表 1-2-3　Siemens NX 8.0 的主要功能模块

模块	主要内容
工业设计(CAID)	(1) 外观造型设计;(2) 机电概念设计;(3) 检测
设计(CAD)	(1) 建模;(2) 装配;(3) 钣金设计;(4) 电路设计;(5) 工程制图
仿真(CAE)	(1) 设计仿真;(2) 运动仿真
工装和模具	(1) 注塑模设计;(2) 级进模设计;(3) 工程模设计;(4) 电极设计;(5) 船舶设计
制造(CAM)	(1) 车削;(2) 多轴加工;(3) 高速加工;(4) 线切割;(5) 加工仿真

二、Siemens NX 8.0几何建模方法

1. 显式建模

属于非参数化建模，对象是相对于模型空间而不是相对于彼此建立。对一个或多个对象所做的改变不影响其他对象和最终模型。

2. 参数化建模

一个参数化模型是为了进一步编辑，将用于模型定义的参数值随模型存储。参数可以彼此引用以建立模型的各个特征间的关系。例如根据设计者的意图建立孔的深度与孔径之间的关系。

3. 基于约束的建模

模型的几何体由作用到定义模型几何体的一组设计规则，称之为约束，来驱动或求解。这些约束可以是尺寸约束，如草图尺寸或定位尺寸，也可以是几何约束，如平行或相切。例如一条线相切到一个弧，设计者的意图可以是线的角度改变时仍维持相切，或当角度修改时，仍维持正交条件。

4. 复合建模

是前述三种建模技术的发展与选择性组合。复合建模支持传统的显式几何建模及基于约束的草绘和参数特征建模。所有工具无缝地集成在单一的建模环境内。

5. 同步建模

可以直接修改遗留的和基于历史的模型，设计人员可以使用参数化特征造型而不受特征历史记录的约束。

三、Siemens NX 8.0的角色功能

Siemens NX 8.0采用角色功能来管理呈现在界面上的各种工具和命令。例如，当采用“基本”角色时，工具条和菜单中只显示部分内容，其中包含较大的图标，每个图标下都带有各自的名称。这种形式适用于初次使用 NX 或很少使用 NX 的人员。如果需要更多菜单，可使用具有完整菜单的基本功能角色。

要将某个角色设为默认角色，需使用环境变量 UGII_DEFAULT_ROLE 并将其设为所需角色的目录和文件名。

角色的切换可以在“资源条”中进行，选择“角色”后资源板显示如图1-2-19所示的角色列表，选择所需要的角色后，弹出如图1-2-20所示的“加载角色”对话框，单击“确定”按钮后，界面即会发生相应变化。

四、Siemens NX 8.0的学习资源

Siemens NX 8.0软件的学习资源包括对该软件的介绍和用于培训的专业书籍、学习网站，西门子公司对于该软件的学习还提供了帮助文档和自学培训教程。

1. Siemens NX Documentation

NX Documentation 是与 Siemens NX 8.0中各个操作命令相关的帮助性文档资料汇总，需要单独安装，可以用网络浏览器运行打开，运行后的界面如图1-2-21所示。

2. Siemens NX CAST(辅助培训教程)

Siemens NX CAST 是一套 NX 自学软件系统，该系统覆盖了从建模、工程图绘制、装配

到加工等 NX 软件的主要模块，为用户提供一个集联机讲解、自动主题帮助、解题示范和练习于一体的 NX 自学环境。

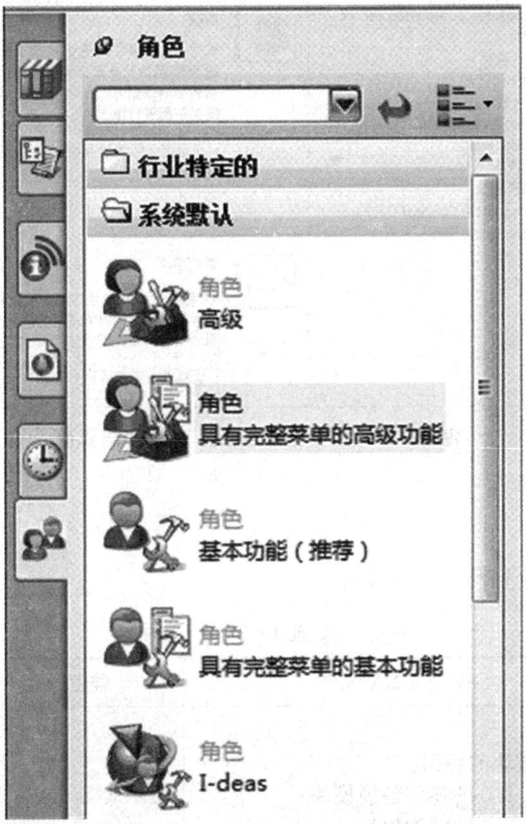

图 1－2－19 “角色”资源条

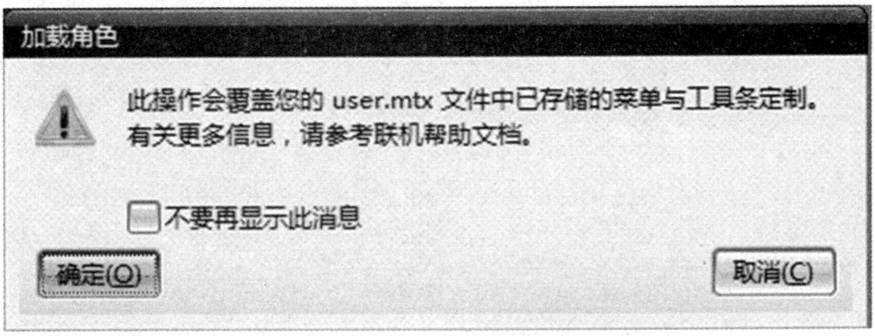

图 1－2－20 “加载角色”对话框

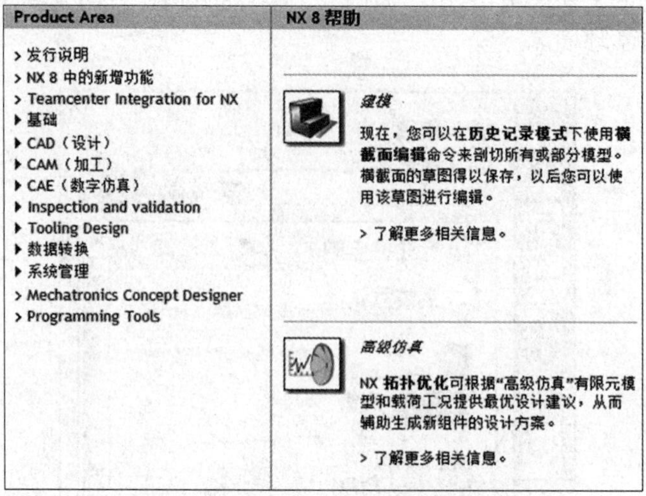

图 1－2－21　Siemens NX 帮助文档界面

练习与提高

练习与提高内容列于表 1－2－4 中。

表 1－2－4

名称	Siemens NX 8.0	难度	中
内容：熟悉如下模块的界面。 (1) Siemens NX 8.0 的零件建模模块； (2) Siemens NX 8.0 的装配模块； (3) Siemens NX 8.0 的工程图模块； (4) Siemens NX 8.0 的界面定制。		要求： (1) 从 Siemens NX 8.0 网站 http://www.plm.automation.siemens.com 上获取软件功能信息； (2) 了解软件界面的定制。	

项目二

杠杆臂钻模零件的三维建模

项目描述

使用 Siemens NX 8.0 建立工艺装备的三维模型可以直观、准确地反映设计意图。零件实体模型也是完成工艺装备装配模型和实现计算机辅助编程的基础。本项目就是利用 Siemens NX 8.0 基于特征的参数化实体造型功能建立杠杆臂工件、钻模各个零件的三维实体模型，从而掌握 Siemens NX 8.0 建模模块中主要操作命令的使用。该项目由 7 个由浅入深的任务组成。

学习目标

学习目标如表 2-1-1 所示。

表 2-1-1

序号	类别	目标
一	专业知识	(1) 掌握 Siemens NX 8.0 对象选择、图形显示、平移和缩放功能； (2) 掌握 Siemens NX 8.0 草图图素创建与编辑； (3) 掌握 Siemens NX 8.0 拉伸、回转、长方体、圆柱体、孔、圆台、腔体、沟槽和螺纹等设计特征的使用； (4) 掌握 Siemens NX 8.0 抽取、实例等关联复制特征的使用； (5) 掌握 Siemens NX 8.0 求和、求差、求交等联合体特征的使用； (6) 掌握 Siemens NX 8.0 边倒圆和拔模等细节特征的使用； (7) 掌握 Siemens NX 8.0 已扫掠特征、基准平面和基准轴特征的使用； (8) 掌握 Siemens NX 8.0 表达式和部件族的使用； (9) 掌握 Siemens NX 8.0 与其他 CAD/CAM 系统的数据交换。
二	专业技能	(1) 学会查阅、收集机床夹具标准和联接件的各种标准； (2) 理解机床夹具的结构与功能； (3) 会正确分析和规划夹具零件三维建模的特征组成； (4) 会使用 Siemens NX 8.0 的建模命令建立中等复杂夹具零件的三维模型； (5) 会使用 Siemens NX 8.0 的对象选择与显示、图形缩放、参数配置等功能提高建模效率和准确度。

续表

序号	类别	目标
三	职业素养	(1) 培养沟通能力及团队协作精神； (2) 培养通过网络等工具主动获取和处理信息的能力； (3) 培养发现问题、分析问题、解决问题的能力。

工作任务

任务一　钻套三维模型的建立

任务内容如表 2-1-2 所示。

表 2-1-2

名称	Φ10 和 Φ13 钻套三维模型的建立	难度	低
内容：根据下列 Φ10 和 Φ13 钻套的二维图样，完成三维模型的创建。 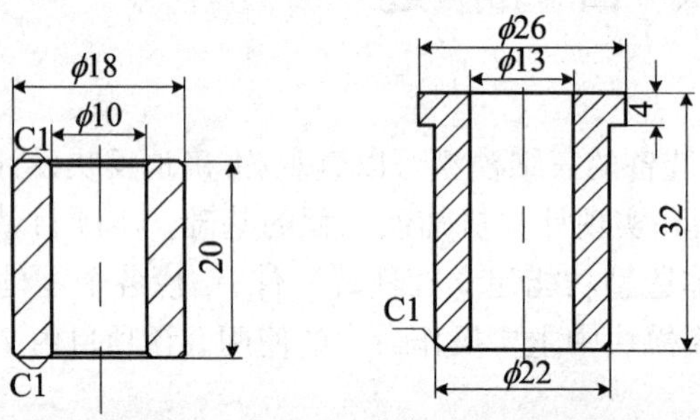 (1) Φ10钻套　(2) Φ13钻套		要求： (1) 熟悉零件图的内容； (2) 了解参数化草图的绘制与编辑； (3) 掌握创建拉伸、倒角特征的各项参数设置； (4) 孔特征及定位方式的了解； (5) 完成 Φ10 和 Φ13 钻套零件的三维模型创建。	

任务二　定位销三维模型的建立

任务内容如表 2-1-3 所示。

表 2-1-3

名称	定位销三维模型的建立	难度	中
内容：根据定位销的二维图样，完成三维模型的创建。 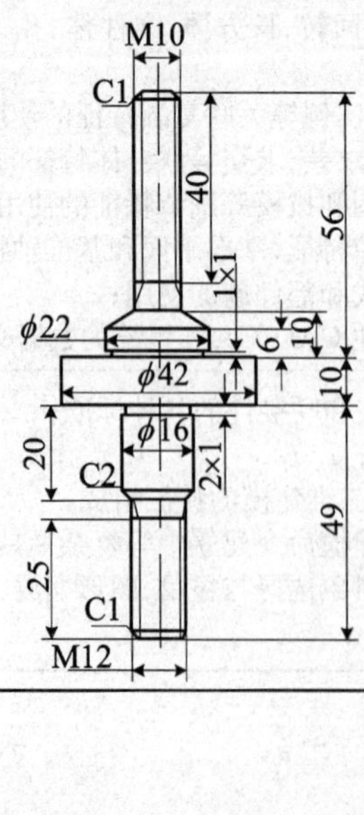 		要求： (1) 能够建立定位销的三维模型； (2) 掌握参数化草图的绘制与编辑； (3) 进一步熟悉创建拉伸、倒角特征各项参数的应用； (4) 会在圆柱面上创建沟槽特征； (5) 能够建立倒斜角； (6) 会创建符号螺纹等特征； (7) 会改变零件的显示方式。	

任务三　M22 辅助支承和 M8 可调支承三维模型的建立

任务内容如表 2-1-4 所示。

表 2-1-4

<table>
<tr><td>名称</td><td>M22 辅助支承和 M8 可调支承三维模型的建立</td><td>难度</td><td>中</td></tr>
<tr><td colspan="2">内容：根据下列 M22 辅助支承和 M8 可调支承的二维图样，完成三维模型的创建。
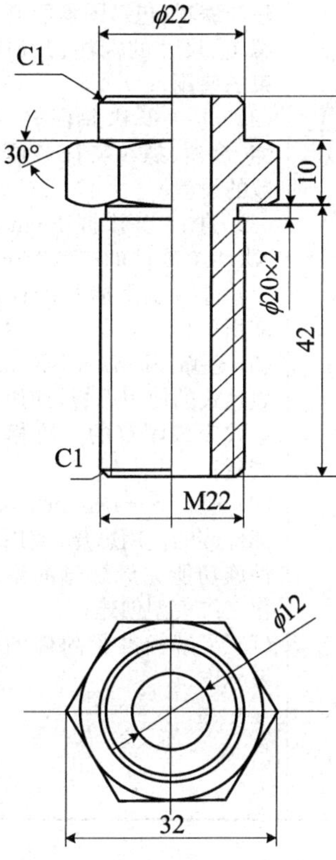

(1) M22辅助支承
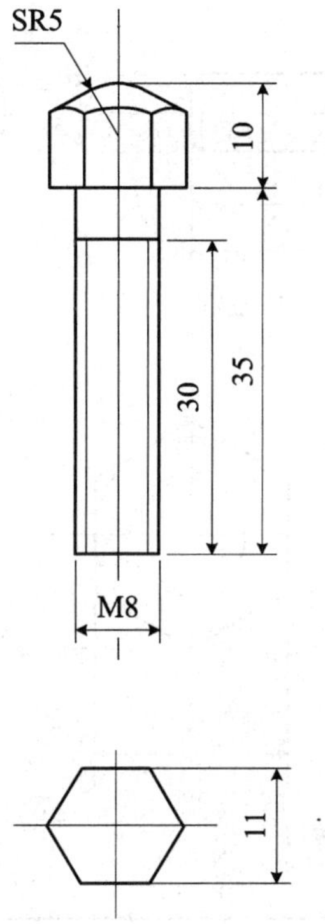

(2) M8可调支承</td><td colspan="2">要求：
(1) 进一步掌握 Siemens NX 8.0 参数化草图的创建与编辑（包括图素绘制与编辑、尺寸的标注、几何约束的使用）；
(2) 进一步掌握回转、拉伸、倒角、螺纹特征各项参数的设置；
(3) 理解 Siemens NX 8.0 实体的概念与操作；
(4) 理解基准面的作用，掌握基准面的使用；
(5) 创建 M22 辅助支承和 M8 可调支承三维模型。</td></tr>
</table>

任务四　螺钉和螺母三维模型的建立

任务内容如表 2-1-5 所示。

表 2-1-5

<table>
<tr><td>名称</td><td>螺钉和螺母三维模型的建立</td><td>难度</td><td>高</td></tr>
<tr><td colspan="2">内容：
(1) 根据 M8(GB/T 70—2000 或 GB/T 70—85)螺钉标准尺寸，完成螺钉三维模型的创建；
(2) 根据 M8(GB/T 6184—2000 或 GB/T 6184—86)、M10(GB/T 56—88)、M12(GB/T 6172—86 或 GB/T 6172—2000)螺母标准尺寸，完成三个不同规格螺母三维模型的创建。
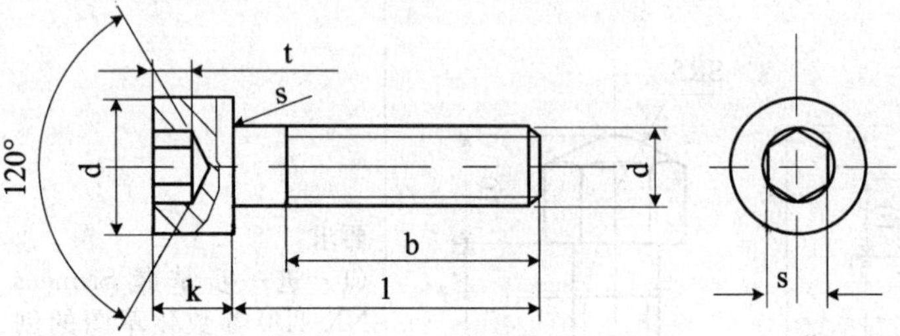

(1) 螺钉
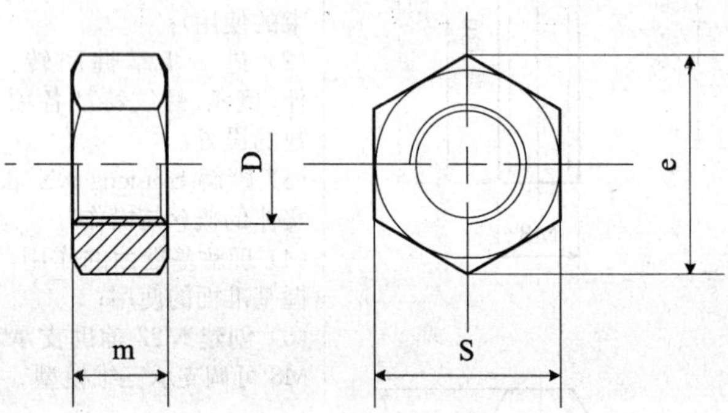

(2) 螺母</td><td colspan="2">要求：
(1) 进一步掌握 Siemens NX 8.0 参数化草图的创建与编辑(包括图素绘制与编辑、尺寸的标注、几何约束的使用)；
(2) 进一步掌握回转、拉伸、倒角、螺纹特征各项参数的设置；
(3) 进一步掌握 Siemens NX 8.0 实体的布尔操作；
(4) 进一步掌握基准面的使用；
(5) 理解 Siemens NX 8.0 表达式的使用思想，使用表达式完成螺钉的三维模型创建；
(6) 理解 Siemens NX 8.0 部件族的使用思想，使用部件族功能完成螺母的系列化三维模型创建；
(7) 了解标准紧固件的国家标准。</td></tr>
</table>

任务五　杠杆臂三维模型的建立

任务内容如表 2-1-6 所示。

表 2-1-6

<table>
<tr><td>名称</td><td>杠杆臂工件三维模型的建立</td><td>难度</td><td>中</td></tr>
<tr><td colspan="2">内容：根据杠杆臂二维图样，创建杠杆臂三维模型。
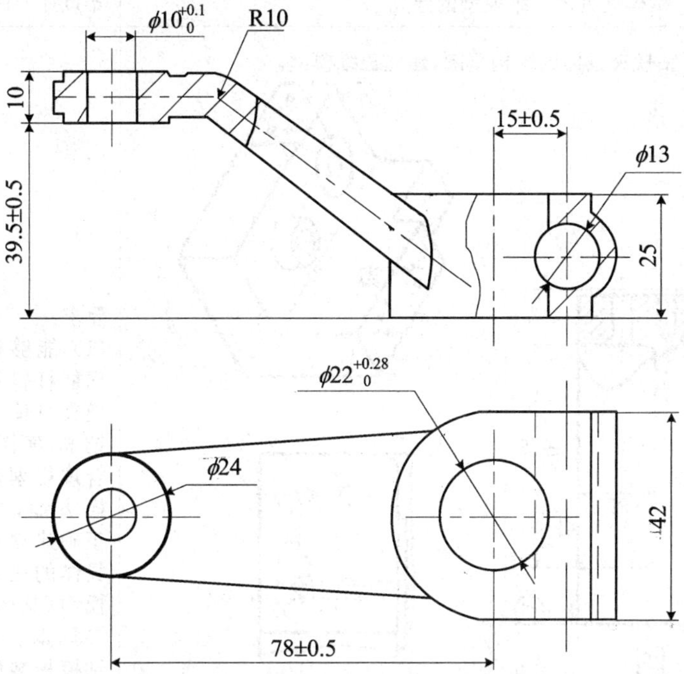
</td><td colspan="2">要求：
(1) 进一步掌握 Siemens NX 8.0 草图、拉伸等设计特征，倒角等细节特征的创建；
(2) 进一步掌握特征编辑的操作方法；
(3) 进一步掌握 Siemens NX 8.0 基准面的使用方法；
(4) 掌握扫掠特征的使用方法；
(5) 理解实体的分割操作。</td></tr>
</table>

任务六　杠杆臂 Φ10 孔钻模板与 Φ13 孔钻模板三维模型的建立

任务内容如表 2-1-7 所示。

表 2-1-7

<table>
<tr><td>名称</td><td>杠杆臂 Φ10 孔钻模板与 Φ13 孔钻模板三维建模</td><td>难度</td><td>中</td></tr>
<tr><td colspan="2">内容：根据杠杆臂 Φ10 孔钻模板与 Φ13 孔钻模板 STEP 数模创建杠杆臂 Φ10 孔钻模板与 Φ13 孔钻模板三维模型。

(1) 杠杆臂Φ10孔钻模板
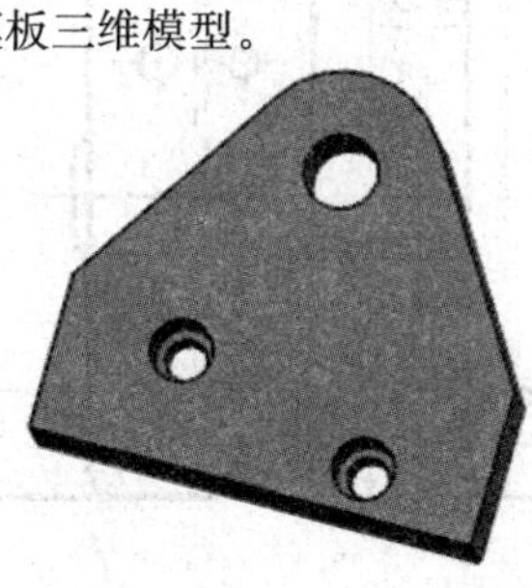
(2) 杠杆臂Φ13孔钻模板</td><td colspan="2">要求：
(1) 掌握 Siemens NX 8.0 与其他 CAD/CAM 系统的数据交换方法；
(2) 掌握 Siemens NX 8.0 信息查询和分析功能的使用。</td></tr>
</table>

任务七　钻模夹具体三维模型的建立

名称	钻模夹具体三维模型的建立	难度	中

内容：根据杠杆臂钻模夹具体的结构草图，建立三维模型。

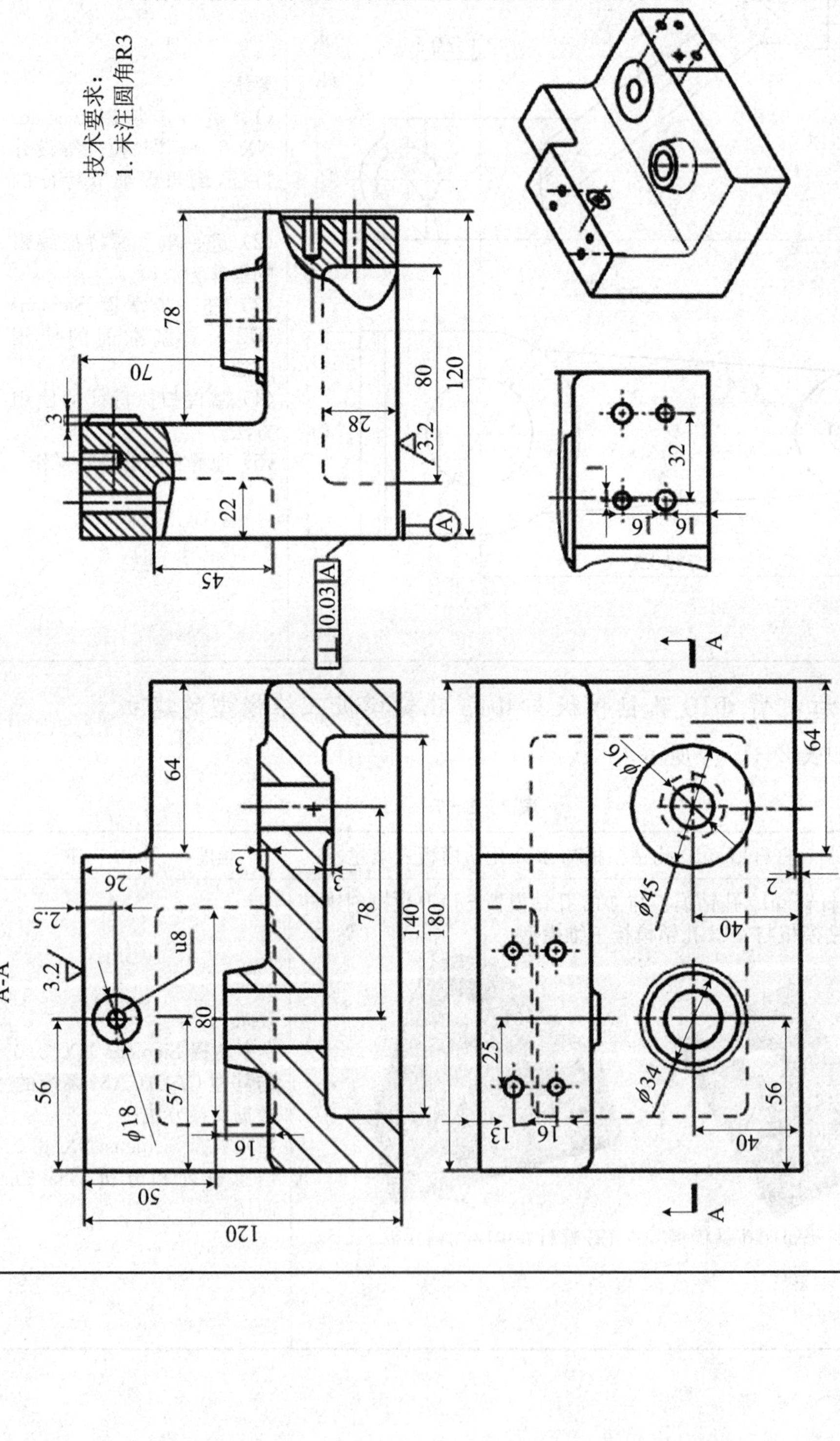

要求：

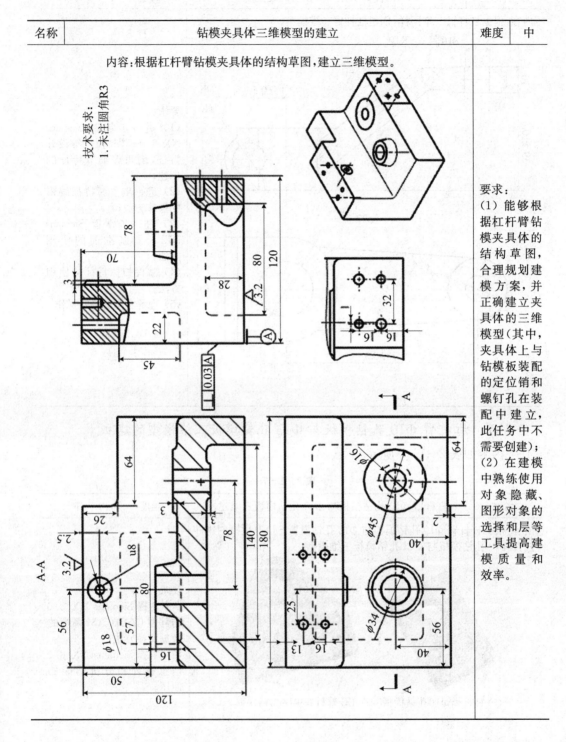

（1）能够根据杠杆臂钻模夹具体的结构草图，合理规划建模方案，并正确建立夹具体的三维模型（其中，夹具体上与钻模板装配的定位销和螺钉孔在装配中建立，此任务中不需要创建）；

（2）在建模中熟练使用对象隐藏、图形对象的选择和层等工具提高建模质量和效率。

任务一　钻套三维模型的建立

学习视频 2－1A　学习视频 2－1B

任务介绍

本次任务是使用 Siemens NX 8.0 完成两个钻套零件三维模型的建立，学习者通过任务的实施，了解 Siemens NX 8.0 草图功能和拉伸等基本命令的使用。

相关知识

一、草图

Siemens NX 8.0 在启动后，选择“建模”模块，就可以使用“草图”功能绘制截面。

草图是位于指定平面上的曲线和点的集合，目的是为生成与此草图有关的实体做准备或用于产品结构上的特征布局。例如，一根水管模型就是由两个同心圆构成的草图沿直线拉伸后得到的实体模型。当用户要对构成草图特征的曲线轮廓进行参数化控制时，设计者可以根据自己的设计意图绘制曲线轮廓，再通过给定的条件来精确定义图形的几何形状，这些给定的条件叫作约束，包括几何约束、尺寸约束，从而能精确地控制曲线的尺寸、形状和位置，满足设计需求。

1. 草图创建方式

Siemens NX 8.0 提供了“草图”和“任务环境中的草图”两种草图创建和编辑方式。单击工具栏上的“草图”按钮或从“插入”菜单选择“草图”命令，系统弹出如图 2－2－1 所示的“创建草图”对话框。此时需要用户指定一个草图绘制平面，此平面可以是基准面，也可以是实体的表面。确定草图绘制平面后，就可以利用草图工具条中的草图命令创建草图。

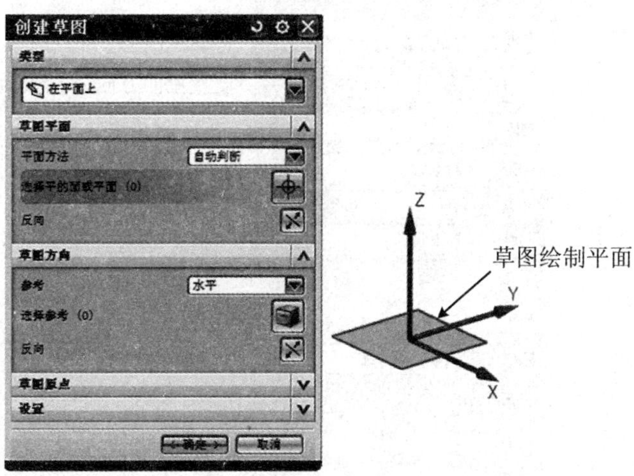

图 2－2－1　进入草图环境

选择菜单“插入”→“任务环境中的草图”，系统弹出“创建草图”对话框，选择草图绘制平面后，进入草图环境。单击“完成草图”工具按钮后可以退出草图环境。

在“草图”中，在工具条中单击按钮，即可切换至草图环境。

2. 草图命令

草图的创建与编辑操作主要包括草图各种图素的绘制、草图约束、草图操作三个部分。如图 2-2-2 所示，草图工具条包括草图曲线、草图约束以及草图操作。

草图曲线：提供了绘制点、直线和圆弧等轮廓以及对轮廓的修剪等功能。

草图约束：提供了创建和显示几何约束、尺寸约束等功能。

草图操作：提供了对草图图素的镜像、偏置，投影已有几何对象到草图等功能。

图 2-2-2 “草图工具”工具条

除此之外，如图 2-2-3 所示，辅助工具条中的“捕捉点”工具可以帮助在创建或编辑几何对象时推断所使用点的位置关系，从而准确快捷地捕捉到需要的位置点。

图 2-2-3 “捕捉点”工具

二、拉伸特征

Siemens NX 8.0 中的拉伸特征是将草图、实体边缘、曲线、链接曲线形成的截面轮廓沿指定方向生成实体或者片体。点击图标或者选择菜单“插入”→“设计特征”→“拉伸”，弹出“拉伸”对话框，如图 2-2-4 所示，可以在对话框中设置拉伸特征的各项参数。

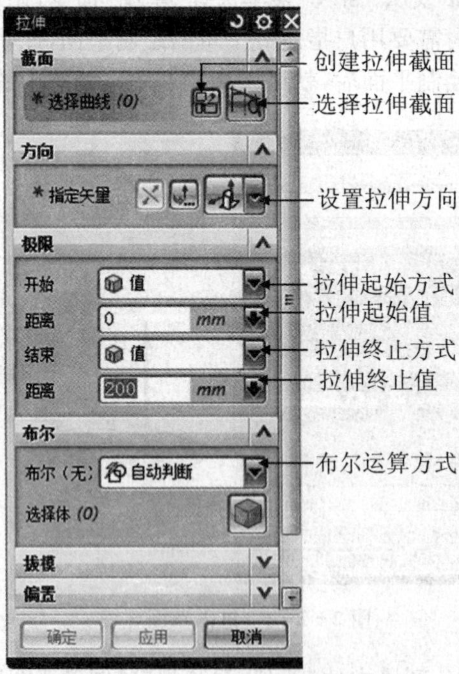

图 2-2-4 “拉伸”对话框

三、回转特征

Siemens NX 8.0 中的回转特征是将草图、实体边缘、曲线、链接曲线形成的截面轮廓绕指定的回转轴回转一定的角度后生成实体或者片体。点击图标或者选择菜单“插入”→“设计特征”→“回转”，弹出如图 2-2-5 所示的“回转”对话框，可以在对话框中设置回转特征的各项参数。

四、孔特征

在建模环境里，用户单击按钮，可以在实体中构建孔特征，如图 2-2-6 所示。

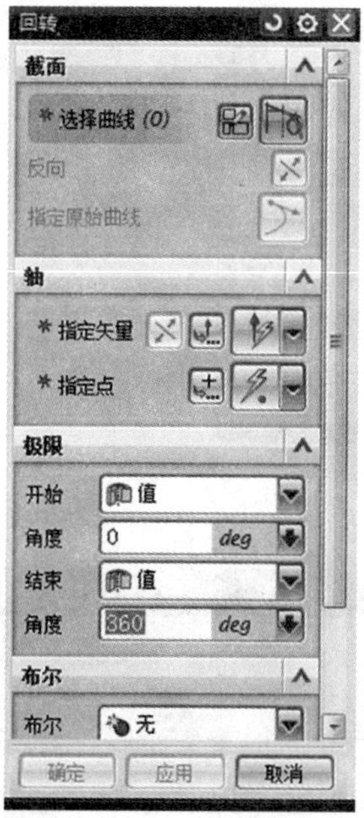

图 2-2-5 “回转”对话框

图 2-2-6 “孔”对话框

在 Siemens NX 8.0 中，可以构建的孔类型包括常规孔、钻形孔、螺钉间隙孔、螺纹孔、孔系列，其中常规孔有简单孔、沉头孔、埋头孔和锥形孔四种。不同的孔类型参数有所不同。图 2-2-6 所示为简单孔的参数，包括孔直径、孔深度和孔的底部锥角大小。“沉头孔”类型的“孔”对话框及参数如图 2-2-7 所示。在构建各类孔时，用“指定点”来确定孔的圆心，用“孔方向”来确定孔矢量。

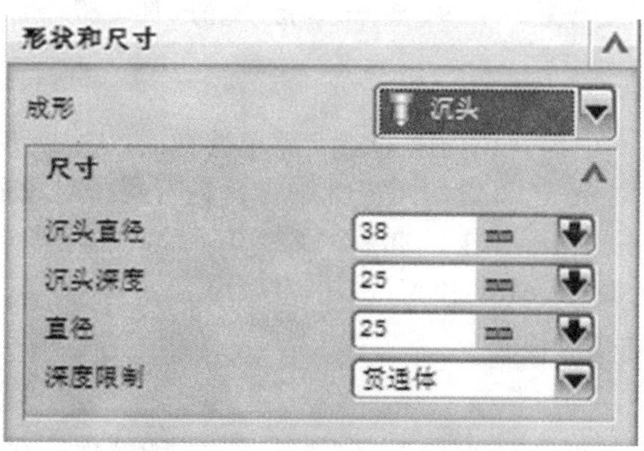

图 2-2-7 沉头孔对话框

五、倒斜角特征

在建模环境里，用户单击按钮，可以构建倒斜角特征。利用“倒斜角”对话框中的“横截面”选项可以选择倒斜角的方式。图 2-2-8 中倒斜角方式为“对称”，另外两种倒斜角类型的参数设置如图 2-2-9 所示。

图 2-2-8 “倒斜角”对话框

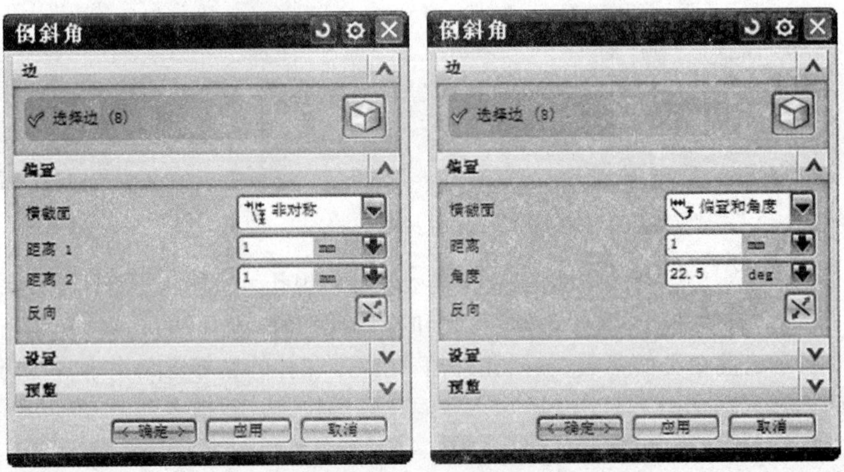

图 2-2-9 两种倒斜角方式的参数设置

六、鼠标与键盘的操作

在 Siemens NX 8.0 中，一般使用鼠标进行菜单选择或点击工具按钮，使用键盘进行数值和文本的输入，除此之外，还可以使用鼠标和键盘进行图形对象的选择与缩放等操作。Siemens NX 8.0 支持三键鼠标操作。如图 2-2-10 所示，三建鼠标包括左键、中键(多数为滚轮)和右键，分别称为 MB1、MB2 和 MB3。

1. 利用鼠标和键盘操纵视图

(1) 图形转动

按 MB2 并移动鼠标，可以实现任意方向的转动；按 MB2 保持 0.5 秒后再移动鼠标，可以以光标点为中心转动视图；按 MB3 出现菜单后，在菜单里选择“设置旋转点”，设置好旋转点后，再按 MB2 并移动鼠标，可以以刚才设置的旋转点为中心旋转。

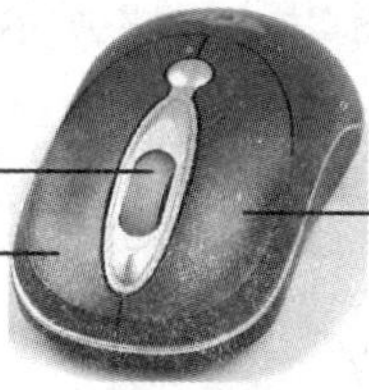

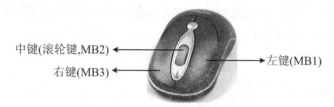

图 2-2-10　三键鼠标按键示意图

(2) 图形移动

同时长按 MB2 和 MB3，或同时按 MB2 和键盘上的 Shift 键，移动鼠标，可以实现图形移动。

(3) 缩放视图

同时长按 MB1 和 MB2，上下拖动鼠标；同时按 MB2 和键盘上的 Ctrl 键，移动鼠标；直接在绘图区滚动 MB2，可以以鼠标点所在位置为中心缩放。

(4) 使用键盘快捷键调整工作视图

可以使用键盘快捷键 End 将工作视图对齐到正等测视图；使用 F8 键将工作视图定向到最近的正交视图；按下 F8 键一秒钟，显示内容将从先前的正交视图逆时针旋转 90°。

2. 使用鼠标快速拾取

在 Siemens NX 8.0 中，鼠标移动到图形对象上时，对象的颜色会变为预选颜色，表示该对象可供选择。如该处有多个对象，鼠标在对象附近停留片刻后，鼠标指针形状会改变为“┼…”，即十字光标右下方带几个点，表示该位置有多个对象可以选择。单击 MB1，会弹出“快速拾取”对话框，如图 2-2-11 所示，对话框中列出了所有可以选择的对象。

图 2-2-11　“快速拾取”对话框

3. 选择意图的使用

在 Siemens NX 8.0 中，当可供选择的对象包含多种类型元素时，在选择工具条中会出现“选择意图”列表框。例如在如图 2-2-12 所示的拉伸操作中，在选择拉伸曲线之前可以在“选择意图”列表框中定义选择对象的意图为：相连曲线，则选择一条曲线时，会将与该曲线相连的所有曲线全部选中。

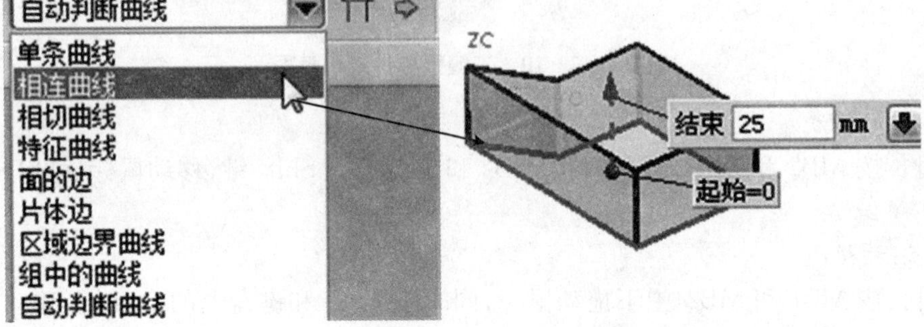

图 2-2-12 “选择意图”列表框

4. 鼠标的其他操作

按 MB1 可选择菜单、选取图形对象、拖动对象，其中按住 MB1 逐个单击要选择的对象，可以实现对多个对象的选择，如果要取消选择单个对象，可按住 Shift 键并单击该对象。按 MB2 相当于选择“确定”按钮。在视图区，按 MB3 可以弹出快捷菜单；不同的位置按 MB3 会出现不同的菜单。

任务分析与计划

一、Φ10 钻套零件的三维建模分析与建模计划

1. Φ10 钻套零件的三维建模分析

Φ10 钻套的三维模型可以采用拉伸特征、简单孔特征和倒斜角特征组合而成，如图 2-2-13 所示。

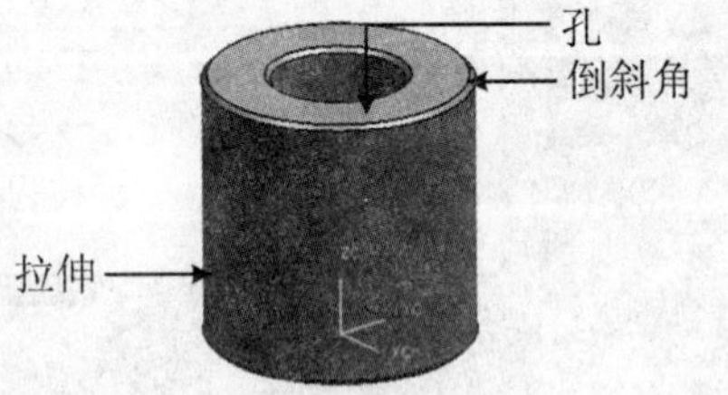

图 2-2-13 Φ10 钻套模型的特征组成

2. Φ10 钻套零件的建模计划

对于 Φ10 钻套零件，可以按照如下顺序建模：

(1) 在 XY 基准面上创建圆柱截面草图中直径 Φ18 的圆。

(2) 创建 Φ18 圆柱拉伸特征。

(3) 创建 Φ10 简单孔特征。

(4) 倒斜角 C0.5,四处。

Φ10 钻套零件建模方案如图 2-2-14 所示。

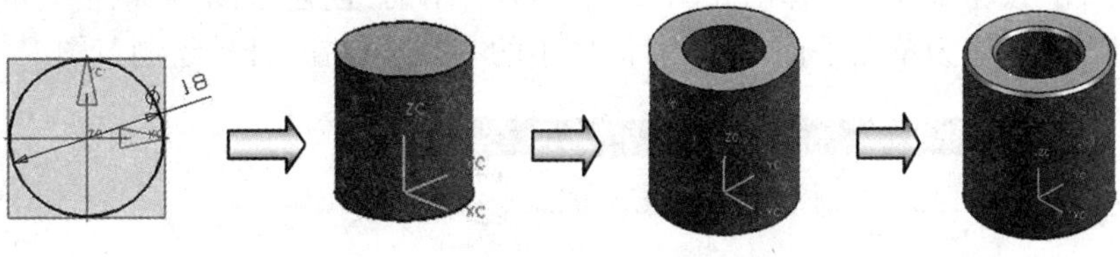

图 2-2-14　Φ10 钻套建模过程

二、Φ13 钻套零件的三维建模分析与建模计划

1. Φ13 钻套零件的三维建模分析

Φ13 钻套的三维模型可以采用回转特征和倒斜角特征组合而成,如图 2-2-15 所示。

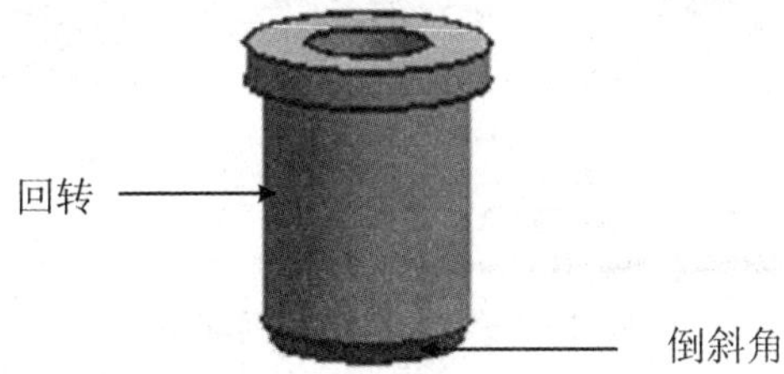

图 2-2-15　Φ13 钻套模型的特征组成

2. Φ13 钻套零件的建模计划

对于 Φ13 钻套零件,可以按照如下顺序建模:

(1) 创建用于回转的草图。

(2) 创建回转特征。

(3) 创建倒斜角。

Φ13 钻套零件建模方案如图 2-2-16 所示。

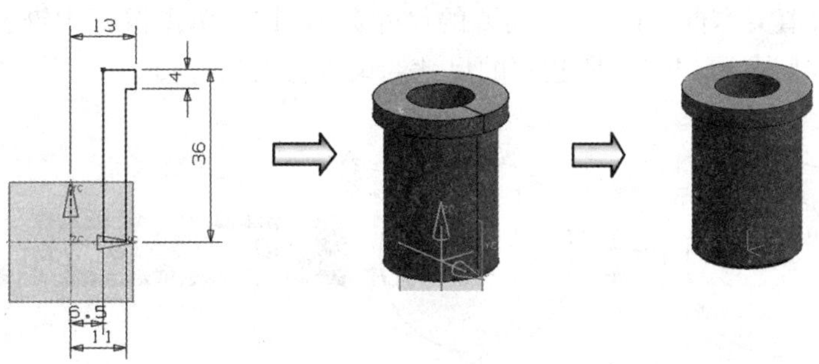

图 2-2-16　Φ13 钻套建模过程

任务实施

一、建立 Φ10 钻套三维模型

(1) 新建一个部件文件,文件名称为"zuantao_D10",单位选择"毫米",进入 Siemens NX

8.0 后,进入默认的"建模"应用模块。

(2) 进入草图。

单击"草图"按钮,系统弹出如图 2-2-17 所示的"创建草图"对话框,同时图形窗口中默认使用 XY 面作为草图平面,单击对话框中的"确定"按钮,开始绘制草图。

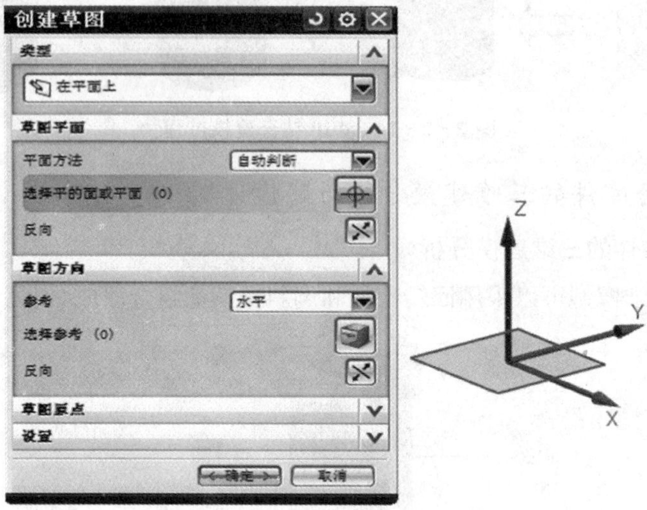

图 2-2-17　进入草图环境

(3) 绘制草图曲线。

在 XC-YC 平面上,绘制中心点在原点(坐标为(0,0,0))、直径为 18 的圆。可以以任一点为圆心,绘制任意大小的圆,用约束来确定圆心位置和圆的直径,如图 2-2-18 所示。具体步骤为:

① 单击"直接草图"工具条中的"圆"按钮,在草图平面上用左键单击任一点作为圆心,再移动鼠标到另一位置单击后,系统绘制出以第一点为圆心、两点距离为半径的圆。

② 单击"直接草图"工具条中的"自动判断尺寸"按钮,单击所绘制的圆弧,移动鼠标时,圆上出现的尺寸与鼠标一起移动,在需要放置尺寸的位置上单击左键,出现如图 2-2-18 所示的尺寸数值文本框,可以输入需要的尺寸数值"18",单击鼠标中键退出文本框;如果尺寸数值输入有错误,可以双击所建立的尺寸约束来修改尺寸值。

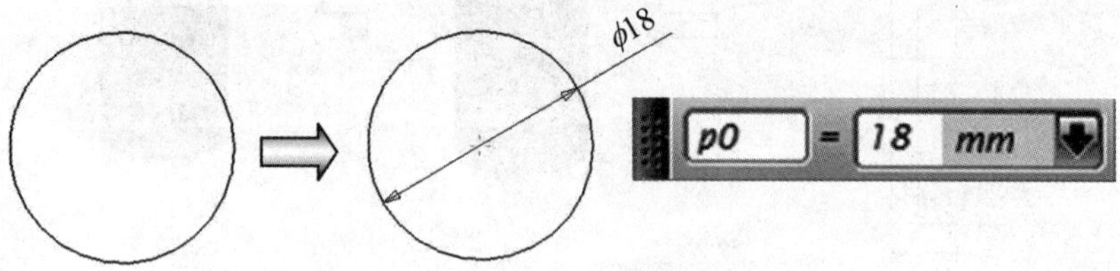

图 2-2-18　绘制草图截面

③ 单击"草图约束"工具条中的"约束"按钮,依次选择如图 2-2-19 所示的圆心和 XC 轴,使用"点在曲线上"几何约束,将圆心约束到 XC 轴上,用同样的方法将圆心约束到 YC 轴上,这样圆心就被约束到坐标原点,同时原草图中确定草图圆心位置的两个尺寸约束被自动删除。

单击 完成草图 按钮,完成草图绘制,回到"建模"状态。完成后草图曲线变为蓝色。

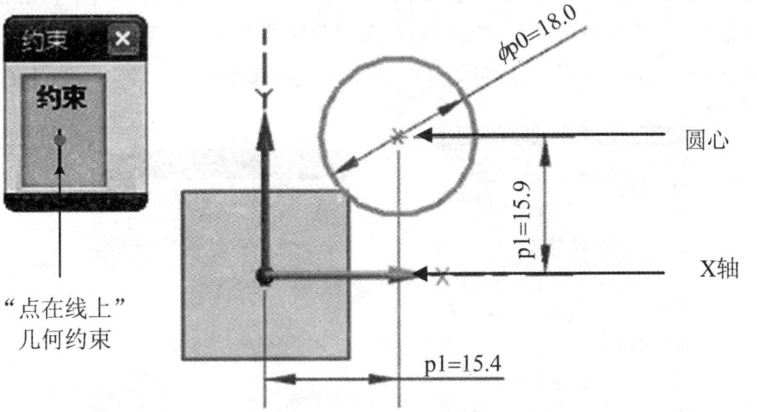

图 2-2-19　创建几何约束

（4）创建拉伸实体。

单击“拉伸”工具按钮，系统弹出“拉伸”对话框，对话框中“截面”组中的“选择曲线”命令被激活，并且系统提示行出现提示内容：选择要草绘的平面，或选择截面几何图形。选择上一步创建的草图圆作为拉伸对象，出现如图 2-2-20 所示的拉伸预览，设置高度为 20，其他使用默认，单击“拉伸”对话框“确定”按钮，完成拉伸特征的创建。

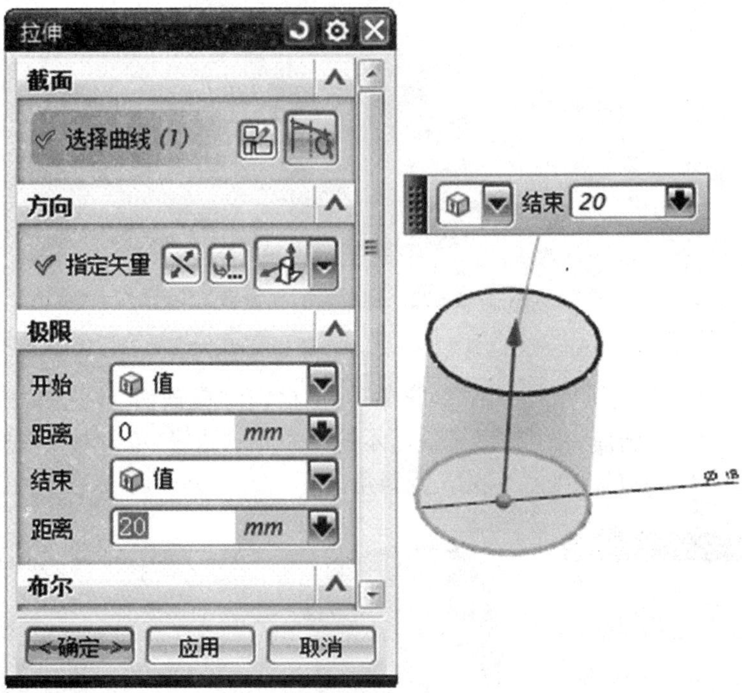

图 2-2-20　拉伸实体

（5）创建孔特征。

单击“孔”工具按钮，系统弹出如图 2-2-21 所示的“孔”对话框，对话框“位置”组中的“指定点”命令被激活，并且系统提示行出现提示内容：选择要草绘的平面或指定点。移动鼠标至拉伸实体的顶面轮廓圆处，当鼠标形状变为时，表示捕捉到该轮廓圆圆心；如果鼠标在该处停留后，鼠标形状变为，则表示有多个对象可供选择，单击鼠标左键，弹出“快速拾取”对话框，在“快速拾取”对话框中选择“圆弧中心”，同样也可以选定该轮廓圆圆心。在“孔”对话框中，在“形状和尺寸”组中设置直径：10 mm，选择“深度限制”：贯通体。

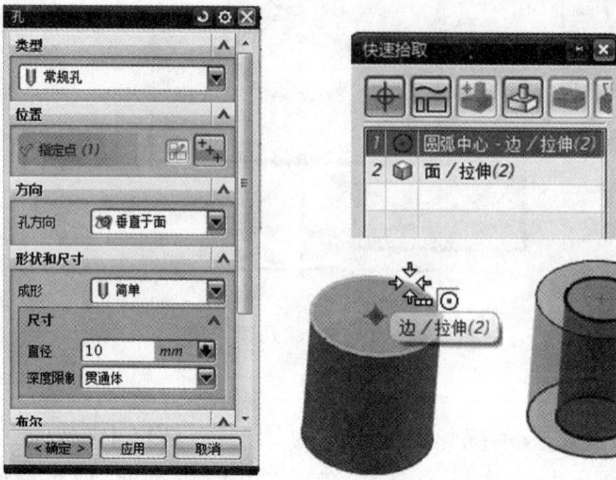

图 2-2-21　“孔”对话框

单击“孔”对话框“确定”按钮，得到创建后的孔特征如图 2-2-22 所示。

图 2-2-22　完成后的孔特征

(6) 倒斜角。

选择“倒斜角”工具按钮，弹出“倒斜角”对话框，在“横截面”中选择“对称”，在“距离”文本框中输入 0.5，选择如图 2-2-23 所示的四条轮廓边缘，单击对话框中“确定”按钮，完成如图 2-2-24 所示的四处 0.5×45°倒斜角。

图 2-2-23　“倒斜角”对话框

图 2-2-24　完成后的 Φ10 钻套

(7) 保存文件，退出 Siemens NX 8.0。

由于 Siemens NX 8.0 没有自动存档功能，需要单击“保存”按钮对该文档进行保存。单击系统标题栏中的“退出”按钮，退出 Siemens NX 8.0，至此完成 Φ10 钻套三维建模。

二、建立 Φ13 钻套三维模型

(1) 新建一个部件文件，文件名称为“zuantao_D13”，单位选择“毫米”，进入 Siemens NX 8.0 建模环境。

(2) 进入草图。

选择菜单“插入”→“任务环境中的草图”，系统弹出如图 2-2-25 所示“创建草图”对话框，对话框 “草图平面”组中的“指定平面”选项被激活，同时系统提示行提示：选择对象以定义平面。在“平面方法”中选择“创建平面”，在“指定平面”中选择“XC-ZC”平面。单击对话框中的“确定”按钮，开始绘制草图。

与直接选择菜单“草图”创建草图有区别的是：系统进入草图环境后，界面发生了变化，并且草图所在平面自动调整到与视图窗口平行。

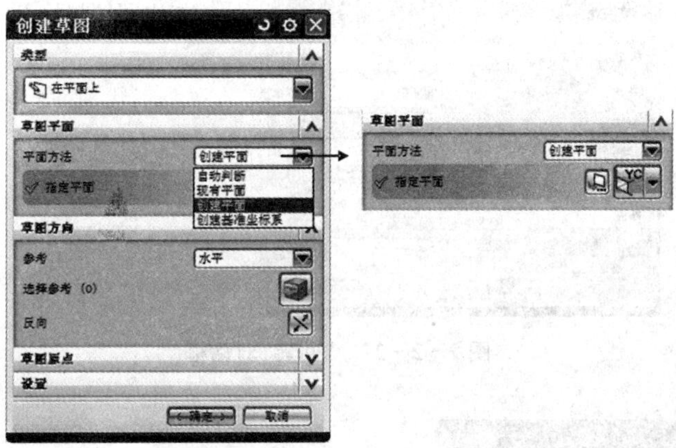

图 2-2-25 “创建草图”对话框

(3) 绘制草图曲线。

使用草图曲线和约束功能，绘制如图 2-2-26 所示的草图轮廓。单击 完成草图 按钮后，完成草图绘制，回到“建模”状态。

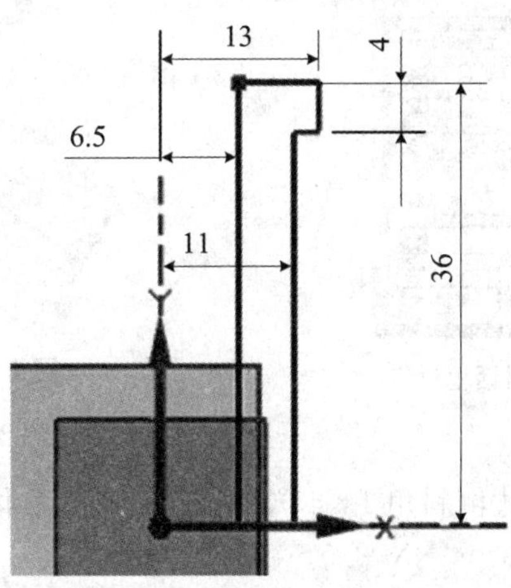

图 2-2-26 绘制回转特征的草图轮廓

(4) 创建回转实体。

单击“回转”工具按钮，系统弹出“回转”对话框，对话框“截面”组中“选择曲线”选项被激活，系统提示：选择截面几何图形。选择上一步创建的草图作为回转截面曲线，单击鼠标中键，如图 2－2－27 所示，“轴”组中的“指定矢量”选项被激活，也可直接选择“指定矢量”，并选择 ZC 轴作为回转矢量。选择“指定点”按钮，弹出“点”对话框，如图 2－2－28 所示，确定 X、Y、Z 的值均为 0。单击“点”对话框中的“确定”按钮，出现如图 2－2－29 所示的回转预览，单击“回转”对话框中的“确定”按钮，完成回转特征的创建。

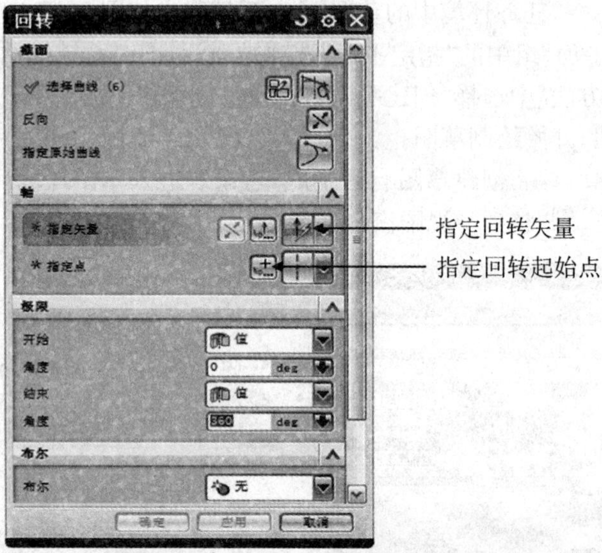

图 2－2－27 “回转”对话框

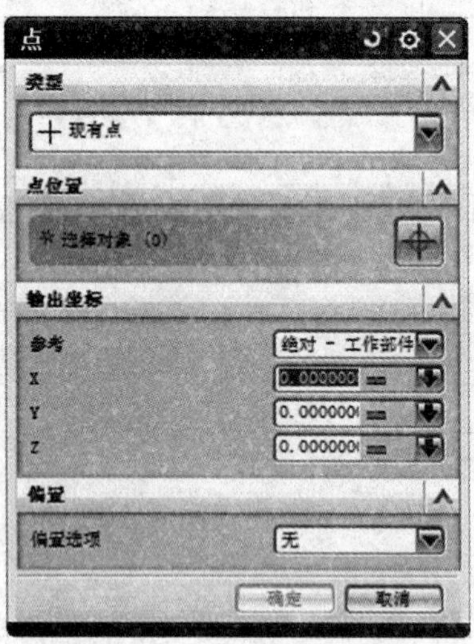

图 2－2－28 “点”对话框

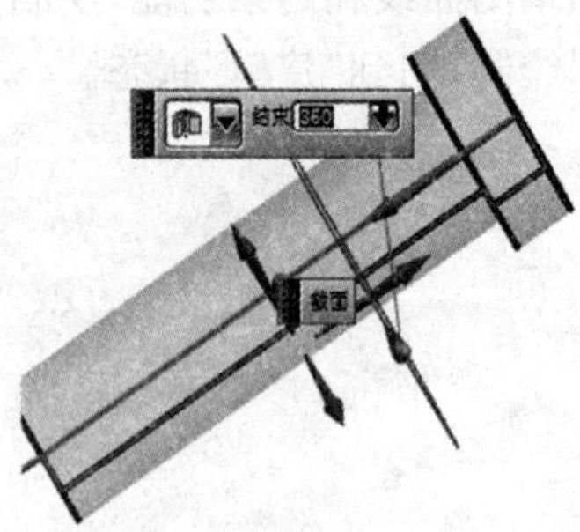

图 2－2－29 回转预览

(5) 倒斜角。

选择台阶轴下端圆柱棱边倒斜角 1×45°，完成后的钻套实体如图 2－2－30 所示。

(6) 保存文件，退出 Siemens NX 8.0。

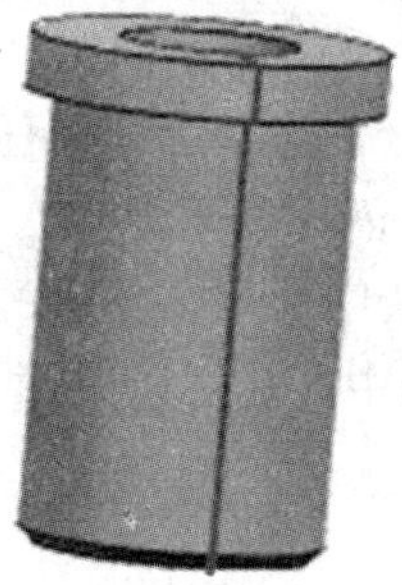

图 2-2-30　完成后的钻套三维模型

由于 Siemens NX 8.0 没有自动存档功能，需要单击“保存”按钮对该文档进行保存。单击系统标题栏中“退出”按钮，退出 Siemens NX 8.0，至此完成 Φ13 钻套三维建模。

任务评价与总结

一、任务评价

任务评价按表 2-2-1 进行。

表 2-2-1　任务评价表

评价项目	配分	得分
一、成果评价：60%		
三维模型尺寸的正确性	30	
零件建模方案的合理性	20	
文件存储是否正确	10	
二、自我评价：15%		
学习活动的目的性	3	
是否独立寻求解决问题的方法	5	
造型方案、方法的正确性	3	
团队合作氛围	2	
个人在团队中的作用	2	
三、教师评价：25%		
工作态度是否端正	10	
工作量是否饱满	3	
工作难度是否适当	2	
软件使用熟练程度	5	
自主学习	5	
总分		

二、任务总结

(1) Siemens NX 8.0 草图中的轮廓不需要在绘制时就进行准确定位和确定轮廓的尺寸

大小，在绘制中可以先绘制轮廓的基本形状，然后采用尺寸约束和几何约束确定草图图素的准确位置和尺寸大小。

(2) Siemens NX 8.0 提供了直接创建草图和在任务环境中创建草图两种方式，在直接创建草图时可以切换到使用任务环境创建草图。

(3) Siemens NX 8.0 的建模模块中提供了丰富的建模命令，同一种结构可以采用不同建模命令实现，例如 Φ13 和 Φ10 钻套中的孔可以采用孔特征和回转两种方式进行创建。

任务拓展

一、相关知识与技能

1. 草图约束

草图的强大功能在于它能准确地反映设计意图，这是通过草图对象能够随设计者给定的条件进行变化而实现的，这些给定的条件叫作草图约束。草图对象的自由度符号是指添加约束时，在草图对象的控制点处显示的箭头符号，其方向和数量由当前该控制点的自由度决定。当用户进行约束操作时，各草图对象会显示其自由度符号，表明当前存在哪些自由度没有进行约束。随着几何约束和尺寸约束的添加，草图对象的自由度符号将逐渐减少。当草图全部约束好以后，自由度符号会全部消失。例如，某草图线段如果未给定任何约束，则在为其添加约束时，系统会在两个端点处自动显示箭头符号，每个端点都有两个箭头符号，分别沿草图 X 和 Y 方向，表示该点在这两个方向上均可以移动，没有限制。

完全约束草图时，自由度箭头不显示，默认情况下，几何图形改变为淡绿色。过约束几何对象及尺寸变为红色。冲突的约束及其对象变为品红色。

草图约束分为两大类：尺寸约束和几何约束。建立草图尺寸约束是限制草图几何对象的大小和形状，也就是在草图上标注草图尺寸，并设置标注线的形式与尺寸。建立草图几何约束是限制草图对象之间的相互位置关系，如平行、相切或垂直等。

(1) 草图几何约束

草图几何约束条件一般用于定位草图对象和确定草图对象间的相互关系。在 Siemens NX 8.0 系统中，几何约束的种类是多种多样的，不同的草图对象可添加不同的几何约束类型。系统提供的可以添加到草图对象上的常用几何约束类型及其用法如表 2-2-2 所示。

表 2-2-2 几何约束列表

序号	约束类型	图标	作用
1	固定		定义几何对象固定在当前位置
2	重合		定义两条直线在选取的点处相互重合
3	同心		定义选取的两个或多个圆弧或椭圆弧同心
4	共线		定义选取的两条或多条直线共线
5	点在曲线上		定义一个位于曲线上的点的位置
6	中点		定义选取的点在线段的中点或圆弧的中点上
7	水平	→	定义选取的直线为水平直线（平行于草图中的 X 轴）
8	竖直	↑	定义选取的直线为竖直直线（平行于草图中的 Y 轴）

续表

序号	约束类型	图标	作用
9	平行	//	定义选取的两条直线或椭圆弧相互平行
10	垂直	⊥	定义选取的两条曲线彼此垂直
11	相切	○	定义选取的两个对象相切
12	等长度	=	定义选取的两条或多条曲线长度相等
13	等半径	⌒	定义选取的两个或多个圆弧半径相等
14	恒定长度	↔	定义选取的曲线长度为固定值
15	恒定角度	∠	定义选取的直线角度为固定值

给草图对象添加几何约束的方法有两种:手工添加约束和自动产生约束。

① 手工添加几何约束

手工添加约束是对所选对象由用户来指定某种约束的方法。在“草图”工具条中单击 按钮,系统就进入了几何约束操作功能。这时,用户可在绘图工作区中选择一个或多个草图对象,所选对象在绘图工作区中会加亮显示。同时,所选对象可添加的几何约束类型图标将会出现在绘图工作区的左上角。

根据所选草图对象的几何关系,在几何约束类型中选择一个或多个约束类型,则系统会添加指定类型的几何约束到所选草图对象上,并且草图对象的某些自由度符号会因产生的约束而消失。例如当选择一条直线和一个圆时,即使它们是分开的,如果选择相切约束,则系统自动使圆和直线相切。

② 自动产生几何约束

自动产生几何约束是指系统根据选择的几何约束类型以及草图间的关系,自动添加相应约束到草图对象上的方法。如果要自动产生约束,在“草图”工具条中单击“自动约束”按钮 ,系统会弹出如图 2-2-31 所示的“自动约束”对话框。该对话框中显示了当前草图对象可自动添加的几何约束类型,选中某个约束类型前的复选框,即允许系统自动添加该约束。在该对话框中设置了可自动添加到草图对象的某些约束类型后,系统会分析创建草图对象的几何关系,然后根据设置的约束类型,自动添加相应的约束到草图对象上。

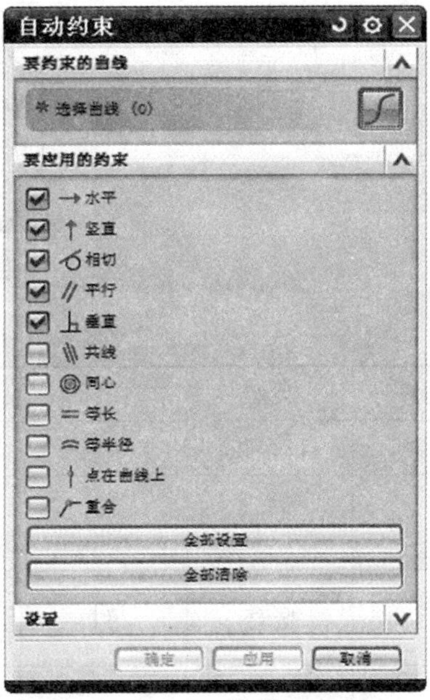

图 2-2-31　自动创建约束设置

(2) 草图尺寸约束

草图尺寸约束用于限制草图几何对象的大小、形状或相互之间的关系,也就是通常所说的标注草图尺寸,并可以设置尺寸的样式。在“草图”工具条中单击 按钮,系统就进入了“自动判断尺寸”功能,用户在绘图工作区中选择相应的草图对象,则系统就会自动地为该对象添加尺寸约束,修改其尺寸参数值,用户即可得到所需尺寸效果的草图对象。

在进行尺寸约束操作时,用户单击绘图工作区左上角“尺寸”工具条中的“草图尺寸对话框”按钮，系统会弹出如图 2-2-32 所示的“尺寸”对话框，其中包含了尺寸约束方式、尺寸表达式、引出线和尺寸标注位置选项，用来让用户对尺寸约束参数进行详细设置。

在进行草图对象尺寸约束操作时，可以通过选择其中的 9 种尺寸标注方式，来约束草图图形，具体用法如表 2-2-3 所示。

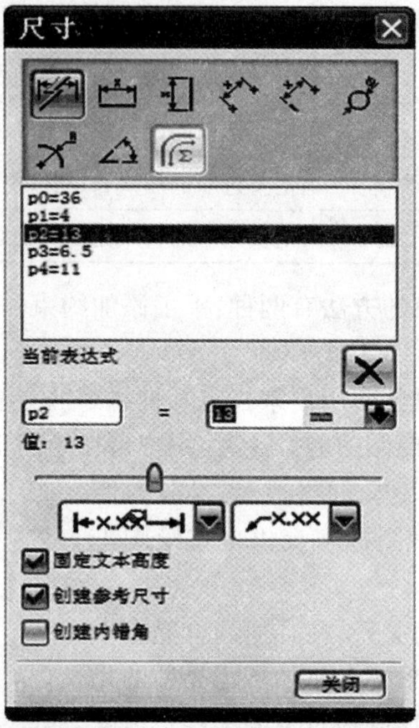

图 2-2-32 常用尺寸标注

表 2-2-3 尺寸约束列表

序号	类型	图标	作用
1	自动判断		根据所选的几何图形及选择的位置自动判断合适的尺寸类型
2	水平		根据所选对象或不同对象的两个点，用两点的连线在水平方向(平行于草图工作平面的 XC 轴)的投影长度标注尺寸
3	竖直		根据所选对象或不同对象的两个点，用两点的连线在垂直方向(平行于草图工作平面的 YC 轴)的投影长度标注尺寸
4	平行		选取同一对象或不同对象的两个控制点，用两点连线的长度标注尺寸，尺寸线将平行于所选两点的连线方向
5	垂直		对所选的点到直线的距离进行尺寸标注，尺寸线垂直于所选取的直线
6	直径		对所选的圆弧对象(该对象必须是在草图模式中创建的)进行直径尺寸标注
7	半径		对所选的圆弧对象(该对象必须是在草图模式中创建的)进行半径尺寸标注
8	角度		对所选的两条直线之间的夹角进行角度尺寸标注
9	周长		对所选的多个对象的周长进行尺寸标注

2. 创建和编辑几何体

Siemens NX 8.0 草图提供了丰富的创建和编辑几何体命令。常用的创建草图几何对象命令包括轮廓、直线、圆弧、圆、圆角、矩形、多边形、艺术样条，常用的编辑草图几何对象命令有镜像曲线、1 偏置曲线、阵列曲线、交点、相交曲线、投影曲线、快速修剪、快速延伸。具体命令的操作方式和内容可以查阅该软件的帮助文档。

3. 草图对象的状态转换

使用“转换至/自参考对象”按钮，可将草图曲线在活动曲线与参考曲线之间转换，也可将尺寸在驱动尺寸与参考尺寸之间转换。其中参考曲线用双点划线显示，并不会被拉伸等命令作为操作对象，参考尺寸不会使用尺寸数值控制对象。

4. 拉伸特征的起始和结束限制方式

在拉伸特征中，在确定拉伸截面、拉伸方向矢量和布尔操作选项后，需要选择起始和结束限制方式。拉伸特征提供了 6 种方式实现起始或结束的位置确定，如图 2-2-33 所示。

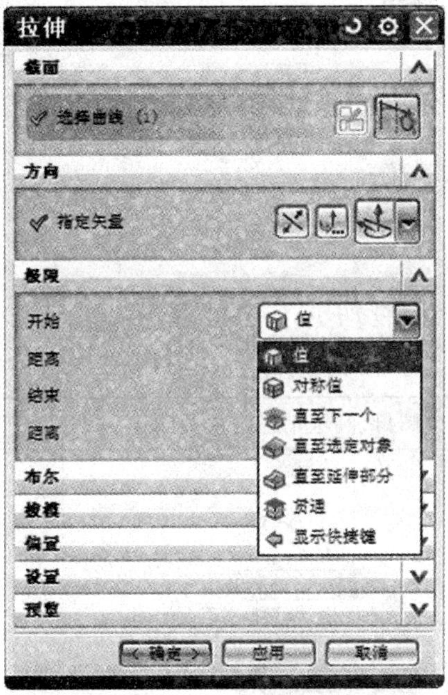

图 2-2-33　拉伸起始限制方式

(1) 值。输入起始或结束位置距离拉伸截面的数值。

(2) 对称值。起始和结束位置距离拉伸截面等距离数值。

(3) 直至选定对象。拉伸起始或结束位置落在所选对象上，要求草图不能超出所选对象范围，如图 2-2-34 所示。

(4) 直至延伸部分。拉伸起始或结束位置落在所选对象上，草图可以超出所选对象范围，如图 2-2-35 所示。

(5) 直至下一个。拉伸起始或结束位置处在沿拉伸方向上最后一个实体的接触面上，如图 2-2-36 所示。

(6) 贯通。拉伸起始或结束位置完全穿过所选对象实体，如图 2-2-37 所示。

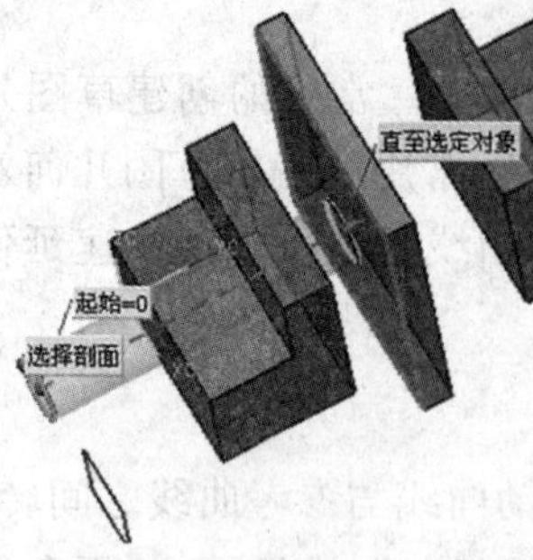

图 2-2-34　直至选定对象

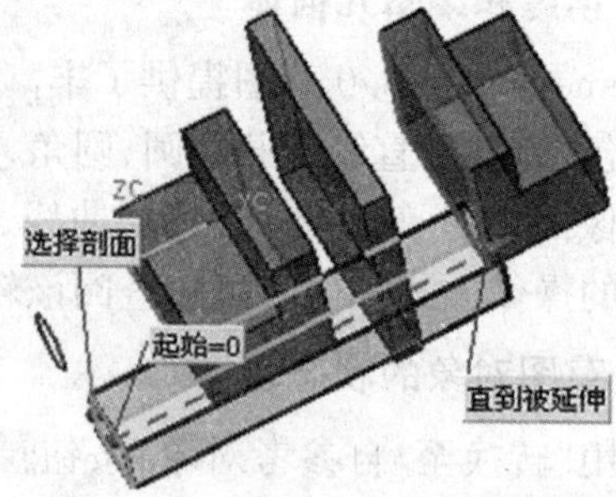

图 2-2-35　直至延伸部分

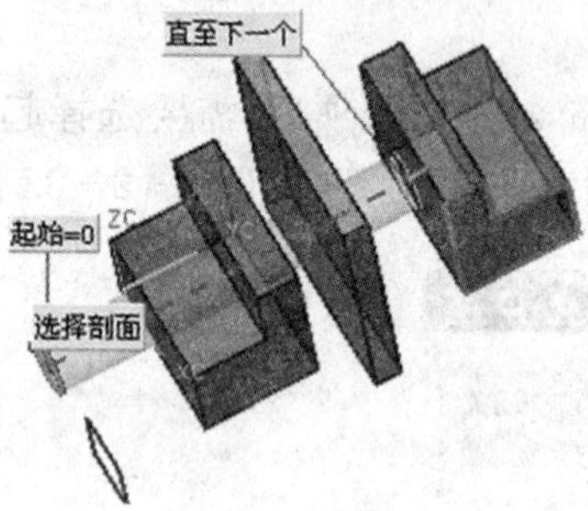

图 2-2-36　直至下一个

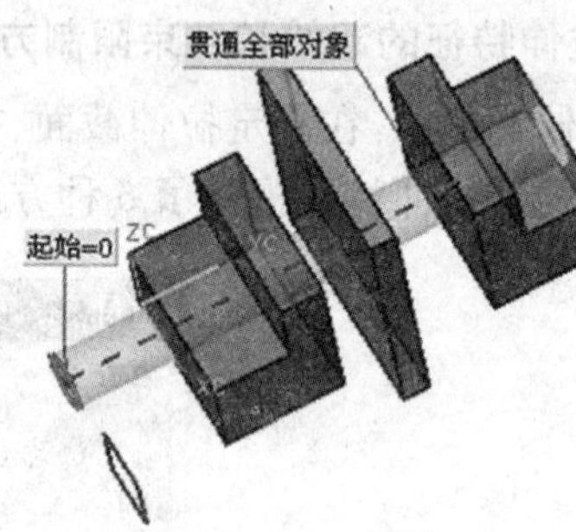

图 2-2-37　贯通全部对象

二、练习与提高

练习与提高内容如表 2-2-4 所示。

表 2-2-4

名称	平垫圈、开口螺母、圆锥销三维模型创建	难度	易
内容：建立图示零件的三维模型。 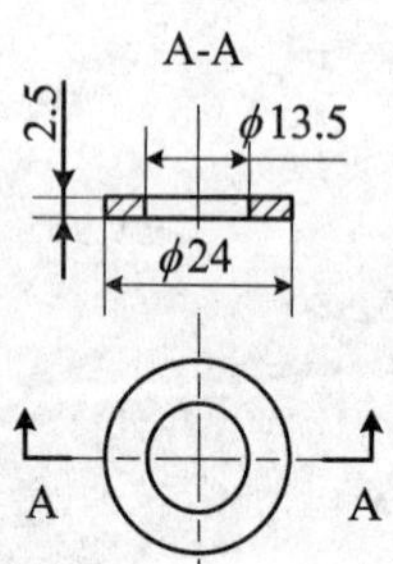 (a) 平垫圈 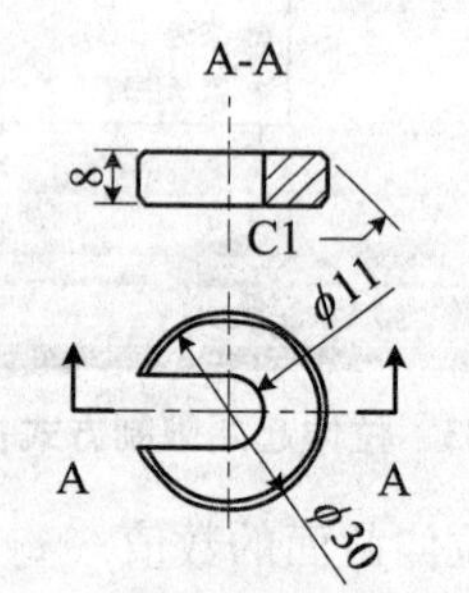 (b) 开口螺母 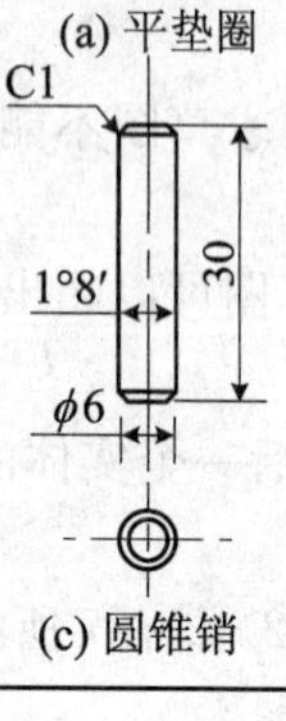 (c) 圆锥销		要求： (1) 借助 NX 帮助文档，熟悉草图轮廓的绘制命令、几何约束创建命令和尺寸约束创建命令； (2) 建立平垫圈、开口螺母、圆锥销的三维模型。	

任务二　定位销三维模型的建立

任务介绍

学习视频 2-2

本次任务是利用已经掌握的 NX 草图功能，结合凸台、沟槽等特征的使用，完成定位销三维模型的建立，并能使用部件导航器组织和管理建模过程中的数据和特征。

相关知识

一、定位销功能简介

在机床夹具中，定位销属于定位元件，可以实现工件以圆柱孔定位。定位销结构形式有圆柱销、菱形销、锥销等，如图 2-3-1 所示，其结构尺寸设计可以参照 GB/T　2202、GB/T　2203、GB/T　2204、GB/T　2205 确定，也可以根据具体的工件定位需求进行专门设计，例如在如图 2-3-2 所示的杠杆臂钻模设计中，采用专用的定位销限制工件的 5 个自由度。

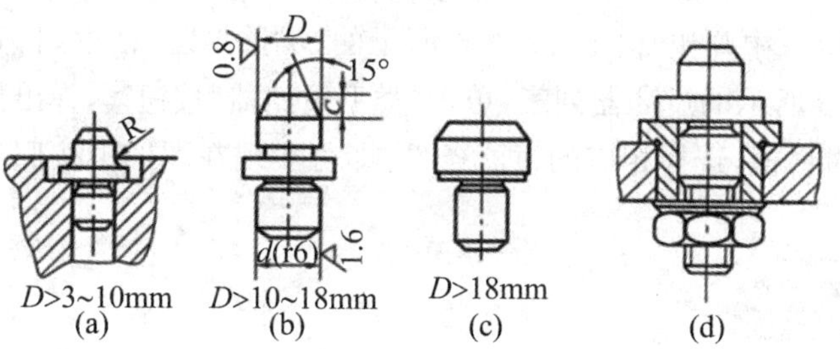

图 2-3-1　定位销结构形式

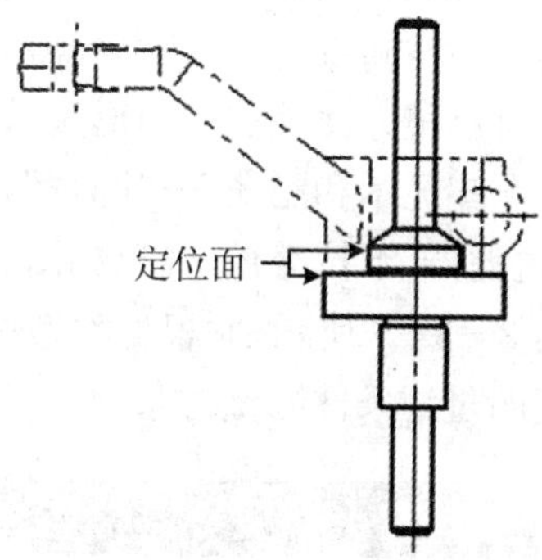

图 2-3-2　杠杆臂定位销

二、部件导航器

部件导航器提供图形化的用户界面，将各个建模操作及其在建模过程中所处的位置、顺序和所使用到的父元素等信息，按照树状结构进行组织管理，反映各个特征和建模顺序的关系。参数自上向下传递，如果改变了某父元素，则下层的元素将受影响。传递的信息可以是尺寸参数、基准、定位方法与尺寸等。

部件导航器不仅提供了模型的各种组成结构信息，还可以直接在部件导航器中选择特征进行操作，方法是选择部件导航器中的某特征，然后单击鼠标右键，从弹出的快捷菜单中选择相应的命令就可以实现对特征的参数编辑、特征的重新排序、特征的抑制等操作。如图 2-3-3 所示。

三、图形对象的组织与管理

1. 对象的显示与隐藏

在使用 Siemens NX 8.0 进行建模时，一个零件的模型可能由多个特征、草图、基准面、

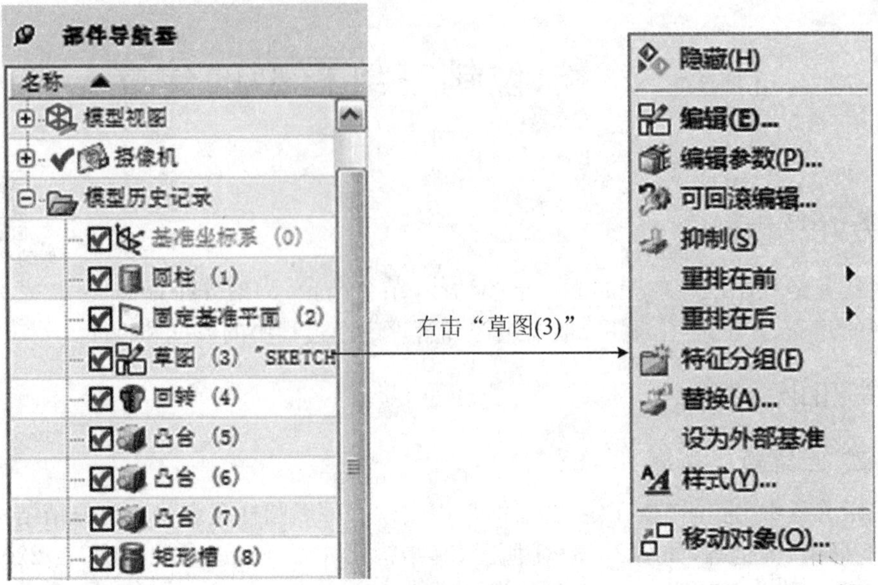

图 2-3-3 部件导航器

曲线等几何图素组成。为了便于观察和选择模型,可以将暂时不需要显示的图形对象放置到隐藏空间进行隐藏,等到需要使用这些隐藏的图形对象时,再将其显示。Siemens NX 8.0 中可以很方便地切换图形显示空间与图形隐藏空间。如果需要隐藏对象,可以选择菜单“编辑”→“显示和隐藏”→“隐藏”,图形窗口中弹出如图 2-3-4 所示的“类选择”对话框,打开“过滤器”下拉菜单,弹出如图 2-3-5 所示的过滤器列表,单击“类型过滤器”按钮,弹出如图 2-3-6 所示的“根据类型选择”对话框,选择相应的过滤条件,即可实现在图形中按照指定的过滤条件隐藏对象。

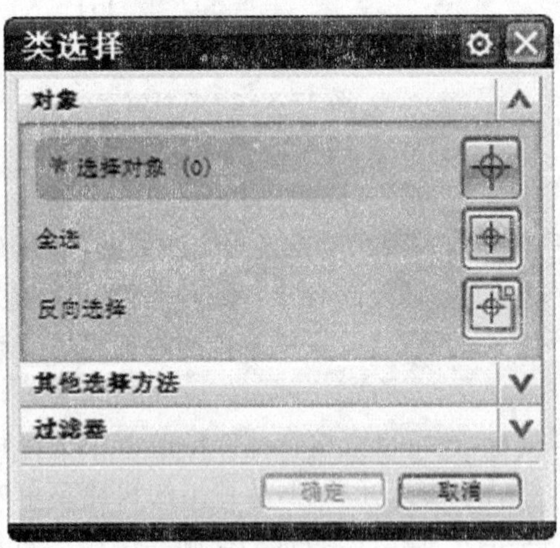

图 2-3-4 “类选择”对话框

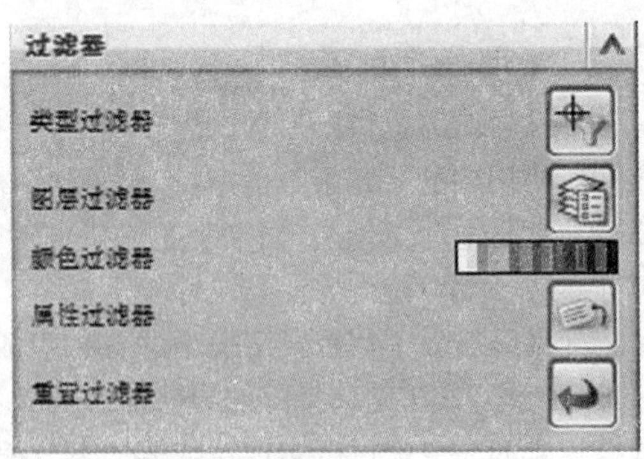

图 2-3-5 系统提供的过滤器类型

2. 使用层

在 Siemens NX 8.0 中,每个图形对象都分属于一个层,使用人员可以控制每一个层的状态,实现对指定层及其图形的状态控制。选择菜单“格式”→“图层设置”,弹出如图 2-3-

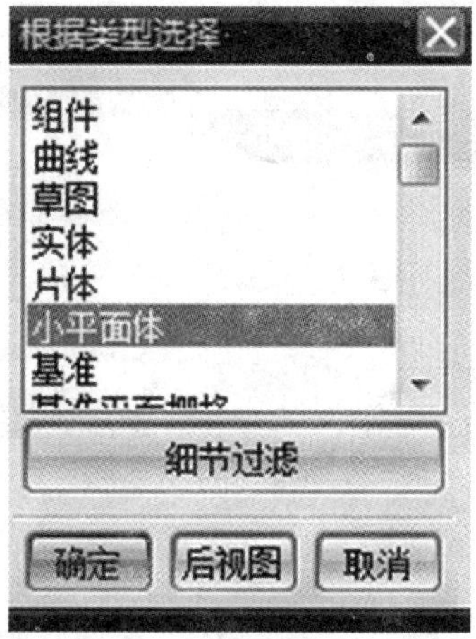

图-3-6 “根据类型选择”对话框

7 所示的“图层设置”对话框，可以对 256 个层设置“可选”、“工作层”、“不可见”、“只可见”四种状态。建模过程中，可以使用多个图层，但是一次只能在一个图层上工作，这个图层称为工作图层。如果需要修改图形对象所在的层，可以选择菜单“格式”→“移动至图层”，然后选择对象，最后在如图 2-3-8 所示的“图层移动”对话框中指定目标图层的名称。

图 2-3-7 “图层设置”对话框

图 2-3-8 “图层移动”对话框

四、圆柱体特征

在 Siemens NX 8.0 中，选择菜单“插入”→“设计特征”→“圆柱体”，弹出“圆柱”对话框。在“圆柱”对话框中，“类型”组给出了圆柱体的两种建模方式：“轴、直径和高度”和“圆弧和高度”。如图 2-3-9 所示的圆柱体建模过程为“轴、直径和高度”方式。对于“圆弧和高度”方式，需要预先有绘制好的圆弧，然后在“圆柱”对话框中输入圆柱高度，选择已绘制的圆弧完成圆柱体创建，如图 2-3-10 所示。

图 2-3-9 “轴、直径和高度”方式

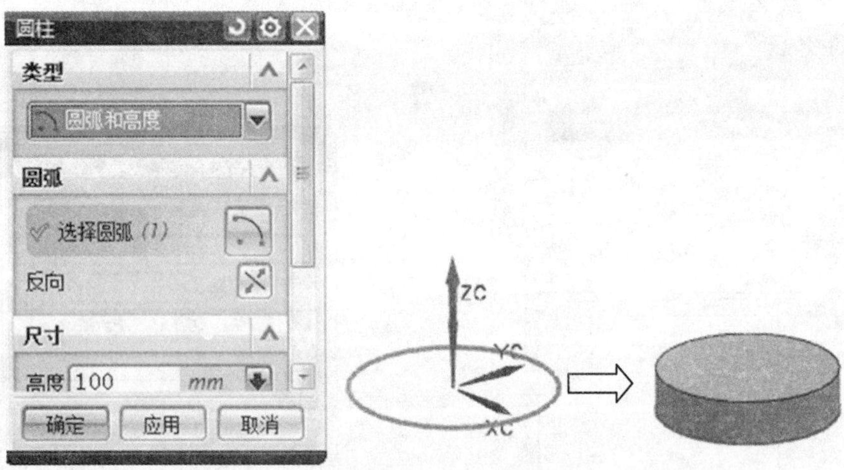

图 2-3-10 “圆弧和高度”方式创建圆柱体流程

五、凸台特征

凸台是构造在平面上的圆柱形凸台。点击图标或者选择菜单“插入”→“设计特征”→“凸台”，弹出如图 2-3-11 所示的“凸台”对话框，按操作步骤选择放置面，在各文本框中输入凸台相应参数，单击“应用”按钮，弹出“特征定位方式”对话框，使用特征定位方式确定凸台位置后，便可在实体指定位置按输入参数创建凸台。如图 2-3-12 所示为一示例，使用此方法生成的凸台与原实体成为一个整体。

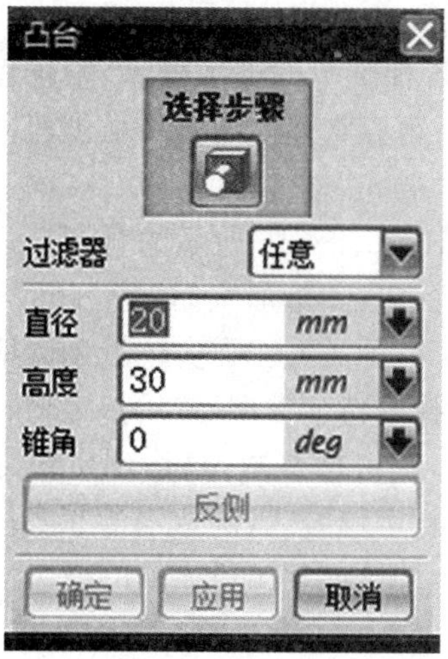

图 2-3-11 “凸台”对话框

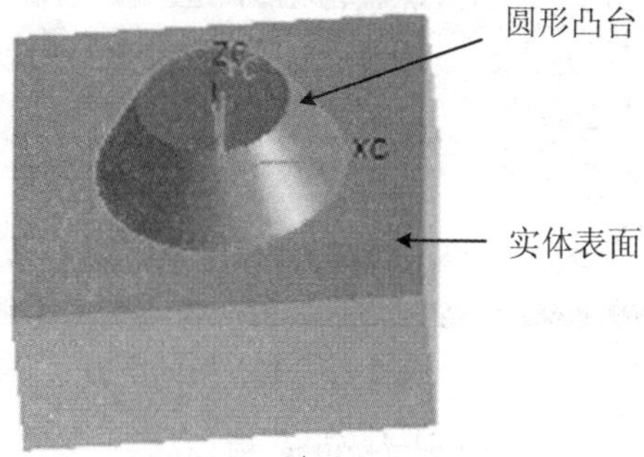

图 2-3-12 凸台构造实例

六、特征定位

在 Siemens NX 8.0 中，放置凸台等特征在其他特征之上时，需要在新放置的特征与原来已经存在的特征之间构建尺寸关系，称为定位。

定位方式有“水平”、“竖直”、“平行”、“垂直”、“点到点”、“点到线”等多种方式，如图 2-3-13 所示，不同的对象可能有所不同。例如“点到点”定位方式，是使即将形成的元素上的一个点和已经存在的模型上的某个点重合的定位方式。如图 2-3-14 所示，可以使用“点到点”定位方式使小圆柱的下底面中心点和大圆柱上顶面中心点重合，实现同轴。

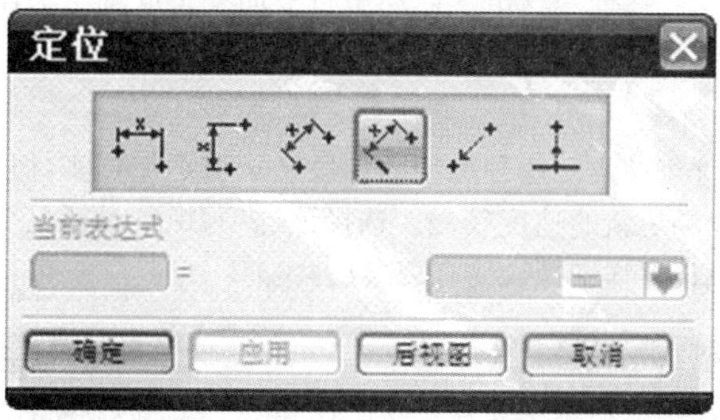

图 2-3-13 定位方式

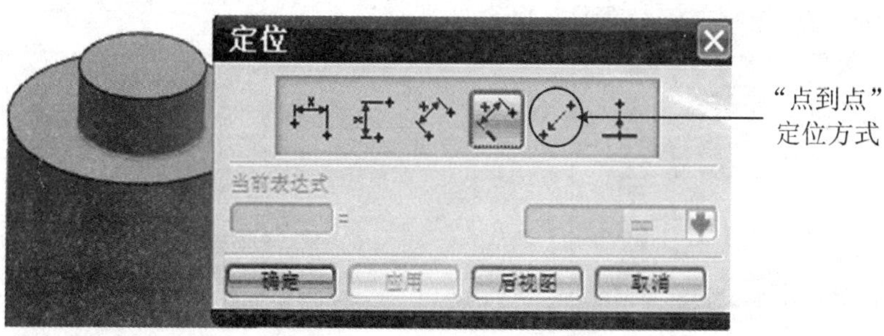

图 2-3-14 “点到点”定位方式

七、槽特征的使用

槽特征是 Siemens NX 8.0 的成型特征之一，例如阶梯轴上的退刀槽、砂轮越程槽等结构，可以直接使用槽特征创建。选择菜单“插入”→“设计特征”→“槽”，将弹出如图 2-3-15 所示的“槽”对话框。槽特征包括“矩形”、“球形端槽”和“U 形槽”三种类型。在实体上创建槽一般先选择槽特征类型，然后指定槽特征放置面，设置槽参数，最后用定位方式中的平行定位方式，确定沟槽在实体上的位置，即可创建出所需要的槽。

图 2-3-15　槽的类型

八、螺纹特征的使用

螺纹特征就是在具有圆柱面的特征上创建螺纹结构或螺纹符号。选择菜单命令“插入”→“设计特征”→“螺纹”，系统会弹出如图 2-3-16 所示的“螺纹”对话框。

用户先根据创建螺纹的需要，选择螺纹类型，再在绘图工作区中选择创建螺纹的表面。在设置螺纹参数时，既可手工指定各螺纹参数，也可从螺纹参数列表中选取某螺纹参数。完成参数设置后，系统即在所选择的实体表面上创建螺纹。Siemens NX 8.0 中的螺纹特征类型包括了符号和详细两个选项。

1. 符号螺纹

该选项用于创建符号螺纹。符号螺纹用虚线表示，并不显示螺纹实体，在工程图中可用于表示螺纹和标注螺纹。这种螺纹由于只产生符号而不生成螺纹实体结构，因此生成螺纹的速度快，一般创建螺纹时都选择该类型。

2. 详细螺纹

该选项用于创建详细螺纹。这种类型的螺纹显示得更加真实，但由于这种螺纹几何形状的复杂性，使其创建和更新的速度较慢。选择该选项，螺纹对话框变为如图 2-3-17 所示的形式，在其中可以设置详细螺纹的有关参数。

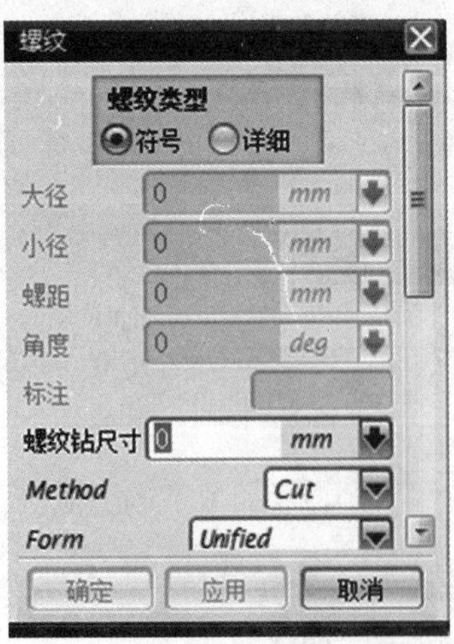

图 2-3-16　符号螺纹对话框

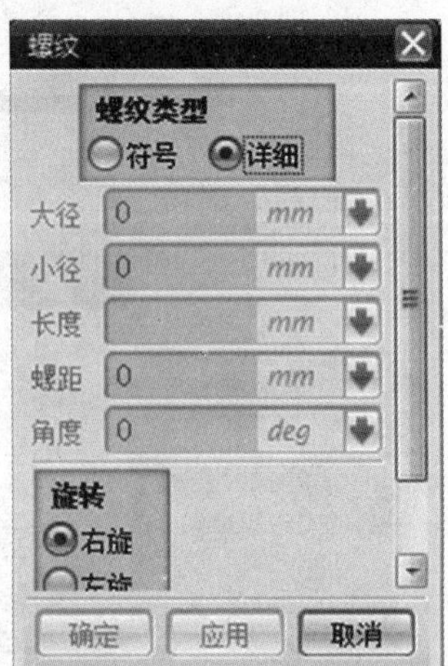

图 2-3-17　详细螺纹对话框

任务分析与计划

一、定位销的三维建模分析

定位销的三维模型可以采用圆柱特征、凸台特征、倒斜角特征、槽特征和符号螺纹特征按照先后顺序组合而成，如图 2－3－18 所示。

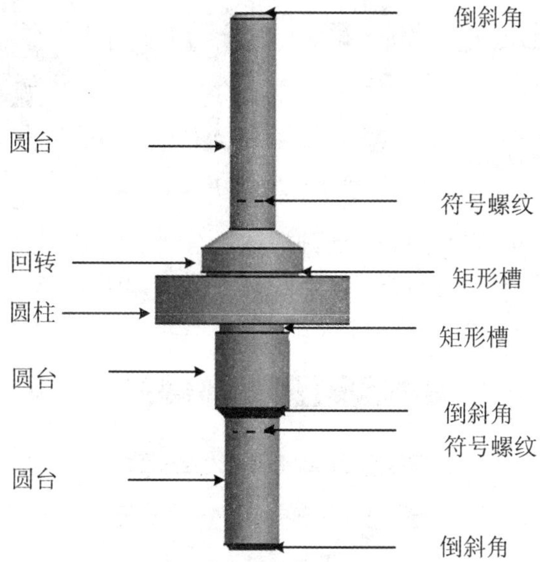

图 2－3－18　定位销模型的特征组成

二、定位销的三维模型建模计划

定位销的三维模型零件，我们可以按照如下顺序建模：

(1) 建立一个方向向上的直径 42 mm、高 10 mm 的圆柱。

(2) 在此圆柱表面上建立一个回转特征。

(3) 在回转特征上建立一个高 46 mm 的凸台特征。

(4) 在圆柱下底面建立一个直径 16 mm、高 20 mm 的凸台。

(5) 建立一个直径 12 mm、高 28 mm 的凸台。

(6) 建立一个直径 20 mm、宽 1 mm 的矩形槽。

(7) 建立一个直径 14 mm、宽 2 mm 的矩形槽。

(8) 在零件顶部与底部圆柱面棱线上建立 1×45°倒斜角。

(9) 在步骤(4)中建立的凸台下底面棱线处建立 1×45°倒斜角。

(10) 在步骤(3)中建立的凸台特征上部建立一个螺距 0.75 mm、长度 40 mm 的符号螺纹特征。

(11) 在步骤(5)中建立的凸台特征下部建立一个螺距 1 mm、长度 25 mm 的符号螺纹特征。

定位销的三维模型建模方案如图 2－3－19 所示。

任务实施

(1) 新建一个部件文件，文件名称为“dingweixiao. prt”，单位选择“毫米”，进入 Siemens NX 8.0 后，选择菜单“开始”→“建模”，进入“建模”应用模块。

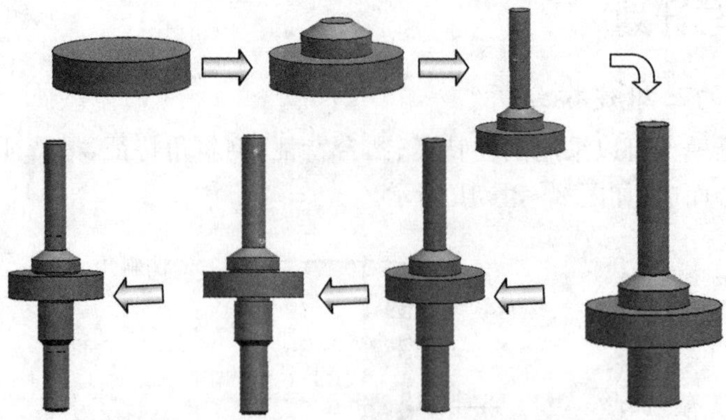

图 2-3-19　定位销的建模过程示意

(2) 创建直径 42 mm、高度 10 mm 的圆柱体。

① 选择菜单“插入”→“设计特征”→“圆柱体”，弹出如图 2-3-20 所示“圆柱”对话框，在“类型”组中选择“轴、直径和高度”，并按要求输入直径 42、高度 10。

图 2-3-20　“圆柱”对话框

② 本例中建立的圆柱体是第一个特征，采用第一种方法“轴、直径和高度”，进行参数化建立圆柱。在“指定矢量”选项中选择 ZC 方向为所要创建圆柱体的轴线方向；在“指定点”选项中，选择按钮，弹出如图 2-3-21 所示的“点”对话框，在“输出坐标”组中分别输入 XC：0；YC：0；ZC：0，单击“确定”按钮，完成指定点(0,0,0)作为圆柱体下底面圆心点位置的设置工作，系统回到“圆柱”对话框，单击该对话框上的“确定”按钮，圆柱体特征完成，如图 2-3-22 所示。

(3) 创建回转特征。

要创建的回转特征如图 2-3-23 所示。

① 回转特征截面草图的绘制。

选择菜单“插入”→“任务环境中的草图”，弹出“创建草图”对话框，如图 2-3-24 所示，将“平面方法”选项修改为“创建平面”，如图 2-3-25 所示，在“指定平面”中选择(提示

XC－ZC 平面)，单击“确定”按钮后，进入草图环境。

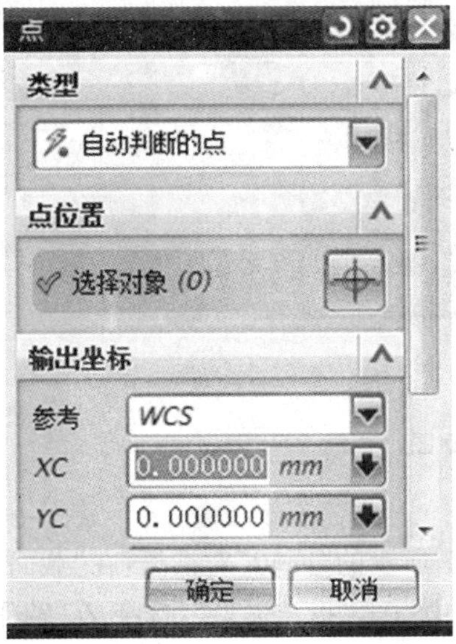

图 2－3－21　“点”对话框

图 2－3－22　完成后的圆柱体

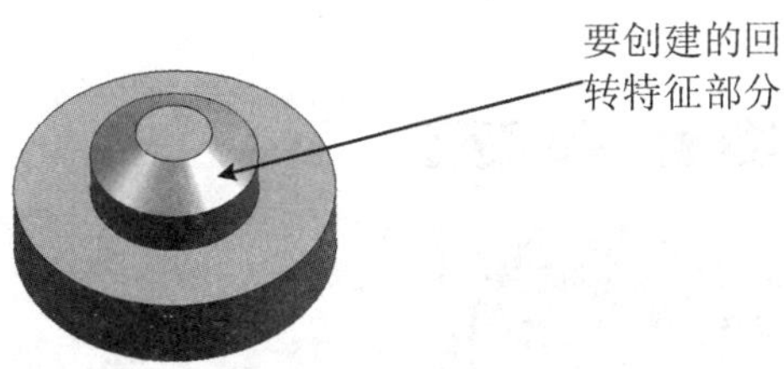

图 2－3－23　回转特征

在选择条上，确定“圆弧中心”按钮被选中，可以捕捉轮廓圆圆心，单击按钮，开始绘制轮廓，利用修剪、尺寸约束等进行，完成后的草图如图 2－3－26 所示。可以在创建草图中将不需要的基准面进行隐藏。单击完成草图按钮，退出草图环境。

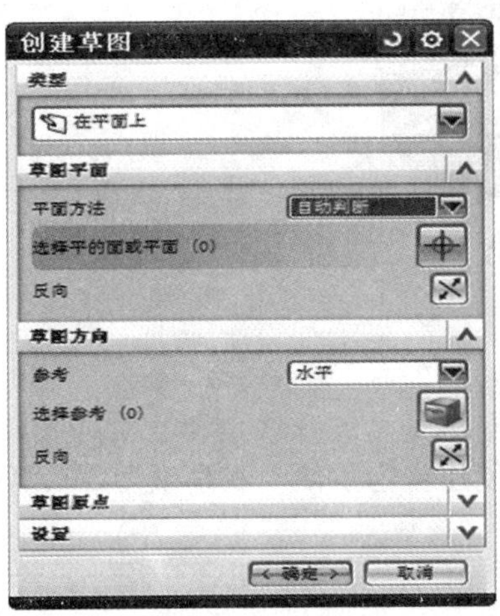

图 2－3－24　“创建草图”对话框

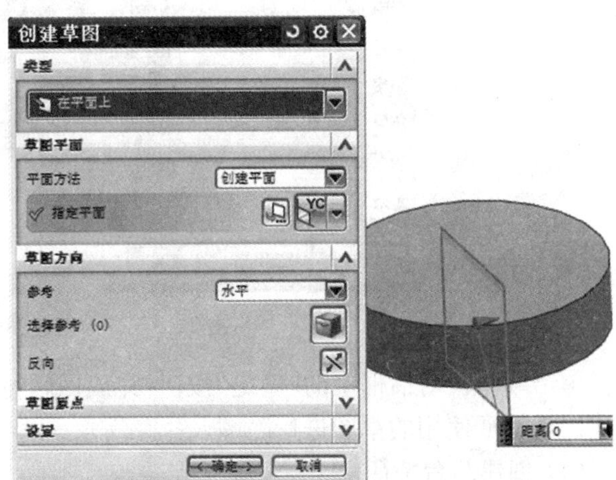

图 2－3－25　选择草图绘制平面

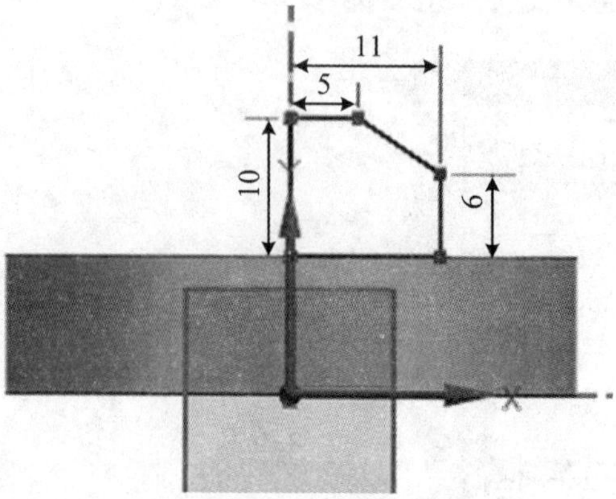

图 2-3-26 绘制草图

② 创建回转特征。

单击“回转”工具按钮，系统弹出如图 2-3-27 所示的“回转”对话框，在“截面”选项组中选择上一步创建的草图作为回转截面，在“轴”组中点击“指定矢量”，选择 ZC 轴作为回转轴，在“指定点”中选择“点构造器”按钮，在“点”对话框中，输入原点坐标(0,0,0)后单击“确定”按钮，系统回到“回转”对话框，按照图 2-3-27 所示的参数输入，并在“布尔”组中选择“求和”选项。

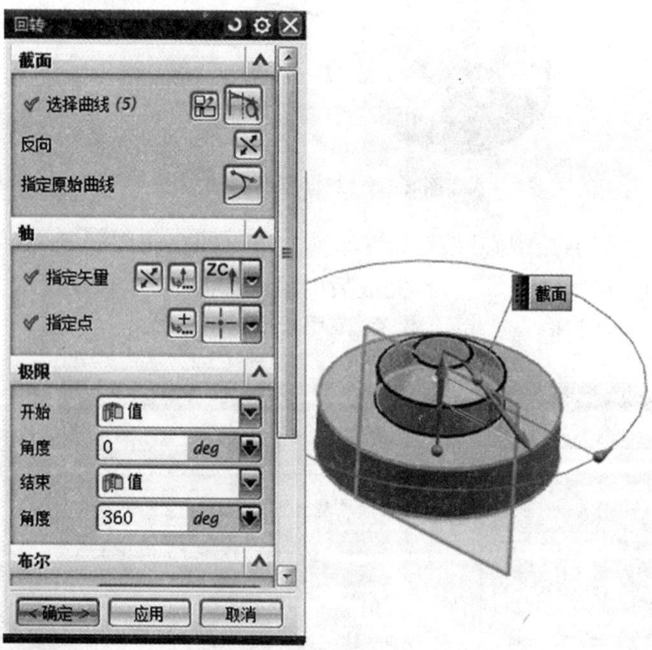

图 2-3-27 创建回转特征

单击“回转”对话框中的“确定”按钮，完成回转特征的创建。为了便于观察模型，可以将创建回转特征使用的草图进行隐藏。

(4) 创建凸台特征。

此步骤需要创建一个高度为 46 mm、直径为 10 mm 的凸台，凸台下底面中心和回转体上顶面中心重合，如图 2-3-28 所示。

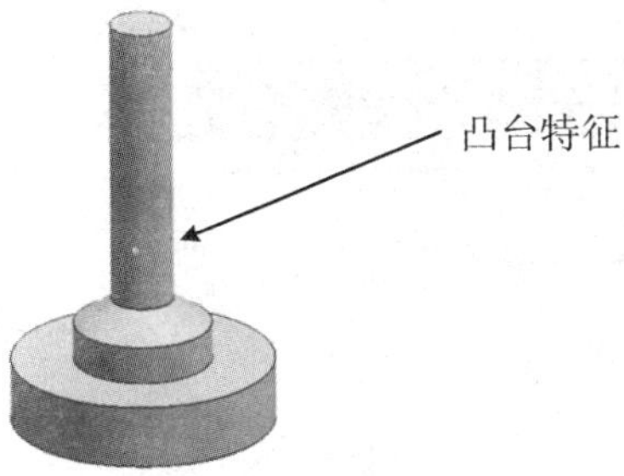

图 2-3-28　凸台特征

单击工具条上的“凸台”按钮，系统弹出“凸台”对话框，参数输入如图 2-3-29 所示，放置面选择上一步所做的回转体上表面圆。

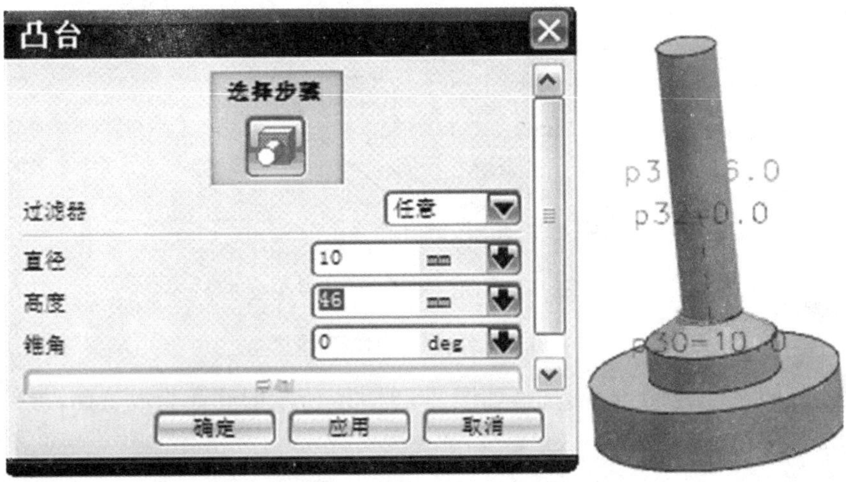

图 2-3-29　“凸台”对话框

单击“凸台”对话框中的“确定”按钮，系统弹出“定位”对话框，此时选择“点到点”定位方式按钮，如图 2-3-30 所示。弹出“点落在点上”对话框，从图形窗口中选择如图 2-3-31 所示的回转体上表面边缘作为目标体。弹出如图 2-3-32 所示“设置圆弧的位置”对话框，选择“圆弧中心”按钮，完成凸台特征的创建。

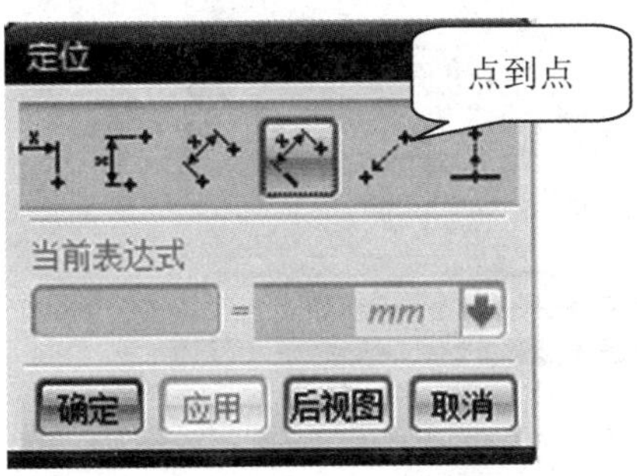

图 2-3-30　凸台定位

图 2-3-31　选择轮廓边缘

(5) 创建圆柱体下侧的凸台。

此步骤需要创建一个直径为 16 mm、高度为 20 mm 的凸台，如图 2-3-33 所示。

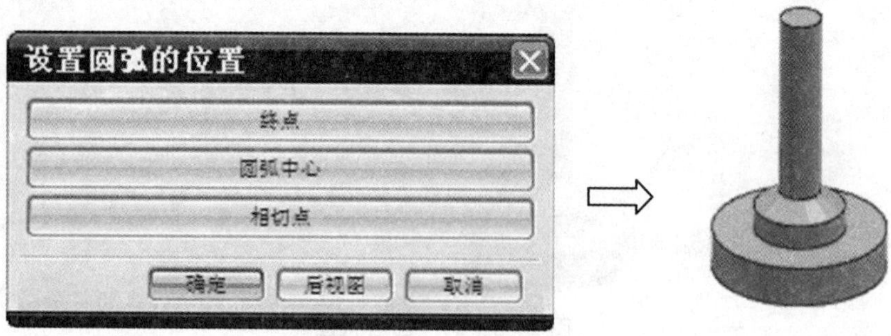

图 2-3-32 “设置圆弧的位置”对话框

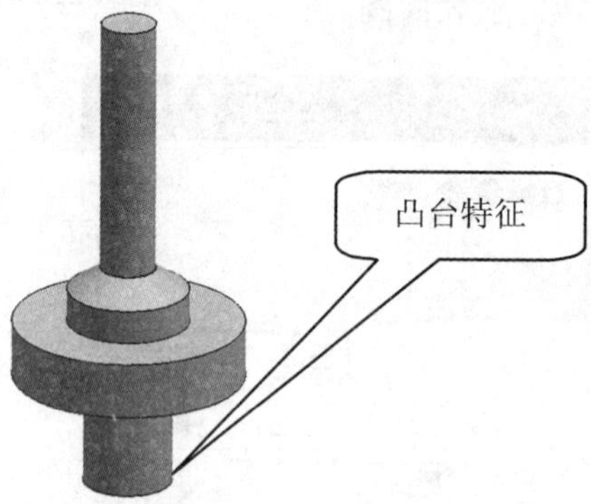

图 2-3-33 凸台特征

参照上一凸台特征创建步骤，选择如图 2-3-34 所示的底面为放置面，参数输入如图 2-3-34 所示。

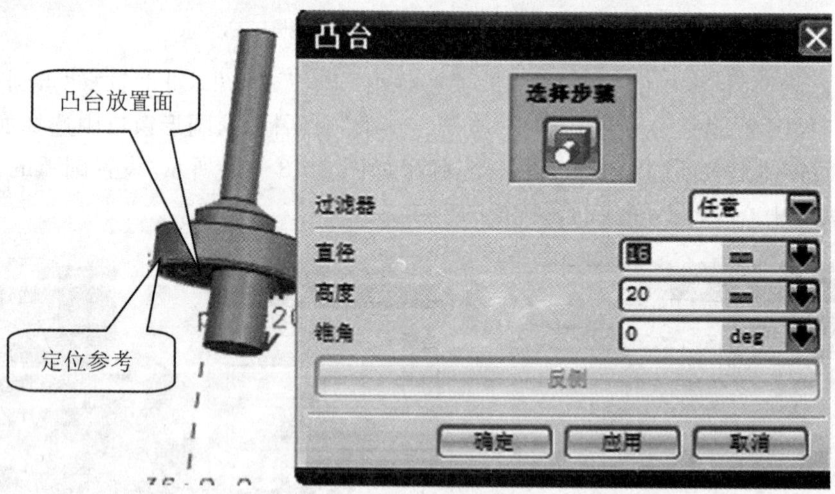

图 2-3-34 凸台特征参数

(6) 创建凸台。

此步骤需要创建一个直径为 12 mm、高度为 29 mm 的凸台，如图 2-3-35 所示。

选择如图 2-3-36 所示的底面为放置面，参数输入如图 2-3-36 所示，定位方式采用“点到点”，选择放置面轮廓圆的中心为定位方式的目标点。

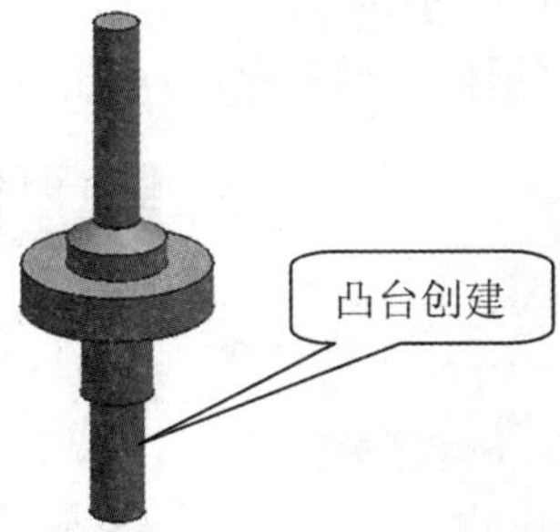

图 2-3-35　创建凸台特征

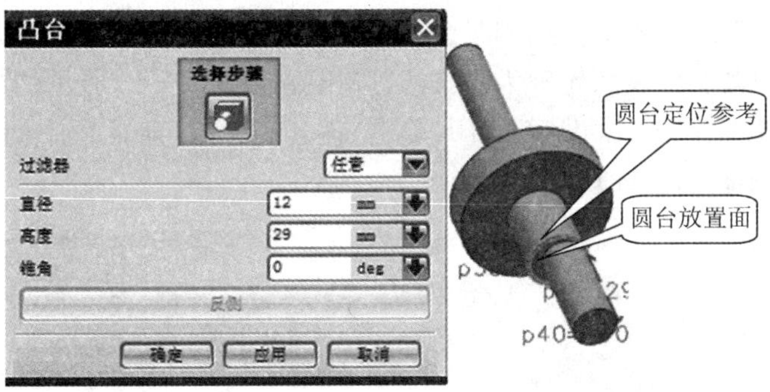

图 2-3-36　凸台特征参数

(7) 矩形槽的创建。

此步骤需要创建两个圆柱表面的退刀槽，如图 2-3-37 所示。

单击“开槽”工具按钮，系统弹出如图 2-3-38 所示的“槽”对话框，用户可以选择槽的类型，此处槽类型指的是沟槽横截面类型，在本例中创建的沟槽横截面为矩形形状，所以选择“矩形”按钮。

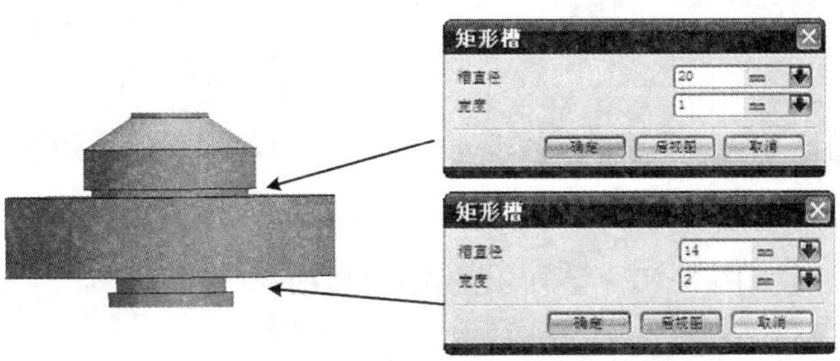

图 2-3-37　槽

图 2-3-38　“槽”对话框

弹出如图 2－3－39 所示的“矩形槽”对话框，选择图示矩形槽放置面，弹出如图 2－3－40 所示的“矩形槽”对话框，输入矩形槽直径和宽度，单击“确定”按钮。

图 2－3－39 “矩形槽”对话框

图 2－3－40 槽尺寸

弹出如图 2－3－41 所示的“定位槽”对话框，选择图示的圆柱体轮廓为目标边，选择如图 2－3－42 所示的槽实体表面轮廓为工具边，弹出如图 2－3－43 所示的“创建表达式”对话框，输入放置面和工具边之间的距离值：0，单击“创建表达式”对话框中的“确定”按钮，完成沟槽特征创建，如图 2－3－44 所示。

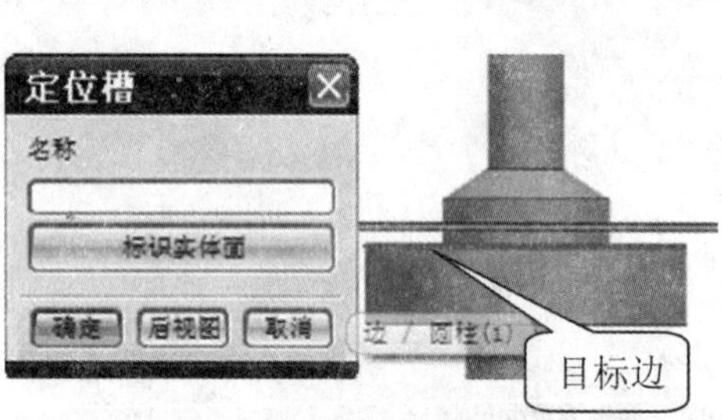

图 2－3－41 “定位槽”对话框

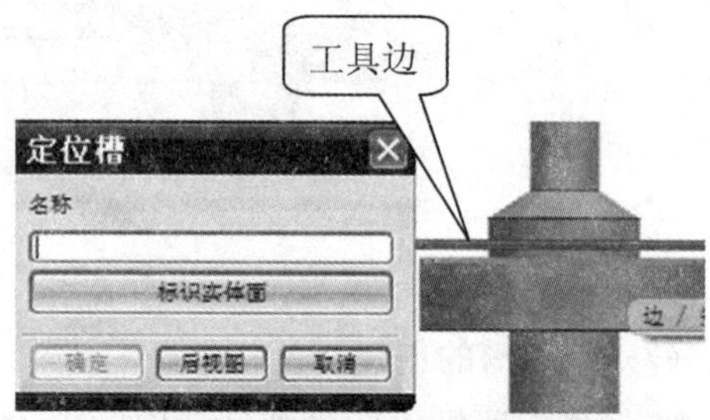

图 2－3－42 确定工具边

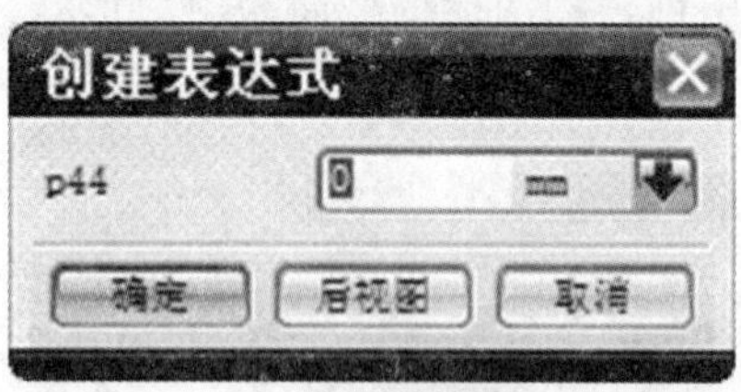

图 2－3－43 “创建表达式”对话框

图 2－3－44 完成后的矩形槽

参照上一步，创建如图 2－3－45 所示的矩形槽，槽的底部直径为 14 mm，槽宽为 2 mm。

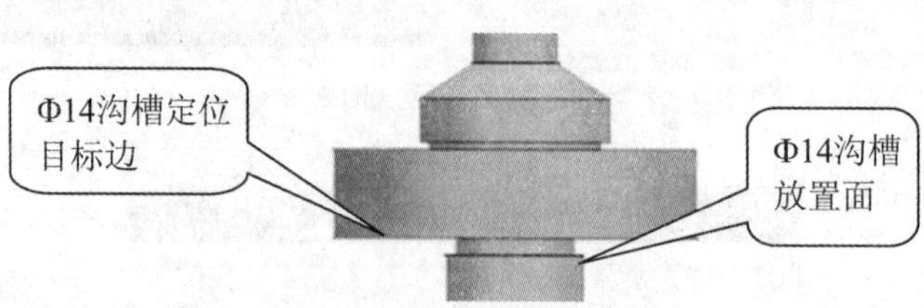

图 2－3－45 ϕ14 沟槽

(8) 倒斜角的创建。

本步骤中将创建两个 C1 和一个 C2 倒斜角，如图 2－3－46 所示。

① 创建 C2 倒斜角。单击“倒斜角”工具按钮，系统弹出如图 2－3－47 所示的“倒斜

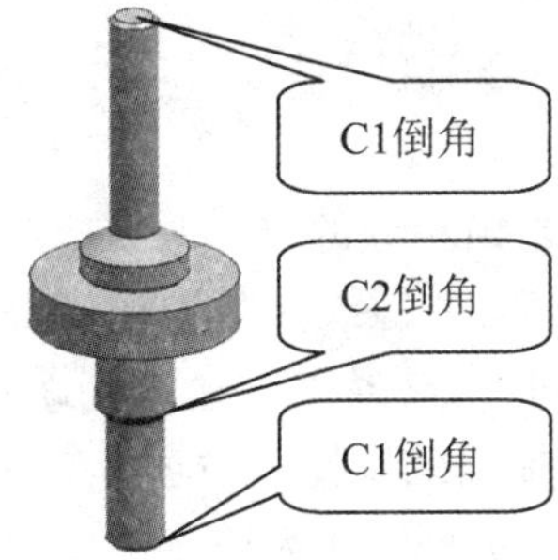

图 2-3-46　倒斜角

角”对话框，设置“横截面”选项为“对称”，输入距离：2。从图形窗口中选择图示的轮廓边缘，单击“倒斜角”对话框中的“确定”按钮，完成倒斜角创建。

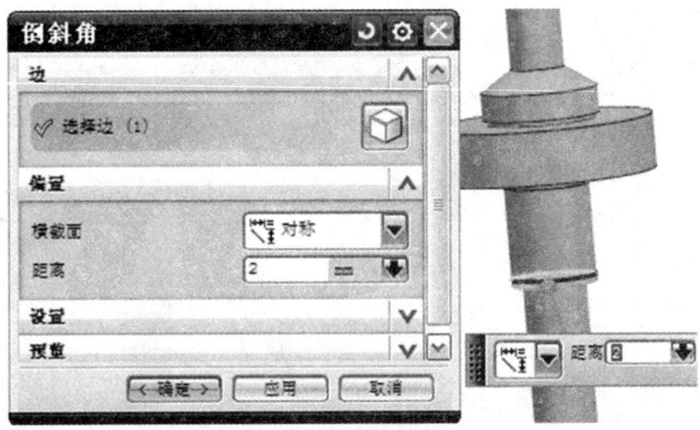

图 2-3-47　C2 倒斜角

② 创建两个 C1 倒斜角。参照上一步的方法，选择如图 2-3-48 所示的倒斜角对象和倒斜角参数，完成图示倒斜角。

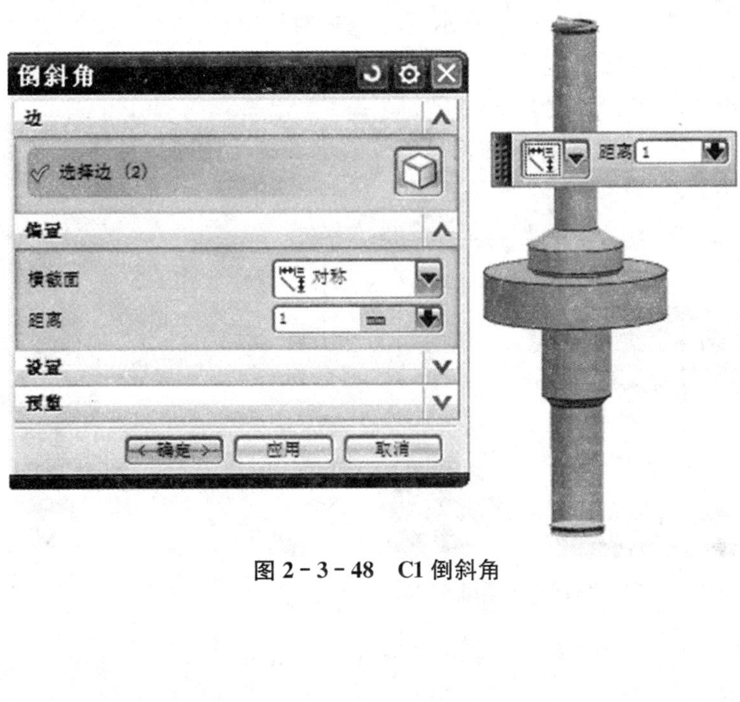

图 2-3-48　C1 倒斜角

(9) 符号螺纹的创建。

此定位销上部和下部圆柱面上分别有 M10×0.75、长度 40 mm 和 M12×1、长度 25 mm 的螺纹。

① 创建上部 M10×0.75、长度 40 mm 的符号螺纹。

单击"螺纹"工具按钮，系统弹出"螺纹"对话框，如图 2-3-49 所示。系统提示区域提示："选择一个圆柱进行表格查询，或选择手工输入来跳过表格"。选择如图 2-3-50 所示的圆柱面作为螺纹放置面，系统提示区域提示："选择起始面"，同时图形窗口弹出如图 2-3-50 所示的"螺纹"对话框，选择图示平面作为螺纹起始面。

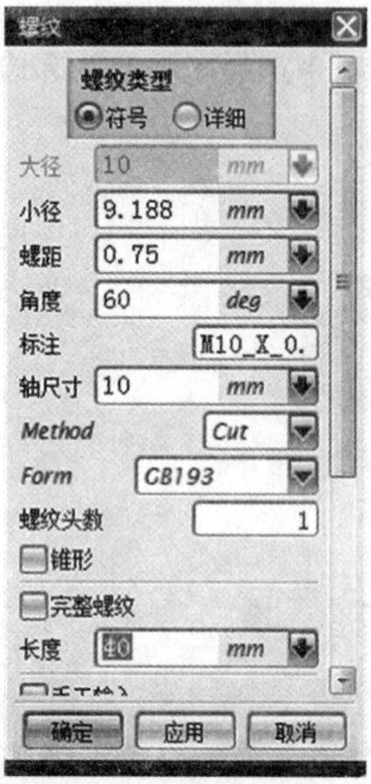

图 2-3-49 螺纹参数对话框

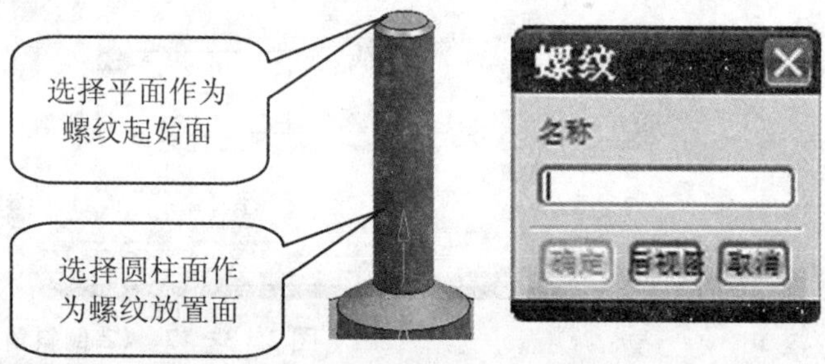

图 2-3-50 选择螺纹放置面和起始面

系统弹出如图 2-3-51 所示的"螺纹"对话框，选择"螺纹轴反向"按钮，使螺纹轴方向与图示方向相反。在如图 2-3-49 所示的"螺纹"对话框中输入螺纹长度 40，选择"Form"为 GB193。单击"确定"按钮，完成螺纹创建。

② 创建下部 M12×1、长度 25 mm 的符号螺纹。

参照 M10×0.75、长度 40 mm 的符号螺纹创建步骤，创建 M12×1、长度 25 mm 的螺纹。完成后的螺纹如图 2-3-52 所示。

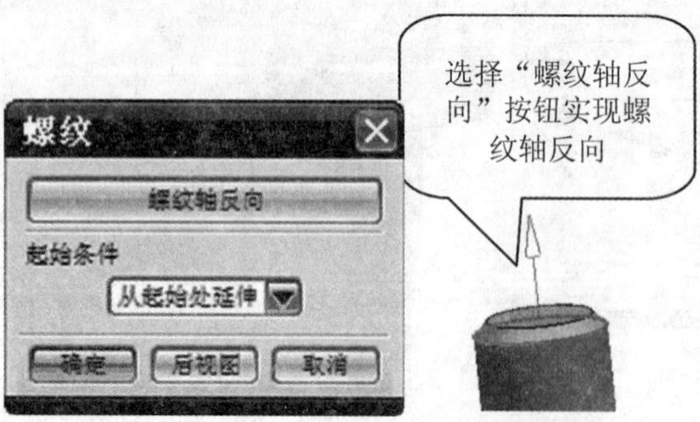

图 2-3-51 "螺纹"对话框

图 2-3-52 完成后的螺纹

(10) 隐藏对象。

从特征导航器中可以观察到定位销模型的特征组成，可以在特征导航器中选择“固定基准面”特征，单击右键，在弹出的快捷菜单中选择“隐藏”，则该特征在图形窗口中不显示。

选择菜单“编辑”→“显示和隐藏”→“隐藏”，在弹出的“类选择”对话框中选择“类型过滤器”，通过设置类型，实现对模型上某一类对象的快速选择，并进行隐藏。

任务评价与总结

一、任务评价

任务评价按表 2-3-1 进行。

表 2-3-1　任务评价表

评价项目	配分	得分
一、成果评价：60%		
三维模型尺寸的正确性	30	
零件建模方案的合理性	10	
特征参数选择与设置的合理性	15	
部件导航器中是否有错误或冗余特征	5	
二、自我评价：15%		
学习活动的目的性	3	
是否独立寻求解决问题的方法	5	
造型方案、方法的正确性	3	
团队合作氛围	2	
个人在团队中的作用	2	
三、教师评价：25%		
工作态度是否端正	10	
工作量是否饱满	3	
工作难度是否适当	2	
软件使用熟练程度	5	
自主学习	5	
总分		

二、任务总结

(1) 使用“轴、直径和高度”方式创建圆柱体特征时，利用点捕捉选项可以准确捕捉到需要放置圆柱体原点的位置。

(2) 使用 Siemens NX 8.0 进行实体的三维建模时，一般先完成主要特征的创建，最后才完成像倒斜角、螺纹等特征的创建。

(3) 对于定位销如图 2-3-53 所示的回转特征部分，不仅可以采用回转特征实现，还可以采用两个凸台组合而成。Siemens NX 8.0 提供了丰富的实体建模命令，同样的结构可以采用多种方法实现造型。

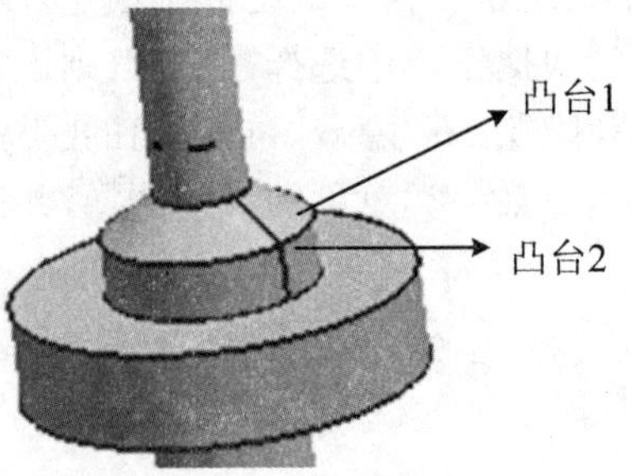

图 2-3-53 回转特征

(4) Siemens NX 8.0 对图形窗口中模型的显示和隐藏提供了层工具,还可以直接使用显示和隐藏命令控制图形窗口中对象的可见性。

任务拓展

一、Siemens NX 8.0 设计特征

Siemens NX 8.0 设计特征用于建立基本体素和简单的实体模型,包括如图 2-3-54 所示的拉伸、回转、长方体、圆柱体、锥体、球体、圆形凸台、型腔、凸垫、键槽、沟槽等。实际的产品实体造型都可以分解为这些简单特征建模按照先后顺序组合而成,因此特征建模部分是实体造型的基础。

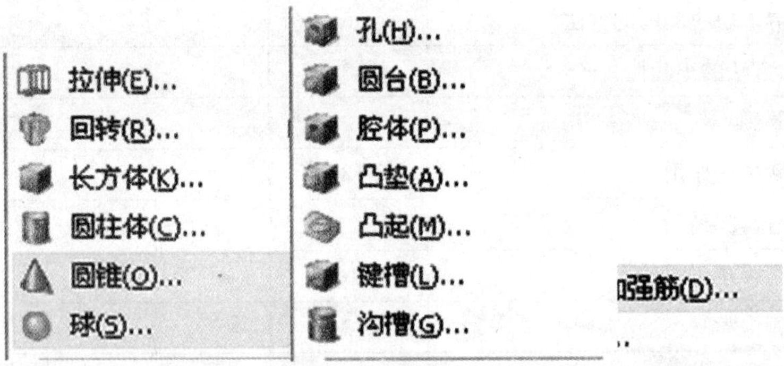

图 2-3-54 设计特征

二、长方体

选择菜单"插入"→"设计特征"→"长方体",弹出如图 2-3-55 所示的长方体对话框,在"类型"中提供了"原点和边长"、"两点和高度"、"两个对角点"三种类型用于创建长方体。例如,选择"原点和边长"方式,利用点捕捉器确定长方体原点并输入长方体的长度、宽度和高度,单击"确定"按钮,可得到如图 2-3-56 所示的长方体。

三、详细螺纹

选择菜单"插入"→"设计特征"→"螺纹",在弹出的"螺纹"对话框中选择螺纹类型:"详细",确定螺纹的放置面和起始面后,得到的螺纹特征如图 2-3-57 所示。

图 2-3-55　长方体对话框

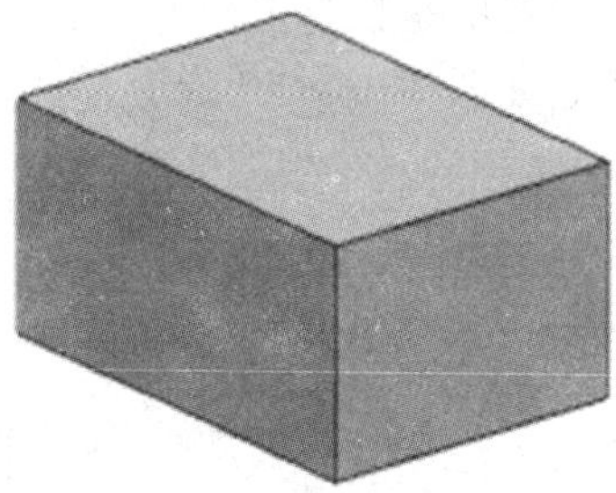

图 2-3-56　长方体

图 2-3-57　详细螺纹特征

四、特征定位方式

在创建凸台、孔、凸垫、腔体等特征时，需要使用“定位”对话框确定凸台或孔等特征在基本体素上的位置。如图 2-3-58 所示，常使用的定位方式有“水平”、“竖直”、“平行”、“垂直”、“点落在点上”、“点落在线上”、“线落在线上”、“角度”等。

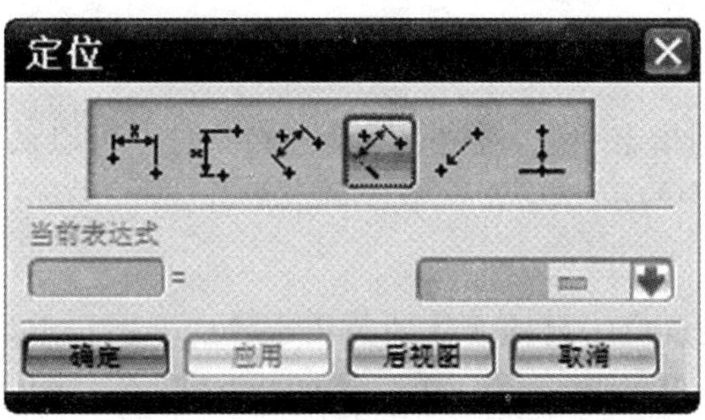

图 2-3-58　“定位”对话框

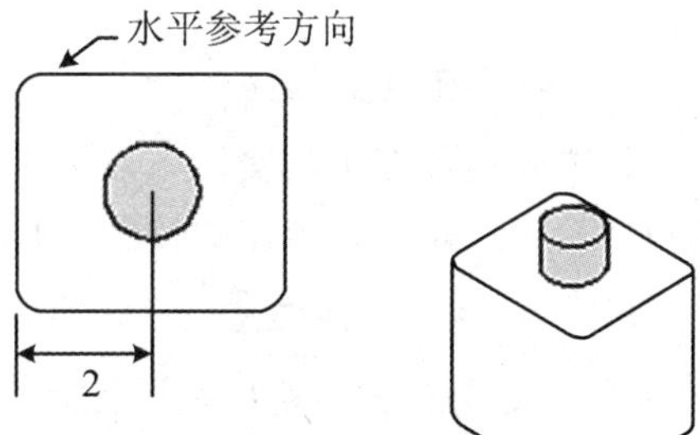

图 2-3-59　“水平”定位

1. “水平”定位

定义水平参考方向后，选择目标实体，以目标实体与工具实体（由系统根据创建对象提供，例如孔特征为孔的中心）沿水平参考方向的距离进行定位。如图 2－3－59 所示。

2. “竖直定位”

定义水平参考方向后，选择目标实体，以目标实体与工具实体沿与水平参考方向垂直方向上的距离进行定位。

3. “平行”定位

该方式指的是在与工作平面平行的平面中，测量目标实体与工具实体上分别指定点之间的距离。如图 2－3－60 所示。

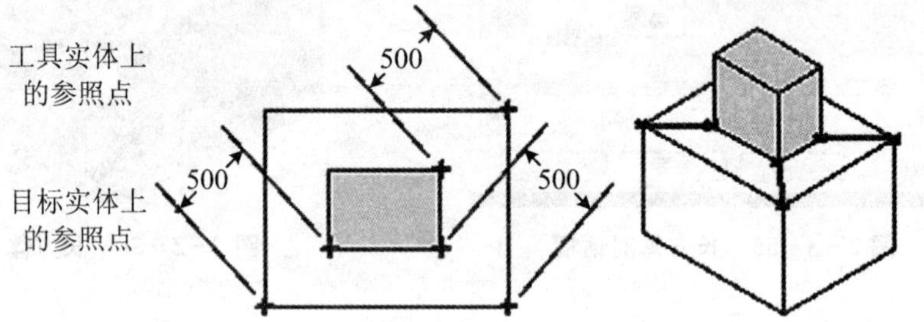

图 2－3－60 “平行”定位

4. “垂直”定位

该方式通过在工具实体上指定一点，以该点至目标实体上指定直线轮廓的垂直距离进行定位。如图 2－3－61 所示。

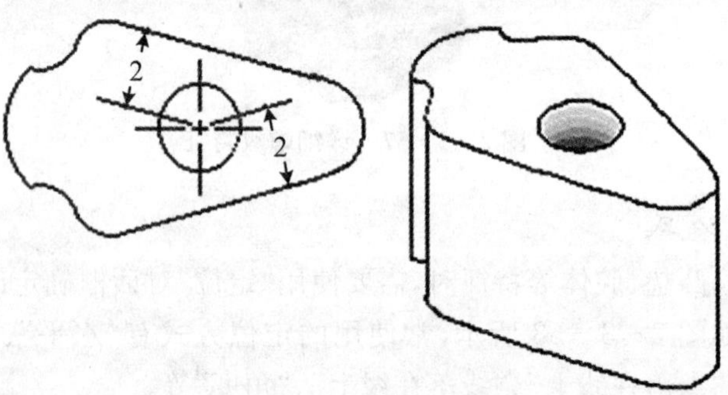

图 2－3－61 “垂直”定位

5. “点落在点上”定位

该方式通过在工具实体与目标实体上分别指定一点，使两点重合进行定位。可以认为两点重合定位是平行定位的特例，即平行定位中的距离为零时，就是两点重合。

6. “点在线上”定位

该方式通过在工具实体上指定一点，使该点位于目标实体的一指定轮廓上进行定位。如图 2－3－62 所示。

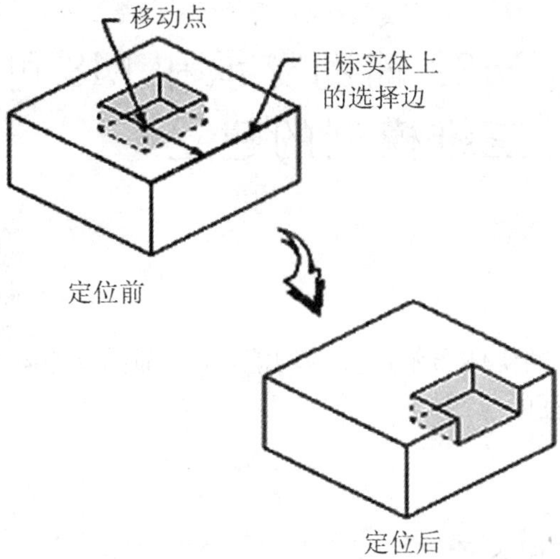

图 2-3-62 “点在线上”定位

二、练习与提高

练习与提高内容如表 2-3-2 所示。

表 2-3-2

名称	支架三维模型创建	难度	易
内容：如图所示，建立图示零件的三维模型。 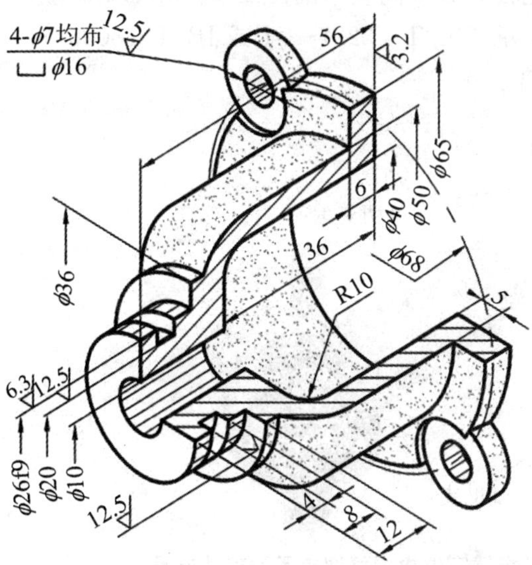 		要求： (1) 理解草图轮廓的绘制命令、几何约束创建命令和尺寸约束创建命令； (2) 熟练掌握凸台、槽等特征的使用与创建； (3) 建立支架零件的三维模型。	

任务三　M22 辅助支承和 M8 可调支承三维模型的建立

任务介绍

学习视频 2 - 3A　学习视频 2 - 3B

本次任务是利用 NX 的实体布尔运算等功能，完成辅助支承和可调支承三维模型的建立，并学会对基准轴等特征的应用。

相关知识

一、辅助支承和可调支承

1. 辅助支承

机床夹具中，辅助支承不限制工件自由度，只起支承作用。每次使用时，先等工件定位完成后，再调节辅助支承使其与工件接触。例如，本次任务中创建的如图 2 - 4 - 1 所示的 M22 螺旋辅助支承，就是将工件利用定位面和定位销以及可调支承定位后，通过螺旋使其与工件接触，以提高工件在加工中的刚性。

2. 可调支承

可调支承用于产品毛坯尺寸变化较大或不同规格的产品生产中，以降低夹具制造成本。本次任务涉及的可调支承为六角头支承(GB/T　2227—91 或 JB/T　8026.1)。如图 2 - 4 - 1 所示，可调节该支承限制工件自由度。

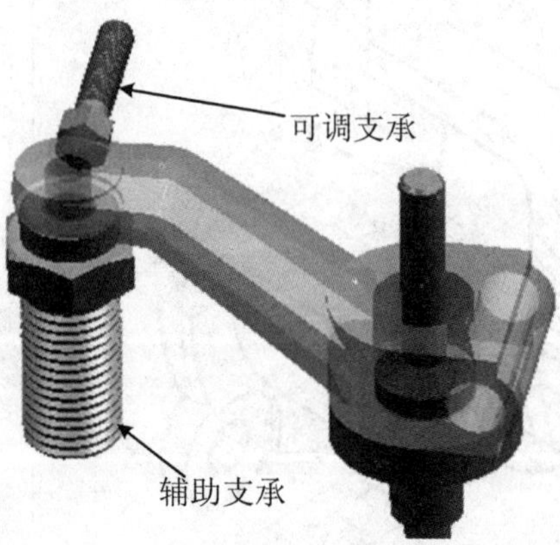

图 2 - 4 - 1　杠杆臂定位中的可调支承和辅助支承

二、实体对象布尔操作

1. 实体概念

Siemens NX 8.0 的一个部件文件中可以同时存在多个实体，每个实体由创建材料的特征，例如拉伸、旋转、体素特征、扫描等形成，实体之间使用“组合”即布尔运算(求差、求和、求交等运算)形成最终零件。在部件导航器中可以观察到零件的实体及其特征组成以及布尔运算情况。例如,本次任务中可调支承的实体及其特征构成如图 2-4-2 所示。

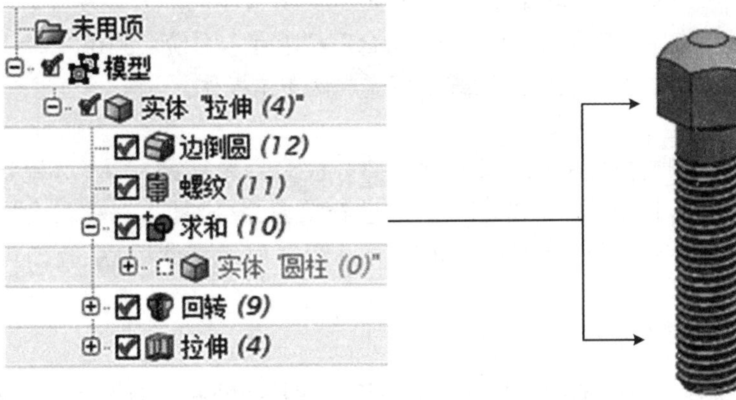

图 2-4-2　可调支承的实体与特征

2. 实体布尔运算

实体的布尔运算操作指建模过程中多个实体之间的"求和"、"求差"和"求交"运算操作。布尔操作中涉及的实体对象分为目标体和工具体。目标体是用户首先选取的需要与其他实体进行布尔运算的实体对象,工具体是用来修改目标体的实体对象。布尔运算操作包括"求和"、"求差"和"求交"运算,它们分别用于实体之间结合、实体之间相减和实体之间相交的操作。

(1) "求和"运算

用于两个或两个以上不同实体使其结合起来,也就是求实体间的和集运算。在"特征"工具栏中单击按钮或选择菜单命令"插入"→"组合"→"求和",系统会弹出如图 2-4-3(a)所示的"求和"对话框,用户分别选取相应的目标体和工具体后,系统即可完成该布尔操作,如图 2-4-3(b)所示。

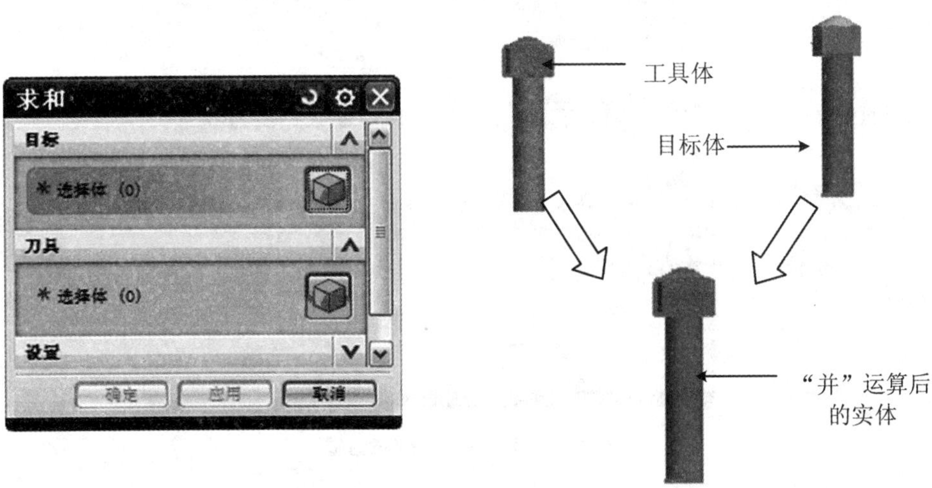

(a) "求和" 对话框　　(b) 可调支承 "求和" 运算

图 2-4-3　"求和"运算

(2)“求差”运算

用于从目标体中减除一个或多个工具体，也就是求实体间的差集运算。在“特征”工具栏中单击按钮或选择菜单命令“插入”→“组合”→“求差”，系统会弹出“求差”对话框，用户分别选取相应的目标体和工具体后，系统即可完成该布尔操作。

(3)“求交”运算

用于使目标体和所选工具体之间的相交部分成为一个新的实体，也就是求实体间的交集运算。在“特征”工具栏中单击按钮或选择菜单命令“插入”→“组合”→“求交”，系统会弹出“求交”对话框，用户分别选取相应的目标体和工具体后，系统即可完成该布尔操作。

三、基准特征

基准特征是实体建模的辅助工具。基准特征包括基准轴和基准平面。在实体建模过程中，常利用基准特征作为创建草图绘制的位置平面、旋转特征的旋转轴等。

1. 基准轴

选择菜单命令“插入”→“基准/点”→“基准轴”或单击“特征”工具栏中的“基准轴”按钮，系统将弹出如图2-4-4所示的“基准轴”对话框，利用该对话框就可以创建基准轴。

在“基准轴”对话框中，选择基准轴创建类型，然后选择相应的对象，例如选择“点和方向”方式需要选择一点然后确定其矢量方向，在“设置”组中确定各参数后，系统即可按所选择的参照对象和参数设置生成基准轴。基准轴类型选项组提供了包括3个工作坐标轴在内的9种方式。

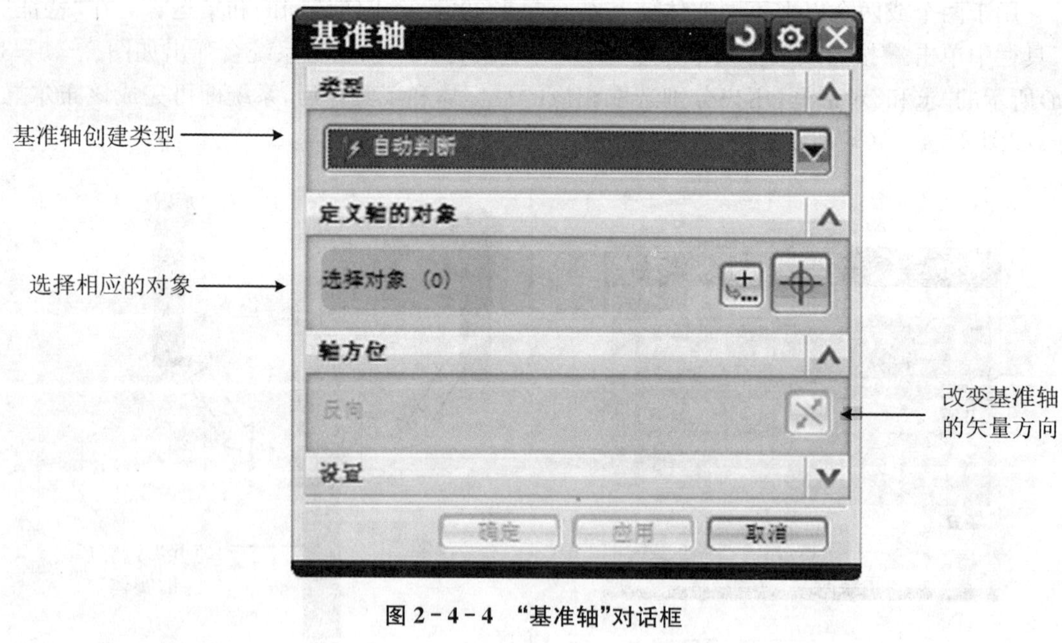

图2-4-4 “基准轴”对话框

(1)“自动判断”

根据选择的点、线或者面等几何条件自动选择最佳方式创建基准轴，但当几何条件较多或不是很清楚时，系统创建的基准轴位置可能不是使用者所希望的。

(2)“点和方向”

根据给定一点和一个方向矢量确定基准轴。操作时，先选择一点，然后选择几何对象确定方向，确定后即可创建基准轴。

(3)“两个点”

根据给定两个点来确定基准轴。操作时，先后选择两个点，确定后即可创建从出发点指向终止点的基准轴。

(4)“曲线上矢量”

根据给定曲线上的点以及方向确定基准轴，其中方向确定方式可以是曲线在该点的切线矢量、法向矢量或其他参照对象，确定后即可创建需要的基准轴。

(5)“相交”

在两个平面、基准平面的相交处创建基准轴。

(6)“曲线/面轴”

沿线性曲线或线性边，或者圆柱面、圆锥面，或者圆环的轴创建基准轴。

(7)“XC 轴、YC 轴、ZC 轴”

在 3 个工作坐标轴上创建基准轴。

2. 基准平面

基准平面是实体建模中经常使用的辅助平面，通过使用基准平面，可以在非平面上方便地创建特征，或为草图创建提供草图绘制平面。如借助基准平面，可在圆柱面、圆锥面、球面等不易创建特征的表面上，方便地创建出各种复杂形状的特征，也可作为镜像操作的镜像平面、测量的辅助平面。

选择菜单命令“插入”→“基准/点”→“基准平面” 或单击“特征”工具栏中的“基准平面”按钮，系统将弹出如图 2-4-5 所示的“基准平面”对话框。对话框中提供了如下的基准面创建方式。

图 2-4-5 “基准平面”对话框

(1)“自动判断”：根据用户选取的对象，由系统自动推断基准平面位置。

(2)“点和方向”：根据用户设置的一个点和平面矢量方向来创建基准平面。

(3)“曲线上”：根据用户所选取的曲线和指定曲线上的点，创建过该点与曲线相切或垂直的基准平面。

(4)“按某一距离”：根据用户设置的距离值，创建一个与指定平面平行且相距一定距离的基准平面。

(5)“成一角度”：创建一个与选取平面成指定角度的基准平面。

(6)“二等分”：在选取的两个平行平面之间的中点位置创建一个与它们平行的基准平面。

(7)“曲线和点”：根据用户选取的点、曲线或边来创建基准平面。

(8)“两直线”：根据用户选取的两条边、直线或轴线来创建基准平面。

(9)“相切平面”：在选取对象的相切平面上创建基准平面。

(10)“通过对象”：根据用户选取的对象来快速创建基准平面。

(11)“坐标系平面”：这三个操作分别用于在三个坐标系平面上创建基准平面。

(12)“按系数”：根据用户设置的平面方程式系数来创建基准平面。

四、镜像特征

镜像特征操作是镜像所选实体中的某些特征。选择菜单命令“插入”→“关联复制”→“镜像特征”，弹出如图 2-4-6 所示的“镜像特征”对话框。

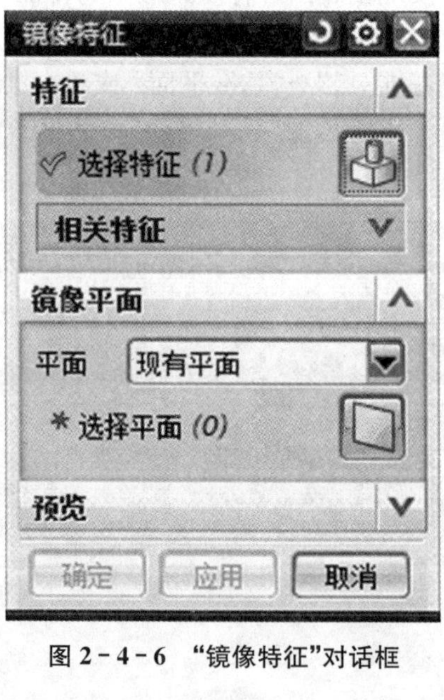

图 2-4-6 “镜像特征”对话框

镜像特征操作方法如下：

(1) 选择要镜像的特征。“特征”组用于选择实体中的特征作为镜像特征。单击“选择特征”按钮，可在绘图工作区中直接选择需要镜像的特征；也可在“相关特征”列表框中，按住 Ctrl 键，选择需要镜像的多个特征。

(2) 选择镜像平面。激活“镜像平面”组中的“选择平面”按钮，可在绘图工作区中选择一个基准平面或实体平面作为镜像平面。

任务分析与计划

一、M22 辅助支承零件三维建模分析与建模计划

1. M22 辅助支承零件建模分析

M22 螺旋辅助支承零件三维模型可以采用如图 2－4－7 所示的特征组合而成。

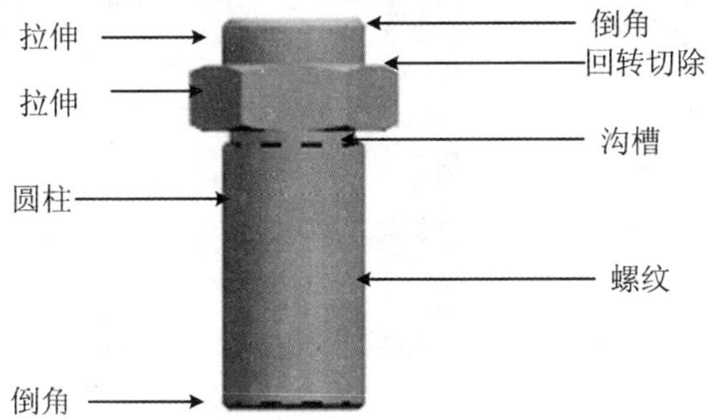

图2－4－7　辅助支承 M22 零件三维模型的特征组成

2. M22 辅助支承零件建模计划

按照先创建基本体，然后增加或切除各部分实体材料，根据需要对各部分实体进行布尔运算，最后创建倒角等工程特征的方法，列出 M22 螺旋辅助支承零件建模方案如下：

(1) 创建圆柱体。

(2) 创建六棱柱拉伸特征。

(3) 创建回转特征，进行切除。

(4) 镜像回转切除特征。

(5) 创建支承圆柱凸台。

(6) 创建孔特征。

(7) 创建沟槽特征。

(8) 创建上、下两处的倒角特征。

(9) 创建螺纹特征。

M22 螺旋辅助支承零件建模方案如图 2－4－8 所示。

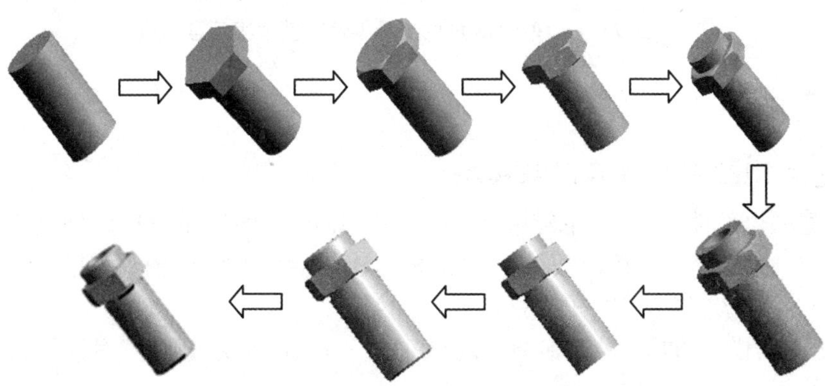

图 2－4－8　M22 螺旋辅助支承建模过程示意

二、M8 可调支承零件三维建模分析与建模计划

1. M8 可调支承零件建模分析

M8 可调支承零件三维模型可以采用如图 2－4－9 所示的特征组合而成。

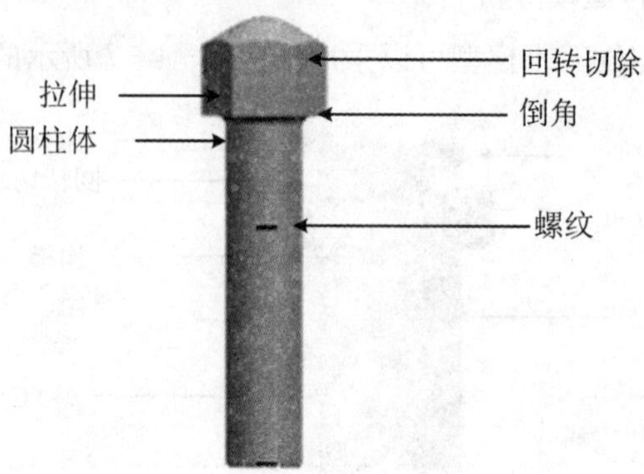

图 2－4－9　M8 可调支承零件三维模型的特征组成

2. M8 可调支承零件建模计划

按照先创建基本体，然后增加或切除各部分实体材料，根据需要对各部分实体进行布尔运算，最后创建倒角等工程特征的方法，列出 M8 可调支承零件建模方案如下：

(1) 创建圆柱体。

(2) 创建六棱柱拉伸特征。

(3) 创建回转特征，进行切除。

(4) 创建螺纹特征。

(5) 创建圆角特征。

M8 可调支承零件建模方案如图 2－4－10 所示。

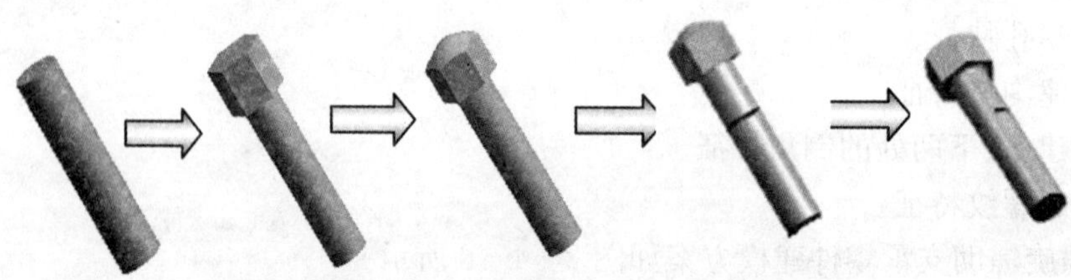

图 2－4－10　M8 可调支承零件建模过程示意

任务实施

一、建立 M22 辅助支承三维模型

(1) 新建一个部件文件，文件名称为“ fuzhuzhichengM22 ”，单位选择“毫米”，进入 Siemens NX 8.0 后，选择工具按钮“开始”→“建模”，让 NX 8.0 处于建模模块。

(2) 建立直径 22、高度 42 的圆柱体。

① 单击工具栏中的“圆柱”按钮，弹出如图 2－4－11 所示“圆柱”对话框，选择圆柱的生成方式为“轴、直径和高度”。

② 单击“矢量构造器”按钮，选择“ZC”轴作为圆柱的轴线方向，单击“确定”按钮，回到

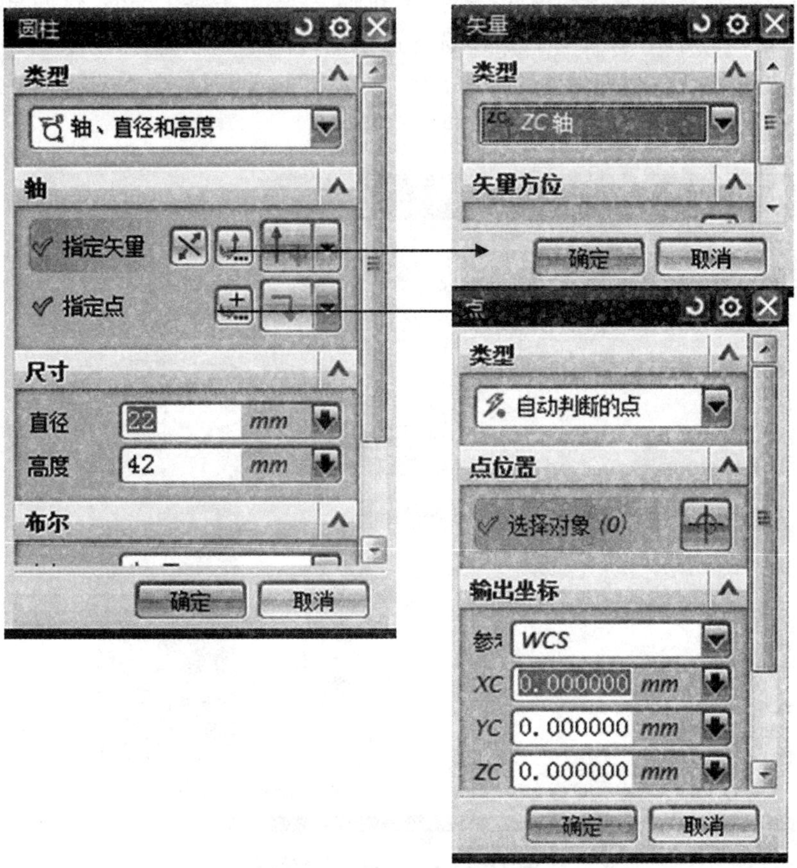

图 2-4-11 “圆柱”对话框

“圆柱”对话框。单击“点构造器”按钮，弹出“点”对话框，选择系统默认坐标值(0,0,0)作为创建圆柱的底面中心位置，单击“确定”按钮，回到“圆柱”对话框。输入直径:22，输入高度:42。单击“确定”按钮，生成所需圆柱体。

(3) 创建六角棱柱部分。

① 单击“草图”按钮，在“平面方法”中选择“现有平面”，使用圆柱体的顶面作为草图绘制面，单击“确定”按钮，再单击“在草图任务环境中打开”按钮，进入草图任务环境。绘制如图 2-4-12 所示等边六边形草图截面，完成后单击“完成草图”按钮，完成草图截面绘制。

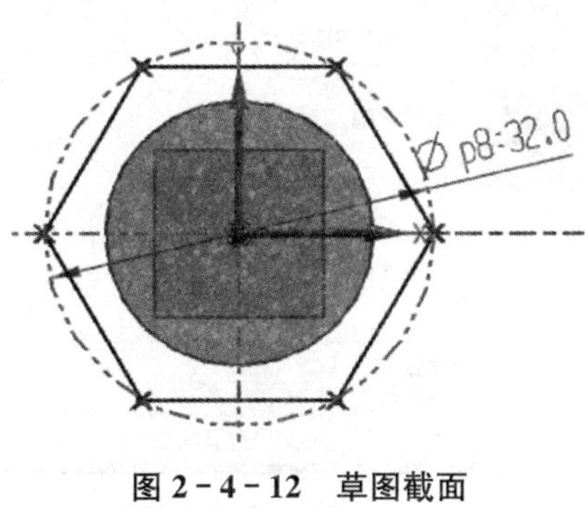

图 2-4-12 草图截面

② 选择下拉菜单“插入”→“设计特征”→“拉伸”或单击工具条中的“拉伸”按钮，系统弹出如图 2-4-13 所示“拉伸”对话框，选择已绘制好的草图截面，输入拉伸“起始”:0;“结束”:10，布尔选项为“无”(创建独立的拉伸实体)。单击“拉伸”对话框中的“确定”按钮，完成六角棱柱基体创建。

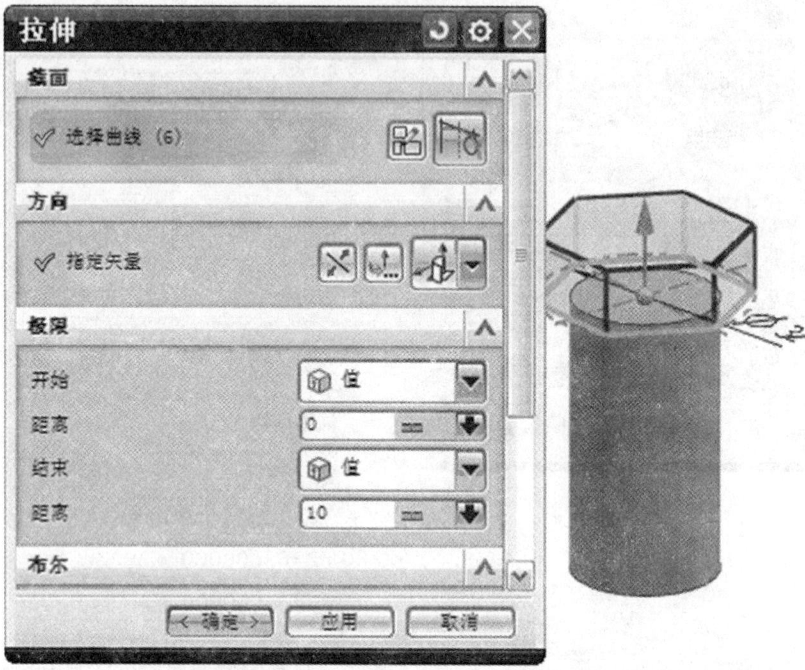

图 2-4-13 “拉伸”对话框

(4) 创建两个基准平面特征。

① 创建基准平面 1。选择菜单“插入”→“基准/点”→“基准平面”或单击工具条中的“基准平面”按钮，系统弹出如图 2-4-14 所示的“基准平面”对话框，在“类型”组中选择“二等分”按钮，从模型中选择实体上的两个面后，单击“确定”按钮，完成基准平面 1 的创建。

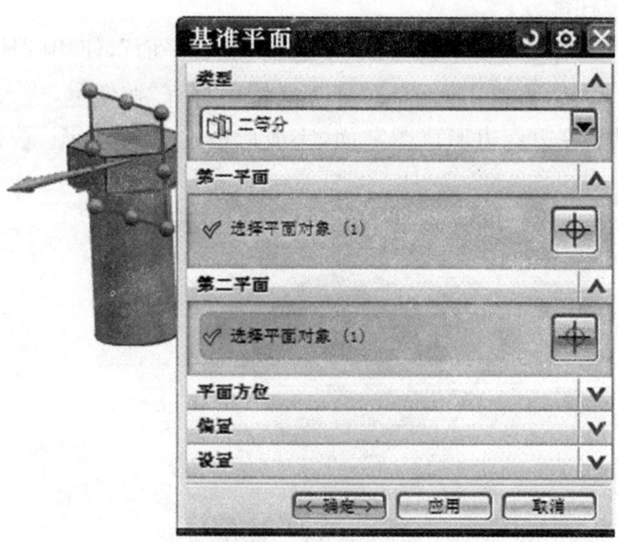

图 2-4-14 基准平面 1 参数特征

② 如图 2-4-15 所示，选择实体棱边的中点，创建与该线段垂直的基准平面 2。

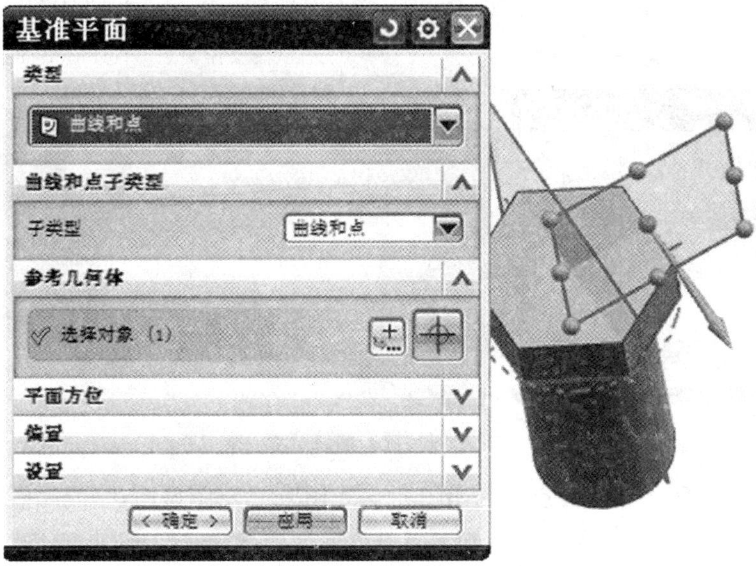

图 2-4-15　基准平面 2 参数特征

（5）建立基准轴。

选择菜单“插入”→“基准/点”→“基准轴”或单击工具条中的“基准轴”按钮，系统弹出如图 2-4-16 所示的“基准轴”对话框，选择步骤(4)创建的 2 个基准面，单击“确定”按钮，创建通过两个基准面交线的基准轴。

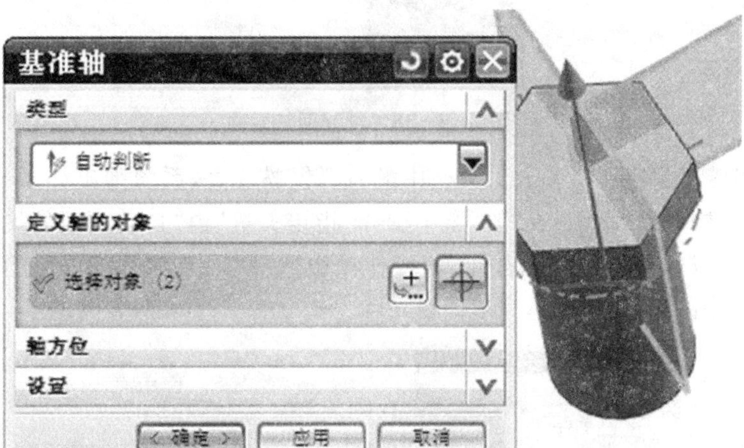

图 2-4-16　“基准轴”对话框

（6）创建回转特征，切除六角棱柱部分材料。

① 单击工具条中的“草图”按钮，进入草图绘制状态，选择基准平面 2 作为草图绘制面。

② 创建草绘平面与棱边线段的交点。选择菜单“插入”→“来自曲线集的曲线”→“交点”，弹出如图 2-4-17 所示的“交点”对话框，选择与草图平面垂直的棱边，然后单击对话框中的“确定”按钮，创建所选棱边与草图平面交点及其四个矢量方向。

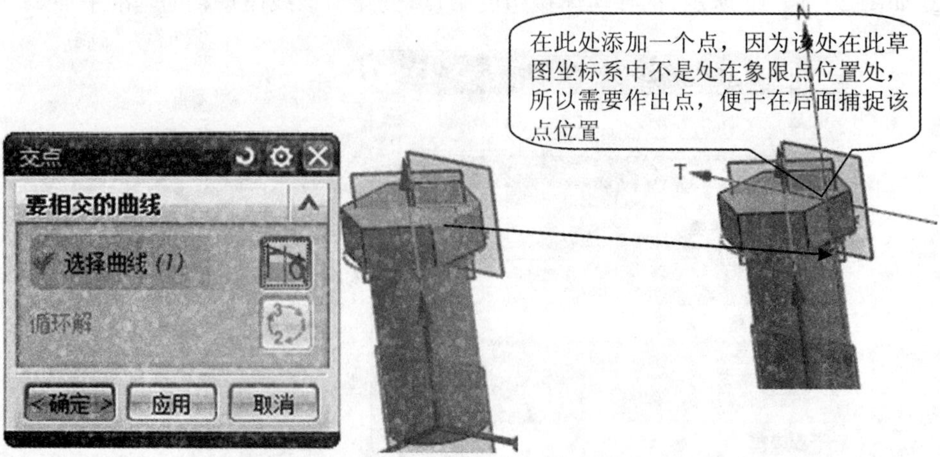

图 2-4-17　创建交点

③ 绘制回转截面。通过交点绘制如图 2-4-18 所示草图截面，完成后单击“完成草图”按钮，完成回转截面绘制。

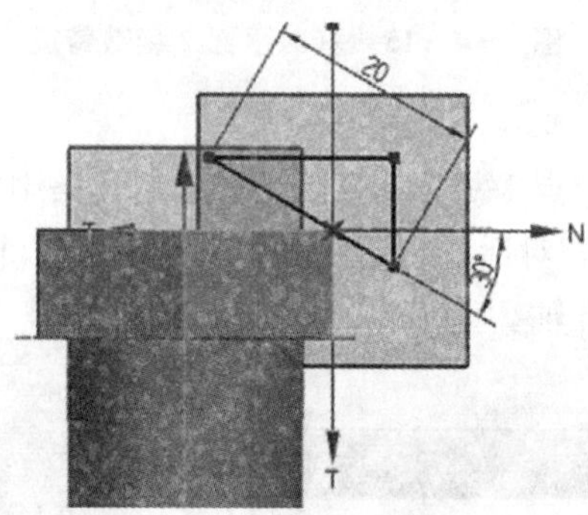

图 2-4-18　绘制回转截面

④ 创建回转切除特征。单击工具栏中的“回转”按钮，系统弹出如图 2-4-19 所示“回转”对话框，选择回转截面；在“轴”组中选择“指定矢量”为“自动判断的矢量”，然后选择如图所示的基准轴作为回转轴；“布尔”操作项中选择“求差”，选择求差的目标体为六棱柱，单击对话框中的“确定”按钮，完成回转切除。

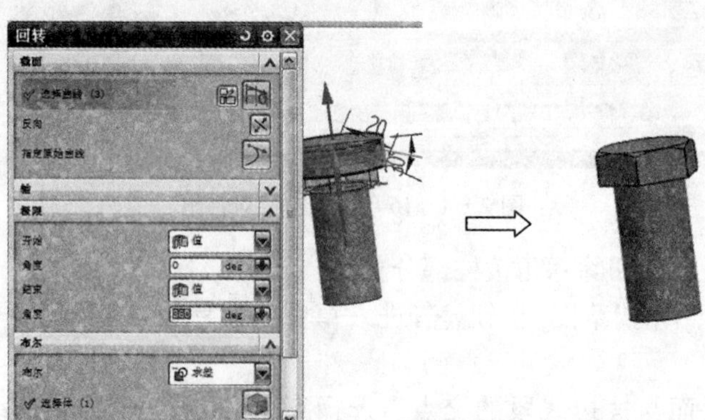

图 2-4-19　创建回转切除

(7) 创建回转切除特征的镜像。

① 创建镜像平面。选择菜单“插入”→“基准/点”→“基准平面”或单击工具条中的“基准平面”按钮，系统将弹出如图 2-4-20 所示的“基准平面”对话框，在“类型”中选择“二等分”按钮，选择实体上的两个面后单击“确定”按钮，完成镜像平面的创建。

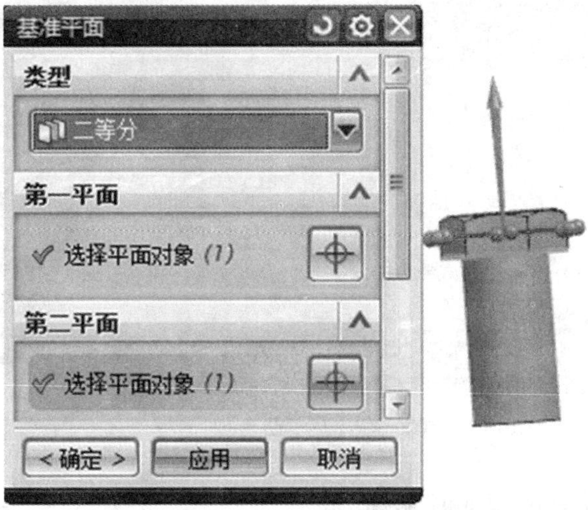

图 2-4-20 “基准平面”对话框

② 选择菜单“插入”→“关联复制”→“镜像特征”或直接单击工具条中的“镜像特征”按钮，系统弹出如图 2-4-21 所示“镜像特征”对话框。在对话框的“特征”组中选择已经完成的回转切除特征，在“镜像平面”组中选择上一步创建的基准面，单击对话框中的“确定”按钮，完成回转切除特征的镜像。

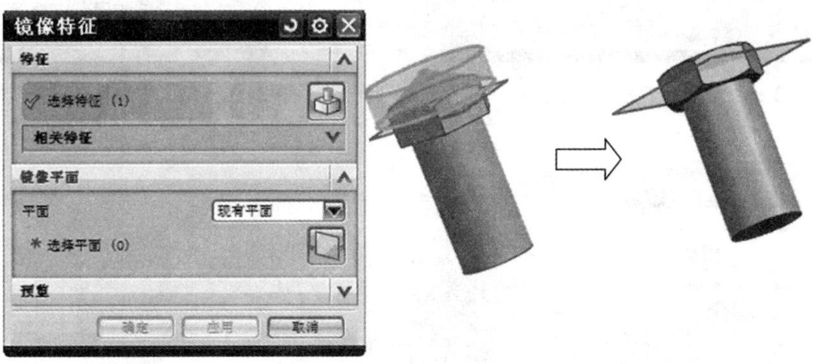

图 2-4-21 “镜像特征”对话框

(8) 创建圆柱凸台。

① 选择菜单“插入”→“设计特征”→“凸台”或直接单击工具条中的“凸台”按钮，系统弹出如图 2-4-22 所示“凸台”对话框，输入圆台的直径：22 mm；高度：7 mm，选择六棱柱上端面作为圆台的放置面，单击“确定”按钮。

② 弹出如图 2-4-23 所示“定位”对话框，选择“点落在点上”定位方式，系统弹出如图 2-4-24 所示“点落在点上”对话框，然后选择参考圆作为参考对象，在随后弹出的如图 2-4-25 所示“设置圆弧的位置”对话框中选择“圆弧中心”按钮，即完成了圆台的创建。完成

后的凸台如图 2-4-26 所示。

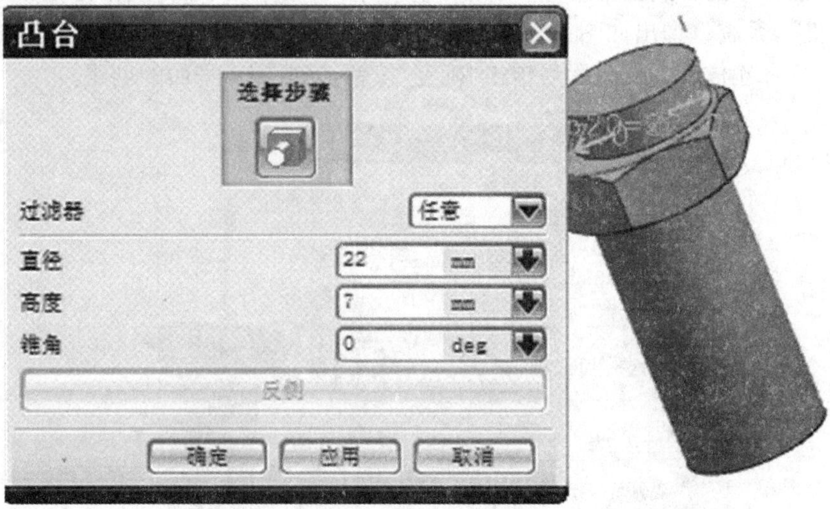

图 2-4-22 “凸台”对话框

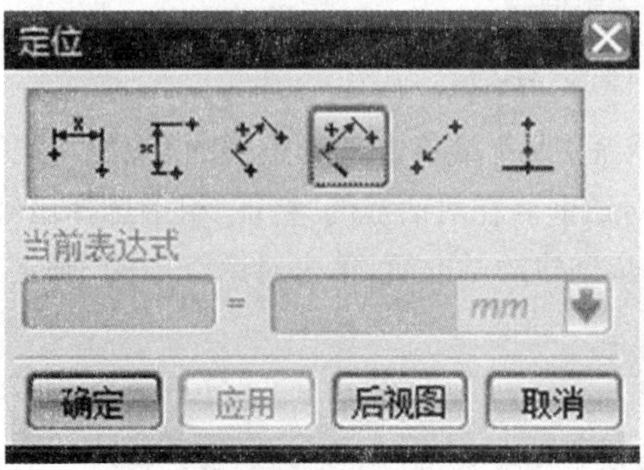

图 2-4-23 “定位”对话框

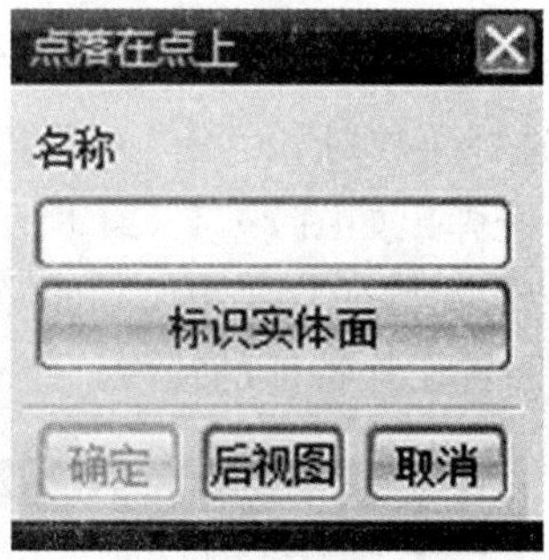

图 2-4-24 “点落在点上”对话框

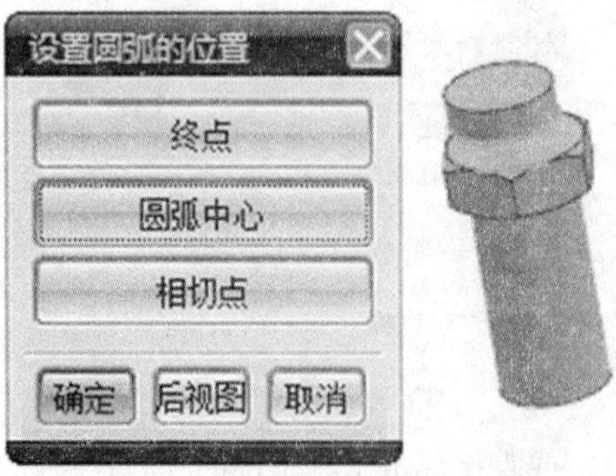

图 2-4-25 设置圆弧的位置

图 2-4-26 凸台完成图

(9) 合并实体

选择菜单“插入”→“组合”→“求和”或直接单击工具条中的“求和”按钮，系统弹出如图 2-4-27 所示“求和”对话框，选择六棱柱和凸台为目标体，选择圆柱体为工具体，单击“确定”按钮，原先的两个实体被合并到一起，形成一个实体。

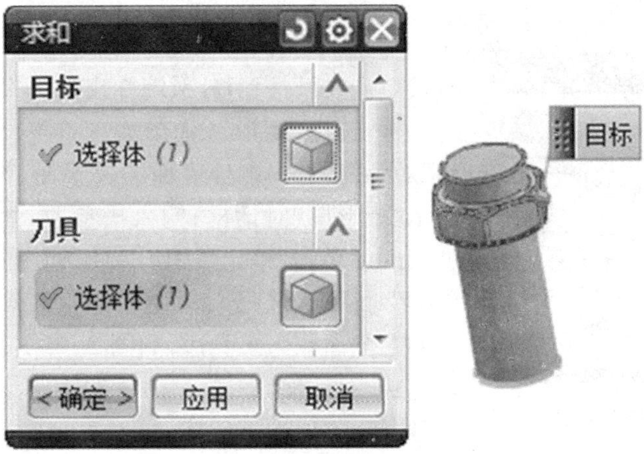

图 2-4-27 “求和”对话框

(10) 创建直径为 12 mm 的通孔。

① 选择菜单“插入”→“设计特征”→“孔”命令，系统弹出如图 2-4-28 所示“孔”对话框，利用捕捉点选中凸台顶面圆心为指定点，作为该孔的圆心，“孔方向”选项选择“垂直于面”，输入直径：12 mm，“深度限制”选项选择“贯通体”，“布尔”选项选择“求差”，单击“确定”按钮，创建如图 2-4-28 所示的孔特征。

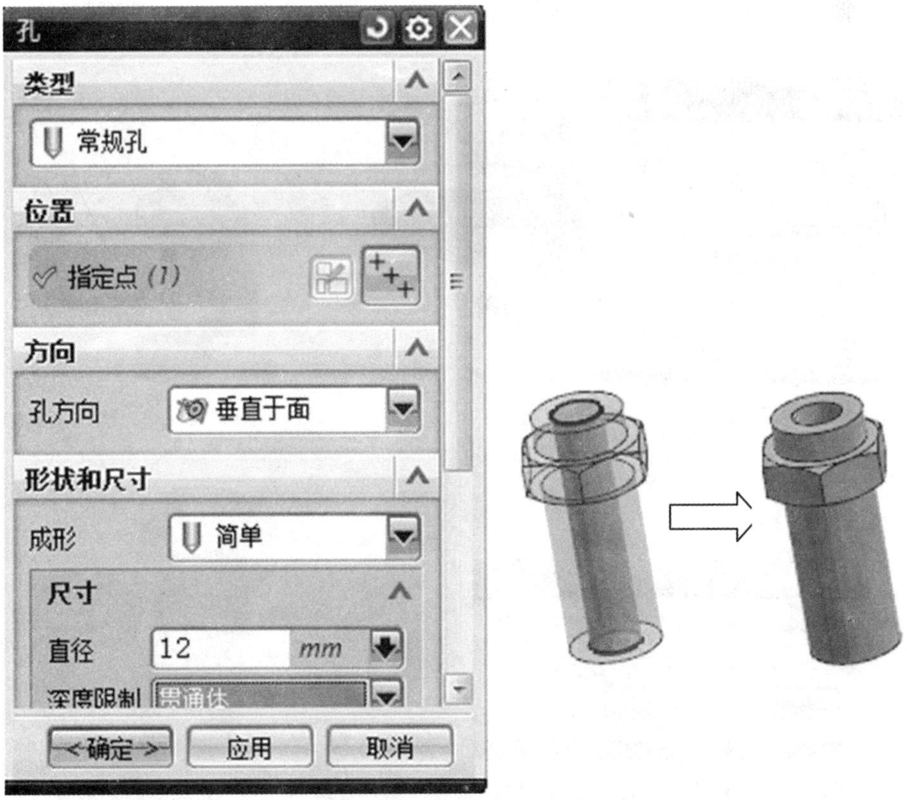

图 2-4-28 φ12 通孔的创建

(11) 创建槽。

图 2-4-29 “槽”对话框

选择菜单“插入”→“设计特征”→“槽”或在工具条中直接单击“槽”按钮，系统弹出如图 2-4-29 所示“槽”对话框，选择“矩形”，弹出如图 2-4-30 所示的“矩形槽”对话框，选择圆柱表面为放置面，弹出如图 2-4-31 所示“矩形槽”对话框；输入槽参数，沟槽直径：20mm，宽度：2mm；单击“确定”按钮，弹出如图 2-4-32 所示“定位槽”对话框，选择六棱柱底部轮廓作为目标边，选择槽形的上侧面作为工具边，如图 2-4-33 所示，弹出“创建表达式”对话框，如图 2-4-34 所示，输入“0”，单击“确定”按钮，完成沟槽创建，如图 2-4-35 所示。

图 2-4-30 “矩形槽”对话框

图 2-4-31 矩形槽参数

图 2-4-32 确定目标边

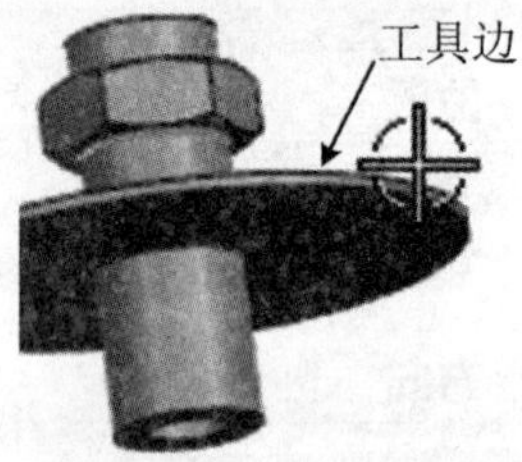

图2-4-33 确定工具边

图 2-4-34 “创建表达式”对话框

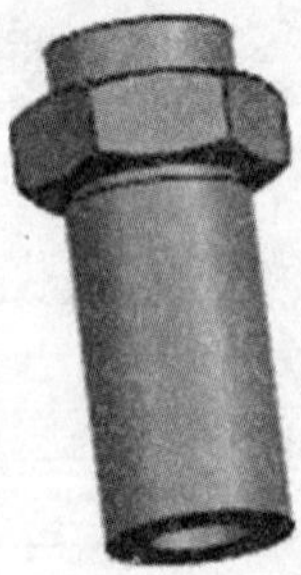

图 2-4-35 完成后的矩形槽

(12) 创建辅助支承两端倒角。

① 单击“插入”→“细节特征”→“倒斜角”或单击工具条中的“倒斜角”按钮，系统弹出

如图 2-4-36 所示“倒斜角”对话框，在“横截面”选项中选择“对称”，在“距离”文本框中输入“1”。

② 激活“边”中的“选择边”，选择如图 2-4-36 所示圆柱及凸台的实体边缘，单击“确定”按钮，完成后的倒角如图 2-4-37 所示。

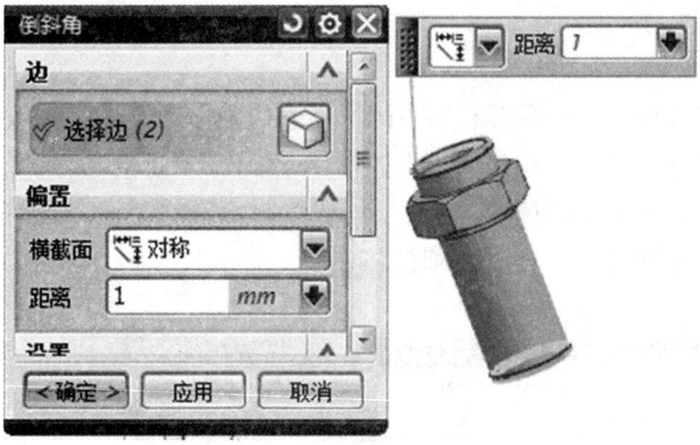

图 2-4-36 “倒斜角”对话框

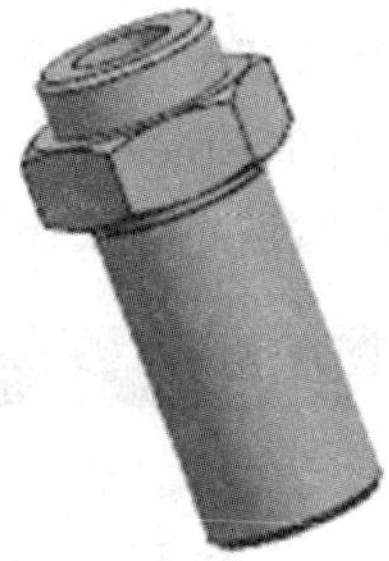

图 2-4-37 完成后的倒角

(13) 创建螺纹特征。

① 选择菜单命令“插入”→“设计特征”→“螺纹”或直接单击工具条中的“螺纹”按钮。

② 系统弹出如图 2-4-38 所示“螺纹”对话框，“螺纹类型”选择“符号”，选择如图 2-4-38 所示的圆柱面作为螺纹的附着面，单击“确定”按钮，完成螺纹的创建，如图 2-4-39 所示。

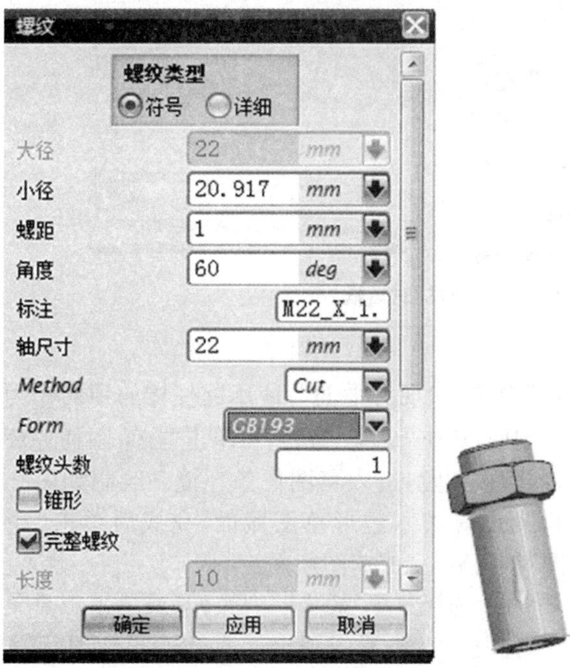

图 2-4-38 “螺纹”对话框

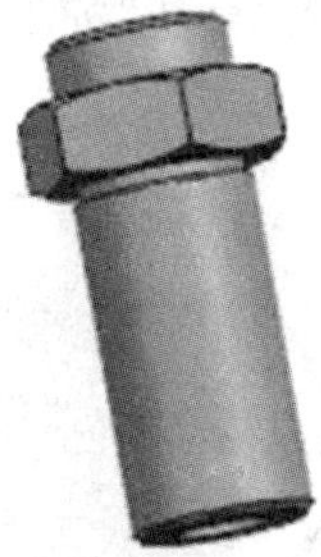

图 2-4-39 完成的螺纹特征

二、建立 M8 可调支承三维模型

(1) 新建一个部件文件，文件名称为“ketiaozhichengM8”，单位选择“毫米”，进入 Siemens NX 8.0 的“建模”应用模块。

(2) 建立直径为 8 mm、高度为 35 mm 的圆柱体。

① 单击工具条中的“圆柱”按钮，弹出如图 2-4-40 所示“圆柱”对话框，选择圆柱的生成方式为“轴、直径和高度”。

② 单击“矢量构造器”按钮，在弹出的“矢量”对话框中，选择 ZC 轴作为圆柱的轴线方向，单击“确定”按钮，回到“圆柱”对话框。单击“点构造器”按钮，弹出“点”对话框，选择系统默认坐标值(0,0,0)作为创建圆柱的底面中心位置，单击“确定”按钮，回到“圆柱”对话框。输入直径：8，输入高度：35。单击“确定”按钮，生成所需圆柱体。

图 2-4-40 “圆柱”对话框

(3) 创建六角棱柱部分。

① 单击“草图”按钮，在“平面方法”中选择“现有平面”，使用圆柱体的顶面作为草图绘制面，单击“确定”按钮，再单击“在草图任务环境中打开”按钮，进入草图任务环境。绘制如图 2-4-41 所示等边六边形草图截面，完成后单击“完成草图”按钮，完成草图截面绘制。

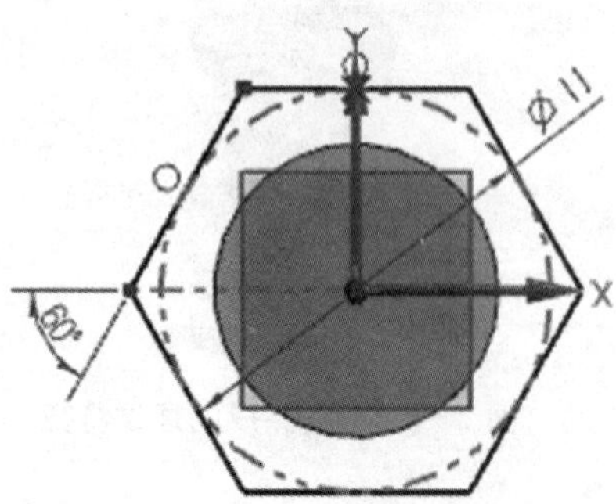

图 2-4-41 六角棱柱草图截面

② 选择菜单“插入”→“拉伸”或单击工具条中的“拉伸”按钮，系统弹出如图 2-4-42 所示“拉伸”对话框，选择已绘制好的草图截面，输入拉伸“起始”：0；“结束”：10，布尔选项为“无”。单击“拉伸”对话框中的“确定”按钮，完成六角棱柱基体创建。

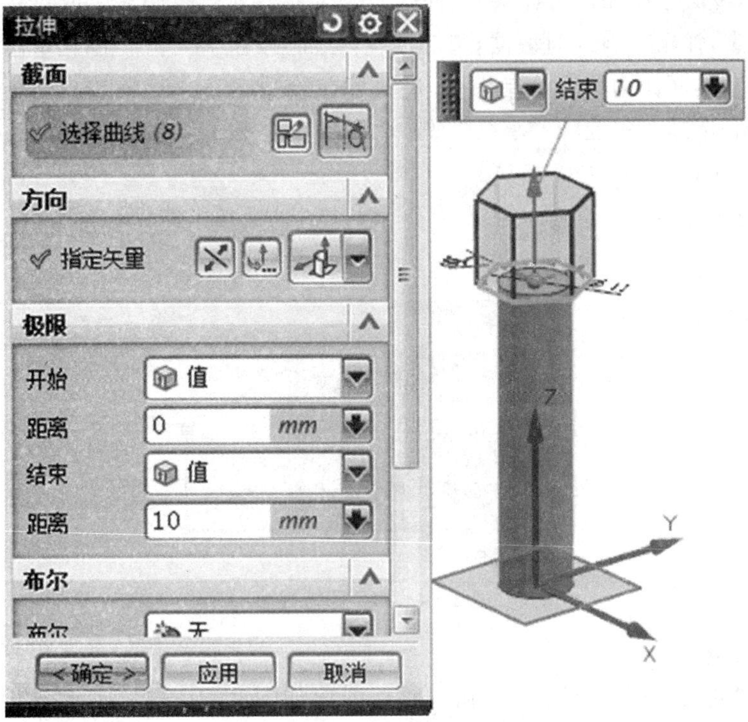

图 2-4-42　创建六角棱柱

(4) 创建回转特征,切除六角棱柱部分材料。

① 创建辅助基准平面。选择菜单"插入"→"基准/点"→"基准平面"或单击工具条中的"基准平面"按钮,系统弹出如图 2-4-43 所示的"基准平面"对话框,在"类型"组中选择"二等分"按钮,从模型中选择实体上的两个面后,单击"确定"按钮,完成基准平面的创建。

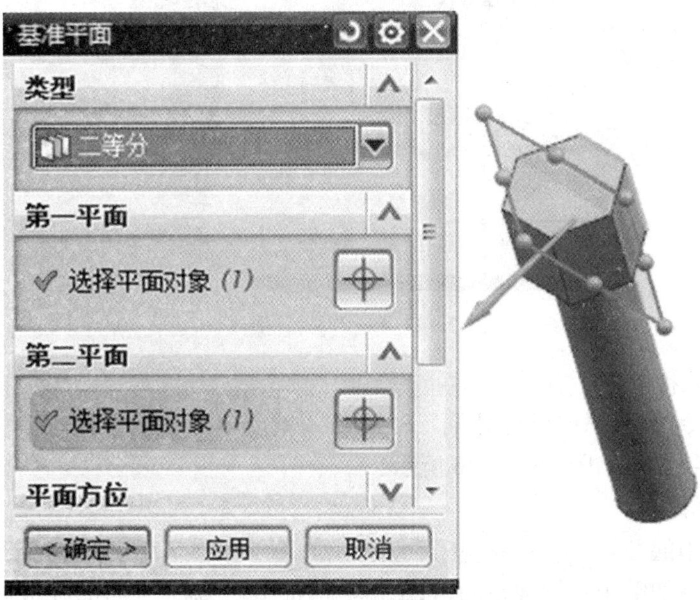

图 2-4-43　"基准平面"对话框

② 创建回转切除特征。选择菜单“插入”→“设计特征”→“回转”，或直接单击工具条中的“回转”按钮，弹出“回转”对话框，选择“绘制截面”按钮，弹出“创建草图”对话框，选择上一步创建的基准面作为草图绘制平面，进入草图绘制状态，绘制如图 2－4－44 所示旋转截面，完成草图，选择布尔选项：“求交”，选择目标体为六棱柱，完成旋转求交。

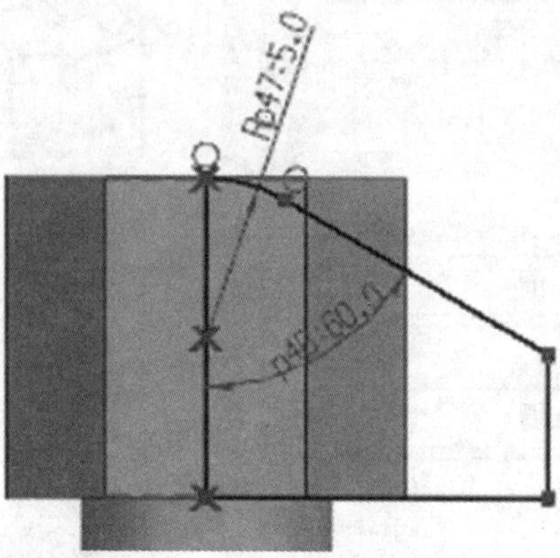

图 2－4－44　回转截面

(5) 合并实体。

选择菜单“插入”→“组合”→“求和”命令，弹出如图 2－4－45 所示“求和”对话框，“目标”组中的“选择体”选项首先被激活，选择六棱柱为目标体，单击“刀具”中的“选择体”，则该选项被激活，选择圆柱体为工具体，单击“确定”按钮。

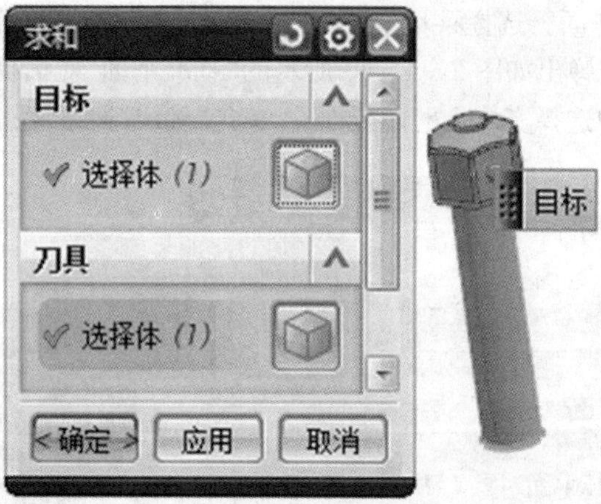

图 2－4－45　“求和”操作

(6) 创建螺纹特征。

选择菜单命令“插入”→“设计特征”→“螺纹”，重复辅助支承中创建螺纹的步骤创建该零件的螺纹。螺纹参数如图 2－4－46 所示。

(7) 创建圆角。

单击工具条中的“边圆角”按钮，系统弹出如图 2－4－47 所示“边倒圆”对话框，输入圆角半径“1”，选择如图所示倒圆角的边，单击对话框中的“确定”按钮，完成倒圆角创建。

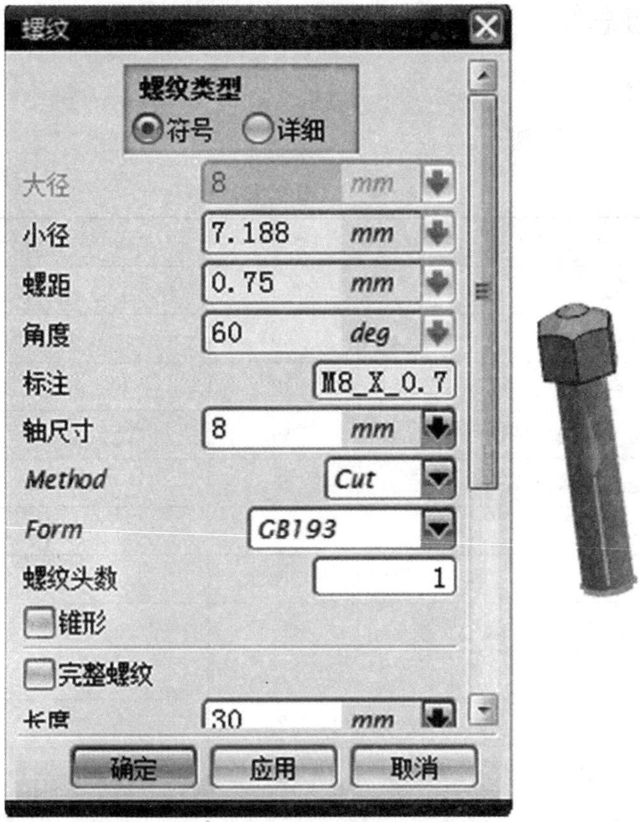

图 2-4-46 “螺纹”对话框

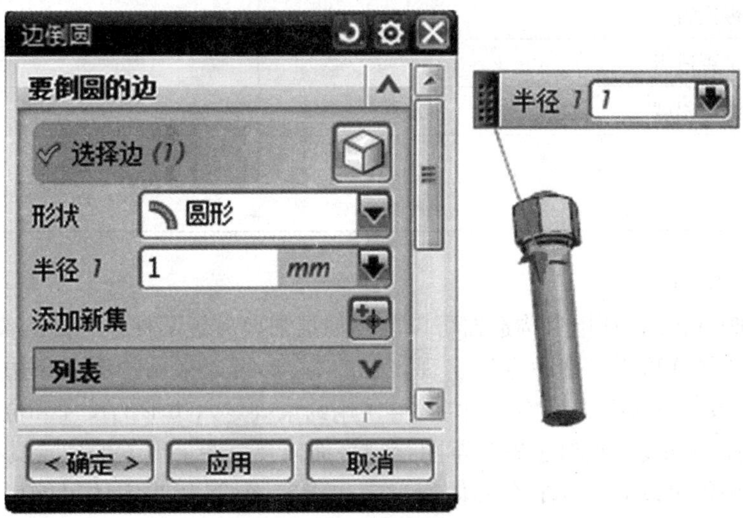

图 2-4-47 “边倒圆”对话框

任务评价与总结

一、任务评价

任务评价按表 2-4-1 进行。

表 2-4-1　任务评价表

评价项目	配分	得分
一、成果评价：60%		
三维模型尺寸的正确性	30	
零件建模方案的合理性	10	
特征参数选择与设置的合理性	15	
部件导航器中是否有错误或冗余特征	5	
二、自我评价：15%		
学习活动的目的性	3	
是否独立寻求解决问题的方法	5	
造型方案、方法的正确性	3	
团队合作氛围	2	
个人在团队中的作用	2	
三、教师评价：25%		
工作态度是否端正	10	
工作量是否饱满	3	
工作难度是否适当	2	
软件使用熟练程度	5	
自主学习	5	
总分		

二、任务总结

（1）创建圆柱体时，利用点构造器可以准确捕捉需要放置圆柱体原点的位置点。

（2）草图中图样可以有多种方法实现，例如六边形可以采用绘制一条边后进行镜像的方法，也可以直接使用多边形命令创建后，再使用约束确定六边形的尺寸和位置。

（3）基准面、基准轴、点对于确定草图绘制平面以及草图上图素的位置具有重要意义。

（4）一个部件可以分为若干个实体通过布尔运算形成，每个实体可能由若干个特征构成，需要判断多个特征组成的实体是否为一个整体时，用鼠标停留在实体表面上，等待鼠标符号变化为如图 2-4-48 所示时，单击鼠标左键，在弹出的“快速拾取”对话框中可选择实体，如图 2-4-49 所示，通过选择零件上的不同点即可判断零件的实体组成；也可从“部件导航器”中直接观察到部件的实体组成。

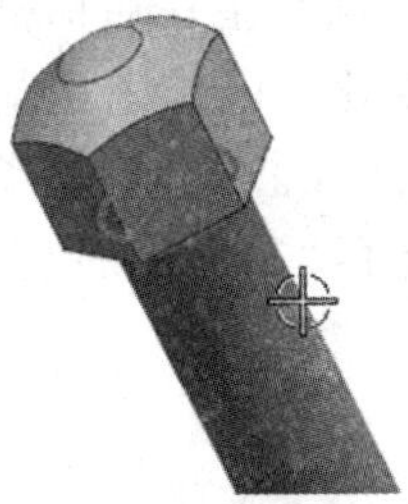

图 2-4-48　鼠标显示

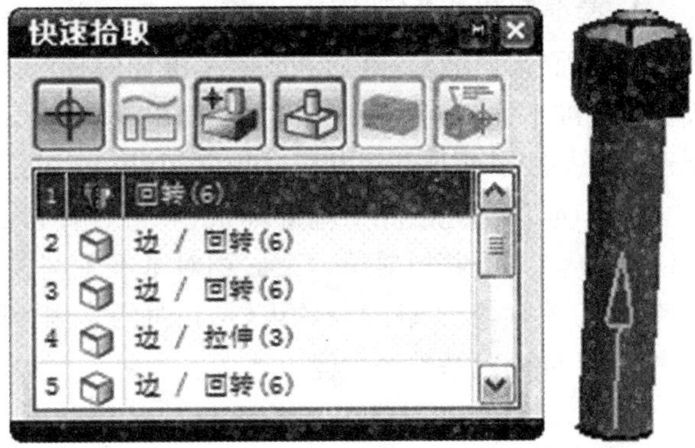

图 2-4-49　“快速拾取”对话框

任务拓展

一、相关知识与技能

1. NX 工具条命令的调整

默认状态下，NX 对于“圆柱体”等特征命令不在工具条中显示，选择菜单“工具”→“定制”，打开“定制”对话框，从对话框中用鼠标拖拽“圆柱体”等命令到工具条中，可以将命令在工具条中显示出来。

2. 实体布尔运算

(1) 在进行“求差”和 “求交”操作时，所选择的工具体必须与目标体相交，否则操作时会产生出错信息，而且它们之间的边缘也不能重合。另外，片体与片体之间不能“求差”，实体不能与片体“求交”。如果选取的工具体将目标体分割成了两部分，则产生的实体是非参数化实体类型。

(2) 在进行“求和”、“求差”和“求交”操作时，除了运算得到新的实体，还可以保留原来的目标体、工具体，如图 2-4-50 所示。例如在本次任务的可调支承建模中，如果选择“保留目标体”，则完成“求和”运算后该处存在两处实体，如图 2-4-51 所示，从“部件导航器”中可以观察到“求和”运算后，其实体与特征的关系如图 2-4-52 所示。

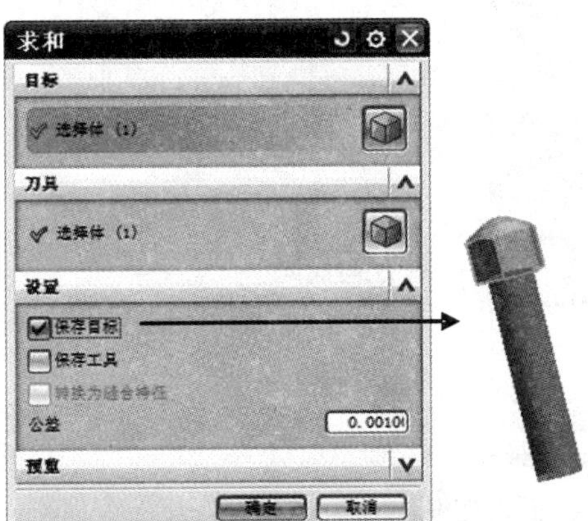

图 2-4-50　“求和”对话框

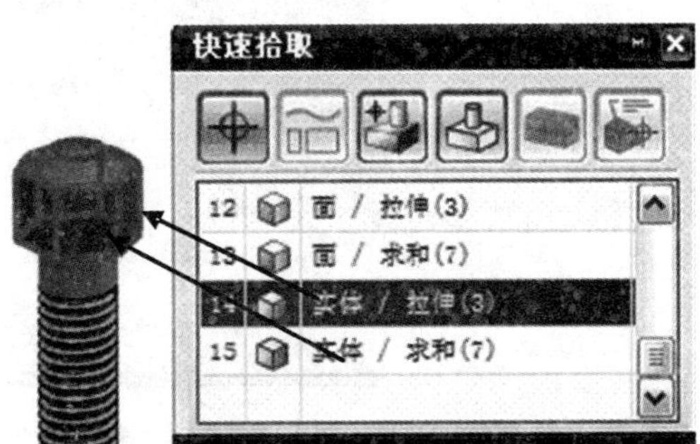

图 2-4-51　“快速拾取”对话框

3. 基准面和基准轴

基准面分为相对基准面和固定基准面两种。固定基准平面是指使用坐标平面和系数方式创建基准平面，或者使用其他方式创建基准平面时，在对话框中没有选择“关联”选项，则创建后的基准平面与创建参照对象之间没有关联关系。相对基准平面是指在对话框中选择“关联”选项，所创建的相对基准面根据所依附的几何要素变化而变化。同样固定基准轴没有任何参考，不受其他对象约束。相对基准轴与模型中其他对象（例如曲线、平面或其他基准特征等）关联，受关联对象约束，是相对的。例如图 2－4－53 所示的“基准平面”创建对话框中，有 5 种固定基准面创建方式。

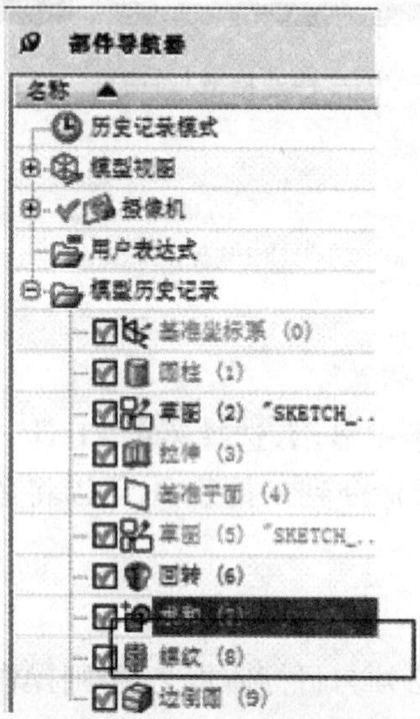

图 2－4－52　部件导航器

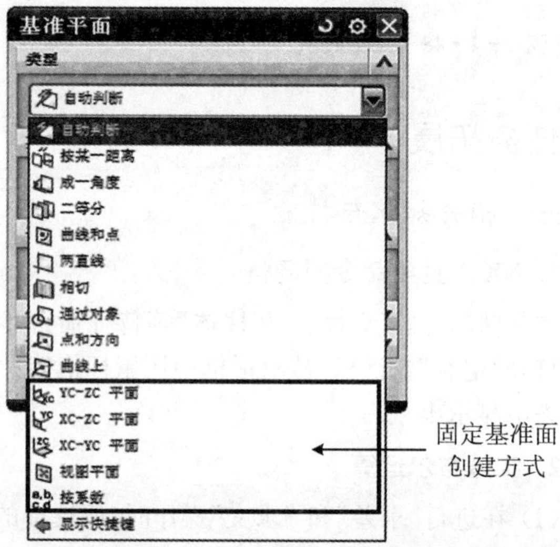

图 2－4－53　基准平面的类型

在“基准平面”对话框中，如图 2－4－54 所示，“法向反向”按钮用于改变当前基准平面的法向方向，使其反向。“循环解”按钮在使用当前参数创建基准平面有多个可能的解的情况下显示，单击该按钮，系统就会在多个可能的解之间进行切换。

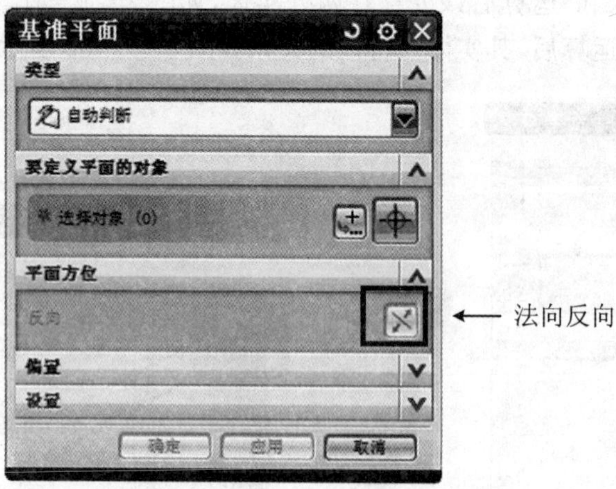

图 2－4－54　“基准平面”对话框

4. 关联复制

关联复制产生的实体为参数化造型，而使用“变换”功能产生的实体为非参数化造型。

在“镜像特征”对话框中选择“添加相关特征”，则在选择镜像特征后，该特征所包含的子特征也将作为镜像特征。选择“添加体中的全部特征”，则将选取实体中的所有特征作为镜像特征。

二、练习与提高

练习与提高内容如表 2－4－2 所示。

表 2－4－2

<table>
<tr><td>名称</td><td>M10 调节支承（GB/T2230）三维建模</td><td>难度</td><td>易</td></tr>
<tr><td colspan="2">内容：建立图示零件的三维模型。
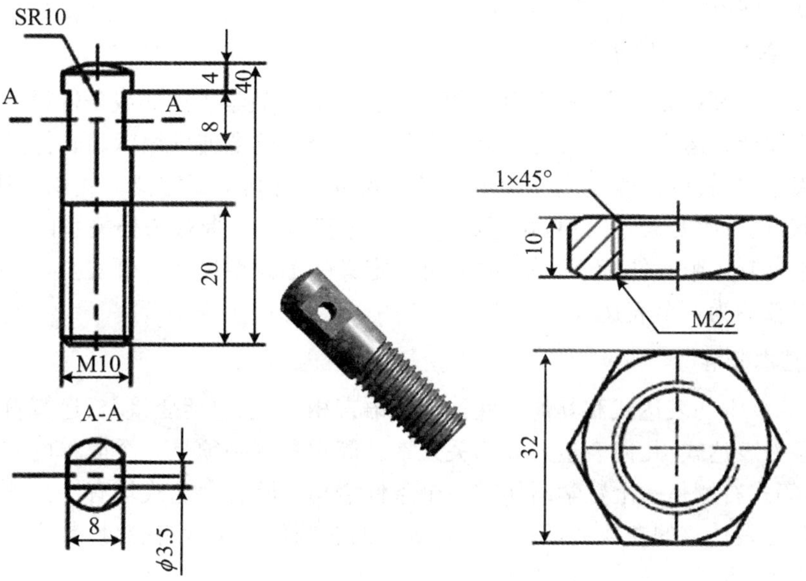

(a) M10调节支承　　(b) M22锁紧螺母</td><td colspan="2">要求：
（1）查阅 GB/T 2230，完善结构尺寸；
（2）建立 M10 调节支承（GB/T 2230）和 M22 锁紧螺母的三维模型。</td></tr>
</table>

任务四　螺钉和螺母三维模型的建立

任务介绍

学习视频 2－4A　学习视频 2－4B

本次任务是利用 NX 的表达式和部件族等功能，建立螺钉和螺母的三维模型，从而掌握对系列化、具有多种尺寸规格标准件的快速建模方法。

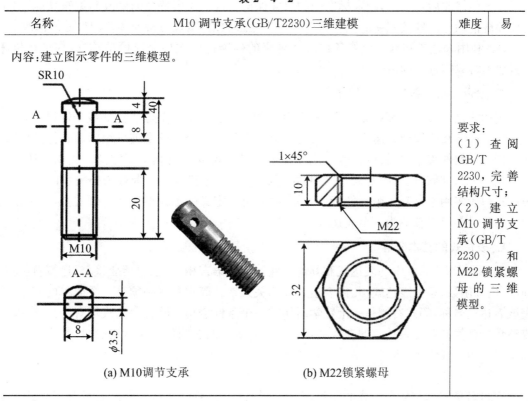

相关知识

一、螺钉和螺母的建模特点

机床夹具、检具等工艺装备结构上所使用的螺钉与螺母属于标准件，其结构尺寸遵循国家标准，例如本任务中涉及的内六角圆柱头螺钉结构尺寸依据的国家标准是GB/T　70.1—2000。标准件在不同机床夹具中均可能重复使用，并且每副夹具可能会有多种不同尺寸规格的标准件。在机床夹具的三维建模中，可以采用如下办法实现对标准件的快速建模：

(1) 建立一种尺寸规格的标准件作为模板，利用表达式将模板文件中的特征尺寸和草图尺寸名称修改后，使之与国家标准中的尺寸保持一致。使用特征的修改与编辑功能，对不同尺寸规格的标准件按照新的尺寸数值修改表达式数值，实现对特征和草图尺寸的修改。

(2) 利用表达式和部件族将各种尺寸规格的标准件一次性完成模型建立，在进行机床夹具建模时只需选用即可。

二、Siemens NX 8.0 的表达式

表达式是Siemens NX 8.0用于控制几何模型特征参数的数学表达式或条件语句，可以使用户实现参数化设计。运用表达式，用户可以十分方便地对模型进行编辑，同时通过更改某一特定参数的表达式，就可以改变实体模型的特征尺寸或对其重新定位。使用表达式可以产生一个部件族，通过改变表达式值，可以将一个零件转为一个带有拓扑关系的新零件。表达式一般多用于控制一个部件特征的特性，还可以定义一个模型尺寸。事实上，一个模型的任意尺寸都可以叙述为一个表达式。

1. 表达式的基本概念

Siemens NX 8.0中的表达式和其他一些计算机语言相似，也包括变量名、运算符、运算顺序、内部函数、条件表达式、几何表达式等相关元素。等式左侧必须是一个简单的变量，代表该表达式名称，等式右侧是一个数学语句或一个条件语句。所有表达式均有一个值(实数或整数)，该值被赋给表达式的左侧变量。表达式等式的右侧可以是含有变量、数字、运算符和符号的组合或常数，也可以是其他表达式名。

(1) 变量名

变量名是字母与数字组成的字符串，但必须以一个字母开始。变量名可含下划线。变量名的长度必须限制在32个字符内，而且表达式中字符的大小写是有差别的。

(2) 运算符和运算顺序

表达式运算符分为算术运算符、关系运算符和逻辑运算符，它们与其他计算机程序设计书中介绍的内容相同，各运算符的优先级别及运算顺序如表2-5-1所示，上一行的运算符优先级别高于下一行的运算符。

表2-5-1　运算符优先级别及运算顺序

运算符	运算顺序
^	从右到左
-(负号)、!	从右到左
*、/、%	从左到右

续表

运算符	运算顺序
+、-	从左到右
>、<、>=、<=	从左到右
==、! =	从左到右
&&	从左到右
‖	从右到左

(3) Siemens NX 8.0 内部数学函数

在创建表达式时常常会用到一些数学函数，在 Siemens NX 8.0 中允许用户使用的一些常用数学函数如表 2-5-2 所示。

表 2-5-2　Siemens NX 8.0 数学函数

内部函数	含义
abs	绝对值
asin	反正弦
acos	反余弦
atan	反正切
ceiling	向上取整
floor	向下取整
sin	正弦
cos	余弦
log	自然对数
log10	对数(以 10 为底)
sqrt	平方根
pi	常数
max	取最大值
min	取最小值
mod	取模

(4) 条件表达式

条件表达式就是利用“if/eles”语法结构建立起来的表达式，其语法如下：

VAR= if(exp1)(exp2) eles (exp3)

语法中各项的含义如下：

① VAR——变量名。

② exp1——判断条件表达式。

③ exp2——当判断条件表达式为真时执行的表达式。

④ exp3——当判断条件表达式为假时执行的表达式。

例如,有一个条件表达式为:width = if (length <4)(10) else(5),这个条件表达式执行的结果是:如果 length 的值小于 4,则 width 的值为 10;如果 length 的值不小于 4,则 width 的值为 5。

(5) 表达式类型

用户根据上述规则自行创建的表达式称为用户表达式。另外 NX 在建模操作过程中,会自动创建系统表达式,例如标注草图尺寸、特征参数、配对条件等,而且其变量名字用一个小写字母 p 开始。

在指定特征参数(例如使用参数输入选项菜单)时可使用表达式测量距离选项来创建距离测量,则该测量变为内嵌于特征参数的表达式中,具有以下几种类型。

① 距离:指定两个物体之间、一点到一个物体之间或两点之间的最短距离。

② 长度:指定一条曲线或一条边的长度。

③ 角度:指定两条线、平面、边和基准之间的角度。

④ 面积:指定对象表面的面积。

⑤ 体积:指定对象的体积。

2. 表达式的功能操作与应用

(1) 表达式的创建

选择菜单命令"工具"→"表达式"后,系统会弹出如图 2-5-1 所示的"表达式"对话框。在对话框的上部"列出的表达式"下拉列表框中,可以选择对话框中显示表达式的过滤条件。对话框中部的列表框为表达式列表,对话框的下部是对表达式的操作功能选项。用户可在该对话框中手工创建或编辑所需的表达式。

当用户在 Siemens NX 8.0 中进行创建特征和草图等操作时,系统就会自动地建立对象表达式,而且其变量名字用一个小写字母 p 开始。

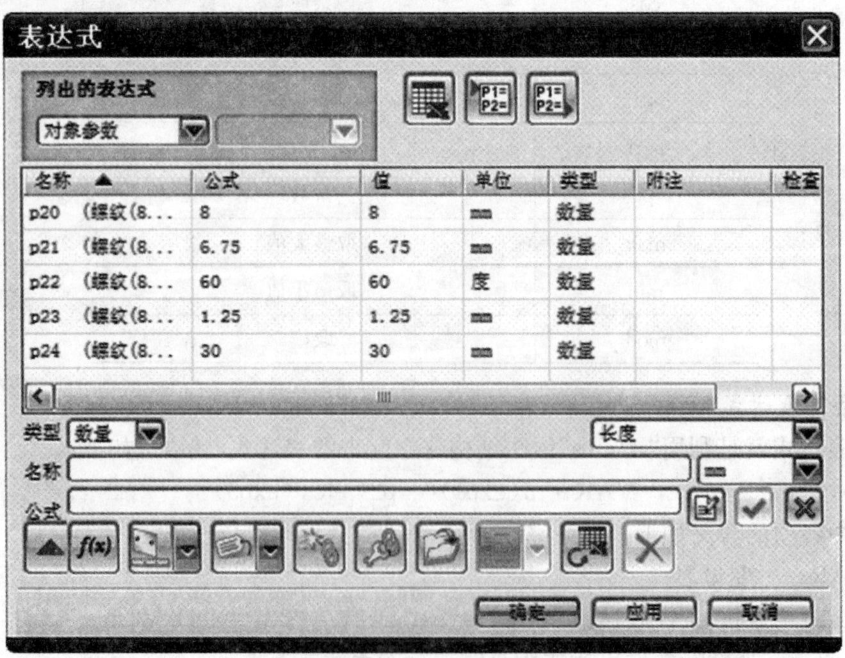

图 2-5-1 "表达式"对话框

还可以使用如下方法创建表达式：

① 直接输入所需的表达式。利用"表达式"对话框，用户可以在"名称"和"公式"文本框中输入需要设置的表达式参数，确定后该表达式就会出现在表达式列表框中。

② 建立几何表达式。利用"表达式"对话框下部的下拉图标按钮，用户可以通过测量指定对象的特征来创建几何表达式。系统提供了5种几何测量类型：、、、和，分别对应于前面介绍的测量距离、长度、角度、体积和面积方式。用户选择了某种测量方式后，在绘图工作区左上角会出现操作工具栏，提示用户选择测量点或测量对象，随后系统就会根据测量方式，创建相应的几何表达式，其值就是对象相应的测量值。

③ 从表达式文件中引入表达式。在"表达式"对话框中单击按钮，系统就会弹出"导入表达式文件"对话框。在该对话框中，用户可以选择欲导入的表达式文件(扩展名为"exp"的文件)，或在文件名文本框中输入表达式文件名(不带扩展名"exp"的文件)，确定后，系统即可导入文件中的表达式。

(2) 表达式的编辑

在"表达式"对话框中，用户还可以对已有表达式进行相关的编辑操作。

① 修改表达式：选择需删除的表达式，然后在"公式"文本框中对这个表达式值做相应修改，再单击按钮即可完成修改操作，这时表达式列表框中相应表达式也将得到更新。

② 表达式重命名：选择需编辑的表达式，然后在"名称"文本框中输入表达式的新名字，再单击按钮即可完成表达式的重命名。

③ 删除表达式：选择需删除的表达式，然后单击按钮，系统即可完成表达式的删除。

(3) 表达式的应用

Siemens NX 8.0 表达式可以使用户建立产品的参数化模型，用户可以方便地将产品模型的某些尺寸定义为表达式，当需要更改某些特征的尺寸参数时，只要在"表达式"对话框的列表框中找到该尺寸参数所对应的表达式，然后按照表达式的编辑操作要求，即可对该尺寸进行修改，完成修改后，模型的尺寸会得到更新。

三、部件族

部件族是通过模板零件及其包含各种规格尺寸的电子表格来生成系列化零件模型，多用于建立某些标准件零件库。其一般使用方法如下：

(1) 生成一个模板部件。

(2) 在模板部件中，定义在部件族中使用的属性。选择菜单命令"工具"→"部件族"，系统将弹出如图2-5-2所示的"部件族"对话框。在"可用的列"选项中选择"表达式"选项，下方列表框中将会列出当前部件中的所有表达式名称，如果在某个表达式名称上双击鼠标左键，则它将出现在下方的"选定的列"列表框中。然后单击 创建 按钮，系统将弹出如图2-5-3所示的电子表格，该表格与用户在"部件族"对话框中选取的相关参数相关联。该表格将存储于部件内部，表格中的列名就是"部件族"对话框中"选定的列"列表框中用户已选取的内容。这样表格中的一条记录就对应了某一部件的相关参数，多条记录就构成了一个相同控制参数的零件族(即零件系列)。

(3) 生成并保存部件族电子表格，定义族成员的不同配置。

(4) 选择部件族电子表格菜单"部件族"→"创建部件"，生成族成员部件文件。

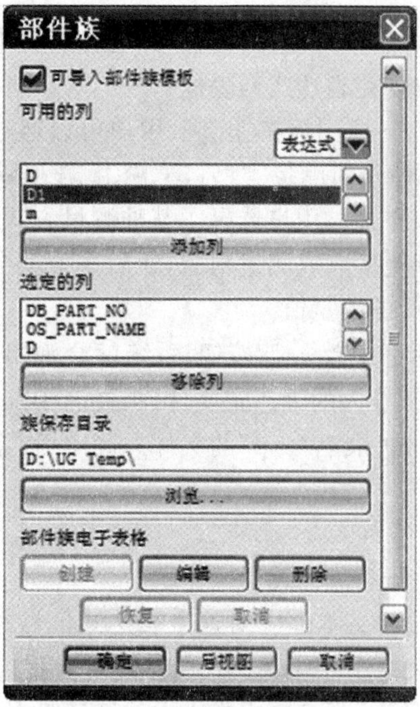

图 2-5-2 “部件族”对话框

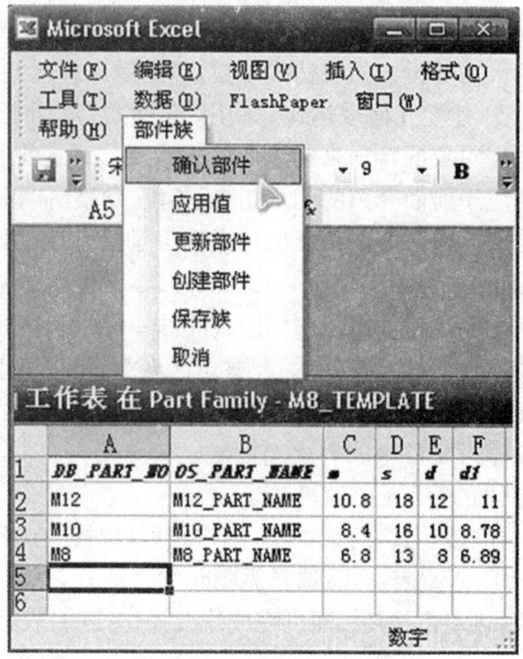

图 2-5-3 部件族电子表格

任务分析与计划

一、M8 螺钉建模分析与计划

查阅紧固件国家标准 GB/T 70—2000，得到内六角圆柱螺钉的结构尺寸如图 2-5-4 所示。

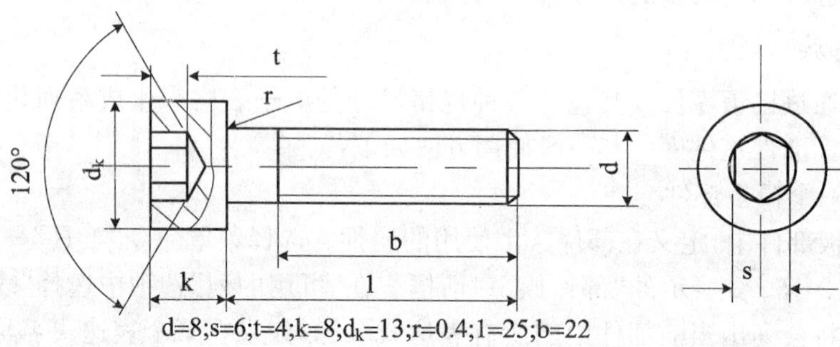

图 2-5-4 M8×25 螺钉

M8 螺钉零件三维模型可以采用如图 2-5-5 所示各个特征组合而成。

根据上述 M8 螺钉零件结构的分析，建立 M8 螺钉零件建模方案如下：

(1) 建立螺顶端部。

① 创建拉伸特征，建立螺钉端部实体。

② 回转切除六角棱柱部分。

③ 创建回转特征。

④ 创建圆柱体。

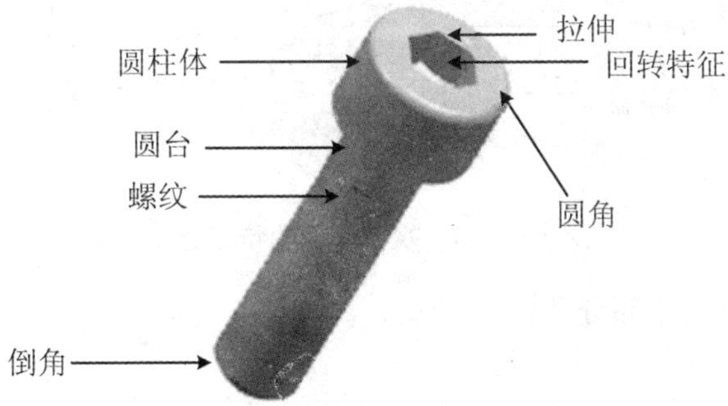

图 2-5-5　螺钉模型的特征组成

⑤ 执行布尔运算,从端部圆柱体切除螺钉内六角孔的实体,形成内六角孔。

(2) 建立圆台。

(3) 建立圆角和倒角。

(4) 建立螺纹。

(5) 建立螺钉各部分结构尺寸的表达式,并修改特征参数。

M8 螺钉零件建模方案如图 2-5-6 所示。

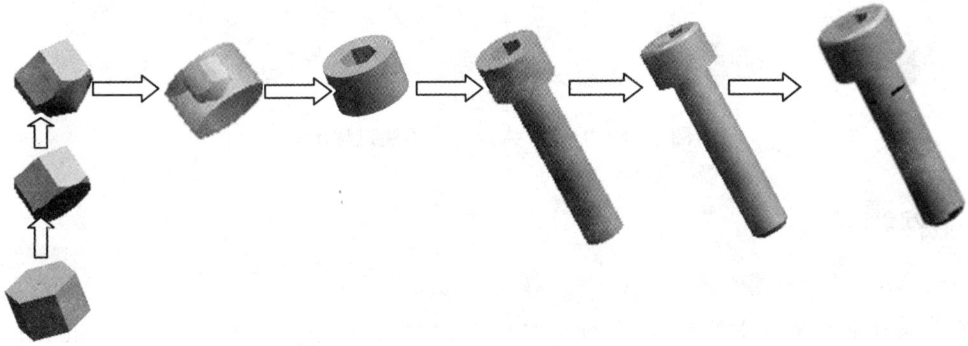

图 2-5-6　M8 螺钉建模过程示意

二、六角螺母部件族建模分析与计划

查阅紧固件国家标准 GB/T　6184—2000 或 GB/T　6184—86、GB/T　56—88、GB/T　6172—86 或 GB/T　6172—2000,分别得到 M8 锁紧螺母、M10 厚螺母和 M12 薄螺母的结构尺寸如图 2-5-7 所示。

尺寸规格	D	D1	m	s
M8 锁紧螺母	8	6.859	6	13
M10 厚螺母	10	8.612	14	16
M12 薄螺母	12	10.371	6	18

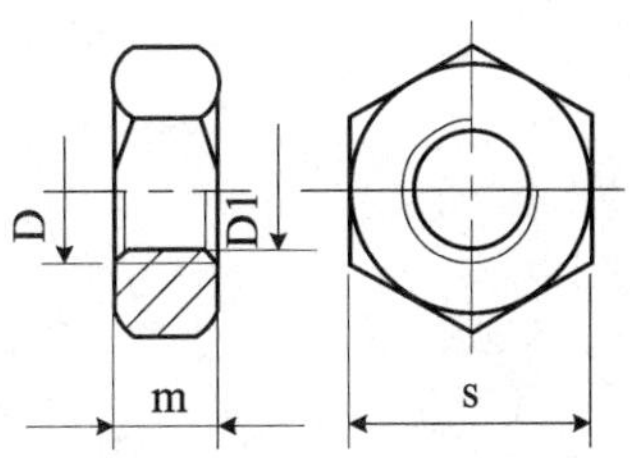

图 2-5-7　六角螺母

螺母零件三维模型可以采用如图 2-5-8 所示各个特征组合而成。

根据上述螺母零件结构的分析,建立螺母部件族建模方案如下:

(1) 定义螺母尺寸表达式。

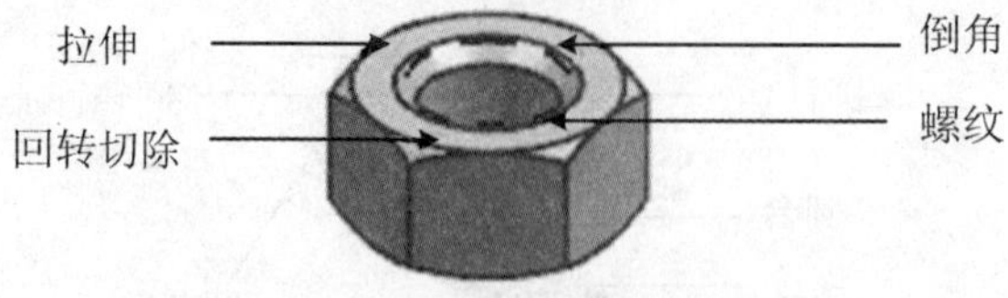

图 2-5-8　螺母模型的特征组成

(2) 建立螺母六角实体部分。

① 拉伸六棱柱。

② 回转切除。

③ 镜像回转切除特征。

(3) 建立孔特征。

(4) 建立倒角。

(5) 建立螺纹（使用螺纹形式“符号”）。

(6) 利用表达式创建螺母的系列化规格参数表，并建立部件族。

M8 六角螺母零件建模方案如图 2-5-9 所示。

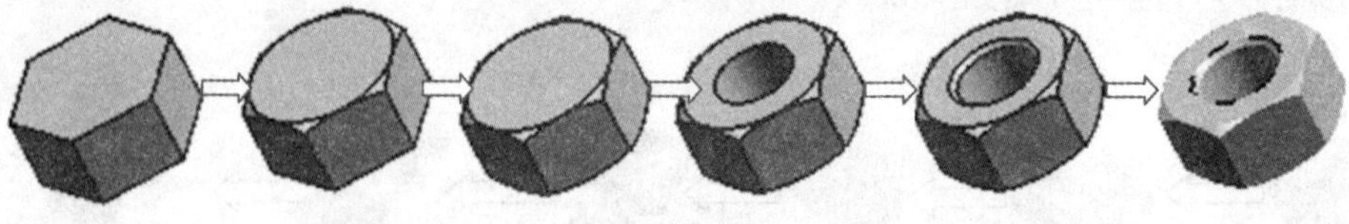

图 2-5-9　M8 六角螺母建模过程示意

任务实施

一、M8 螺钉建模

(1) 新建一个部件文件，文件名称为“luodingM8”，单位选择“毫米”，进入 Siemens NX 8.0 后，选择工具按钮“开始”→“建模”，进入“建模”应用模块。

(2) 创建螺钉端部。

① 创建拉伸特征，建立螺钉内六角孔的实体。

单击工具条中的“草图”按钮，绘制如图 2-5-10 所示草图截面，完成后单击“完成草图”按钮，完成截面草图绘制。

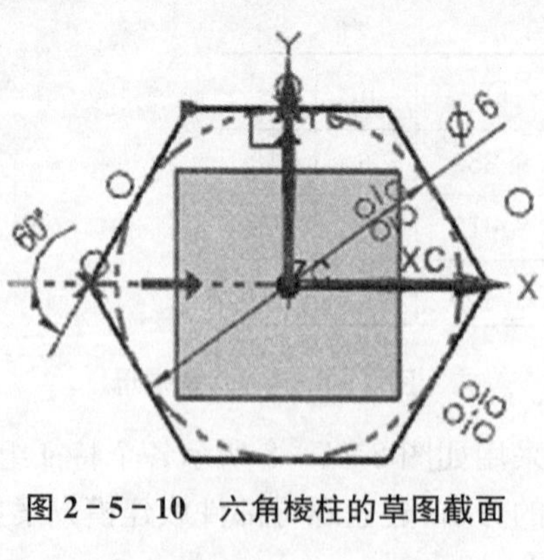

图 2-5-10　六角棱柱的草图截面

选择菜单“插入”→“设计特征”→“拉伸”或单击工具条中的“拉伸”按钮，系统弹出如图 2-5-11 所示“拉伸”对话框，选择已绘制好的草图截面，输入拉伸起始值:0;结束值:4，布尔选项为“无”。单击“拉伸”对话框中的“确定”按钮，完成六角棱柱实体创建。

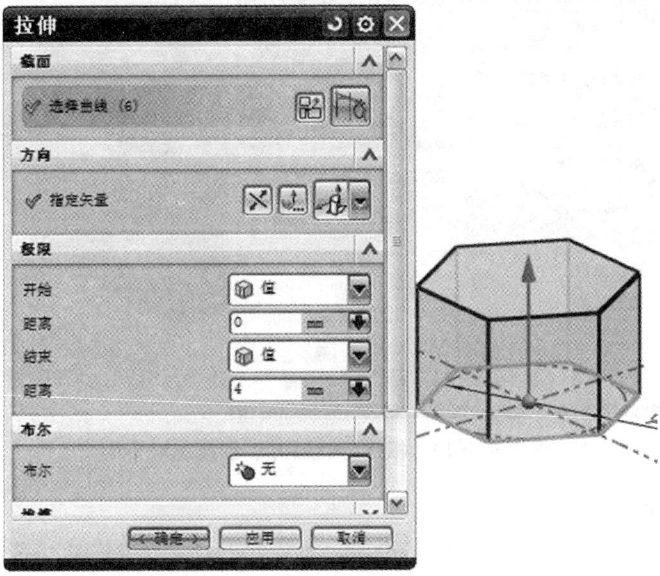

图 2-5-11 “拉伸”对话框

② 创建回转特征，切除六角棱柱部分材料。

1) 创建基准平面。

选择菜单“插入”→“基准/点”→“基准平面”或单击工具条中的“基准平面”按钮，系统弹出如图 2-5-12 所示的“基准平面”对话框，在“类型”组中选择“二等分”按钮，从模型中选择实体上的两个面后，单击“确定”按钮，完成基准平面 1 的创建。

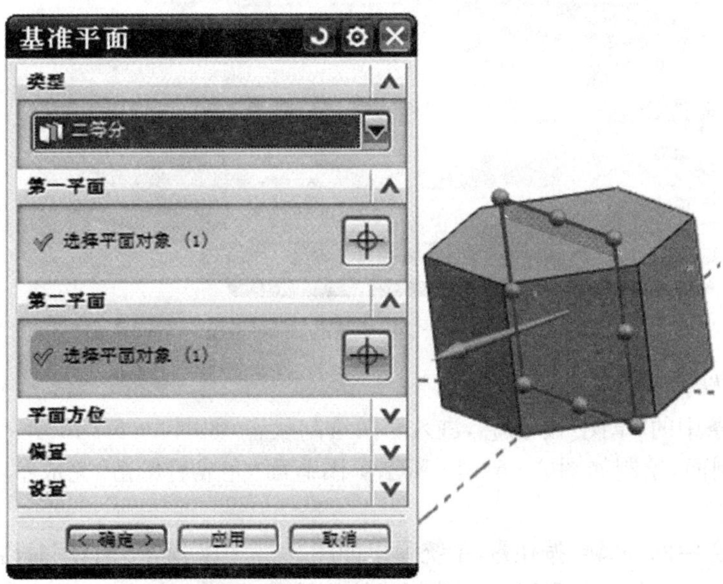

图 2-5-12 “基准平面”对话框

如图 2-5-13 所示，选择实体棱边的中点，创建与该线段垂直的基准平面 2。

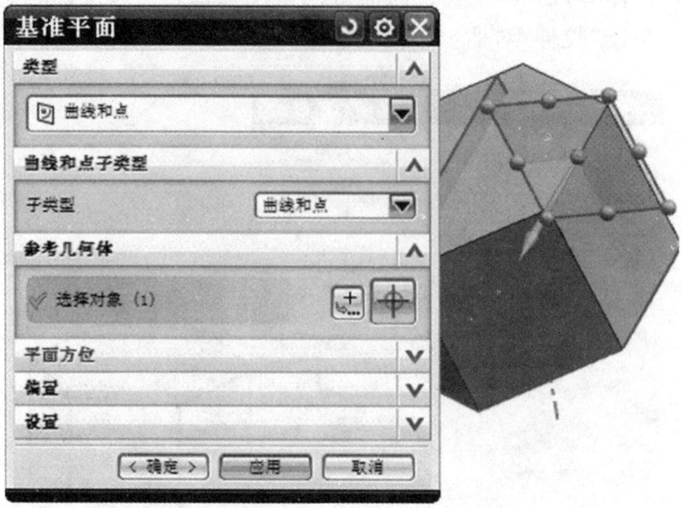

图 2-5-13　根据“曲线和点”创建基准平面

2）建立基准轴

选择菜单“插入”→“基准/点”→“基准轴”或单击工具条中的“基准轴”按钮，系统弹出如图 2-5-14 所示的“基准轴”对话框，选择上一步骤创建的两个基准面，单击“确定”按钮，创建通过两个基准面交线的基准轴。

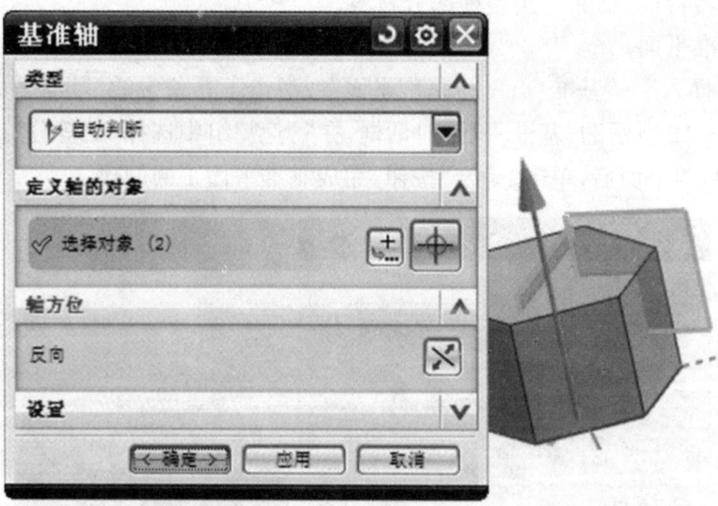

图 2-5-14　“基准轴”对话框

3）创建回转特征，切除六角棱柱部分。

单击工具条中的“草图”按钮，进入草图绘制状态，如图 2-5-15 所示，选择基准平面 2 作为草图绘制面，绘制如图 2-5-16 所示草图截面，完成后单击“完成草图”按钮，完成回转截面的绘制。

单击工具栏中的“回转”按钮，系统弹出如图 2-5-17 所示“回转”对话框，选择回转截面；在“轴”组中选择“指定矢量”为“自动判断的矢量”按钮，然后选择如图所示的基准轴作为回转轴；“布尔”操作项中选择“求差”，选择求差的目标体为六棱柱，单击对话框中的“确定”按钮，完成回转切除。

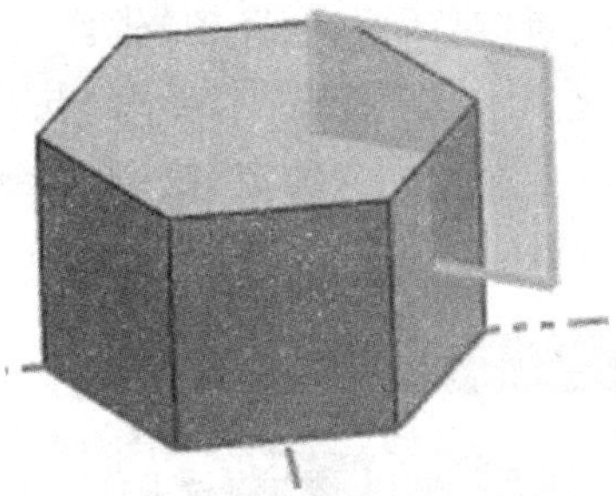

图 2-5-15　草绘平面的选择

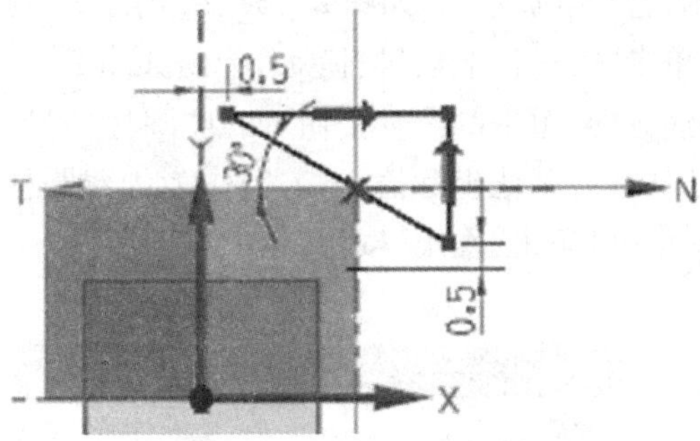

图 2-5-16　绘制草图截面

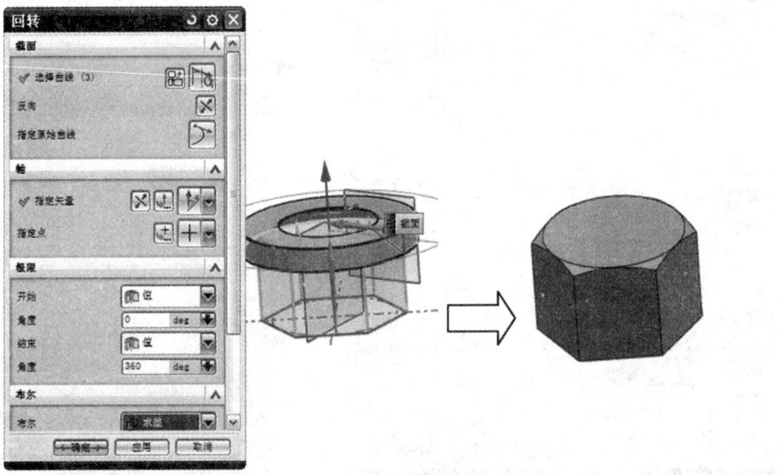

图 2-5-17　“回转”对话框

③ 创建回转特征，增加六角棱柱部分材料。

单击工具条中的“草图”按钮，选择上一步创建的基准平面 1，并绘制如图 2-5-18 所示的草图截面，完成后单击“完成草图”按钮，完成截面绘制。

选择菜单“插入”→“设计特征”→“回转”或单击工具条中的“回转”按钮，弹出“回转”对话框，选择上一步创建的草图作为回转截面；然后选择已经创建的基准轴作为回转轴，布尔操作项选择“求和”，单击“确定”按钮，完成回转特征的创建，如图 2-5-19 所示。

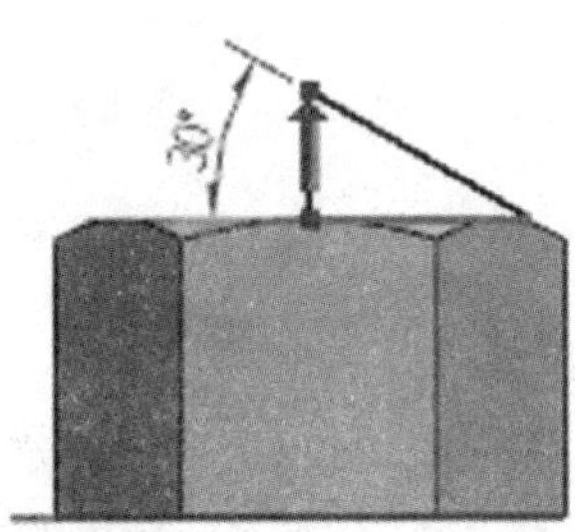

图 2-5-18　草图截面

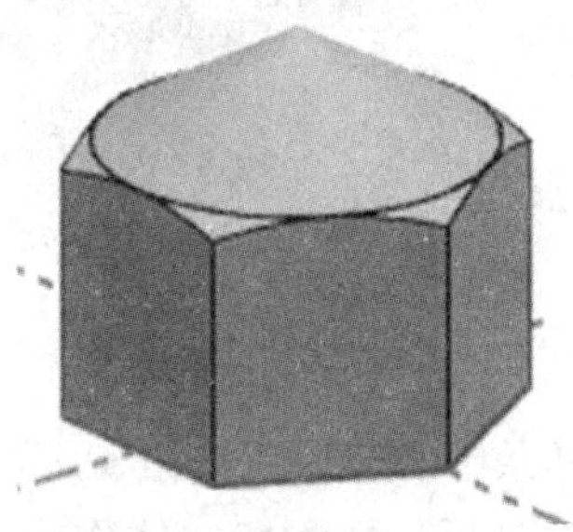

图 2-5-19　回转特征

④ 创建圆柱体。

选择菜单“插入”→“设计特征”→“圆柱体”，弹出“圆柱”对话框，选择圆柱的生成方式为“轴、直径和高度”，如图 2－5－20 所示，并按要求输入直径：13；高度：8。

单击“矢量构造器”按钮，弹出如图 2－5－20 所示“矢量”对话框，选择 ZC 轴作为圆柱的轴线方向，单击“确定”按钮，回到“圆柱”对话框。单击“点构造器”按钮，弹出“点”对话框，选择系统默认坐标值(0,0,0)作为创建圆柱的底面中心位置，单击“确定”按钮，回到“圆柱”对话框，单击“确定”按钮，生成如图 2－5－21 所示的圆柱体。

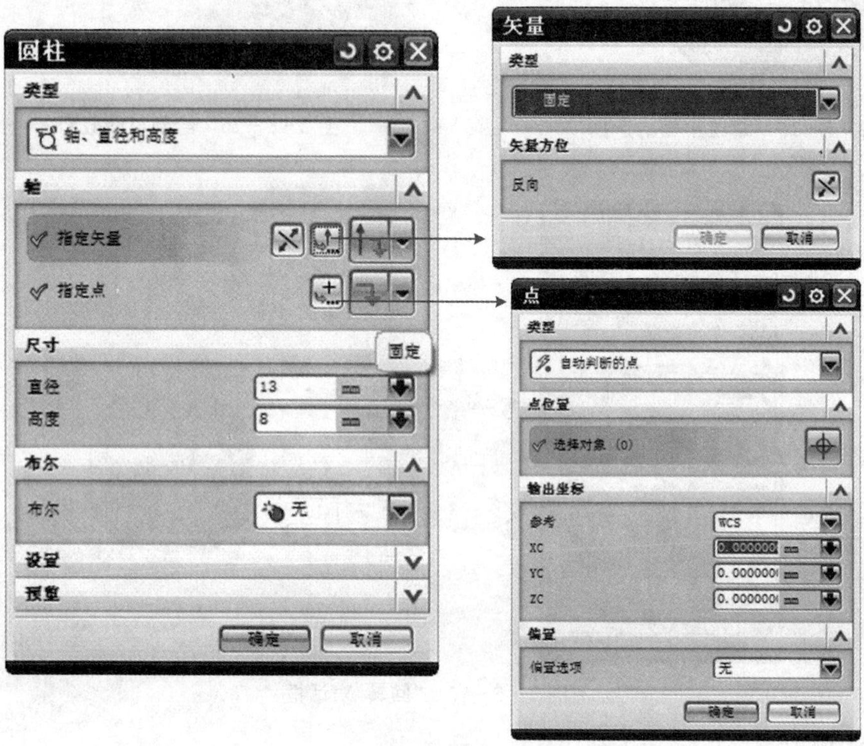

图 2－5－20 “圆柱”对话框

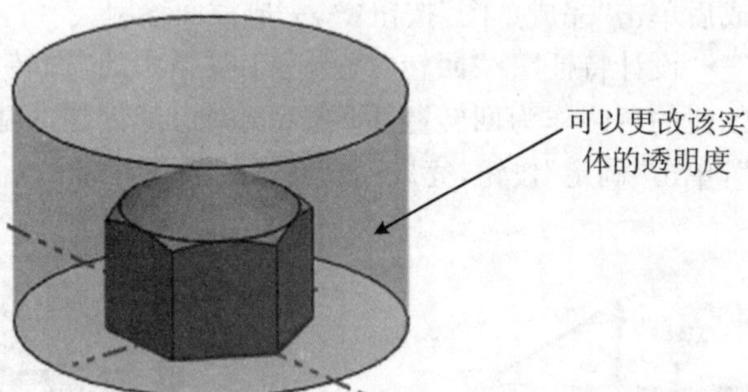

图 2－5－21 圆柱体

⑤ 单击工具条中的“求差”按钮，系统弹出如图 2－5－22 所示“求差”对话框，选择圆柱体作为目标体，然后选择六棱柱体作为工具体，单击“确定”按钮，完成的螺钉端部模型如图 2－5－23 所示。

(3) 创建圆台。

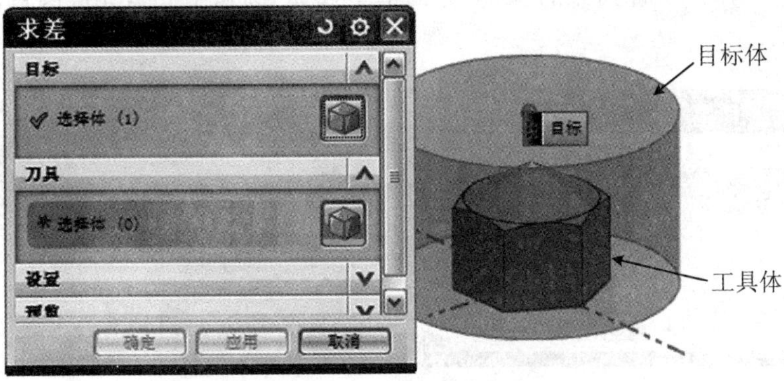

图 2-5-22 “求差”布尔操作

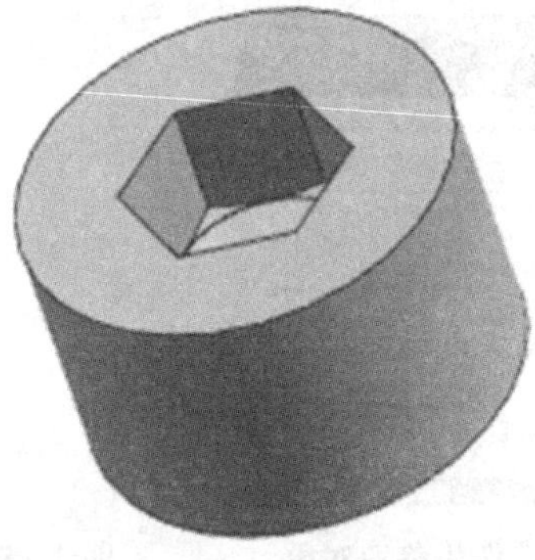

图 2-5-23 完成的螺钉端部

① 单击工具条中的“凸台”按钮，系统弹出如图 2-5-24 所示的“凸台”对话框，输入凸台的直径：8；高度：25，选择如图 2-5-24 所示端面作为凸台的放置平面，单击“确定”按钮。

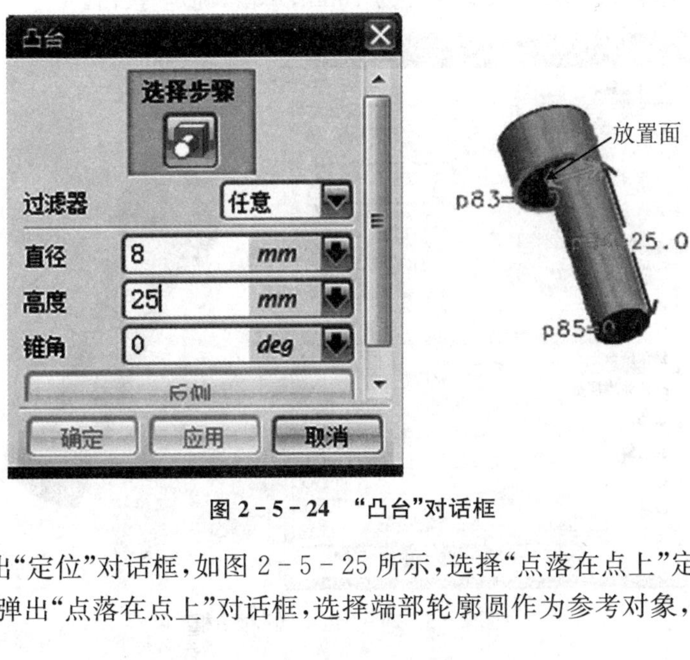

图 2-5-24 “凸台”对话框

② 系统弹出“定位”对话框，如图 2-5-25 所示，选择“点落在点上”定位方式，如图 2-5-26 所示，弹出“点落在点上”对话框，选择端部轮廓圆作为参考对象，在随后弹出的如

图 2-5-27 所示的“设置圆弧的位置”对话框中选择“圆弧中心”，完成圆台的创建，如图 2-5-28 所示。

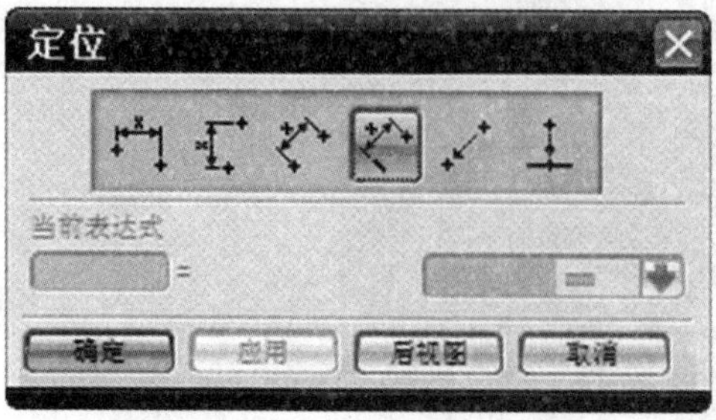

图 2-5-25 “定位”对话框

图 2-5-26 “点落在点上”对话框

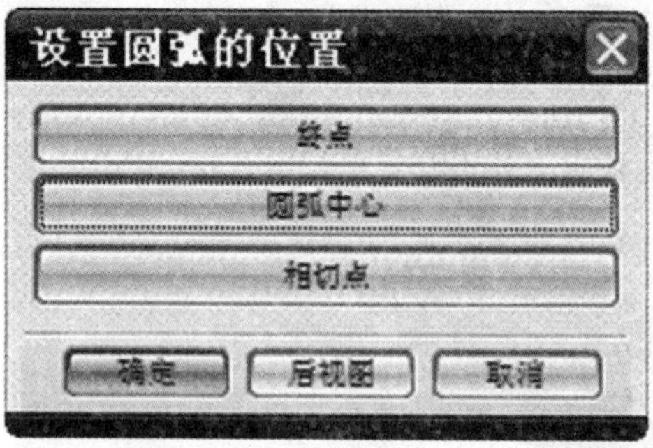

图 2-5-27 选择参考圆作为参考对象

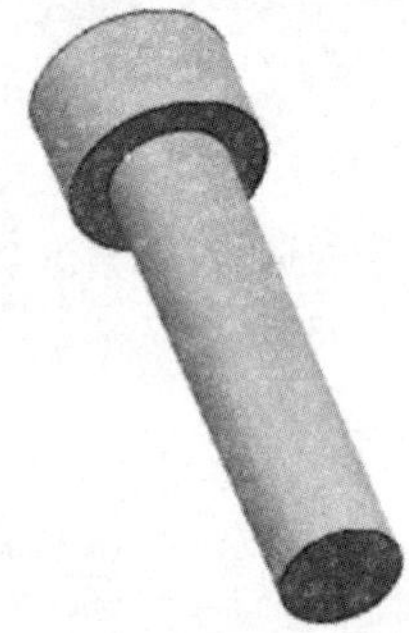

图 2-5-28 完成后的圆台特征

(4) 创建边圆角特征。

① 选择菜单“插入”→“细节特征”→“边倒圆”或单击工具条中的“边倒圆”设置按钮，弹出如图 2-5-29 所示“边倒圆”对话框，选择大端与螺纹圆柱体相交边缘，半径设置为 0.4 mm，继续选择大端边缘，设置半径为 1 mm，单击“确定”按钮。

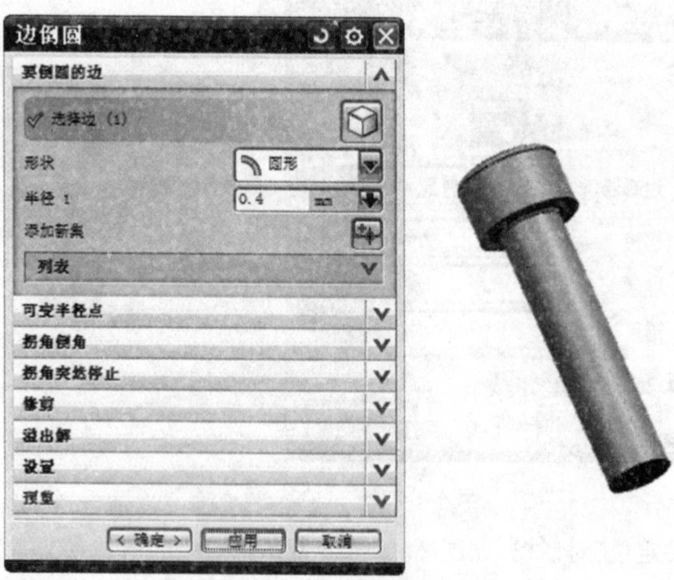

图 2-5-29 “边倒圆”对话框

② 创建边倒角特征。单击工具条中的“倒斜角”按钮，弹出如图 2-5-30 所示“倒斜角”对话框，在“距离”选项中输入“1”，单击“确定”按钮。

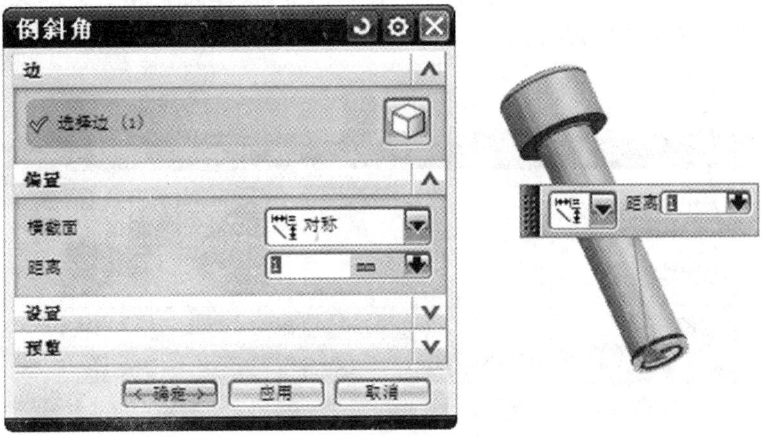

图 2-5-30 “倒斜角”对话框

(5) 创建螺纹特征。

选择菜单“插入”→“设计特征”→“螺纹”或直接单击工具条中的“螺纹”按钮，系统弹出如图 2-5-31 所示“螺纹”对话框，选择“螺纹类型”为“符号”，再从模型上选择圆柱体外圆为螺纹面，选择底部平面为螺纹起始面，输入螺纹长度 22，单击“确定”按钮创建螺纹特征。创建的螺纹如图 2-5-32 所示。

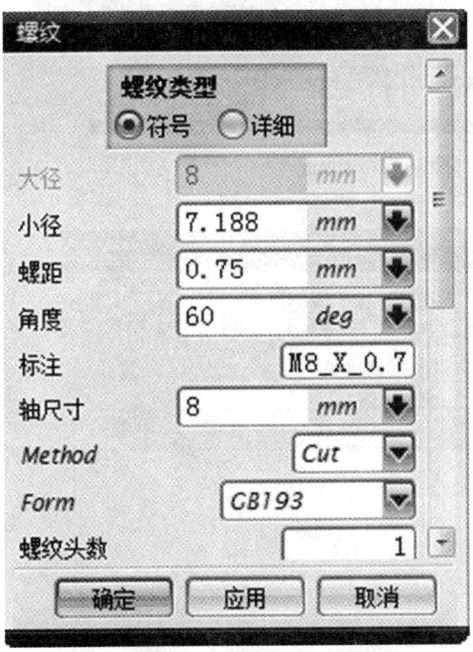

图 2-5-31 “螺纹”对话框

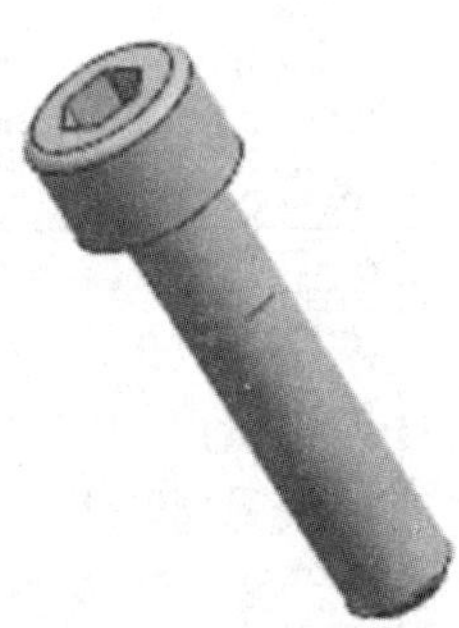

图 2-5-32 完成后的螺纹

(6) 使用表达式定义螺钉尺寸表达式。

选择菜单“工具”→“表达式”，弹出如图 2-5-33 所示的“表达式”对话框，在“列出表达式”下拉列表框中选择“全部”，则螺钉模型中的所有特征尺寸和草图尺寸的表达式均显示在列表框中，选择尺寸 p0，则该尺寸的名称“p0”和表达式“6”(表达式为常数)显示在对话框下部“名称”和“公式”文本框中。该尺寸为创建螺钉内六角的草图尺寸，与螺钉国家标准中的尺寸 s 对应，因此在“名称”文本框中删除“p0”，输入“s”，这样即完成了对表达式的修改。按照相同方法创建螺钉的其他尺寸名称：d_k，t，k，d，r，l，b，完成的尺寸表达式如图 2-5-34 所示。

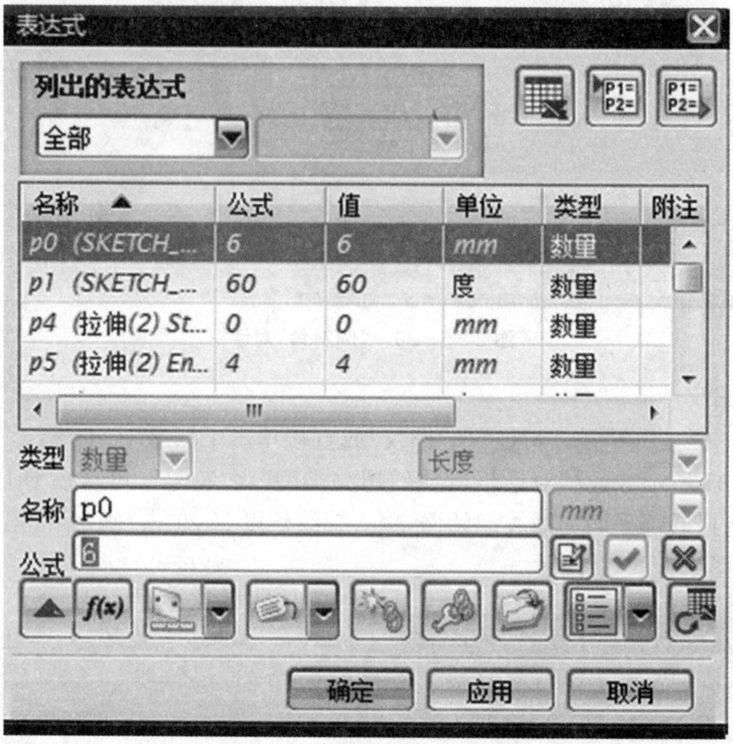

图 2-5-33 “表达式”对话框

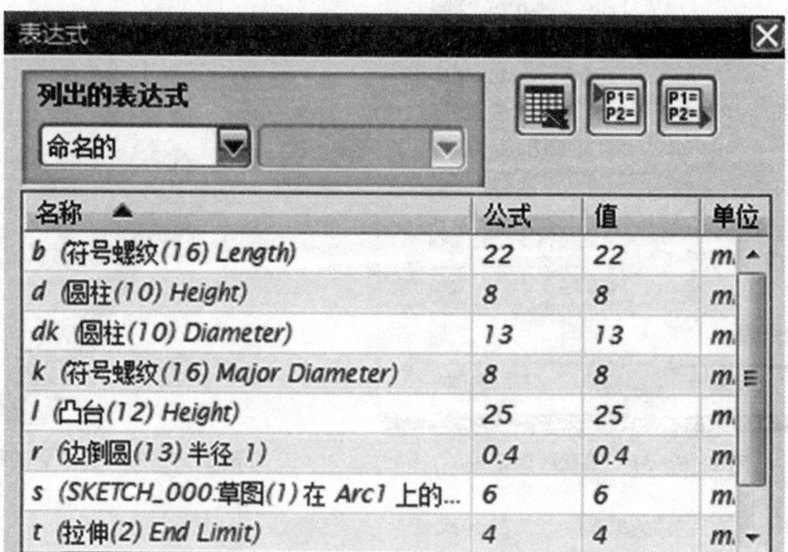

图 2-5-34 完成后的尺寸表达式列表

二、建立螺母三维模型

(1) 新建一个部件文件，文件名称为“luomuM8”，单位选择“毫米”，进入 Siemens NX 8.0 的“建模”应用模块。

(2) 选择“工具”→“表达式”，弹出“表达式”对话框，在“名称”文本框中输入“D”，在“公式”文本框中输入“8”，单击按钮，表达式“D”出现在对话框的列表框中。如图 2-5-35 所示，按照相同方法完成其他尺寸表达式的创建。

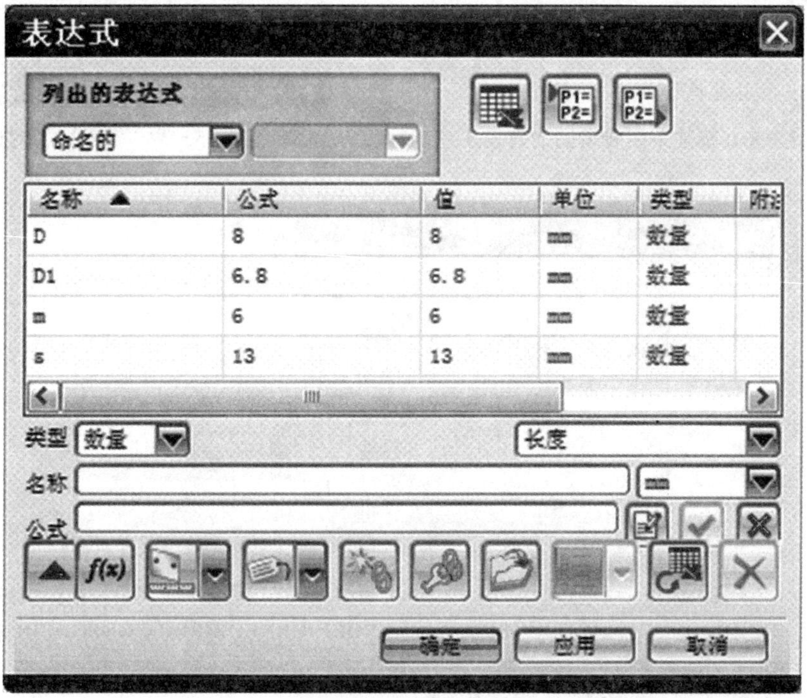

图 2-5-35　完成后的尺寸表达式

(3) 建立螺母六角棱柱实体。

① 建立拉伸特征。

1) 创建草图。

单击“草图”按钮，弹出“创建草图”对话框，使用系统自动判断的草图平面，单击“确定”按钮，进入草图绘制状态，使用镜像和几何约束功能绘制如图 2-5-36 所示草图截面，单击“自动判断尺寸”按钮，选择参考圆，标注直径尺寸，选择弹出的尺寸表达式文本框后的按钮，选择“公式”，弹出如图 2-5-37 所示“表达式”对话框。

在“公式”中输入“s”，单击按钮，建立草图参考圆与表达式 s 之间的关联关系，单击“确定”按钮，退出“表达式”对话框。单击“完成草图”按钮，完成截面绘制。

2) 创建拉伸特征。

选择菜单“插入”→“拉伸”或单击工具条中的“拉伸”按钮，系统弹出如图 2-5-38 所示“拉伸”对话框，选择已绘制好的草图截面，输入拉伸“起始”：0；拉伸“结束”：m(m 是已经创建好的表达式)，布尔选项为“无”。单击“确定”按钮，完成六角棱柱的创建。

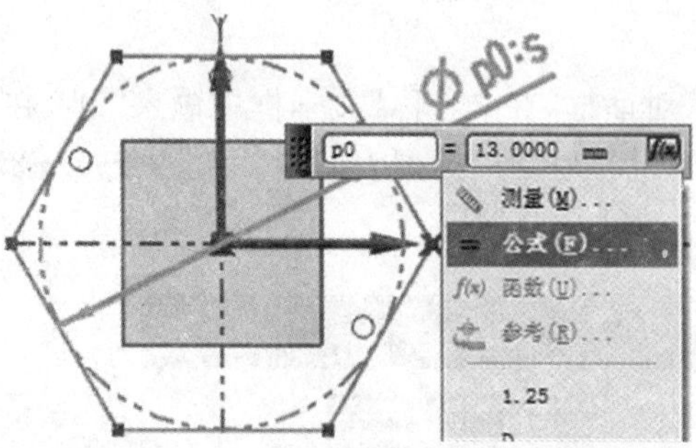

图 2-5-36　标注草图参考圆的直径尺寸

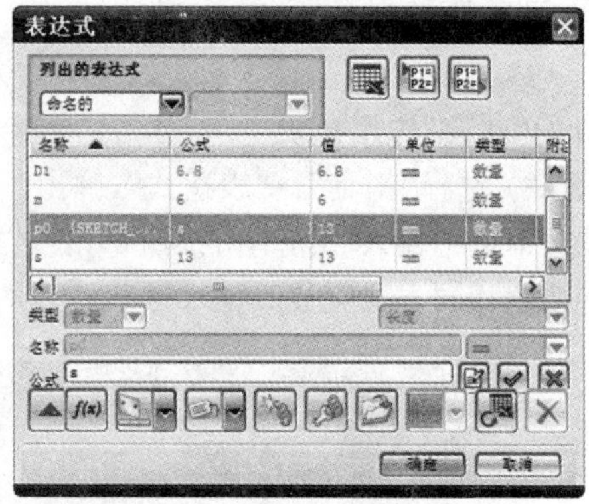

图 2-5-37　“表达式”对话框

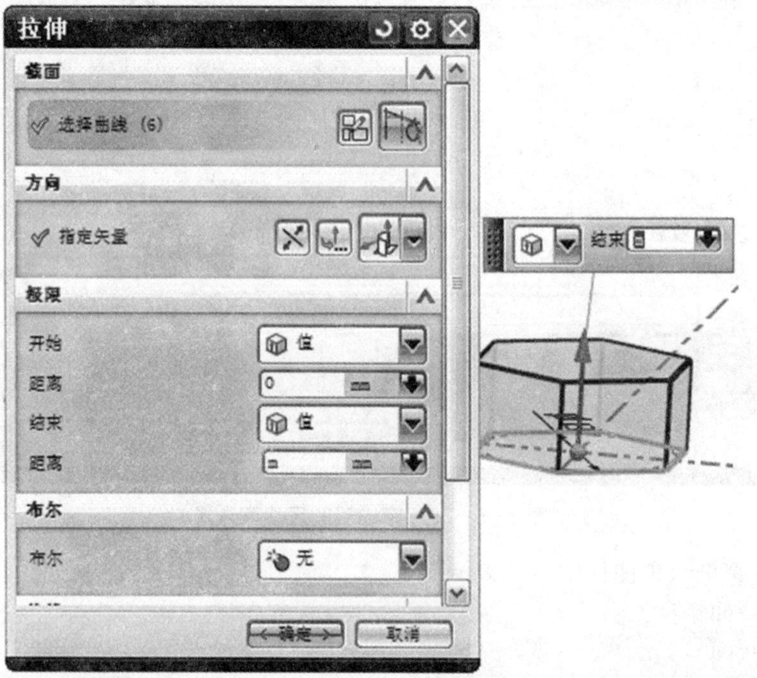

图 2-5-38　设置拉伸参数

② 创建回转切除特征。

1）创建基准平面。

选择菜单“插入”→“基准/点”→“基准平面”或单击工具条中的“基准平面”按钮，系统弹出如图 2-5-39 所示的“基准平面”对话框，在“类型”组中选择“二等分”按钮，从模型中选择实体上的两个面后，单击“确定”按钮，完成基准平面 1 的创建。

如图 2-5-40 所示，选择实体棱边的中点，创建与该线段垂直的基准平面 2。

2）建立基准轴。

选择菜单“插入”→“基准/点”→“基准轴”或单击工具条中的“基准轴”按钮，系统弹出如图 2-5-41 所示的“基准轴”对话框，选择上一步创建的两个基准面，单击“确定”按钮，创建通过两个基准面交线的基准轴。

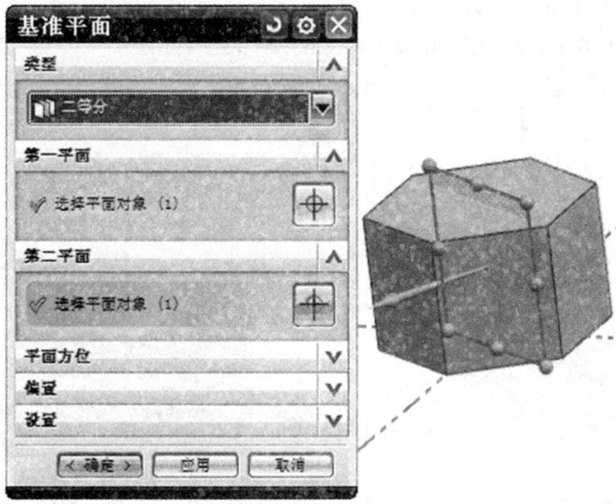

图 2-5-39 “基准平面”对话框

图 2-5-40 创建基准平面 2

图 2-5-41 “基准轴”对话框

3）创建回转特征，切除六角棱柱部分材料。

单击工具条中的“草图”按钮，进入草图绘制状态，如图 2－5－42 所示，选择基准平面 2 作为草图绘制面，绘制如图 2－5－43 所示草图截面，完成后单击“完成草图”按钮，完成回转截面绘制。

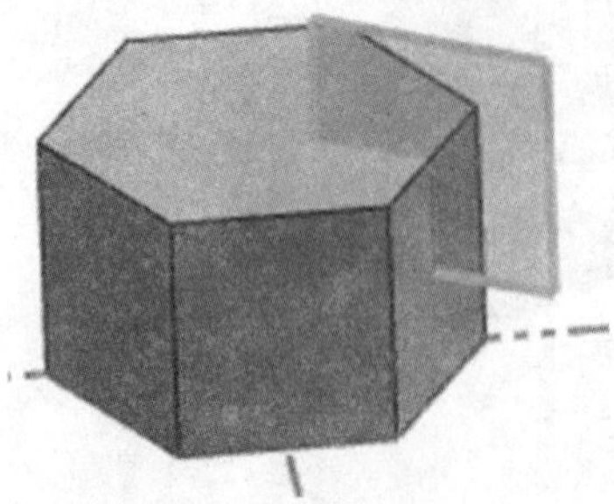

图 2－5－42　草绘平面的选择

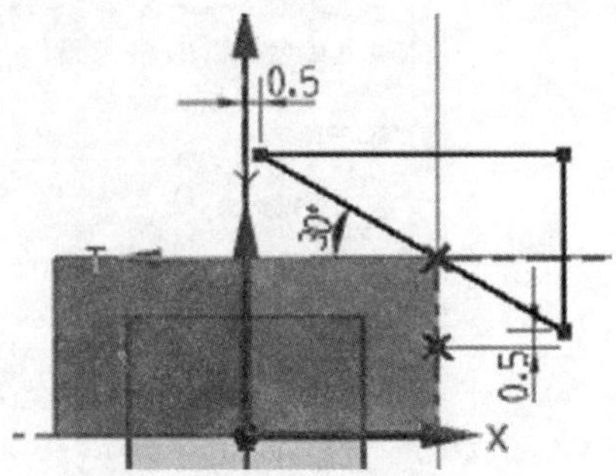

图 2－5－43　绘制草图截面

单击工具条中的“回转”按钮，系统弹出如图 2－5－44 所示“回转”对话框，选择回转截面；在“轴”组中选择“指定矢量”为“自动判断的矢量”按钮，然后选择如图所示的基准轴作为回转轴；“布尔”操作项选择“求差”，选择求差的目标体为六棱柱，单击“确定”按钮，完成回转切除。

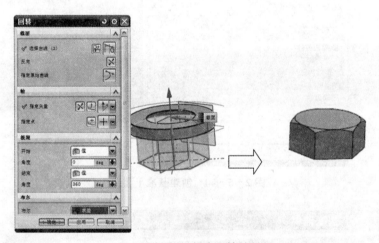

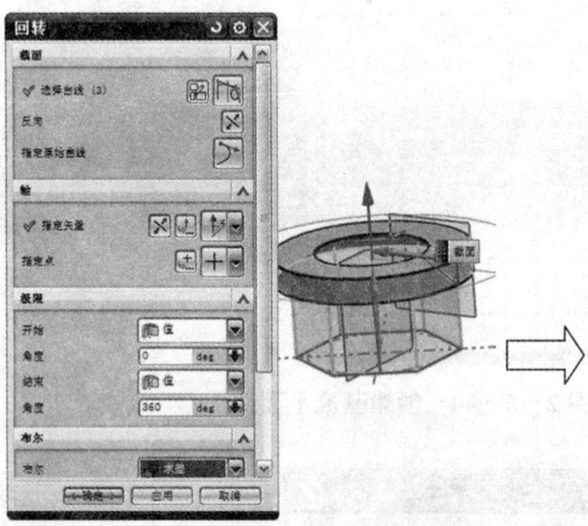

图 2－5－44　创建回转特征

③ 镜像回转切除特征。

1）创建基准平面。

选择菜单“插入”→“基准/点”→“基准平面”或单击工具条中的“基准平面”按钮，系统弹出如图 2－5－45 所示的“基准平面”对话框，在“类型”组中选择“二等分”按钮，从模型中选择实体上的两个面后，单击“确定”按钮，完成基准平面 3 的创建。

2）镜像回转切除特征。

单击工具条中的“镜像特征”按钮，弹出“镜像特征”对话框，如图 2－5－46 所示，在列表中选择“回转(7)”并勾选“添加相关特征”，选择基准平面 3 作为“镜像平面”，单击“确定”按钮，结果如图 2－5－47 所示。

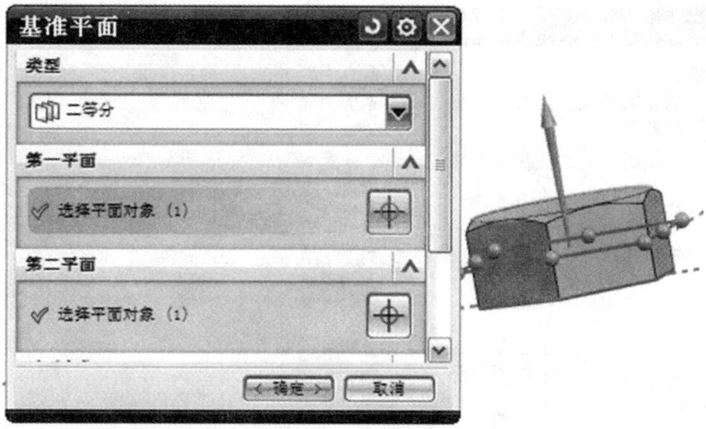

图 2-5-45　创建基准平面 3

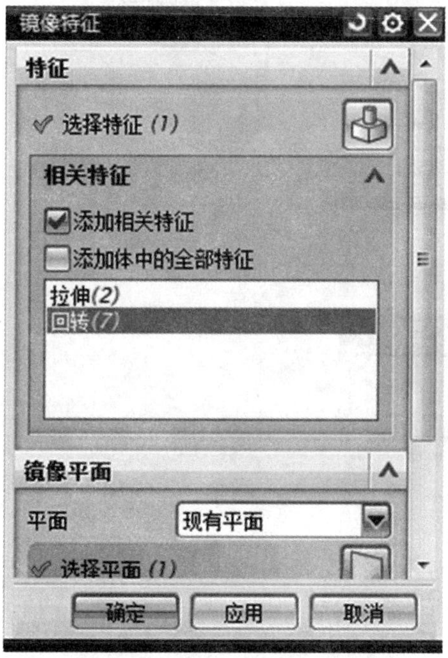

图 2-5-46　“镜像特征”对话框

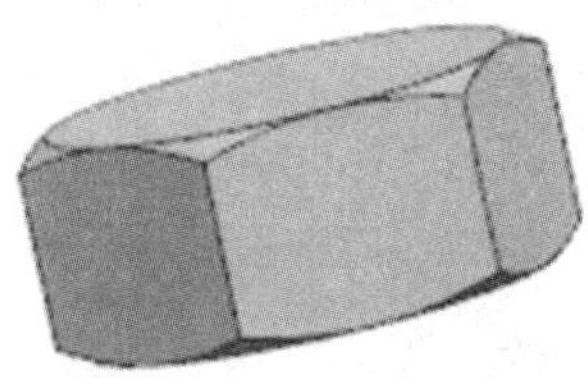

图 2-5-47　镜像特征

(4) 建立孔特征。

创建通孔作为螺纹底孔。选择菜单“插入”→“设计特征”→“孔”，系统弹出如图 2-5-48 所示“孔”对话框，利用捕捉点选中六棱柱上端面圆心为指定点，作为孔的圆心，“孔方向”选项选择“垂直于面”，输入直径：D1，“深度限制”选项选择“贯通体”，“布尔”选项选择“求差”，单击“确定”按钮，创建如图 2-5-49 所示的孔特征。

(5) 创建倒角特征。

选择菜单“插入”→“细节特征”→“倒斜角”，弹出如图 2-5-50 所示的“倒斜角”对话框，选择孔特征的上、下边缘作为倒角边，在“距离”文本框中输入“1”，单击“确定”按钮，完成倒角创建。

图 2-5-48 “孔”对话框

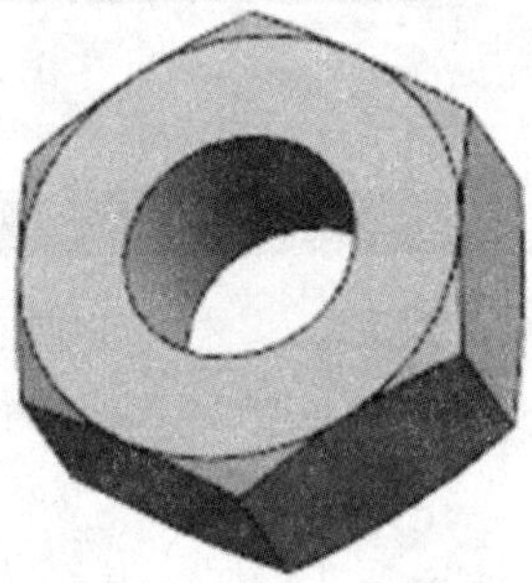

图 2-5-49 孔特征

图 2-5-50 “倒斜角”对话框

图 2-5-51 螺纹放置面

(6) 创建螺纹特征。

选择菜单“插入”→“设计特征”→“螺纹”，或直接单击工具条中的“螺纹”按钮，系统弹出“螺纹”对话框，选择“螺纹类型”为“符号”。如图 2-5-51 所示，选择孔的内表面作为放置面，选择端平面为螺纹起始面。在如图 2-5-52 所示的“螺纹”对话框中，选择“完整螺纹”选项，在“大径”文本框中输入“D”作为螺纹公称尺寸，其余保持该对话框中的参数为默认设置，单击“确定”按钮，创建的螺纹特征如图 2-5-53 所示。

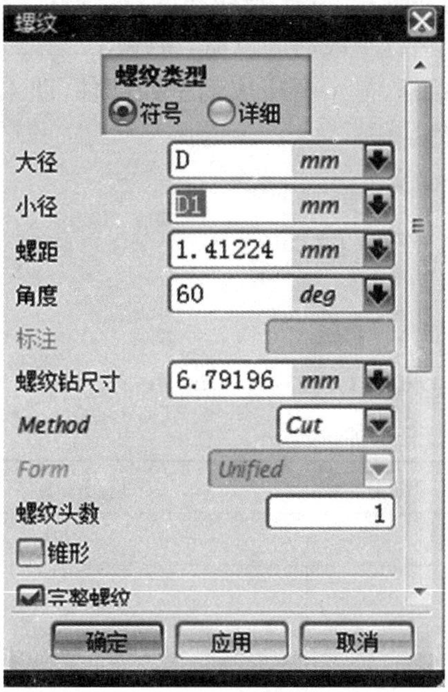

图 2-5-52 “螺纹”对话框

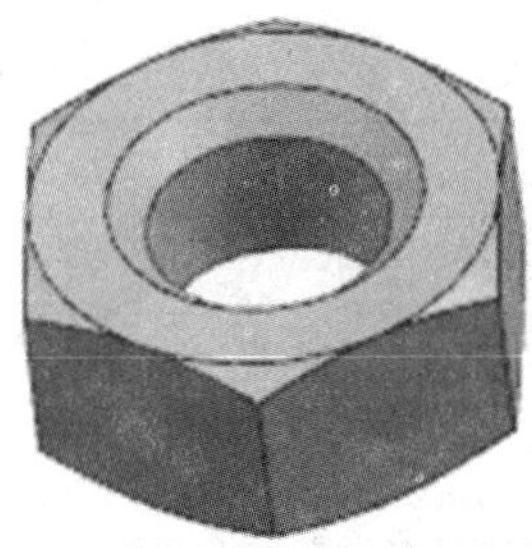

图 2-5-53 创建的模型

(7) 创建螺母的系列化规格参数表,并建立部件族。

① 选择菜单“工具”→“部件族”,系统弹出“部件族”对话框,在“可用的列”列表框中依次双击螺母的尺寸参数:D,D1,m,s,则这些参数被添加到“选定的列”列表框,如图 2-5-54 所示。

② 将“族保存目录”改为指定目录,单击 创建 按钮,系统启动 Microsoft Excel 程序,并生成一张工作表,如图 2-5-55 所示。在新生成的工作表中,D,D1,m,s 作为列显示。

③ 输入系列螺母的尺寸规格,如图 2-5-55 所示。

图 2-5-54 “部件族”对话框

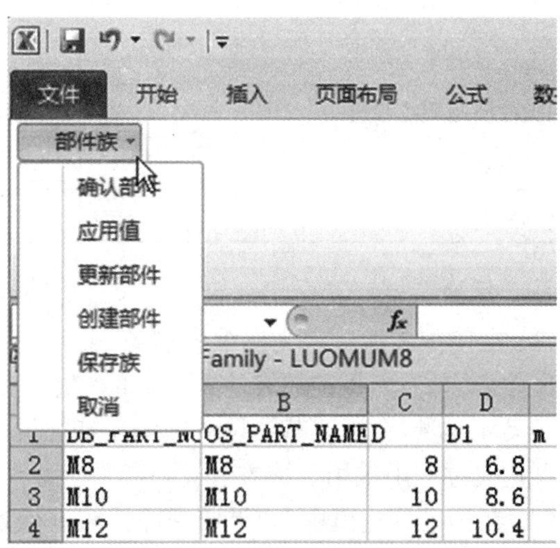

图 2-5-55 输入系列部件的尺寸参数

④ 选取图 2-5-55 工作表中的 2～5 行，选择 Excel 程序中的“部件族”→“创建部件”命令，系统运行一段时间以后，将弹出如图 2-5-56 所示“信息”对话框，显示所生成的系列部件，即 4 个不同尺寸规格的螺母。

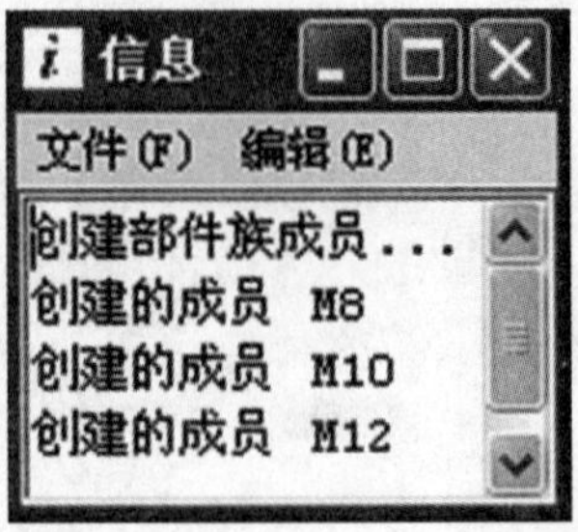

图 2-5-56　生成系列部件信息

⑤ 保存文件，退出系统。

任务评价与总结

一、任务评价

任务评价按表 2-5-3 进行。

表 2-5-3　任务评价表

评价项目	配分	得分
一、成果评价：60%		
三维模型尺寸的正确性	30	
零件建模方案的合理性	10	
特征参数选择与设置的合理性	15	
部件导航器中是否有错误或冗余特征	5	
二、自我评价：15%		
学习活动的目的性	3	
是否独立寻求解决问题的方法	5	
造型方案、方法的正确性	3	
团队合作氛围	2	
个人在团队中的作用	2	
三、教师评价：25%		
工作态度是否端正	10	
工作量是否饱满	3	
工作难度是否适当	2	
软件使用熟练程度	5	
自主学习	5	
总分		

二、任务总结

(1) 在使用表达式定义三维模型草图或特征尺寸时可以先创建模型，然后修改自动生成的尺寸名称，作为指定的表达式，例如本次任务中内六角螺钉的建模采用了该方法；也可先定义尺寸变量，在标注草图尺寸或输入特征尺寸时直接引用定义的表达式，例如本次任务中螺母建模过程中采用了该方法。

(2) 在标准件建模中，如果使用部件族进行系列化设计，由模板文件根据部件族电子表格生成各个部件时，只是将电子表格中规定的尺寸进行了更新，而其他尺寸即草图上的几何关系仍保持与模板文件一致,因此建模中各种草图、基准面应该尽量使用几何约束,如本例中螺母的拉伸草图和回转切除的基准面等。

(3) 使用部件族和表达式功能可以实现对具有不同尺寸规格零件的系列化设计,除了螺钉、螺母,定位键、齿轮等零件的设计也可以采用该方法。

任务拓展

一、相关知识与技能

1. 参数化设计

参数化设计是基于约束造型和尺寸驱动,通过改动设置图形的某一部分或某几部分的尺寸,或者修改编辑已经定义好的参数,自动完成对图形中相关部分的改动。

参数化设计方法存储了设计的全过程,设计者通过调整参数来修改和控制几何形状,实现产品的精确造型,不必在设计时专注于产品的具体尺寸就能设计出一系列而不是单一的产品模型;对已有设计的修改,只需变动相应的参数,而无需运行产品设计的全过程。因此,参数化设计更符合工程设计的习惯,极大地提高了设计效率。

对于像螺母、螺栓等标准件,其结构尺寸均依照国家标准,不同尺寸规格的零件仅是尺寸不同,而结构相同。如果对每种尺寸规格的标准件一一造型的话,任务非常繁重,设计人员会浪费很多时间。Siemens NX 8.0 中通过模板文件和记录不同规格尺寸的部件族电子表格来实现标准件的参数化造型,无需直接修改特征或草图尺寸数值就能建立所需尺寸规格部件模型。

2. 表达式的使用

(1) 表达式的输入与输出

表达式一般是随所在 Siemens NX 8.0 文件一起保存的,它也可以单独输出为表达式文件,以备其他文件使用。在"表达式"对话框中单击"导出表达式到文件"按钮,在弹出的对话框中指定表达式文件输出位置和名称即可。

表达式的输入是在"表达式"对话框中单击"从文件导入表达式"按钮,在弹出的对话框中输入表达式文件位置和名称即可。

(2) 部件间的表达式引用

不同部件文件中的表达式可通过"引用"操作来协同工作,即一个部件中的某一表达式可通过"引用"功能与其他部件中的另一表达式(引用表达式)建立起某种联系,当被引用部件中的表达式被更新时,引用它的部件中相应表达式的值也会被更新。在使用引用表达式之前,需将 UG 的缺省参数文件(若采用公制单位,缺省参数文件为"ug_metric. def";若采用英制单位,则缺省参数文件为"ug_English. def")中的参数"Assemblies_AllowInterpart"改为"yes",其缺省值为"no"。引用表达式的表示方法一般为:"引用部件文件名::表达式名",例如"p2=intro::p0",表示当前文件中表达式 p2 的值是文件"intro. prt"中的表达式 p0。

在"表达式"对话框中单击"创建部件间引用"按钮,系统会弹出如图 2-5-57 所示的"选择部件"对话框,供用户选择要进行表达式引用操作的部件文件。如果该对话框的列表框中没有可选已载入的部件,用户可以单击按钮 选择部件文件 ,系统随后弹出"部件名"对话框,在计算机上指定选取需要引用的部件。选择了引用部件文件后,系统又会弹出如图 2-5-58 所示的"创建部件间引用"对话框。该对话框中列出了引用部件中的所有表达式,用户从中选择需要进行引用的表达式后，系统就会创建一个引用表达式。

图 2-5-57 “选择部件”对话框

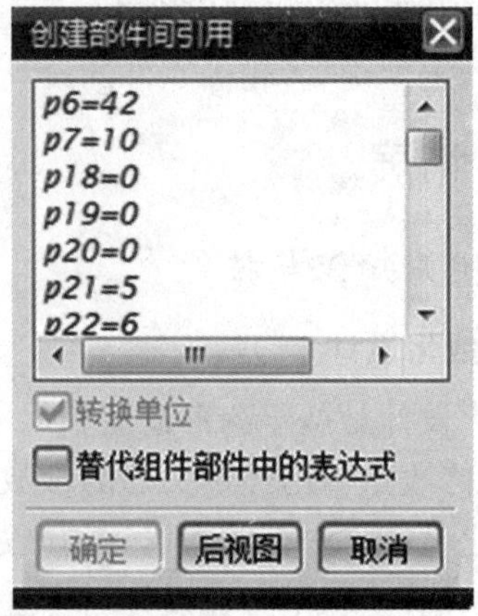

图 2-5-58 表达式列表

用户在创建了引用表达式后，还可以对其进行相关的编辑操作。在“表达式”对话框中选择欲编辑的引用表达式，再单击“编辑部件间引用” 按钮，系统会弹出“编辑部件间引用”对话框，利用该对话框，用户可以进行更改引用部件和删除引用等编辑操作。删除引用操作，删除的是表达式与引用部件表达式之间的链接关系，表达式本身并没有删除。

3. 重用库

使用 NX 的重用库导航器可以访问可重用对象和组件。可重用组件将作为组件添加到装配中，包括标准部件和部件族。可重用对象将作为对象添加到模型中，这类对象包括用户定义特征、2D 截面等。如图 2-5-59 所示，在“重用库”导航器中，选择“GB Standard Parts”→“Bolt”→“Hex Head”，在“成员选择”面板中，选择具体的螺栓参数，单击鼠标右键，弹出菜单，选择“打开”，该型号螺钉模型出现在图形窗口中。

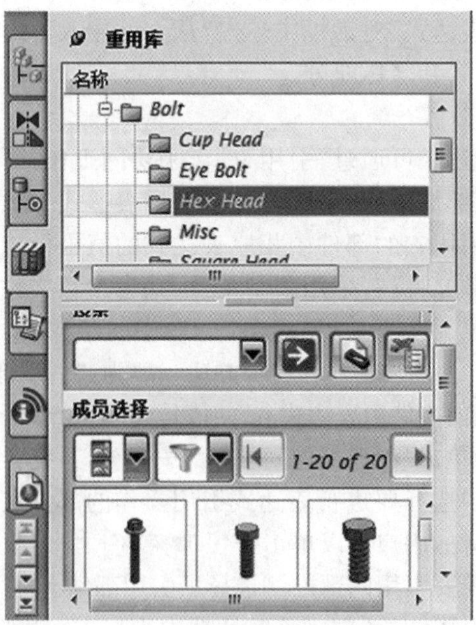

图 2-5-59 “重用库”导航器

二、练习与提高

练习与提高内容如表 2-5-4 所示。

表 2-5-4

<table>
<tr><td>名称</td><td>六角头螺栓三维建模</td><td>难度</td><td>高</td></tr>
<tr><td colspan="2">内容：如图所示，根据六角头螺栓国家标准 GB　5782—2000 的尺寸规定，利用部件族建立 M8×35、M10×45、M12×50 的三维模型。
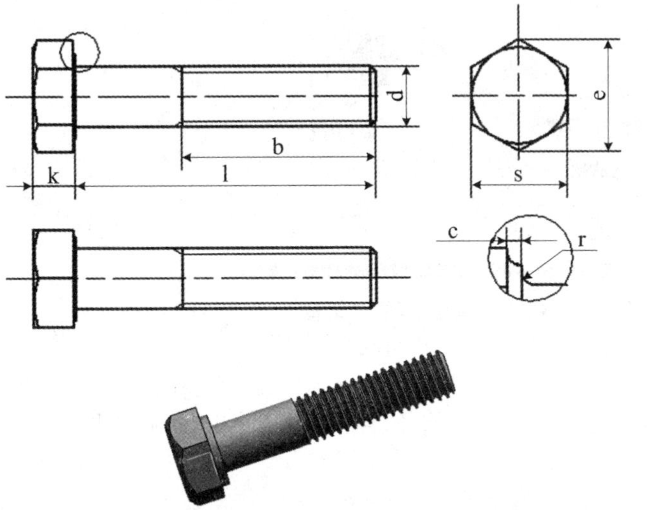
</td><td colspan="2">要求：
(1) 查阅 GB　5782—2000，明确 M8×35、M10×45、M12×50 六角头螺栓尺寸；
(2) 利用表达式建立 M8 螺栓模板文件，要求模型尺寸名称与 GB　5782—2000 中对螺栓尺寸的定义相同；
(3) 在 M8 螺栓模板文件中建立部件族，尺寸列包括 K、l、b、s、e、r，并根据部件族实现六角头螺栓的参数化造型。</td></tr>
</table>

任务五　杠杆臂三维模型的建立

任务介绍

学习视频 2-5

本次任务是创建结构较为复杂的杠杆臂三维模型。创建模型过程中，将使用前面学习单元中掌握的草图功能、拉伸特征等，并对草图的作用和绘制方式有进一步的体验。另外，建模过程还要应用到扫掠等特征命令。

相关知识

一、Siemens NX 8.0 首选项

Siemens NX 8.0 首选项是在使用 NX 具体建模等模块之前，设定的一些参数和功能，如对象的颜色、线型、显示方式等。另外 NX 在不同的功能模块中，还提供了该模块相应的预设置功能。一旦在“首选项”对话框中设定了指定的参数，所有接下来与该参数相关的操作都符合该设置。例如，在建模中，选择菜单“首选项”→“建模”，弹出如图 2-6-1 所示的

"建模首选项"对话框,选择"常规"选项卡,在"体类型"中选择"实体",这样使用"拉伸"、"过曲线"、"扫掠"等特征创建的体的默认类型为实体。

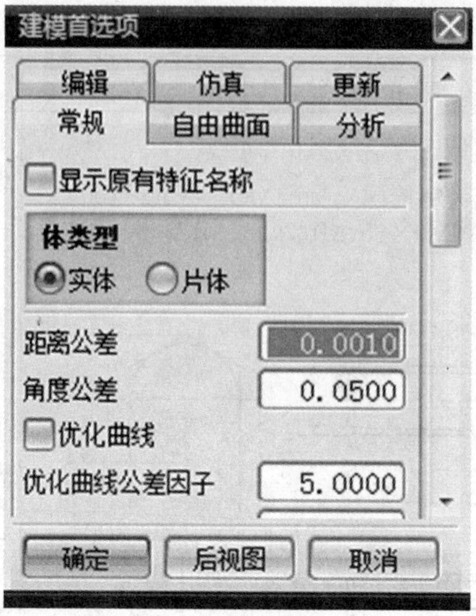

图 2-6-1 "建模首选项"对话框

二、物体类型

在 Siemens NX 8.0 中,构造的物体类型有 2 种:实体(Solid Body)与片体(Sheet Body)。

实体:具有厚度,由封闭表面包围的、具有体积的物体。

片体:厚度为零,没有体积存在,一般指曲面。

对于扫掠等特征,可以使用上述的首选项控制生成的物体为实体还是片体。

三、扫掠特征

1. 扫掠特征简介

扫掠特征是将一个或多个截面线沿引导线运动后得到实体或片体。

引导线在扫掠方向上用于控制扫掠体的方位和比例,每条引导线可以是多段曲线合成,但必须光滑连续,最多可以有三条。

一条引导线:由用户指定控制截面线的方位和比例;方位的作用实际上可理解为有一个假想的坐标系在引导线上运动,截面线在该坐标系下定义,引导线的切矢可作为局部坐标系的一个轴,另一个可用"固定"、"面的方向"、"矢量方向"、"另一条曲线"等 7 种方法确定;比例控制截面线沿引导线运动时的比例变化,有"常数比例"、"圆过渡比例"、"另一条曲线"等方法。

二条引导线:自动确定方位,比例由用户指定,有"横向比例"、"均匀比例"两种控制方法。

三条引导线:如图 2-6-2 所示,自动控制截面线的方位和比例。

截面线不必是光滑的,但是必须连续,可以和引导线不相交。一个截面线可以由不同的对象组成,例如直线、曲线组成的一个截面。

脊线:控制截面线方位。

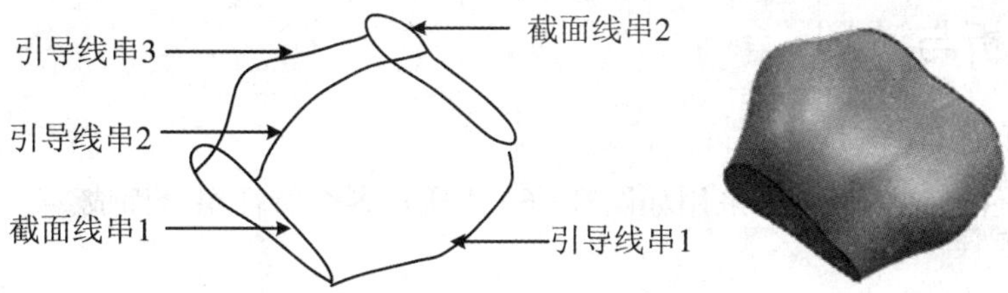

图 2－6－2　扫掠特征示意

插值方法：当截面线多于一条时，必须指定介于截面线之间的插值方法，即线性插值还是三次插值。

2. 扫掠特征操作方法

（1）选择菜单“插入”→“ 扫掠”→“扫掠”，弹出“扫掠”对话框。

（2）在“截面”组中选择截面线串，如需要选择多个截面线，每选择一个截面线串后单击鼠标中键。

（3）在“引导线”组中，激活“选择曲线”选择引导线串，如需要选择多个引导线串，每选择一个引导线串后单击鼠标中键。

（4）根据引导线和截面线串数，选择插值方法、对齐方法、缩放方法、体类型。

（5）单击“确定”按钮完成扫掠特征创建。

四、修剪实体

修建实体是用实体表面、基准平面或片体修剪一个或多个目标实体。实体修剪后仍为参数化实体。修剪在复杂零件设计中特别有用，当零件不能直接用已有的成型特征生成时，必须分别设计实体或曲面，然后用曲面修剪实体，使零件满足设计要求。被修剪的实体为目标体，修剪的面为工具片体，工具片体可以事先存在，也可以选择“工具选项”中的“新建平面”临时定义。

选择菜单命令“插入”→“修剪”→“修剪体”或者单击工具条中的“修剪体”按钮，系统将弹出如图 2－6－3 所示的“修剪体”对话框。在“目标”组中，激活“选择体”选项，选择需要修剪的体，然后单击“工具”组中的“工具选项”，选择进行裁剪的面或平面。选择完毕后，单击“确定”按钮。

图 2－6－3　“修剪体”对话框

任务分析与计划

一、杠杆臂工件建模分析

杠杆臂工件三维模型可以采用如图 2－6－4 所示各个特征组合而成。

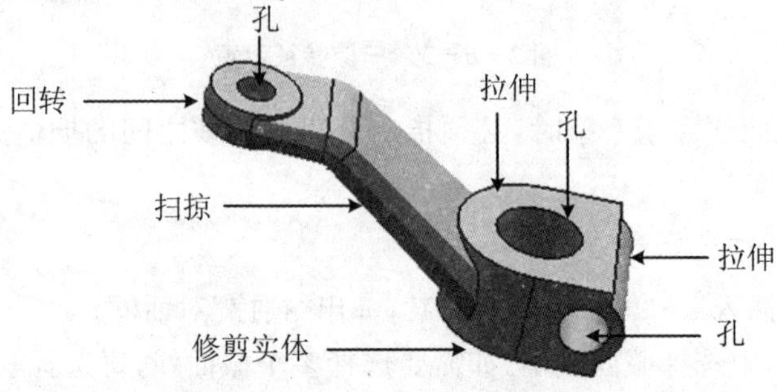

图 2－6－4　杠杆臂工件三维模型

二、杠杆臂工件建模计划

根据上述杠杆臂工件结构的分析，杠杆臂工件建模方案如下：

(1) 使用扫掠特征，建立大、小端连接部。

(2) 使用回转特征建立小端。

(3) 使用拉伸特征建立大端。

(4) 使用拉伸特征建立大端侧面。

(5) 修剪大端实体底部。

(6) 合并各部分实体。

(7) 建立大、小端孔和大端侧面孔。

杠杆臂工件建模过程如图 2－6－5 所示。

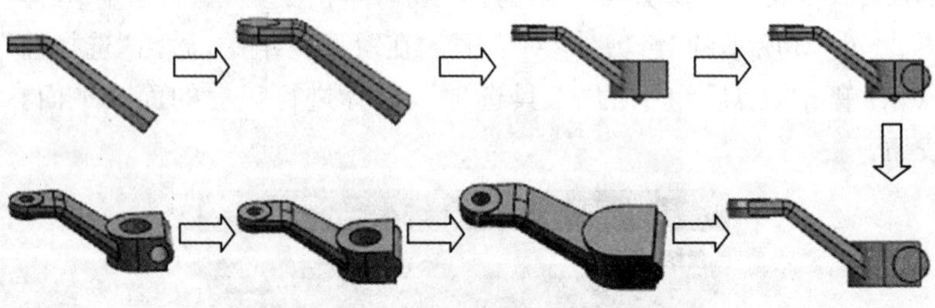

图 2－6－5　工件建模过程示意图

任务实施

(1) 新建一个部件文件，文件名称为“gongjian”，进入 Siemens NX 8.0“建模”应用模块。

(2) 使用扫掠特征建立大、小端连接部。

① 创建草图曲线作为引导线。

选择菜单“插入”→“草图”，或单击“草图”按钮，弹出“创建草图”对话框，将“平面方法”选项修改为“创建平面”，在“指定平面”中选择（提示 XC－ZC 平面），单击“确定”按钮后，进入草图环境，绘制如图 2－6－6 所示轮廓，单击“完成草图”按钮，退出草图绘制环境。

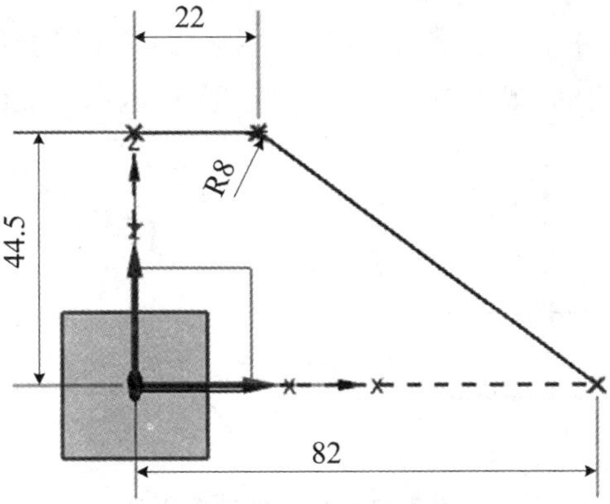

图 2－6－6　作为引导线的草图

② 创建截面 1。

选择菜单“插入”→“草图”，或单击“草图”按钮，弹出“创建草图”对话框，在“指定平面”中选择（提示 YC－ZC 平面），单击“确定”按钮后，进入草图环境，绘制如图 2－6－7 所示轮廓，单击“完成草图”按钮，退出草图绘制环境。

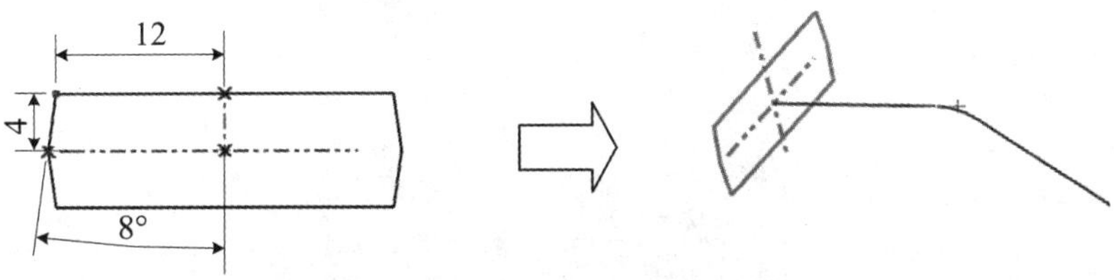

图 2－6－7　截面线串 1

③ 创建基准平面。

创建一个基准面，作为下一步绘制另一个截面线串的草图绘制平面。选择菜单“插入”→“基准/点”→“基准平面”或单击工具条中的“基准平面”按钮，系统弹出如图 2－6－8 所示的“基准平面”对话框，选择“曲线上”，选择步骤①创建的草图曲线，拖动基准平面沿直线移动，直到端点处，单击“基准平面”对话框中的“确定”按钮，完成基准平面的创建，如图 2－6－9 所示。

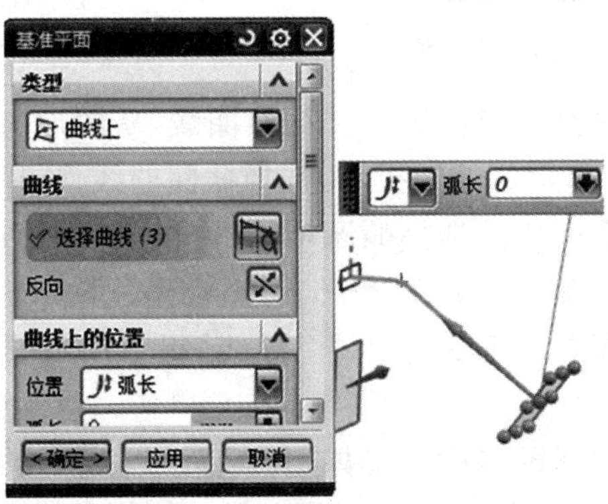

图 2－6－8　“基准平面”对话框

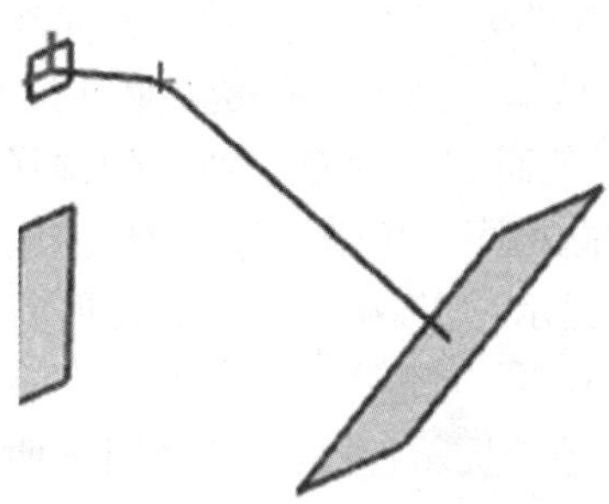

图 2－6－9　基准平面

④ 创建截面2。

选择菜单“插入”→“草图”，或单击“草图”按钮，弹出“创建草图”对话框，在“平面方法”中选择“现有平面”，选择上一步骤创建的基准平面，单击“确定”按钮后，进入草图环境，绘制如图2-6-10所示轮廓，单击“完成草图”按钮，退出草图绘制环境。

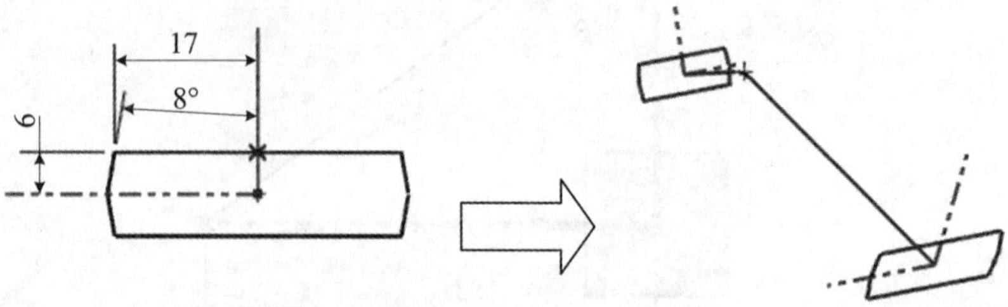

图2-6-10　截面线串2

⑤ 创建扫掠特征。

1）选择菜单“插入”→“扫掠”→“扫掠”，弹出如图2-6-11所示的“扫掠”对话框。

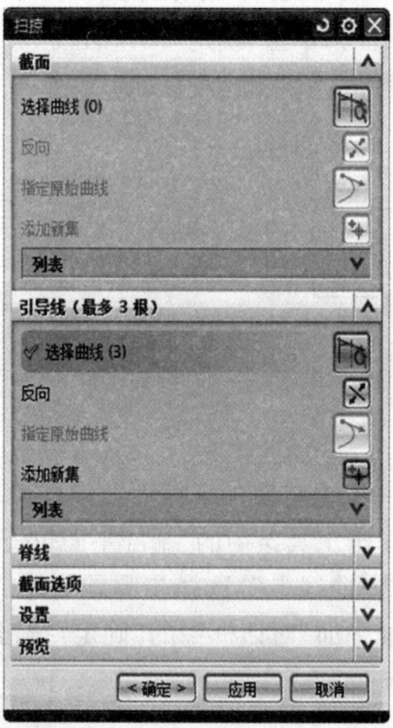

图2-6-11　“扫掠”对话框

2）在“截面”组中激活“选择曲线”选项。提示行提示：选择截面曲线，从图形窗口中选择截面1，单击鼠标中键，完成截面1的确定。提示行继续提示：选择截面曲线，选择另一草图曲线（截面2）。注意该截面的选择顺序与截面1的选择顺序相同，这样两个剖面线串的起始方向相同。单击鼠标中键，完成截面2的确定。如图2-6-12所示。系统继续通过提示行提示：选择截面曲线。此时直接单击鼠标中键或单击“引导线”组中的“选择曲线”按钮。

3）系统提示行提示：选择引导曲线。从图形窗口中选择如图2-6-13所示的引导线1，单击鼠标中键，完成引导线1的确定。系统继续提示：选择引导曲线。此例只使用一条引导线，因此单击鼠标中键，完成引导线部分的确定。其余参数保持默认。单击“扫掠”对话框中的“确定”按钮，完成扫掠特征的创建。完成后的扫掠特征如图 2-6-14 所示。

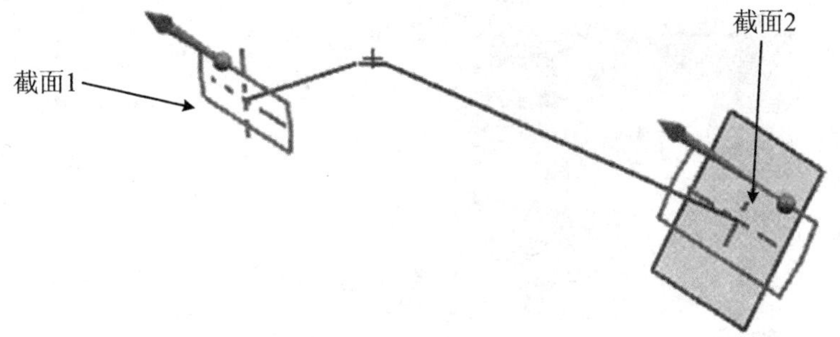

图 2-6-12　选择截面线

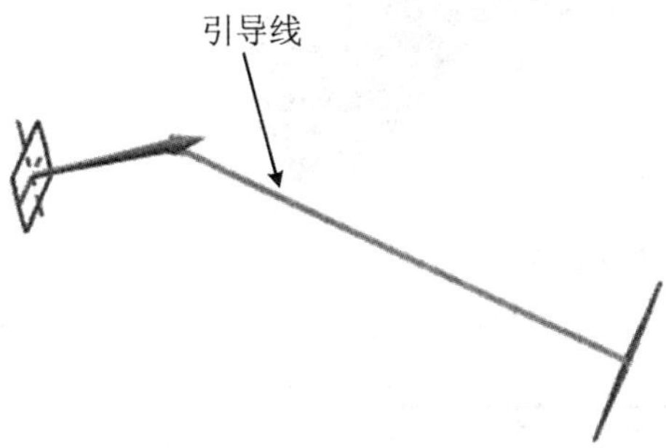

图 2-6-13　选择引导线

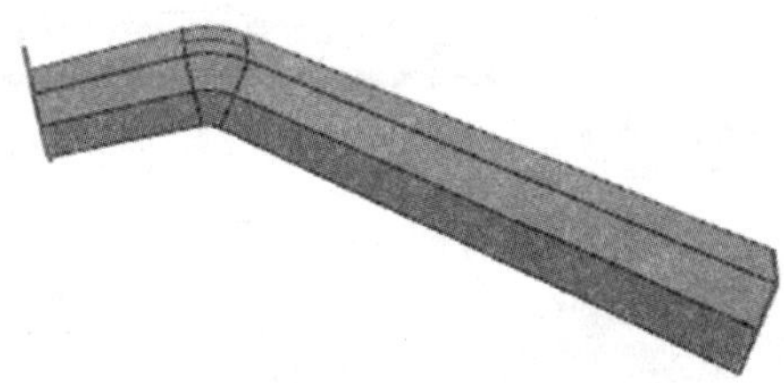

图 2-6-14　完成后的扫掠特征

(3) 使用回转特征创建小端。

① 选择菜单“插入”→“草图”，系统弹出确定草图绘制平面工具条，如图 2-6-15 所示，选择已扫掠特征的小端平面作为草图绘制平面，绘制如图 2-6-16 所示回转截面轮廓。完成草图后单击“完成草图”按钮退出。

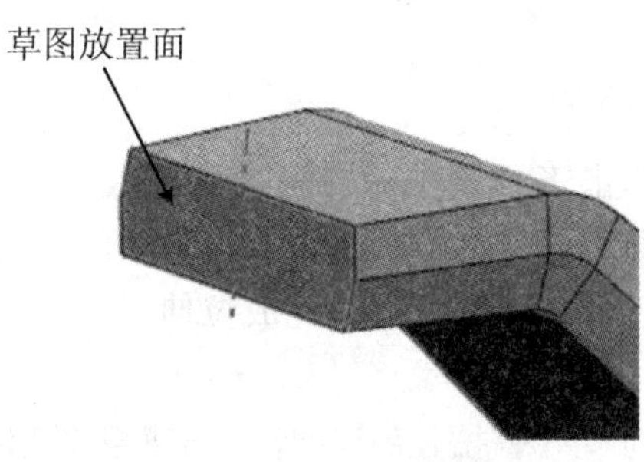

图 2-6-15　草图放置面

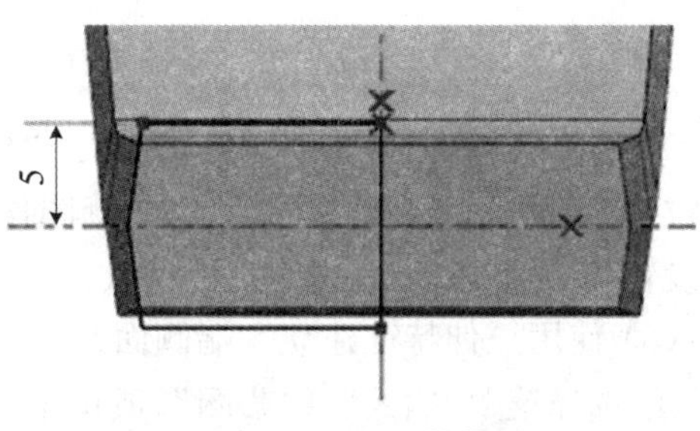

图 2-6-16　回转截面

② 选择菜单“插入”→“设计特征”→“回转”，系统弹出如图 2-6-17 所示的“回转”对话框，选择上一步创建的草图作为回转截面，选择草图轮廓中的直线作为回转轴，“布尔”选项选择“无”。单击“回转”对话框中的“确定”按钮，完成回转特征的创建。

(4) 使用拉伸特征建立大端。

① 选择菜单“插入”→“草图”，或单击工具条中的“草图”按钮，弹出“创建草图”对话框，“平面方法”中选择“创建平面”，“指定平面”中选择 XC-YC 平面作为草图绘制面，单击

"确定"按钮,绘制如图 2-6-18 所示草图。单击"完成草图"按钮,退出草图绘制环境。

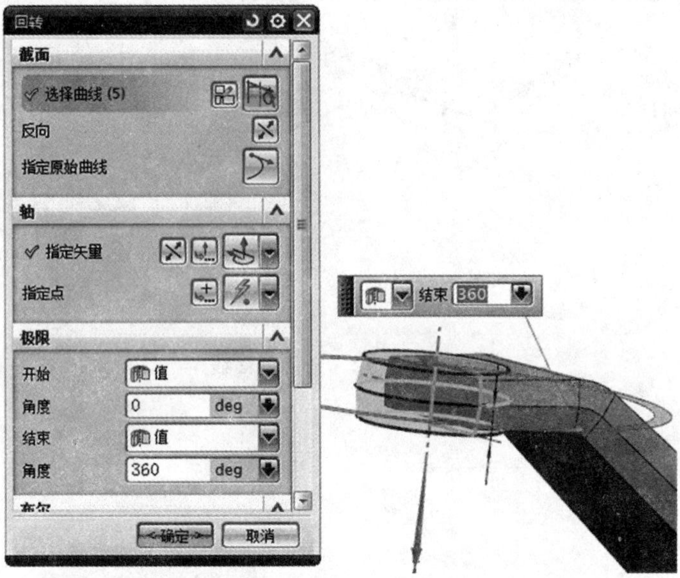

图 2-6-17 "回转"对话框

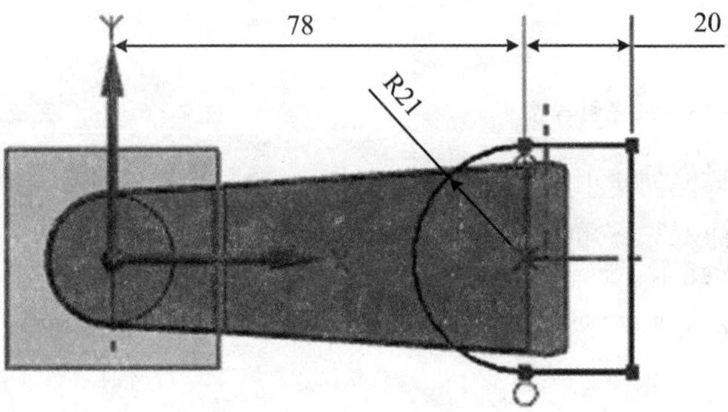

图 2-6-18 拉伸截面草图

② 选择菜单"插入"→"设计特征"→"拉伸",或单击工具条中的"拉伸"按钮,系统弹出"拉伸"对话框,选择上一步创建的草图作为拉伸对象,出现如图 2-6-19 所示的拉伸预览,设置高度为 25 mm,其他使用默认,单击"拉伸"对话框"确定"按钮,完成拉伸。

(5) 使用拉伸特征建立大端侧面

① 选择菜单"插入"→"草图",或单击工具条中的"草图"按钮,弹出"创建草图"对话框,"平面方法"中选择"自动判断",在图形窗口中选择如图 2-6-20 所示的大端侧平面作为草图绘制平面,单击"确定"按钮,绘制如图 2-6-21 所示草图。单击"完成草图"按钮,退出草图绘制环境。

② 选择菜单"插入"→"设计特征"→"拉伸"或直接单击工具条中的"拉伸"按钮,系统弹出如图 2-6-22 所示"拉伸"对话框,选择上一步创建的草图,在"结束"中输入:42,单击"确定"按钮。

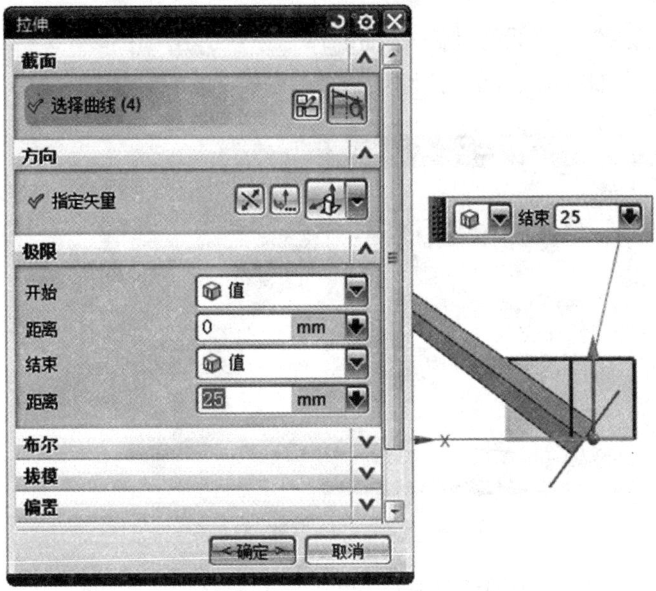

图 2-6-19　“拉伸”对话框

图 2-6-20　草图绘制平面

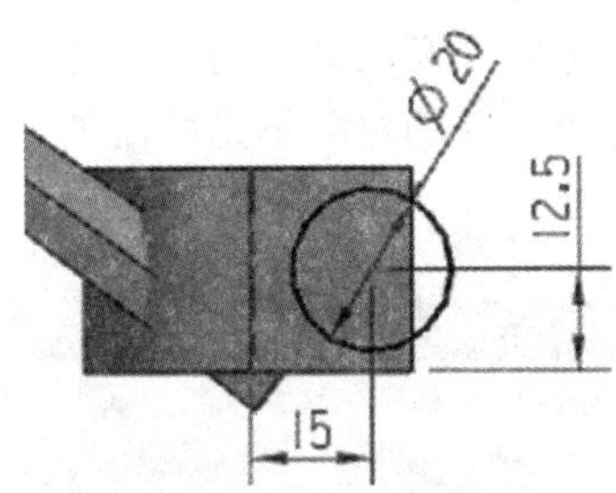

图 2-6-21　草图

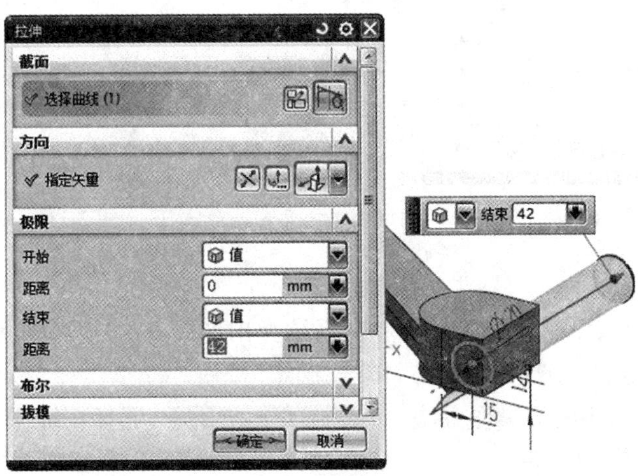

图 2-6-22　“拉伸”对话框

（6）修剪大端实体底部。

① 选择菜单“插入”→“关联复制”→“抽取体”，系统弹出如图 2-6-23 所示“抽取体”对话框，选择大端底面为抽取的面，单击“确定”按钮退出对话框。

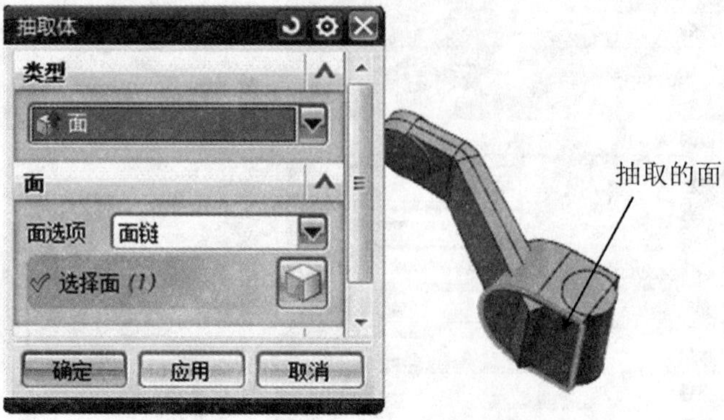

图 2-6-23 “抽取体”对话框

② 修剪实体。为了便于准确选择片体，可以先隐藏大端拉伸的实体。选择菜单“插入”→“修剪”→“修剪体”命令，系统弹出如图 2-6-24 所示“修剪体”对话框，在“目标”组中选择“选择体”，选择扫掠特征创建的实体为目标体，选择“工具”组中的“选择面或平面”，选择抽取的片体即大端的底面为工具体，单击“确定”按钮完成修剪，修剪后的实体如图 2-6-25 所示。如果切除的对象不是所需的一侧，可以单击“反向”按钮。恢复以前隐藏的大端拉伸实体。

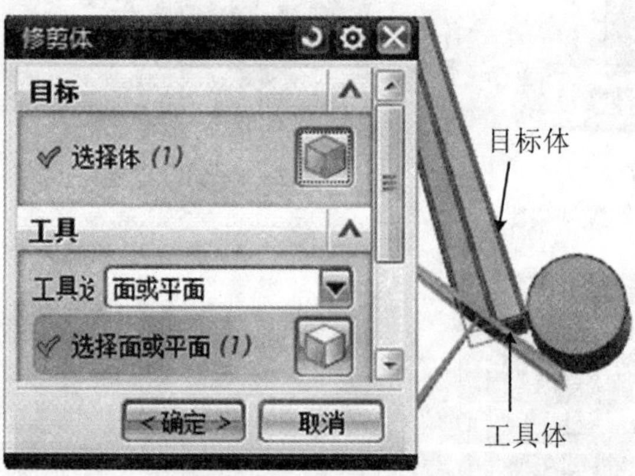

图 2-6-24 “修剪体”对话框

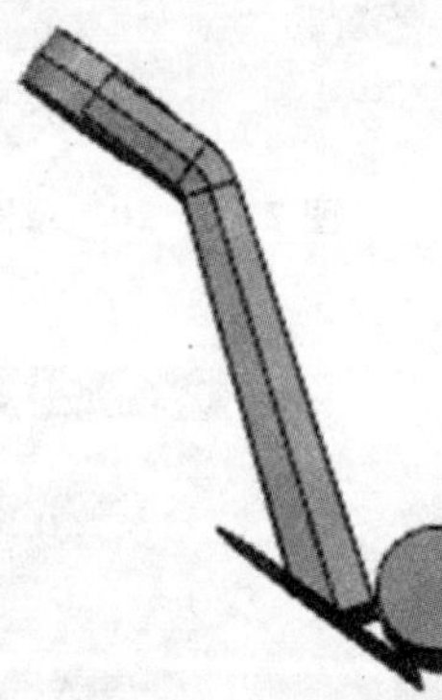

图 2-6-25 修剪后实体

（7）合并各部分实体。

① 选择菜单“插入”→“组合”→“求和”，系统弹出如图 2-6-26 所示“求和”对话框，选择扫掠体为目标体，选择小端为工具体，单击“确定”按钮。

② 采用与步骤①相同的操作方法，如图 2-6-27 所示，选择扫掠体为目标体，选择大端为工具体，完成与大端的合并。

实施“求和”运算后，扫掠体和大端交界处的边界有轮廓线显示。

③ 采用与步骤①相同的操作方法，如图 2-6-28 所示，选择扫掠实体为目标体，选择侧面拉伸实体为工具体，完成与侧面拉伸实体的合并。

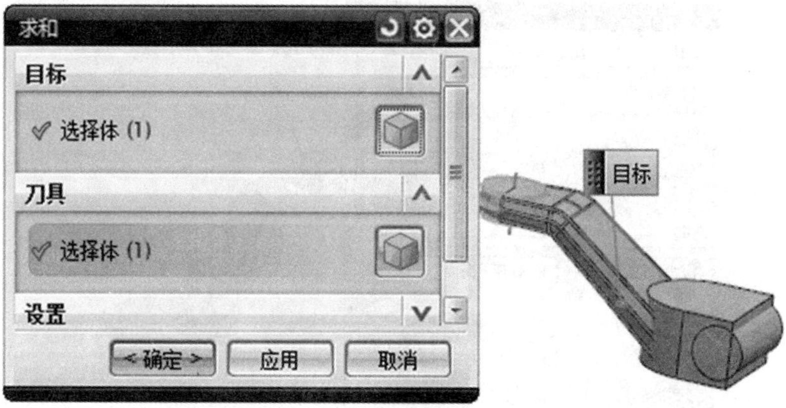

图 2-6-26　布尔合并操作

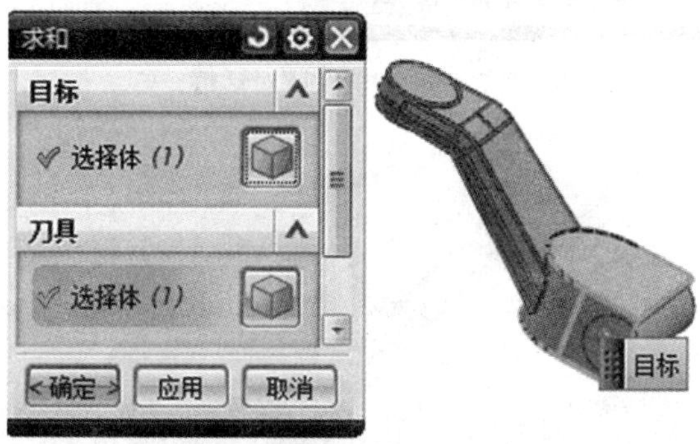

图 2-6-27　合并大端

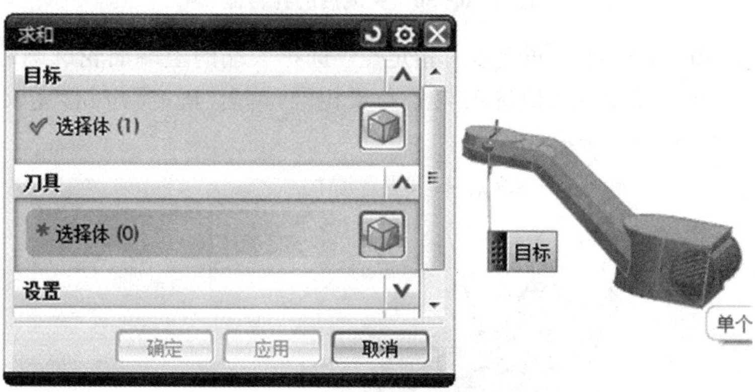

图 2-6-28　合并侧面拉伸特征

(8) 创建各处孔。

① 创建小端 Φ10 mm 孔。选择菜单“插入”→“设计特征”→“孔”或直接单击工具条中的“孔”按钮，系统弹出如图 2-6-29 所示的“孔”对话框，在“类型”选项中选择“常规孔”按钮。对话框“位置”组中的“指定点”命令被激活，移动鼠标选择小端上端面轮廓圆的圆心，表示该孔与轮廓圆同心；在“孔方向”中选择“垂直于面”；输入直径：10；深度限制：贯通体；布尔操作为“求差”。单击“确定”按钮，完成孔的创建。如图 2-6-30 所示。

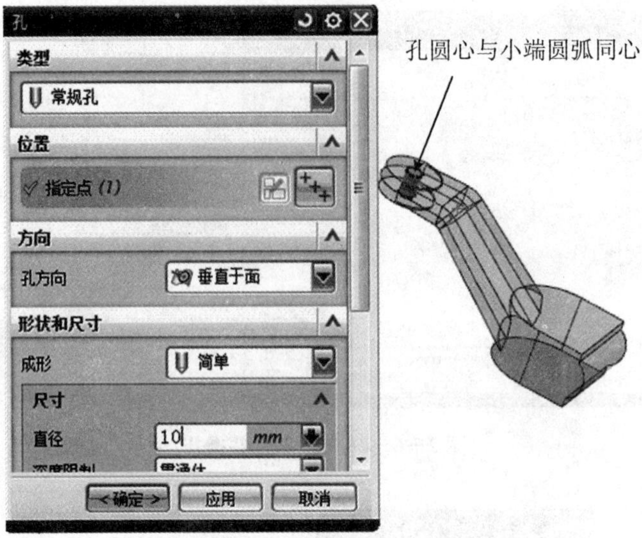

图 2-6-29 “孔”对话框

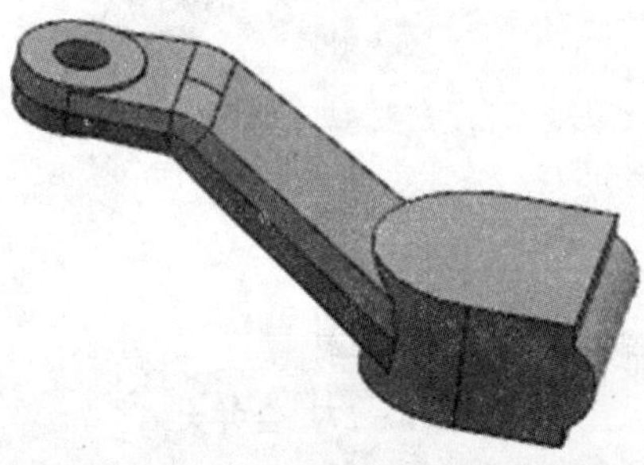

图 2-6-30 完成后的孔特征

② 创建大端 Φ22 mm 孔。同上步，“指定点” 选择大端的上端面轮廓圆的圆心，表示孔与该圆同心；输入孔直径：22；其他选项与上一步相同，单击“确定”按钮，完成大端 Φ22 mm 孔的创建。如图 2-6-31 所示。

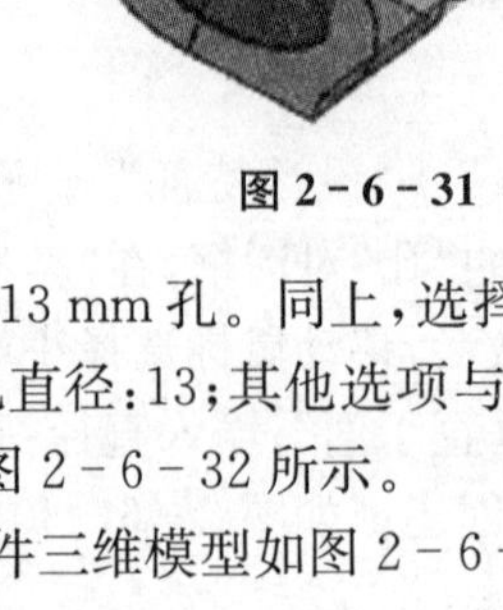

图 2-6-31 创建 Φ22 孔

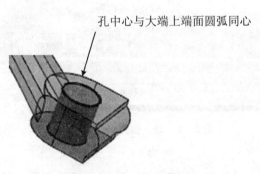

③ 创建大端侧面 Φ13 mm 孔。同上，选择大端的侧端面轮廓圆的圆心为“指定点”，表示孔与该圆同心；输入孔直径：13；其他选项与上一步相同，单击“确定”按钮，完成大端侧面 Φ13 mm 孔的创建。如图 2-6-32 所示。

最终得到完成的工件三维模型如图 2-6-33 所示。

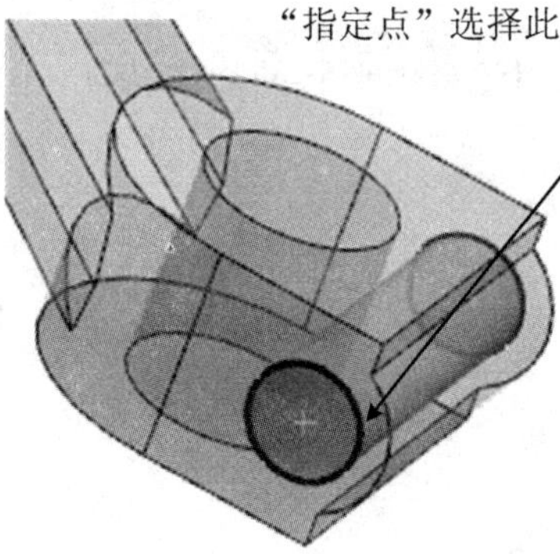

图 2-6-32　创建 φ13 孔

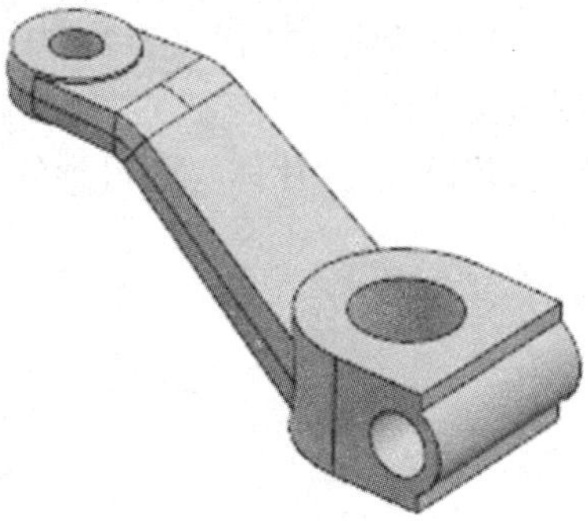

图 2-6-33　完成的工件三维模型

任务评价与总结

一、任务评价

任务评价按表 2-6-1 所示进行。

表 2-6-1　任务评价表

评价项目	配分	得分
一、成果评价：60%		
三维模型尺寸的正确性	30	
零件建模方案的合理性	10	
特征参数选择与设置的合理性	15	
部件导航器中是否有错误或冗余特征	5	
二、自我评价：15%		
学习活动的目的性	3	
是否独立寻求解决问题的方法	5	
造型方案、方法的正确性	3	
团队合作氛围	2	
个人在团队中的作用	2	
三、教师评价：25%		
工作态度是否端正	10	
工作量是否饱满	3	
工作难度是否适当	2	
软件使用熟练程度	5	
自主学习	5	
总分		

二、任务总结

(1) 在创建杠杆臂三维模型中，使用扫掠特征不仅可以创建自由形状的片体特征，还可以创建实体特征，这需要在“首选项”对话框或“扫掠”对话框中对“体类型”进行设置。例如“体类型”设置为“片体”，则得到的扫掠曲面如图 2-6-34 所示。

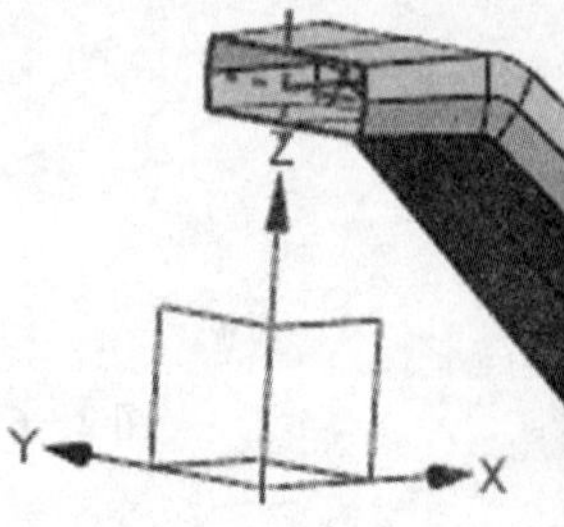

图 2-6-34　扫掠曲面

(2) 在创建扫掠特征时，完成扫掠截面线串选择后，应注意观察所有截面线串选择的箭头方向是否保持一致，否则生成的扫掠实体会产生扭曲变形。例如图 2-6-35 所示扫掠特征的两个截面线串起始方向不一致，创建的扫掠特征并不是所需要的。

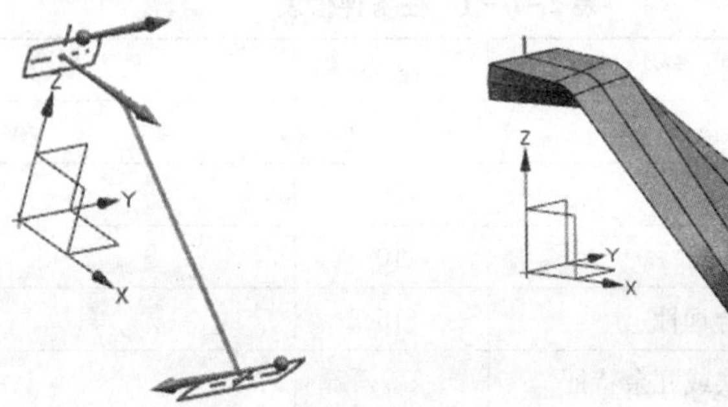

图 2-6-35　扫掠特征中的截面线串方向

(3) 复杂零件的几何结构往往不可能正好通过某个特征来实现，可能需要利用片体对实体进行修剪。例如杠杆臂连接部的扫掠实体被片体修剪后如图 2-6-36 所示。

(a) 扫掠实体　　(b) 修剪片体　　(c) 修剪后的实体

图 2-6-36　修剪扫掠实体

(4) 对实体进行修剪时应注意修剪去除材料侧的箭头指向，否则会得到相反的效果。例如进行杠杆臂连接部的扫掠实体修剪时，如图 2-6-37(a)所示的去除材料侧是所需要的，而如图 2-6-37(b)所示的去除材料侧不是所需要的。

(5) 本次任务中的扫掠特征剖面草图是对称的，在创建草图时，可以只绘制一半图素，然后镜像得到完整的草图，以提高草图创建的效率。镜像中心线可以是基准轴、草图中的参考线。草图中的参考线不仅可以作为镜像中心线，还可以作为其他图素几何约束和尺寸标

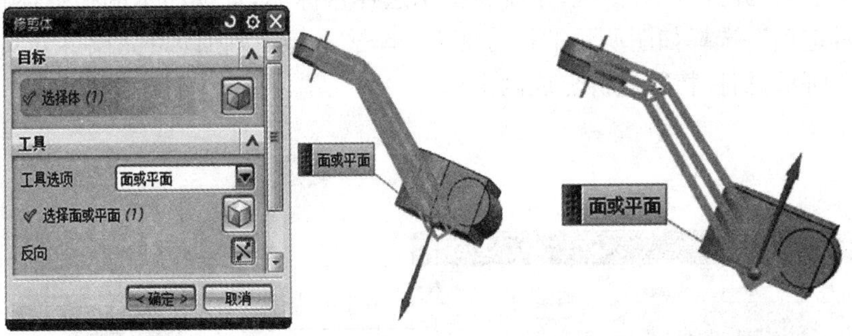

(a) 下侧材料去除　　　(b) 上侧材料去除

图 2-6-37　修剪材料侧

准的定位参考。

任务拓展

一、相关知识与技能

1. 扫掠

广义上讲扫掠是一种利用二维轮廓生成三维实体的有效方法，其基本原理是二维剖面轮廓（曲线、草图）沿一条引导线运动扫掠得到实体或片。当引导线为直线时，该特征称为拉伸特征；当引导线为圆或圆弧时，该特征称为回转特征；当引导线为任意线时，该特征称为一般扫掠特征。根据不同情况，Siemens NX 8.0 中的一般扫掠特征又有如图 2-6-38 所示的“扫掠”特征、“沿导引线扫掠”特征和“管道”特征等。

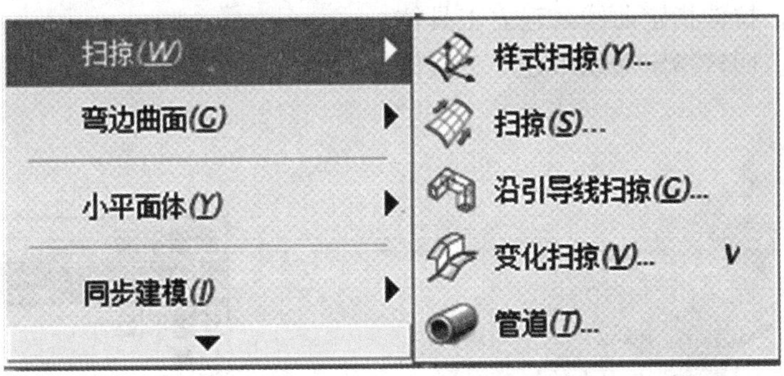

图 2-6-38　扫掠菜单

管道 ：基本原理是截面圆（内圆或外圆）沿着一条引导线运动扫掠出实体。选择菜单命令“插入”→“扫掠”→“管道”或单击工具条中的“管道”按钮可以创建管道特征。

沿引导线扫掠：剖面线串可以不是圆，但是剖面线串只能为一个，而“扫掠”特征可以有 150 个截面线串和 3 个引导线。

2. 拆分体

除了“修剪体”功能以外，还可以使用片体对实体的“拆分体”功能将实体分成两个部分。拆分实体是将目标体通过实体表面、基准平面、片体或者定义的平面进行拆分。

选择菜单命令“插入”→“修剪”→“拆分体”或单击工具条中的“拆分体”按钮，弹出如

图 2－6－39 所示“拆分体”对话框，系统将提示选择目标体，选择图示的扫掠体作为目标体；再激活“工具选项”，选择如图所示的拆分面后，单击“确定”按钮即可完成拆分实体操作。如图 2－6－40 所示，扫掠特征被拆分成两个部分。

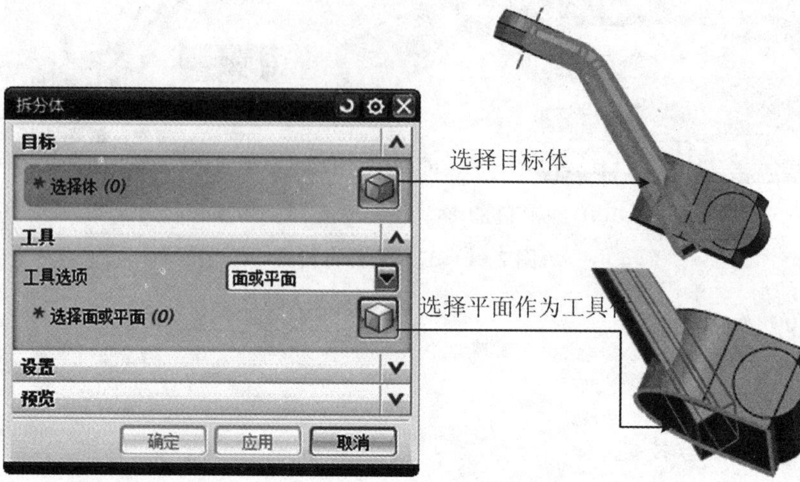

图 2－6－39 “拆分体”对话框

在“拆分体”对话框中，激活“工具选项”，选择工具，可以直接利用系统默认的“面或平面”选项，定义一个现有的平面或者面（包括圆柱面、球面、圆锥面等）作为拆分平面。或者单击工具选项卡右侧的下拉三角，如图 2－6－41 所示，系统一共提供了 4 种方式：

① “面或平面”。指定一个现有平面或面作为拆分平面。

② “新平面”。指定一个新的拆分平面。

③ “拉伸”。拉伸指定曲线来建立工具体。

④ “回转”。回转指定曲线来建立工具体。

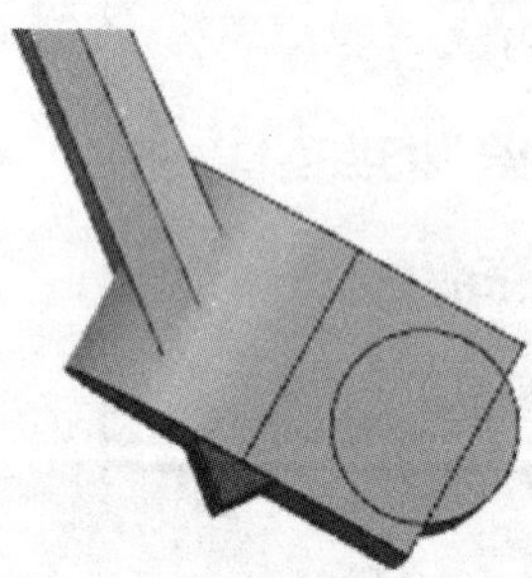

图 2－6－40 拆分后的实体

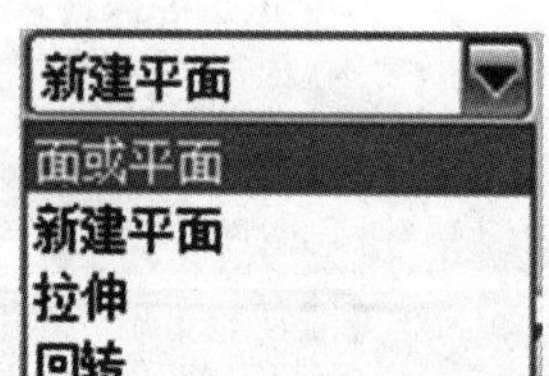

图 2－6－41 工具平面的选择方式

3. 其他基于曲线的自由形状特征

自由形状特征造型中，基于曲线的造型方法，除了扫掠特征以外，常用的特征还包括“直纹”、“通过曲线组”、“通过曲线网格”、“截面”等。

二、练习与提高

练习与提高内容如表 2－6－2 所示。

表 2-6-2

<table>
<tr><td>名称</td><td>机用虎钳三维模型创建</td><td>难度</td><td>高</td></tr>
<tr><td colspan="2">内容：建立如图所示机用虎钳螺杆的三维模型。

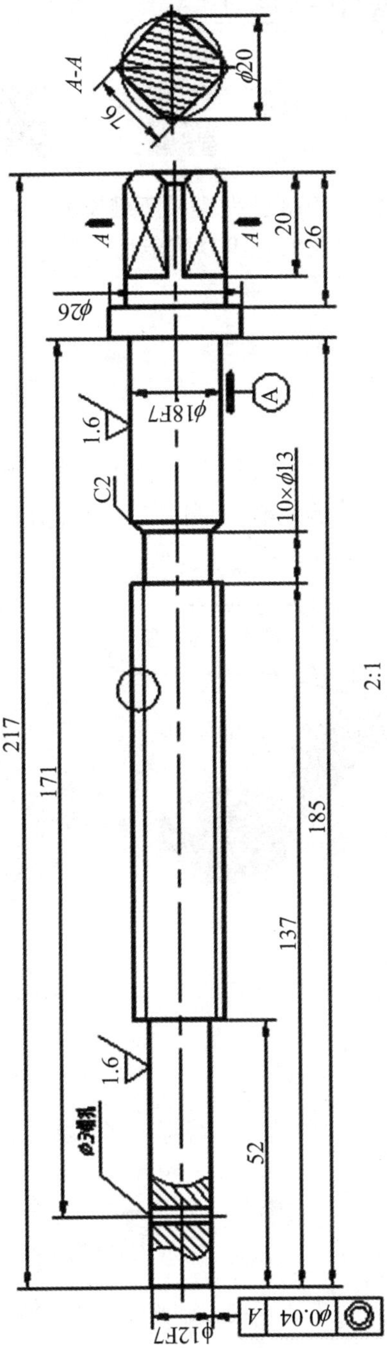

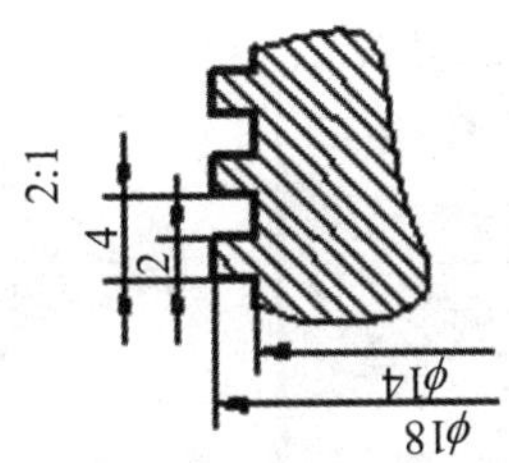

</td><td colspan="2">要求：
(1) 能够利用表达式或螺旋线命令，生成螺杆螺纹扫描的螺旋线作为引导线；
(2) 按照图示的尺寸完成机用虎钳螺杆的三维建模。</td></tr>
</table>

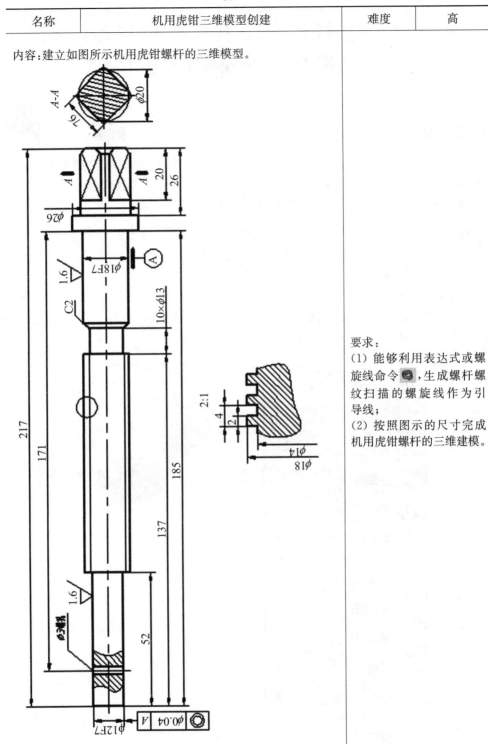

任务六　杠杆臂 Φ10 孔钻模板与 Φ13 孔钻模板三维模型的建立

学习视频 2－6A　学习视频 2－6B

任务介绍

本次任务是将 STEP 格式的杠杆臂 Φ10 孔钻模板与 Φ13 孔钻模板三维模型导入到 Siemens NX 8.0，利用 Siemens NX 8.0 中的分析和显示对象信息工具确定尺寸后重新建立模型，解决不同 CAD/CAM 系统之间的数据交换问题。

相关知识

一、显示对象信息

显示对象信息功能用于在建模中查询几何对象的位置、层、长度等信息。选择 Siemens NX 8.0 主菜单“信息”后，可以选择具体的显示对象类型子菜单，如图 2－7－1 所示。例如，查询杠杆臂的小端内孔边缘，可以得到该边缘的信息，如图 2－7－2 所示。

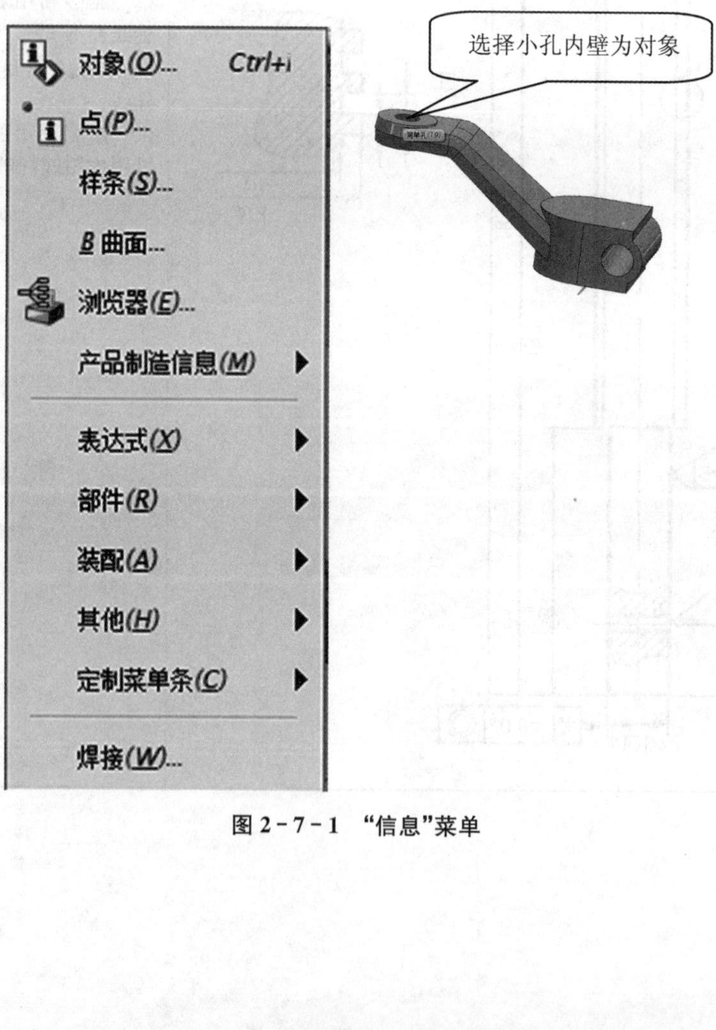

图 2－7－1　“信息”菜单

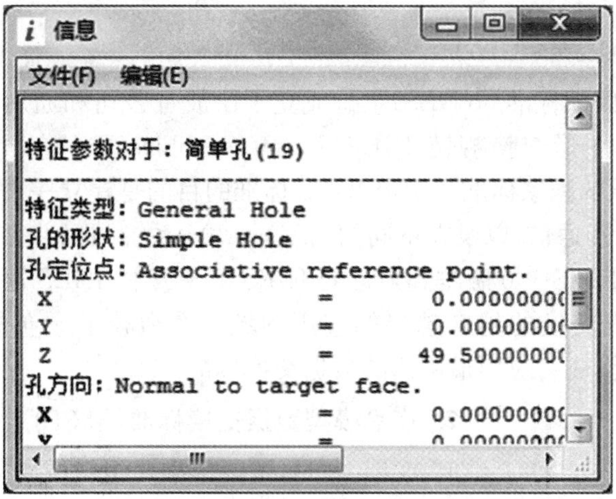

图 2-7-2 显示对象信息

二、分析

分析功能用于了解所选择对象的面积、曲率等几何和物理特性。在主菜单“分析”中，可以选择具体的分析功能子菜单，如图 2-7-3 所示。例如，如图 2-7-4 所示，查询杠杆臂小端底面到大端底面的距离，结果为 49.5000 mm。

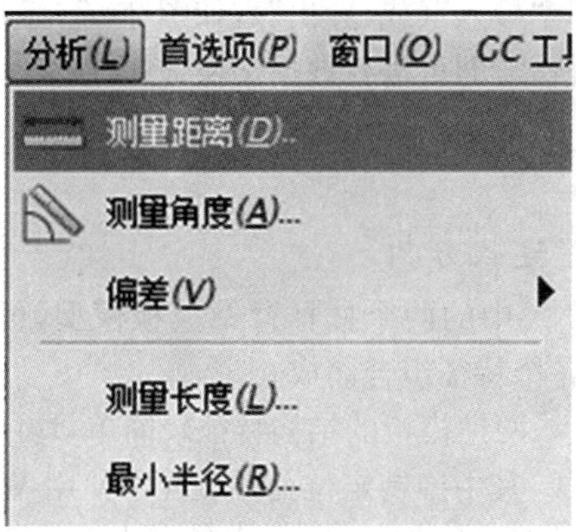

图 2-7-3 “分析”菜单

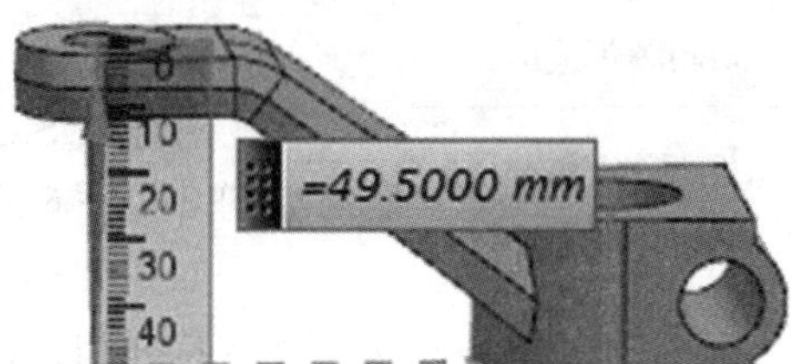

图 2-7-4 分析距离

三、CAD/CAM 系统之间的数据交换规范

目前，制造业广泛应用 CAD/CAM 软件，主流软件有 AutoCAD、CATIA、PTC CERO、Siemens NX、SolidWorks、Inventor、MasterCAM、CAXA 等。随着 CAD/CAM 技术在产品设计、制造和管理各个环节的推广应用，越来越多的用户需要在不同的 CAD/CAM 系统之间交换产品数据。

目前，在微机和工作站上用于数据交换的图形文件标准主要有：AutoCAD 系统的 DXF (Data Exchange File)文件；美国标准 IGES (Initial Graphics Exchange Specification，即初始图形交换规范)；国际标准 STEP (Standard for the Exchange of Product Model Data)。其他标准有：ESPRIT(欧洲信息技术研究与开发战略规划)资助下的 CAD-I 标准(仅限于有限元和外形数据信息)；德国的 VDA-FS 标准(主要用于汽车工业)；法国的 SET 标准(主要应用于航空航天工业)等。

1. 基本图形交换规范(IGES)

1980年,由美国国家标准局(NBS)主持成立了由波音公司和通用电气公司参加的技术委员会,制定了基本图形交换规范IGES(Initial Graphics Exchange Specification),并于1981年正式成为美国的国家标准。制定IGES标准的目的是建立一种信息结构用于产品定义数据的数字化表示和通信,以及在不同的CAD/CAM系统间以兼容的方式交换产品定义数据。从1981年的IGES 1.0版本到最近的IGES 5.3版本,IGES逐渐成熟,日益丰富,覆盖了CAD/CAM数据交换的越来越多的应用领域。作为较早颁布的标准,IGES被许多CAD/CAM系统接受,成为应用最广泛的数据交换标准。

2. 产品模型数据交换标准(STEP)

1983年12月,国际标准化组织所属技术委员会TC184(工业自动化系统技术委员会)下的"产品模型数据外部表示"(External Representation of Product Model Data)分委会(SC)制定了国际统一CAD数据交换标准:产品模型数据交换标准(STEP,Standard for the Exchange of Product Model Data),到1994年已完成了其中12个分号标准。

3. Siemens NX 8.0 的数据交换功能

选择菜单"文件"→"导入"(或"导出"),如图2-7-5所示,选择具体的数据交换格式,即可进行数据交换。

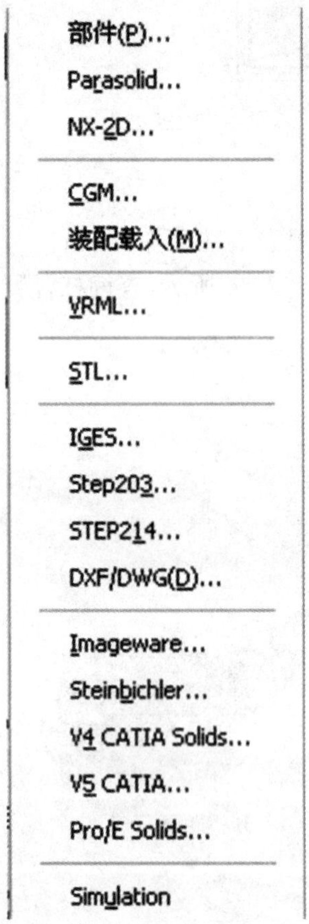

图2-7-5 Siemens NX 8.0 的数据交换

任务分析与计划

一、钻模板三维建模分析

对导入Siemens NX中的两个杠杆臂钻模板模型,可采用如图2-7-6所示的各个特征组合而成。

如图2-7-6所示,两钻模板的结构特征较简单,均由基本体素特征和孔特征组成,其中锥销定位孔在装配中使用WAVE几何链接器根据锥销轮廓进行创建,在本次任务中不需要直接创建。

二、钻模板建模计划

根据上述钻模板结构的分析,Φ13 mm孔钻模板建模方案如下:

(1) 导入Φ13 mm孔钻模板STEP格式数模。

(2) 查询模型的各部分尺寸。

(3) 建立拉伸。

(4) 建立孔位置布局草图。

(5) 放置各个孔。

Φ13 mm孔钻模板建模过程如图2-7-7所示。

根据上述钻模板结构的分析,Φ10 mm孔钻模板建模方案如下:

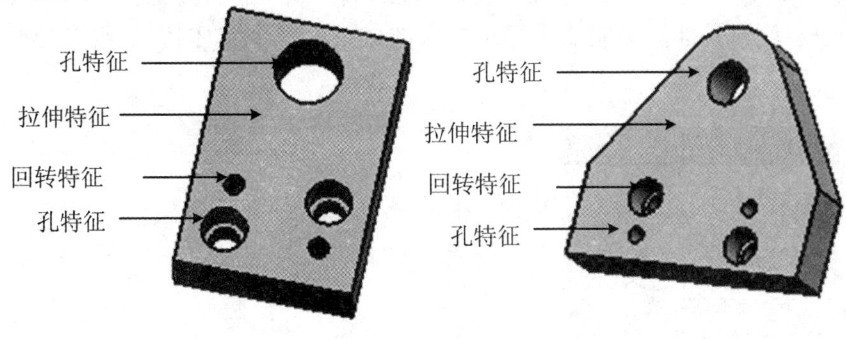

(a) Φ13 mm孔钻模板　　(b) Φ10 mm孔钻模板

图 2-7-6　钻模板三维模型特征组成

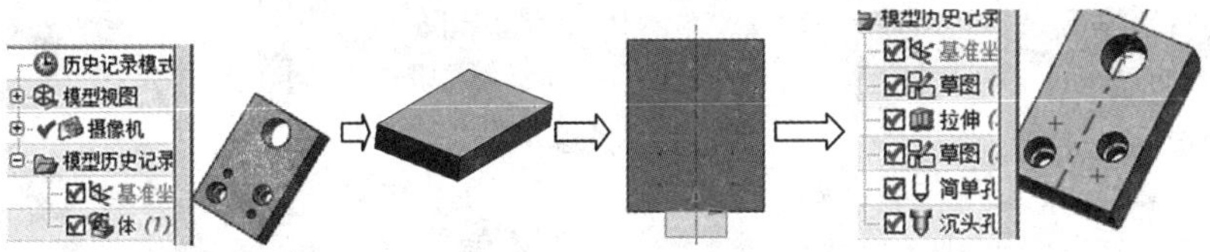

图 2-7-7　Φ13 mm 孔钻模板建模过程

(1) 导入 Φ10 mm 孔钻模板 STEP 数模。

(2) 查询模型的各部分尺寸。

(3) 建立拉伸。

(4) 建立孔位置布局草图。

(5) 放置各个孔。

Φ10 mm 孔钻模板建模过程如图 2-7-8 所示。

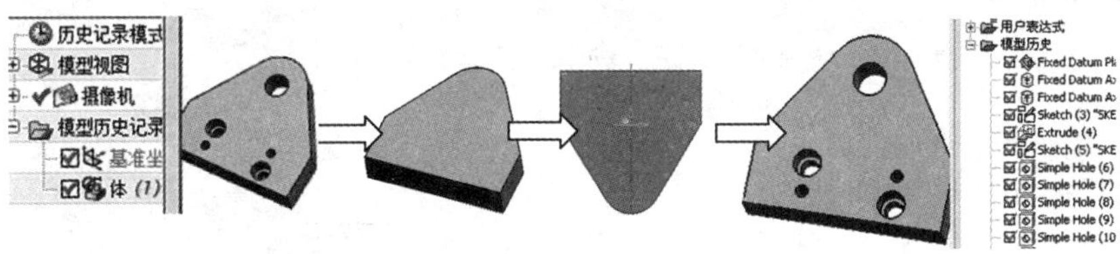

图 2-7-8　Φ10 mm 孔钻模板建模过程

任务实施

一、Φ13 mm 孔钻模板建模

(1) 读入 Φ13 mm 孔钻模板 STEP 数模。

① 新建一个部件文件，文件名称为“temp1”，单位选择“毫米”，进入 Siemens NX 8.0 “建模”应用模块。

② 选择菜单“文件”→“导入”→“STEP214”，弹出如图 2-7-9 所示的“导入自 STEP214 选项”对话框，在“导入自”组中选择“浏览”按钮，弹出“STEP214”对话框，选择 Φ13 mm 孔钻模板的 STEP 数模文件：“13_zuanmoban_CAD”，单击该对话框的“OK”按钮，回到“导入自 STEP214 选项”对话框，选择“确定”按钮后，弹出“管理员：STEP214 Import”

对话框，系统自动进行数据转换，完成后在 Siemens NX 8.0 的图形窗口中，出现如图 2－7－10 所示的数模，注意其部件导航器中显示导入的数模为一个实体特征，没有建模的具体过程信息。

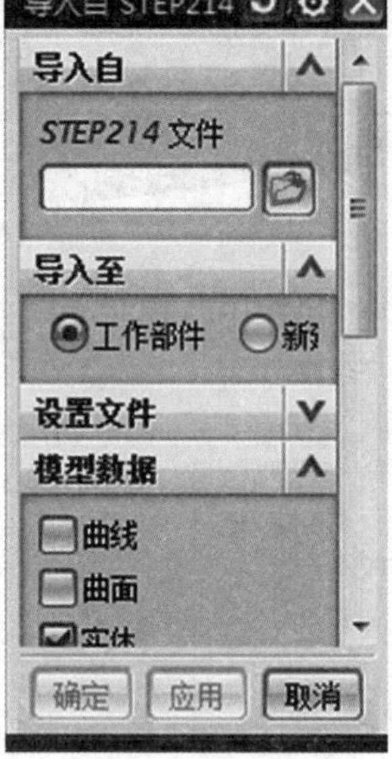

图 2－7－9 “导入自 STEP214 选项”对话框

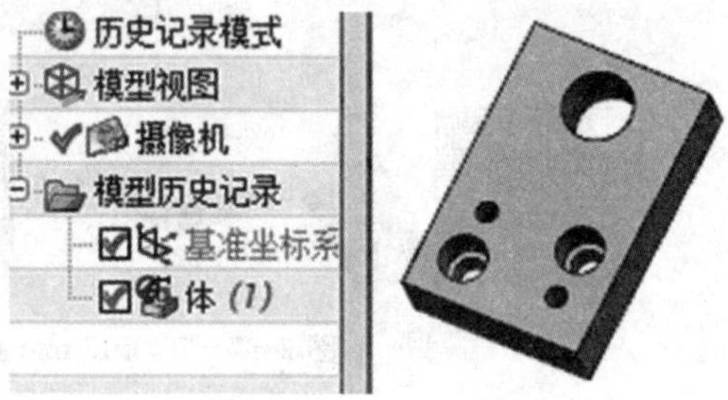

图 2－7－10 导入后的模型组成

(2) 测量和分析模型尺寸。

选择菜单“信息”→“对象”，如图 2－7－11 所示，弹出“类选择”对话框，从图形上选择图示边缘，选择对话框中“确定”按钮，弹出“信息”对话框，如图 2－7－12 所示，可以查阅到该边缘的长度和顶点坐标。

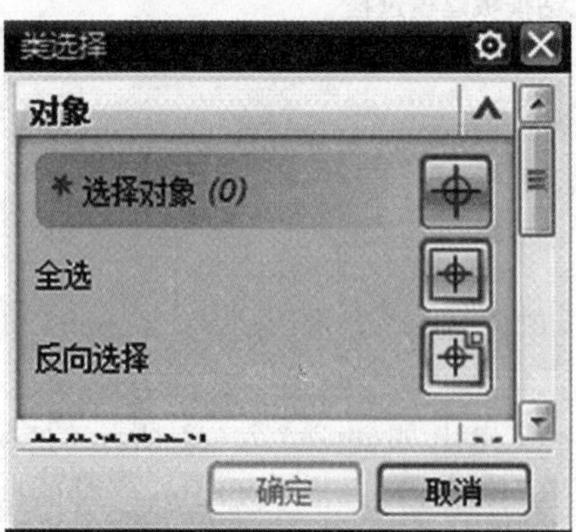

图 2－7－11 “类选择”对话框

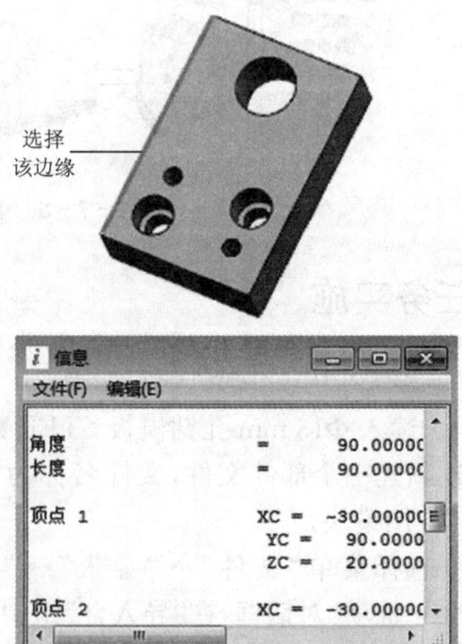

图 2－7－12 测量和分析模型尺寸

按照相同的方法，确定该零件的所有尺寸。

(3) 建立拉伸特征。

① 新建一个部件文件，文件名称为“zuanmoban_D13”，单位选择“毫米”，进入 Siemens NX 8.0“建模”应用模块。

② 创建草图作为拉伸截面。选择菜单“插入”→“草图”，弹出“创建草图”对话框，此时系统默认“平面方法”选项为“自动判断”，默认选择 XC－YC 平面，单击“确定”按钮后，进入草图环境，绘制如图 2－7－13 所示轮廓。单击“完成草图”按钮，退出草图绘制环境。

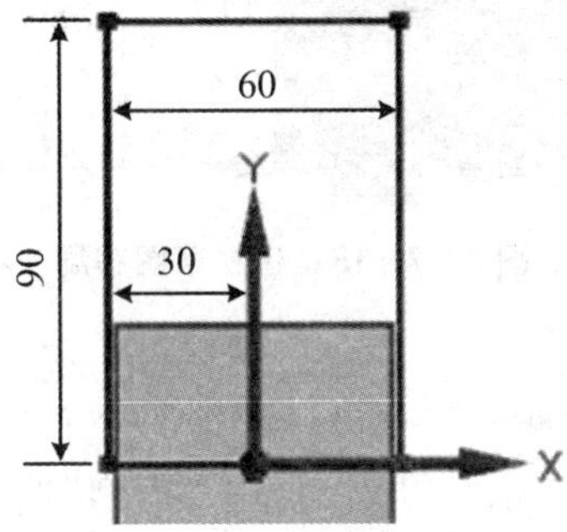

图 2－7－13　绘制草图截面

③ 创建拉伸特征。选择菜单“插入”→“设计特征”→“拉伸”或者直接单击“拉伸”按钮，系统弹出“拉伸”对话框，选择上一步创建的草图作为拉伸对象，出现如图 2－7－14 所示的拉伸预览，设置高度为 20，其他使用默认，单击“确定”按钮，完成拉伸特征的创建。

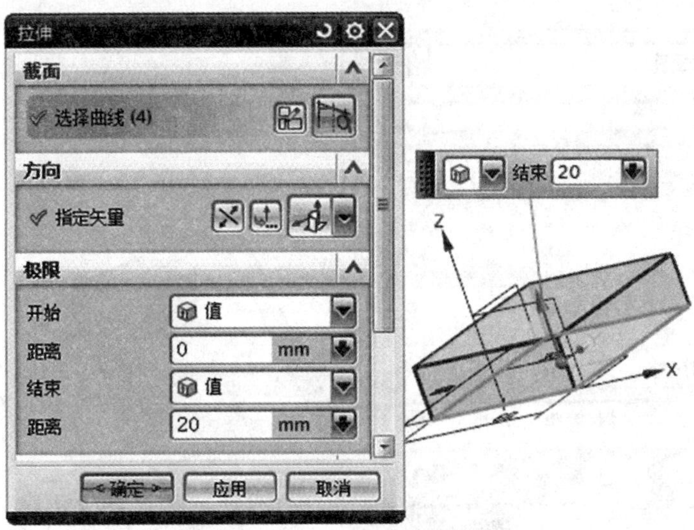

图 2－7－14　“拉伸”对话框

(4) 建立草图布局。

选择菜单“插入”→“草图”，或单击按钮，弹出“创建草图”对话框，在建模环境中选择拉伸特征上表面作为草图绘制面，单击“确定”按钮，再单击按钮，可进入草图任务环境，如图 2－7－15 所示，绘制各个孔位置点。单击“完成草图”按钮，退出草图。

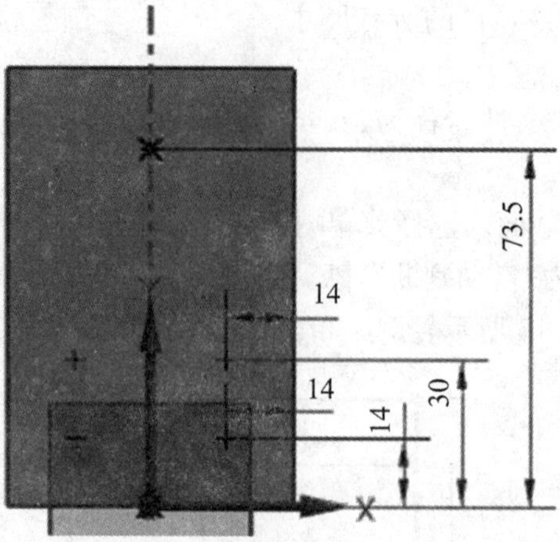

图 2-7-15　建立草图布局

(5) 放置各个孔。

① 放置钻套孔。选择菜单“插入”→“设计特征”→“孔”或直接单击工具条中的“孔”按钮，系统弹出如图 2-7-16 所示“孔”对话框。“类型”选项中默认选择“常规孔”，“指定点”选择项被激活，选择上一步骤所创建草图中的点，其坐标为(0，73.5)，如图 2-7-17 所示，表示该点为孔的圆心；“尺寸”选项卡中，输入孔直径：22；“深度限制”选项选择“贯通体”；“布尔”选项选择“求差”。单击“确定”按钮，创建如图 2-7-17 所示 Φ22 简单孔。

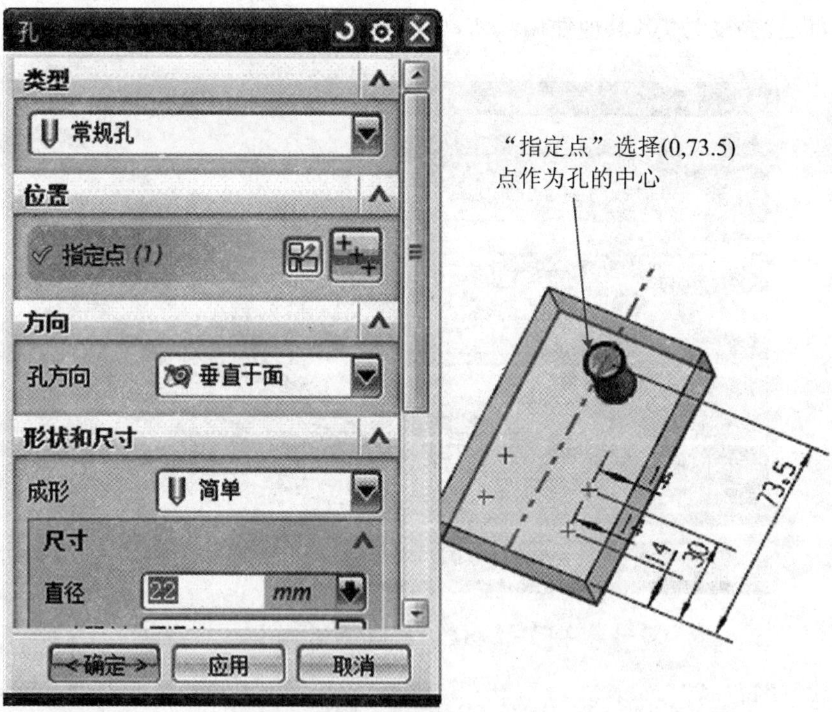

图 2-7-16　“孔”对话框

② 放置螺钉孔。选择菜单“插入”→“设计特征”→“孔”或直接单击工具条中的“孔”按钮，系统弹出如图 2-7-18 所示“孔”对话框。“类型”选项中默认选择“常规孔”，“指定

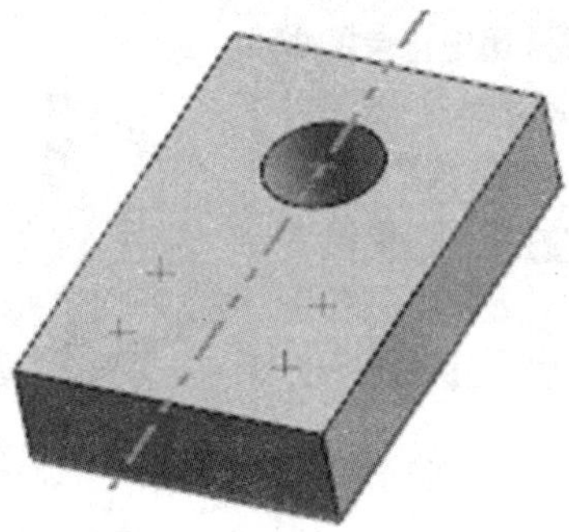

图 2-7-17　Φ22 简单孔

点”选择项被激活，选择上一步骤所创建草图的 2 个点，其坐标为：点 1——XC=16，YC=30；点 2——XC=−16，YC=14，作为两个孔的圆心。在“成形”组中选择“沉头孔”。输入孔的沉头直径：15；沉头深度：12；孔直径：10。深度限制：贯通体；布尔操作为“求差”。单击“确定”按钮，创建如图 2-7-19 所示沉头孔。

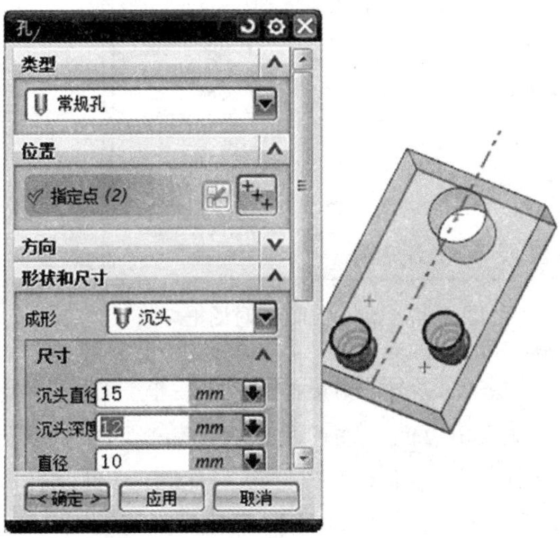

图 2-7-18　“孔”对话框

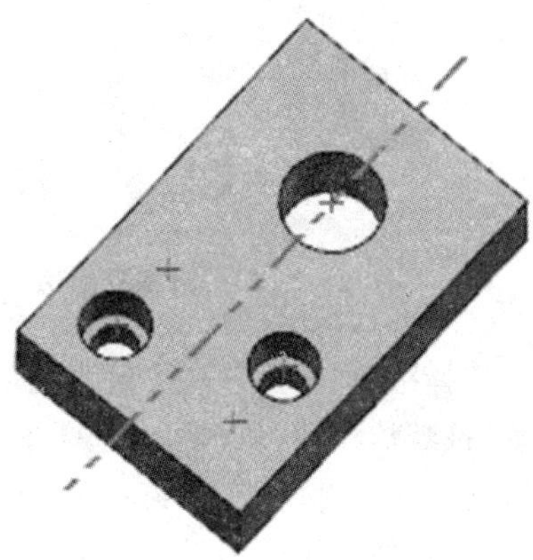

图 2-7-19　完成后的孔特征

二、Φ10 mm 孔钻模板建模

(1) 读入 Φ10 mm 孔钻模板 STEP 数模。

① 新建一个部件文件，文件名称为“temp2”，单位选择“毫米”，进入 Siemens NX 8.0“建模”应用模块。

② 选择菜单“文件”→“导入”→“STEP214”，弹出如图 2-7-20 所示的“导入自 STEP214 选项”对话框，在“导入自”组中选择“浏览”按钮，弹出“STEP214”对话框，选择 Φ10 mm 孔钻模板的 STEP 数模文件：“10_zuanmoban_CAD”，单击该对话框的“OK”按钮，回到“导入自 STEP214 选项”对话框，选择“确定”按钮后，弹出“管理员：STEP214 Import”对话框，系统自动进行数据转换，完成后在 Siemens NX 8.0 的图形窗口中，出现如图 2-7-20 所示的数模，注意其部件导航器中显示导入的数模为一个实体特征，没有建模的具体过程信息。

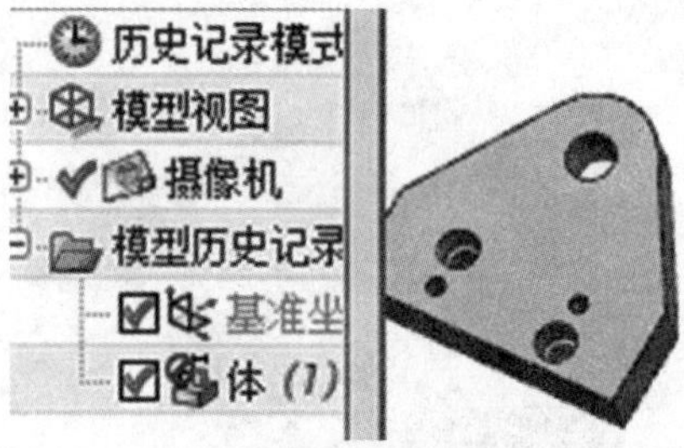

图 2-7-20　数模

（2）测量和分析模型尺寸。

选择菜单“信息”→“对象”，弹出“类选择”对话框，从图形上选择图示边缘，如图 2-7-21 所示，选择对话框中“确定”按钮，弹出“信息”对话框，如图 2-7-22 所示，可以查阅到该圆的半径和圆心坐标等信息。

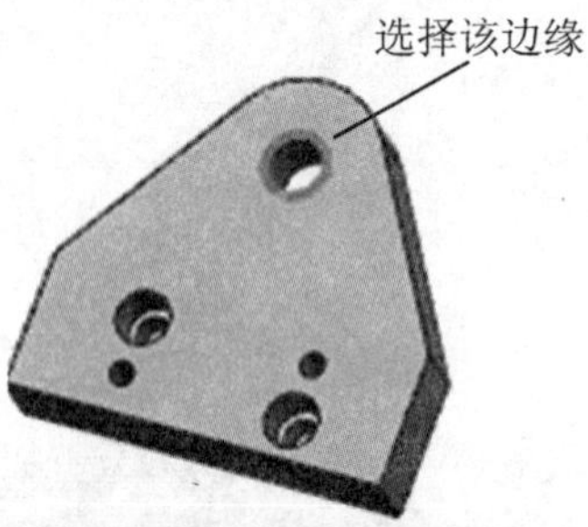

图 2-7-21　选择轮廓边

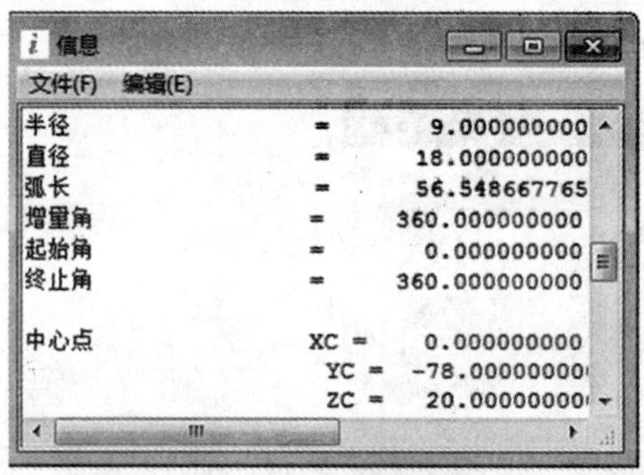

图 2-7-22　“信息”对话框

选择菜单“分析”→“测量距离”，弹出如图 2-7-23 所示“测量距离”对话框，此时“指定矢量”被默认激活，从图形上选择图示边缘作为测量矢量方向，激活“起点”组中的“选择点或对象”，选择图示圆心，激活“终点”组中的“选择点或对象”，选择图示螺钉沉头孔圆心，可以在图形窗口中观察到两孔在指定方向上的投影距离为 25 mm，单击对话框中“确定”按钮退出。

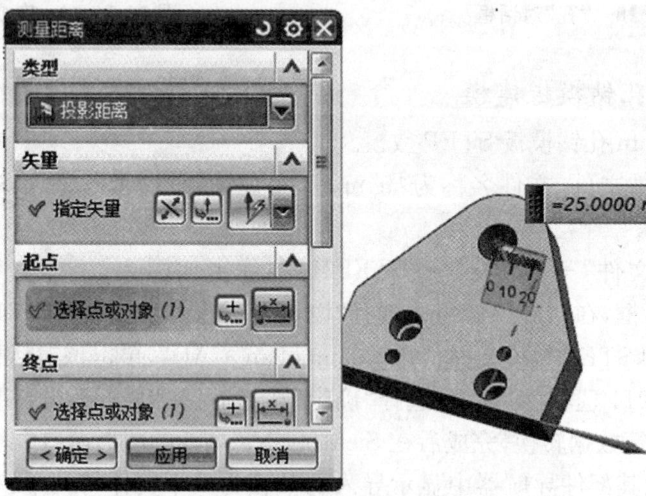

图 2-7-23　“测量距离”对话框

按照相同的方法，确定该零件的所有尺寸。

(3) 建立拉伸特征。

① 新建一个部件文件，文件名称为“zuanmoban_D10”，单位选择“毫米”，进入 Siemens NX 8.0“建模”应用模块。

② 建立拉伸特征。

1) 创建草图作为拉伸截面。绘制如图 2-7-24 所示轮廓。

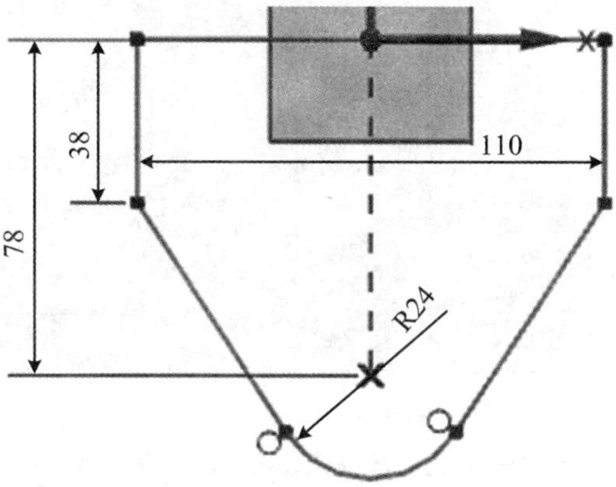

图 2-7-24 草图截面

2) 创建拉伸特征。选择菜单“插入”→“设计特征”→“拉伸”或者直接单击“拉伸”按钮，系统弹出“拉伸”对话框，选择上一步创建的草图作为拉伸对象，出现如图 2-7-25 所示的拉伸预览，设置高度为 20，其他使用默认，单击“确定”按钮，完成拉伸特征的创建。

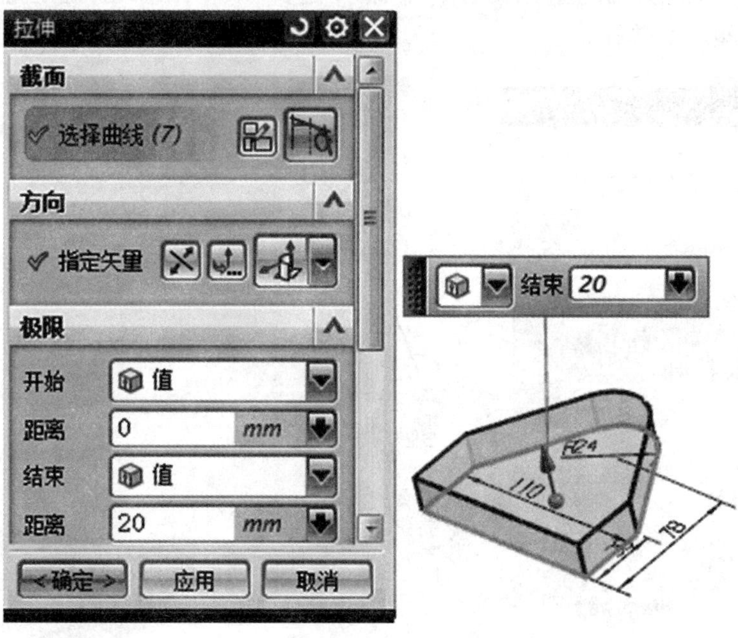

图 2-7-25 “拉伸”对话框

(4) 建立孔位置布局草图。

选择菜单“插入”→“草图”，或单击按钮，弹出“创建草图”对话框，在建模环境中选择拉伸特征上表面作为草图绘制面，单击“确定”按钮，再单击按钮，进入草图任务环境。如图 2-7-26 所示，绘制各个孔位置点。单击“完成草图”按钮，退出草图。

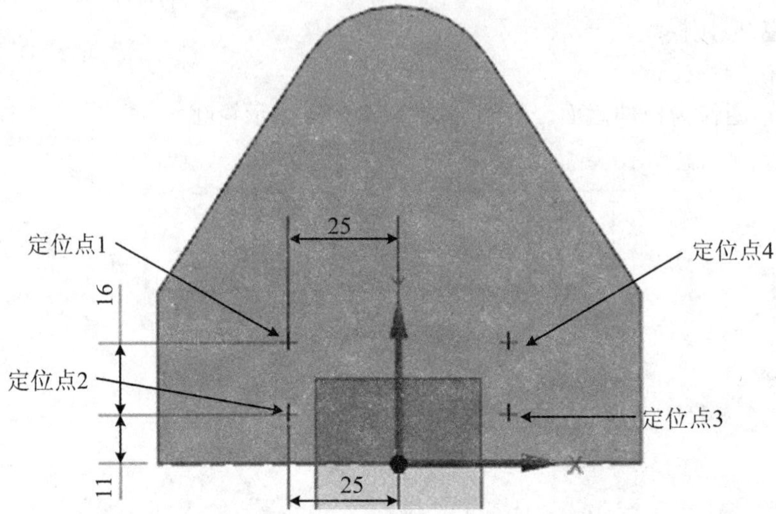

图 2-7-26　绘制代表各孔中心位置的点

(5) 放置各个孔。

① 放置钻套孔。选择菜单“插入”→“设计特征”→“孔”或直接单击工具条中的“孔”按钮，系统弹出 “孔”对话框。“类型”选项中默认选择“常规孔”，“指定点”选择项被激活，选择钻模板上表面的圆弧中心，如图 2-7-27 所示，表示该点为孔的圆心；“尺寸”选项卡中，输入孔直径：18；“深度限制”选择“贯通体”；“布尔”选择“求差”。单击“确定”按钮，创建如图 2-7-28 所示 Φ18 简单孔。

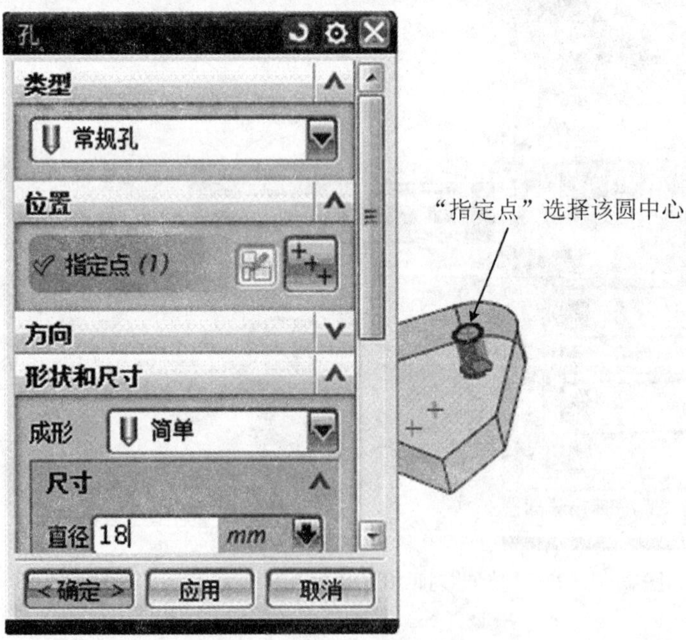

图 2-7-27　“孔”对话框

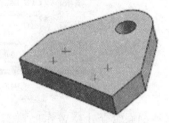

图 2-7-28　Φ18 钻套孔完成图

② 放置螺钉孔。选择菜单“插入”→“设计特征”→“孔”或直接单击工具条中的“孔”按钮，系统弹出如图 2－7－29 所示“孔”对话框。“类型”选项中默认选择“常规孔”，“指定点”选择项被激活，选择上一步骤所创建草图的 2 个点，作为两个孔的圆心。在“成形”组中选择“沉头孔”。输入孔的沉头直径:15;沉头深度:12;孔直径:10。深度限制:贯通体。布尔操作为“求差”。单击“确定”按钮，创建如图 2－7－30 所示沉头孔。

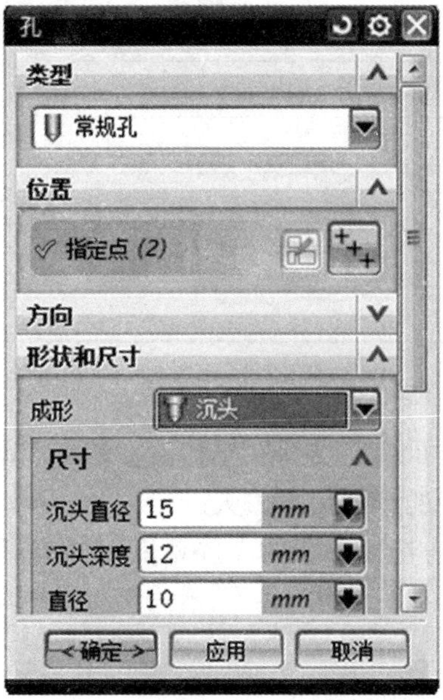

图 2－7－29 “孔”对话框

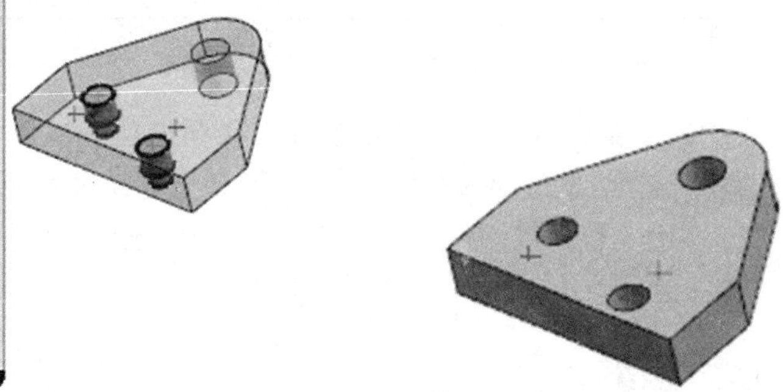

图 2－7－30 完成后的孔特征

任务评价与总结

一、任务评价

任务评价按表 2－7－1 进行。

表 2－7－1 任务评价表

评价项目	配分	得分
一、成果评价:60%		
三维模型尺寸的正确性	30	
零件建模方案的合理性	10	
特征参数选择与设置的合理性	15	
部件导航器中是否有错误或冗余特征	5	
二、自我评价:15%		
学习活动的目的性	3	
是否独立寻求解决问题的方法	5	
造型方案、方法的正确性	3	

续表

评价项目	配分	得分
团队合作氛围	2	
个人在团队中的作用	2	
三、教师评价:25%		
工作态度是否端正	10	
工作量是否饱满	3	
工作难度是否适当	2	
软件使用熟练程度	5	
自主学习	5	
总分		

二、任务总结

(1) 使用 Siemens NX 8.0 中的导入和导出功能模块可以实现 NX 与其他 CAD/CAM 系统的数据交换,但是导入和导出时,三维模型建模过程中的特征信息丢失。

(2) 草图不仅可以用作拉伸等特征的截面,还可以作为特征放置的布局草图,例如本任务中钻模板各孔的位置由草图中的点位置确定。

任务拓展

一、相关知识与技能

1. IGES

20 世纪 80 年代初以来,国外对数据交换标准做了大量的研制、制定工作,也产生了许多标准。如美国的 DXF、IGES、ESP、PDES,法国的 SET,德国的 VDAIS、VDAFS,ISO 的 STEP 等。这些标准为 CAD 及 CAM 技术在各国的推广应用起到了极大的促进作用。

IGES 的交换原理是:数据要从系统 A 传送到系统 B,必须由系统 A 的 IGES 前处理器把这些传送的数据转换成 IGES 格式,IGES 格式的数据传送到系统 B 后,系统 B 的 IGES 后处理器将其从 IGES 格式转换成该系统内部的数据格式。把系统 B 的数据传送给系统 A 也需相同的过程。

标准的 IGES 文件包括固定长 ASCII 码、压缩的 ASCII 码及二进制三种格式。固定长 ASCII 码格式的 IGES 文件每行为 80 个字符,整个文件分为 5 段。段标识符位于每行的第 73 列,第 74～80 列指定为用于每行的段的序号。序号都从 1 开始,且连续不间断,其值对应于该段的行数。

(1) 开始段,代码为 S。该段提供一个可读文件的序言,主要记录图形文件的最初来源及生成该 IGES 文件的名称。IGES 文件至少有一个开始记录。

(2) 全局参数段,代码为 G。主要包含前处理器的描述信息及处理该文件的后处理器所需要的信息。参数以自由格式输入,用逗号分隔参数,用分号结束一个参数。主要参数有文件名、前处理器版本、单位、文件生成日期、作者姓名及单位、IGES 的版本、绘图标准代码等。

(3) 目录条目段,代码为 D。该段主要为文件提供一个索引,并含有每个实体的属性信息。文件中的每个实体都有一个目录条目，大小一样，由 8 个字符组成一域，共 20 个域，每个条目占用两行。如表 2－7－2 所示。

表 2－7－2

实体类型号	参数数据	结构	线型模式	层	视图	变换矩阵	标号显示	状态号	序号
实体类型号	线权加值	颜色	参数行计数	格式号	（保留）	（保留）	实体标号	实体下标	序号

（4）参数数据段，代码为 P。该段主要以自由格式记录与每个实体相连的参数数据，第一个域总是实体类型号。参数行结束于第 64 列，第 65 列为空列，第 66～72 列为含有本参数数据所属实体的目录条目第一行的序号。

（5）结束段，代码为 T。该段只有一个记录，并且是文件的最后一行，它被分成 10 个域，每域 8 列，第 1～4 域及第 10 域为上述各段所使用的表示段类型的代码及最后的序号（即总行数）。

将本次任务中 Φ10 钻模板的 IGES 文件使用记事本打开后，可以观察到 IGES 文件的数据记录格式，如图 2－7－31 所示。

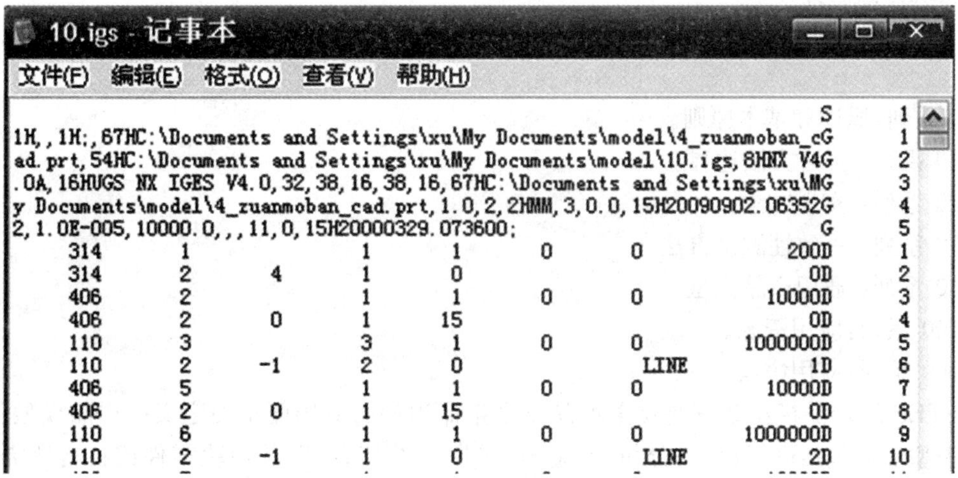


```
                                                                        S      1
1H,,1H;,67HC:\Documents and Settings\xu\My Documents\model\4_zuanmoban_cG      1
ad.prt,54HC:\Documents and Settings\xu\My Documents\model\10.igs,8HNX V4G      2
.0A,16HUGS NX IGES V4.0,32,38,16,38,16,67HC:\Documents and Settings\xu\MG      3
y Documents\model\4_zuanmoban_cad.prt,1.0,2,2HMM,3,0.0,15H20090902.06352G      4
2,1.0E-005,10000.0,,,11,0,15H20000329.073600;                           G      5
     314       1               1       1       0       0            200D      1
     314       2       4       1       0                              0D      2
     406       2               1       1       0       0          10000D      3
     406       2       0       1      15                              0D      4
     110       3               3       1       0       0        1000000D      5
     110       2      -1       2       0                LINE          1D      6
     406       5               1       1       0       0          10000D      7
     406       2       0       1      15                              0D      8
     110       6               1       1       0       0        1000000D      9
     110       2      -1       1       0                LINE          2D     10
```

图 2－7－31　IGES 文件的数据记录

在 IGES 文件中，信息的基本单位是实体，通过实体描述产品的形状、尺寸以及产品的特性。实体的表示方法对所有当前的 CAD/CAM 系统都是通用的。实体可分为几何实体和非几何实体。每一类型实体都有相应的实体类型号，几何实体为 100～199，如圆弧为 100，直线为 110 等；非几何实体又可分为注释实体和结构实体，类型号为 200～499，如注释实体有直径尺寸标注实体（206）、线性尺寸标注实体（216）等，结构实体有颜色定义（324）、字型定义（310）、线型定义（304）等。几何实体和非几何实体通过一定的逻辑关系和几何关系构成产品图形的各类信息。实体的属性信息记录在目录条目段，而参数数据记录在参数数据段。例如对于直线，IGES 文件中实体是有界的，第一点为起点 P1，第二点为终点 P2，参数数据为起点和终点的坐标 P1（X1，Y1，Z1），P2（X2，Y2，Z2）。直线实体的类型号为 110，其定义如下：

```
110   1432   1   1   0   9   0   000020001D   2747
110          0   0   1   0                0D   2748
```

110,442.01251,－338.64197,0.,440.41876,－338.64197,0.;

2747P 1432

上述定义中,起点坐标为(442.01251,－338.64197,0.0),终点坐标为(440.41876,－338.64197,0.0),2747表示该直线实体在目录条目段中的第一行序号,1432表示该直线实体在参数数据段中的序号。

2. STEP

由于IGES存在过于冗长、有些数据不能表达而无法传送等问题,ISO/IEC JTC1的一个分技术委员会(SC4)开发了产品模型数据转换标准STEP(Standard for the Exchange of Product model Data)。STEP的ISO正式代号为ISO 10303,是一个关于产品数据计算机可理解的表示和交换的国际标准,目的是提供一种不依赖于具体系统的中性机制,能够描述产品整个生命周期中的产品数据。产品生命周期包括产品的设计、制造、使用、维护、报废等。产品在各过程中产生的信息既多又复杂,而且分散在不同的部门和地方。这就要求这些产品信息以计算机能理解的形式表示,而且在不同的计算机系统之间进行交换时保持一致和完整。产品数据的表达和交换,构成了STEP标准,STEP把产品信息的表达和用于数据交换的实现方法区分开来。

STEP把所有部分分成7个系列,每一系列包括若干部分。这7个系列的编号及含义如下:

0系列:概述和基本原则。

10系列:描述方法边界。

20系列:实现方法。

30系列:一致性测试方法。

40系列:通用产品模型。

100系列:应用资源。

200系列:应用协议。

STEP的产品模型数据是覆盖产品整个生命周期的应用而全面定义的产品模型信息。产品模型信息包括进行设计、分析、制造、测试所需的信息,以及检验零件或机构所需的几何、拓扑、公差、关系、属性、性能等信息,还包括一些和处理有关的信息。STEP的产品模型对于生产制造、直接质量控制测试和产品新功能的开发提供了全面的信息。其中形状特征信息模型是STEP产品模型的核心,在此基础上可以进行各种产品模型定义数据的转换。

3. STL

STL("STereo Lithography"的缩写)是由3D SYSTEMS公司于1988年制定的一个接口协议,是一种为快速原型制造技术服务的三维图形文件格式。STL文件由多个三角形面片的定义组成,每个三角形面片的定义包括三角形各个顶点的三维坐标及三角形面片的法矢量。三角形顶点的排列顺序遵循右手法则。STL文件有2种类型:文本文件(ASCII码格式)和二进制文件(BINARY)。

STL的ASCII码格式如下:

solid filenamestl //文件路径及文件名

facet normal x y z // 三角面片法向量的3个分量值

```
outer loop
vertex x y z //三角面片第一个顶点的坐标
vertex x y z // 三角面片第二个顶点的坐标
vertex x y z //三角面片第三个顶点的坐标
endloop
endfacet // 第一个三角面片定义完毕
……
……
endsolid filenamestl //整个文件结束
```

二进制 STL 文件用固定的字节数来给出三角面片的几何信息。文件的起始 80 字节是文件头，存储零件名，可以放入任何文字信息；紧随着用 4 个字节的整数来描述实体的三角面片个数，后面的内容就是逐个给出每个三角面片的几何信息。每个三角面片占用固定的 50 字节，依次是：3 个 4 字节浮点数，用来描述三角面片的法矢量；3 个 4 字节浮点数，用来描述第 1 个顶点的坐标；3 个 4 字节浮点数，用来描述第 2 个顶点的坐标；3 个 4 字节浮点数，用来描述第 3 个顶点的坐标；最后 2 个字节用来描述三角面片的属性信息（包括颜色属性等），暂时没有用。一个二进制 STL 文件的大小为三角面片数乘以 50 再加上 84 字节。

STL 模型是以三角形集合来表示物体外轮廓形状的几何模型。在实际应用中对 STL 模型数据是有要求的，尤其是在 STL 模型广泛应用的 RP 领域，STL 模型数据均需要经过检验才能使用。这种检验主要包括两方面的内容：STL 模型数据的有效性检查和 STL 模型封闭性检查。有效性检查包括检查模型是否存在裂隙、孤立边等几何缺陷；封闭性检查则要求所有 STL 三角形围成一个内外封闭的几何体。

由于 STL 模型仅仅记录了物体表面的几何位置信息，没有任何表达几何体之间关系的拓扑信息，所以在重建实体模型中凭借位置信息重建拓扑信息是十分关键的步骤。另一方面，实际应用中的产品零件（结构件）绝大多数是由规则几何形体（如多面体、圆柱、过渡圆弧）经过拓扑运算得到，因此对于结构件模型的重构来讲，拓扑关系重建显得尤为重要。实际上，目前 CAD/CAM 系统中常用的 B－rep 模型即是基于这种边界表示的基本几何体素布尔运算表达的。

因此 STL 模型的重建过程如下：首先重建 STL 模型的三角形拓扑关系；其次从整体模型中分解出基本几何体素；重建规则几何体素；然后建立这些几何体素之间的拓扑关系；最后重建整个模型。

二、练习与提高

练习与提高内容如表 2－7－3 所示。

表 2-7-3

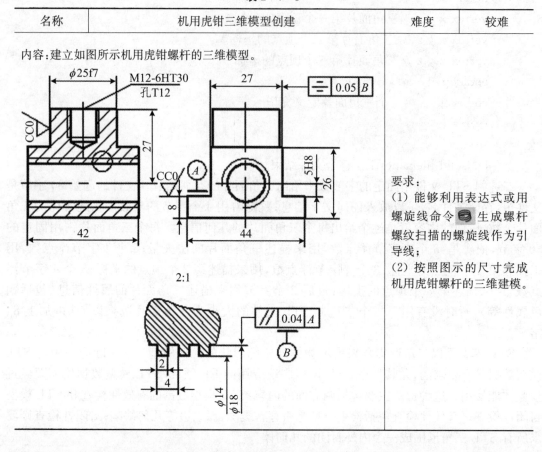

名称	机用虎钳三维模型创建	难度	较难
内容：建立如图所示机用虎钳螺杆的三维模型。 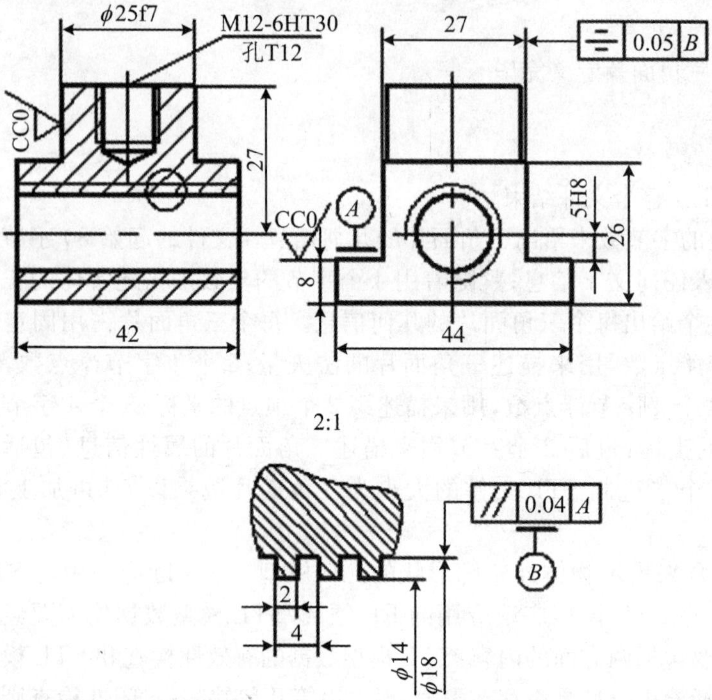 		要求： (1) 能够利用表达式或用螺旋线命令 生成螺杆螺纹扫描的螺旋线作为引导线； (2) 按照图示的尺寸完成机用虎钳螺杆的三维建模。	

任务七　钻模夹具体三维模型的建立

学习视频 2-7

任务介绍

本次任务是综合利用已经掌握的 NX 草图功能、拉伸特征、孔特征，结合腔体和拔模等特征的使用，完成杠杆臂钻模夹具体三维模型的建立。

相关知识

一、腔体特征

腔体是从实体中按一定的形状去除材料。选择菜单命令“插入”→“设计特征”→“腔体”或单击工具条中的“腔体”按钮，系统弹出如图 2-8-1 所示的“腔体”对话框。在对话框中可以选择“柱”、“矩形”、“常规”三种腔体构造方式。

图 2-8-1 “腔体”对话框

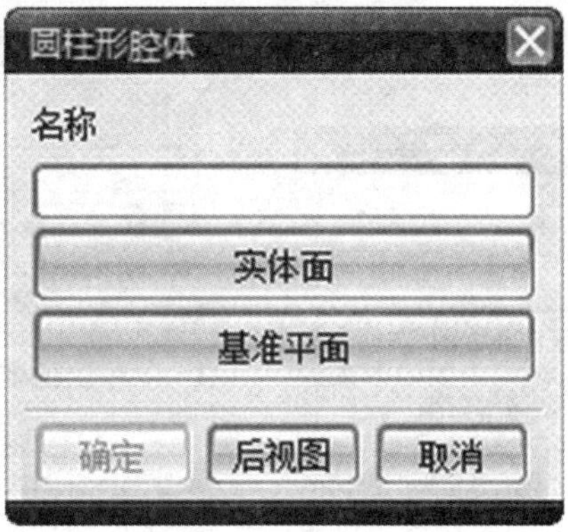

图 2-8-2 “圆柱形腔体”对话框

1. 圆柱体

在“腔体”对话框中单击“柱”按钮，系统将弹出如图 2-8-2 所示的“圆柱形腔体”对话框。该对话框中有“实体面”和“基准平面”两个选项按钮，作用如下：

(1)“实体面”按钮。选择该选项，弹出如图 2-8-3 所示“选择对象”对话框，系统提示选择实体面作为腔体放置平面。

(2)“基准平面” 按钮。选择该选项，也将弹出“选择对象”对话框，不同的是系统提示选择一个基准平面作为腔体放置平面。

选择平面后，在“选择对象”对话框中单击“确定”按钮，系统将弹出如图 2-8-4 所示“圆柱形腔体”对话框，在各文本框中输入相应参数，单击“确定”按钮，弹出“定位”对话框，确定圆柱形腔体的位置后，即在实体指定位置上按输入参数创建出圆柱腔体。

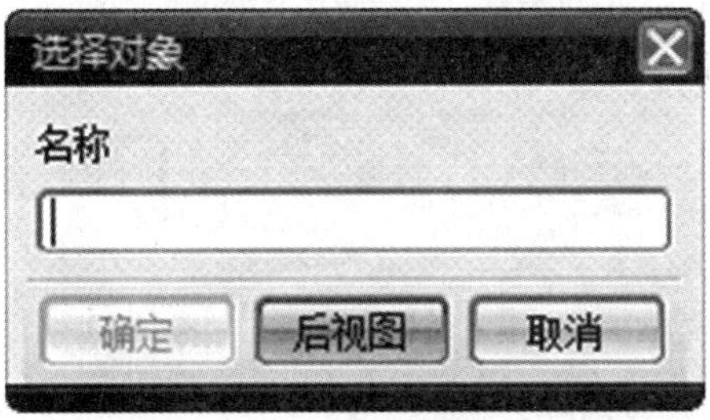

图 2-8-3 “选择对象”对话框

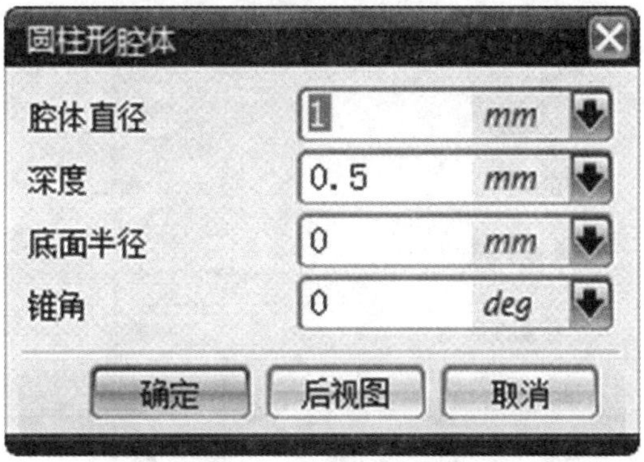

图 2-8-4 输入圆柱形腔体参数

2. 矩形

在“腔体” 对话框中单击“矩形”按钮，系统弹出如图 2-8-5 所示“矩形腔体”对话框。该对话框也包括“实体面”和“基准平面”两个按钮选项，其意义和操作与上面圆柱形腔体情况相似。选择矩形腔体放置面后，弹出如图 2-8-6 所示“水平参考”对话框，选择水平参考对象后，系统将弹出如图 2-8-7 所示“矩形腔体”对话框，在各文本框中输入相应参数，然后单击“确定”按钮，弹出“定位”对话框，使用定位方式确定矩形腔的位置，就完成了矩形型腔的创建。

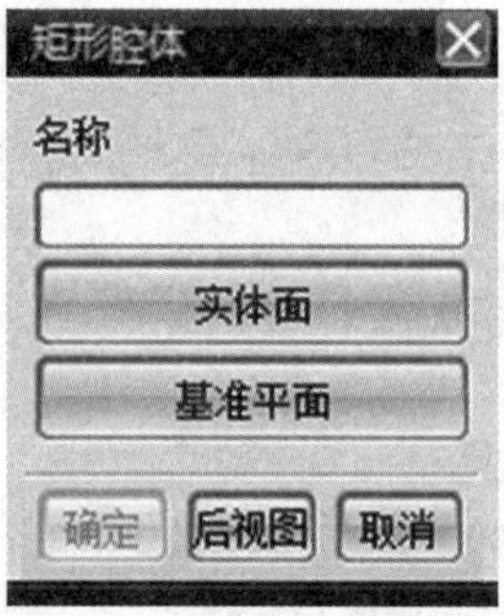

图 2-8-5 “矩形腔体”对话框

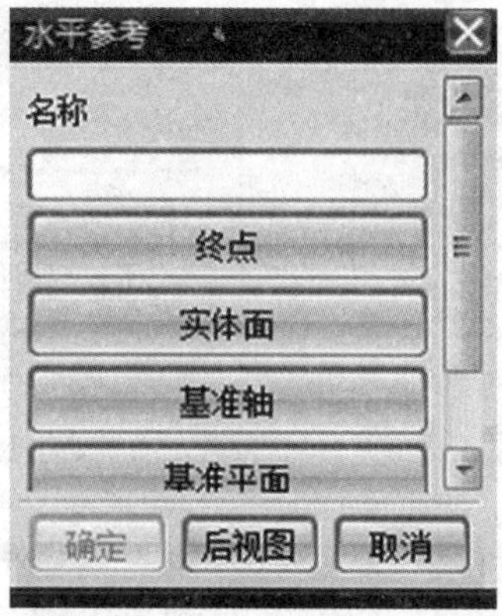

图 2-8-6 “水平参考”对话框

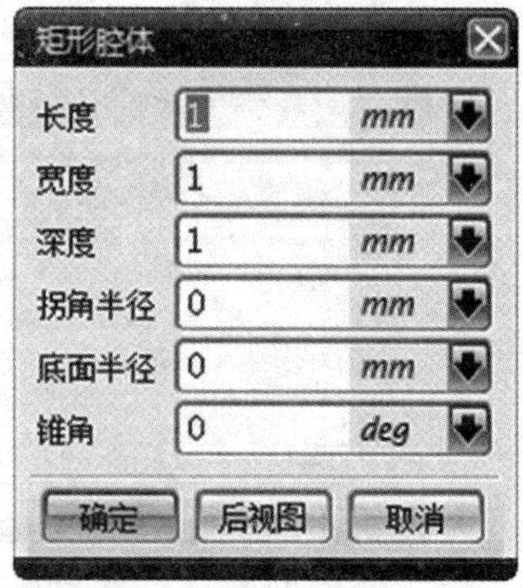

图 2-8-7 “矩形腔体”对话框

二、拔模特征

拔模特征的作用是将拔模面按照给定拔模方向向内或向外变化，从而便于零件在冲压或注塑加工中脱离模腔。选择菜单命令“插入”→“细节特征”→“拔模”，或单击工具条中的“拔模”按钮，系统弹出如图 2-8-8 所示的“拔模”对话框。Siemens NX 8.0 提供了 4 种拔模类型。

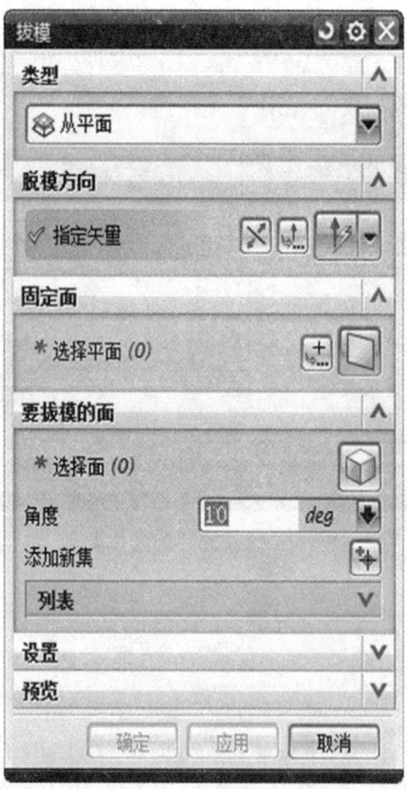

图 2-8-8 “拔模”对话框

图 2-8-9 从固定边缘拔模

“从平面”表示从固定表面拔模。该类型拔模用于从参考点所在平面开始，与拔模方向成拔模角度，对指定的实体表面进行拔模。操作过程分 3 个步骤：指定拔模方向（按钮），选择固定表面（按钮），选择要进行拔模的表面（按钮），随后即可在参数设置区中设置拔模角度，同时“完成一个步骤集开始下一个步骤集”按钮激活，单击该按钮可进行下一组操作，如图 2-8-8 所示。

“从边”表示从固定边缘拔模。该拔模类型用于从一系列实体边缘开始，与拔模方向成拔模角度，对指定的实体进行拔模，适用于所选实体边缘不共面的拔模。操作过程对应于 3 个步骤：首先选择拔模方向（按钮），接着选择固定边（按钮），最后选择可变角定义点后，即可在参数设置区中设置拔模角度，同时“完成一个步骤集开始下一个步骤集”按钮被激活，单击该按钮可进行下一组操作，如图 2-8-9 所示。

任务分析与计划

一、夹具体三维建模分析

如图 2-8-10 所示，钻模夹具体零件包含长方体、圆形凸台、孔、拉伸、腔体和圆角等 7 类特征，其中夹具体上四处定位销孔在钻模装配中依据定位销尺寸创建，本次任务中不予创建。

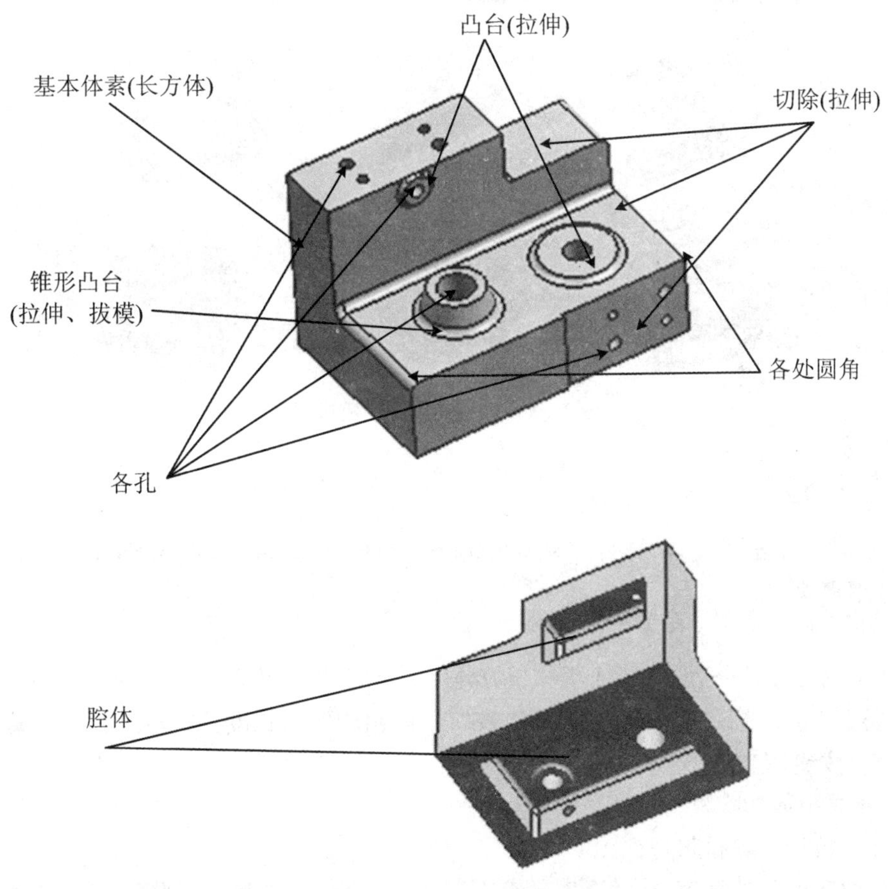

图 2-8-10　夹具体零件的特征分析

二、夹具体建模计划

根据上述夹具体零件结构的分析，建立夹具体零件建模方案如下：

(1) 建立夹具体基本体素特征。

(2) 建立 3 个拉伸切除材料特征。

(3) 建立凸台特征，并对凸台进行拔模。

(4) 建立 2 个圆形凸台特征。

(5) 建立侧面腔体。

(6) 建立底部腔体。

(7) 建立底部圆形凸台特征。

(8) 建立各处螺钉孔、销孔。

(9) 建立各处圆角。

夹具体建模方案如图 2-8-11 所示。

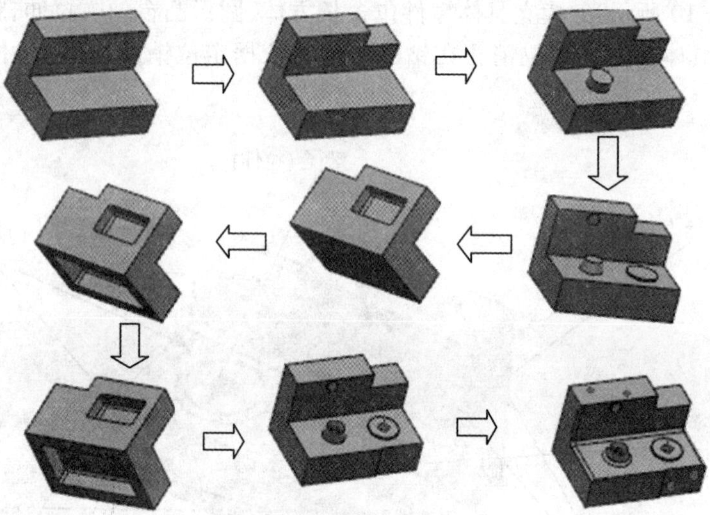

图 2-8-11　夹具体建模过程

任务实施

(1) 新建一个部件文件，文件名称为“jiajuti”，单位选择“mm”，进入 Siemens NX 8.0 的“建模”应用模块。

(2) 建立夹具体基本体素。

选择菜单“插入”→“设计特征”→“长方体”，系统弹出如图 2-8-12 所示“长方体”对话框。在“类型”组中选择“原点和边长”，在“尺寸”组中输入长度：120；宽度：180；高度：120。单击“确定”按钮，完成长方体的创建。

(3) 建立拉伸切除材料特征。

① 建立拉伸切除材料特征 1。

1) 创建草图。选择菜单“插入”→“草图”，或单击按钮，弹出“创建草图”对话框，在建模环境中选择如图 2-8-13 所示的长方体侧平面作为草图绘制面，单击“确定”按钮，绘制如图所示截面轮廓。完成后单击“完成草图”按钮，退出草图。

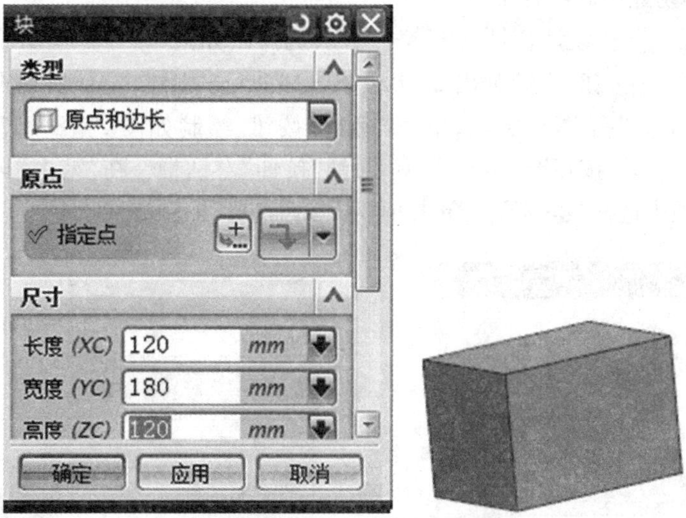

图 2-8-12　创建长方体

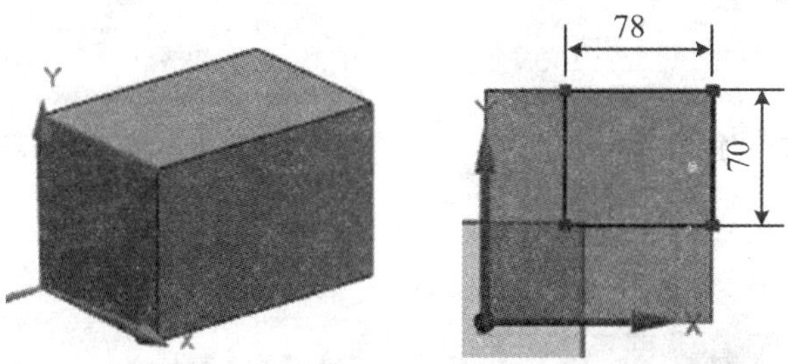

图 2-8-13　绘制草图截面

2）建立拉伸切除材料特征 1。单击“拉伸”按钮,系统弹出如图 2-8-14 所示“拉伸”对话框,选择上一步创建的草图,“结束”选项中选择“贯通”,在“布尔”组中选择“求差”,单击“确定”按钮。

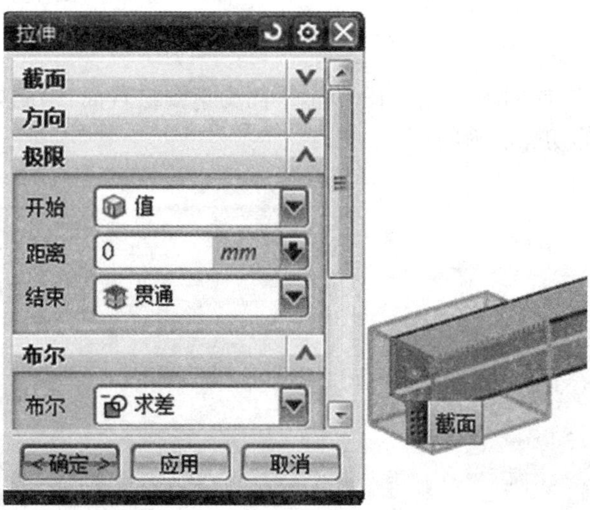

图 2-8-14　“拉伸”对话框

② 建立拉伸切除材料特征 2。

选择菜单“插入”→“设计特征”→“拉伸”，系统弹出如图 2－8－15 所示“拉伸”对话框，单击“截面”组中的按钮，系统弹出如图 2－8－16 所示“创建草图”对话框，选择上一步拉伸切除后的侧平面作为草图绘制面，单击“确定”按钮，绘制如图 2－8－17 所示截面轮廓。完成后单击“完成草图”按钮，退出草图，回到“拉伸”对话框。在“结束”选项中选择“贯通”，在“布尔”选项中选择“求差”，单击“确定”按钮，创建如图 2－8－18 所示拉伸切除特征。

图 2－8－15 “拉伸”对话框

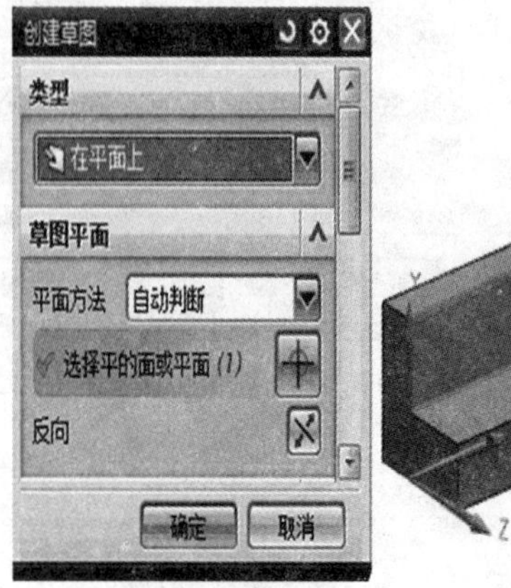

图 2－8－16 选择草图放置面

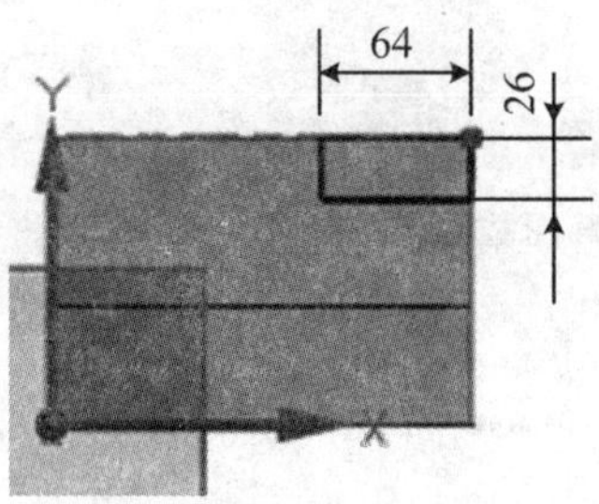

图 2－8－17 绘制截面

图 2－8－18 拉伸切除特征

③ 建立拉伸切除材料特征 3。

参照步骤①、②，选择如图 2－8－19 所示平面为草图绘置面，绘制如图 2－8－20 所示草图截面轮廓，建立拉伸切除材料特征 3。

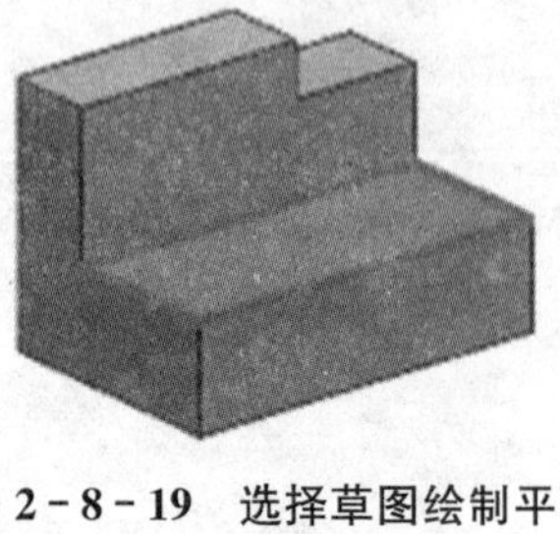
图 2－8－19 选择草图绘制平面

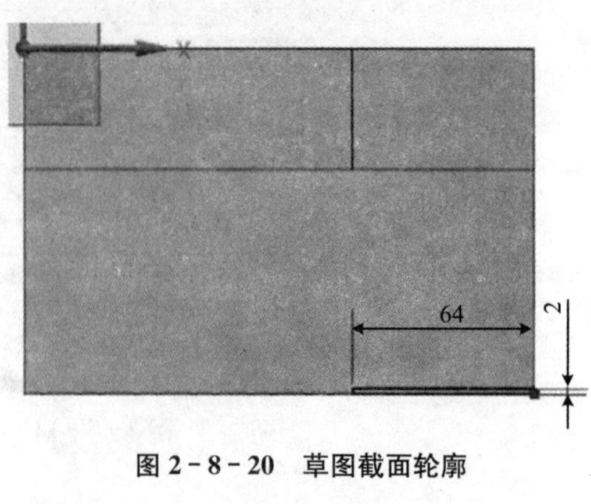

图 2－8－20 草图截面轮廓

(4) 创建锥形凸台。

① 拉伸圆台特征。选择菜单“插入”→“设计特征”→“拉伸”，系统弹出“拉伸”对话框，如图 2-8-21 所示，选择图示平面作为草图绘制面，绘制如图 2-8-22 所示截面轮廓。完成后单击“完成草图”按钮，退出草图，回到“拉伸”对话框。在“结束”文本框中输入 16，“布尔”选项选择“无”，单击“确定”按钮，创建圆台特征。

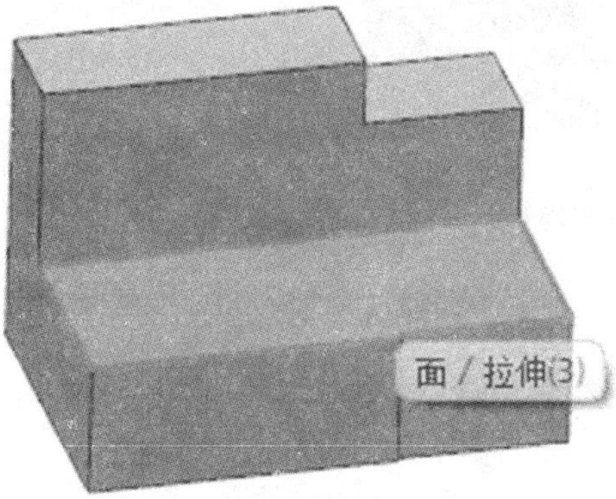

图 2-8-21　确定草图平面

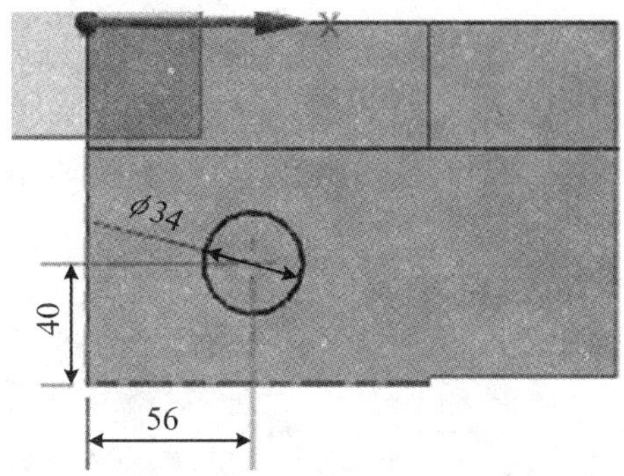

图 2-8-22　草图截面轮廓

② 创建拔模特征。选择菜单“插入”→“细节特征”→“拔模”，系统弹出如图 2-8-23 所示的“拔模”对话框，“脱模方向”组中“指定矢量”被激活，选择圆台所在的平面，显示平面的法向为脱模方向。随后“固定面”组中的“选择平面”被激活，选择圆台顶面为固定表面。激活“要拔模的面”组中的“选择面”，选择圆柱面作为拔模面。在“角度 1”处输入:15，单击“确定”按钮，创建如图 2-8-24 所示的拔模特征。

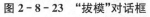

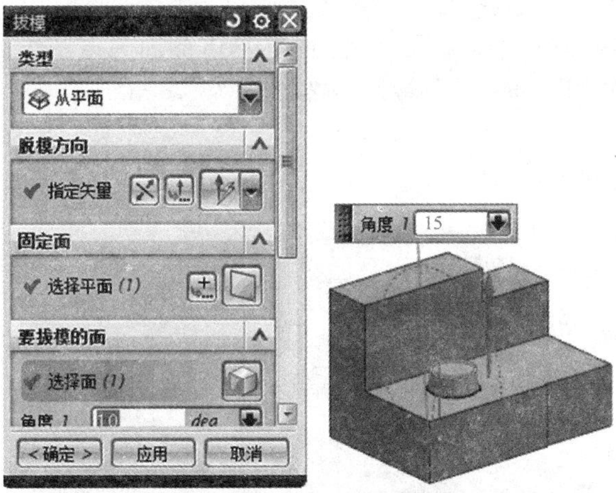

图 2-8-23　“拔模”对话框

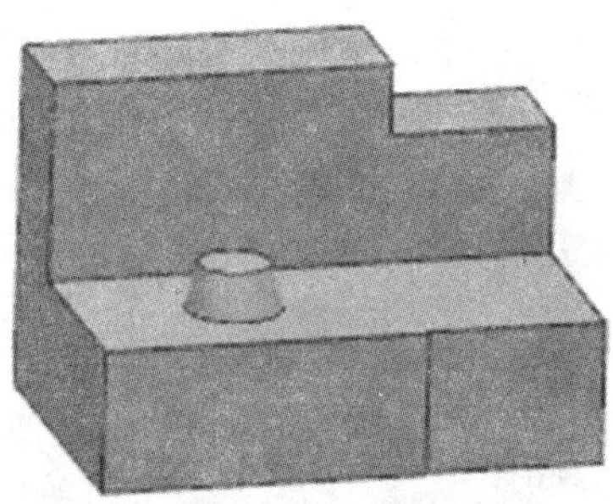

图 2-8-24　完成后的拔模特征

(5) 创建凸台拉伸特征 1。

单击“拉伸”按钮，在弹出的“拉伸”对话框中单击“绘制截面”按钮，系统弹出“创建草图”对话框，选择如图 2-8-25 所示平面作为草图绘制面，单击“确定”按钮，绘制如图 2-8-26 所示截面轮廓。完成后单击“完成草图”按钮，退出草图，回到“拉伸”对话框。在“结束”文本框中输入 3，在“布尔”选项中选择“无”，单击“确定”按钮，创建如图 2-8-27

所示拉伸特征。

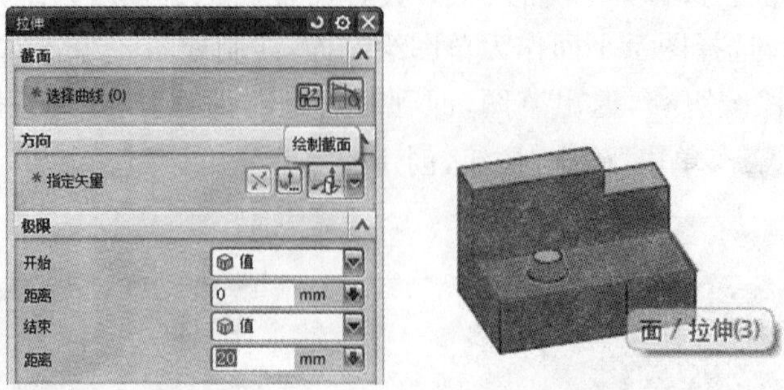

图 2-8-25　选择拉伸草图绘制面

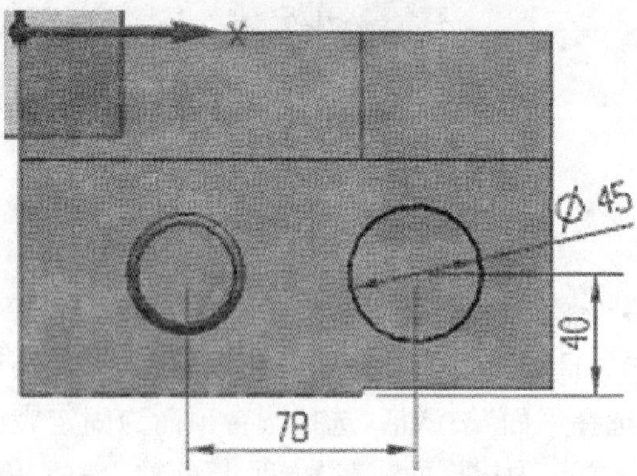

图 2-8-26　截面轮廓草图

图2-8-27　凸台拉伸特征 1

(6) 创建凸台拉伸特征 2。

采用与步骤(5)相同的操作方法，选择如图 2-8-28 所示的夹具体侧面为草图绘制平面，绘制如图 2-8-29 所示截面草图，使用拉伸特征创建凸台 2，高度为 3 mm。

图2-8-28　选择凸台 2 草图绘制面

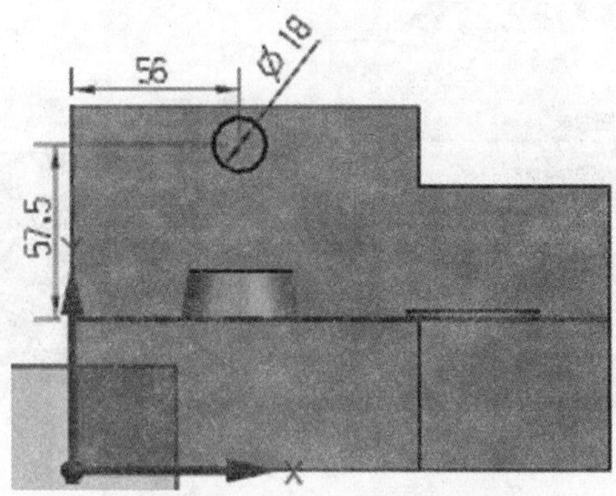

图 2-8-29　凸台 2 草图截面轮廓

(7) 创建侧面腔体。

① 选择菜单“插入”→“设计特征”→“腔体”，系统弹出如图 2-8-30 所示“腔体”对话框，选择“矩形”按钮，系统弹出如图 2-8-31 所示“矩形腔体”对话框，提示行提示：选择平的放置面。选择实体侧面，系统弹出如图 2-8-32 所示“水平参考”对话框，选择底面边缘。

图 2-8-30 “腔体”对话框

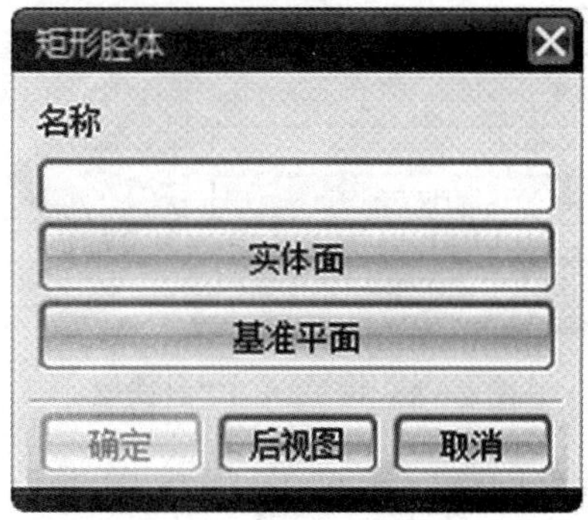

图 2-8-31 “矩形腔体”对话框

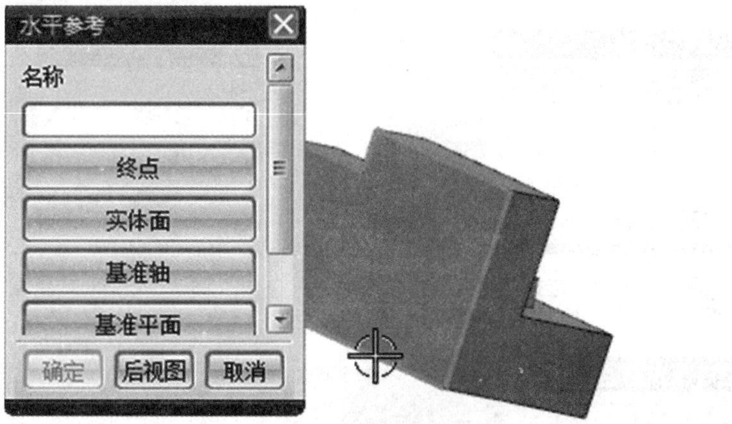

图 2-8-32 “水平参考”对话框

② 系统弹出如图 2-8-33 所示“矩形腔体”对话框，设置长度:80；宽度:45；深度:22；拐角半径:4；底面半径:4；拔模角:0。单击“矩形腔体”对话框中的“确定”按钮，系统弹出如图 2-8-34所示“定位”对话框，选择“水平”方式，系统弹出如图 2-8-35 所示“水平”对话框，提示行提示:选择目标对象。选择侧面边缘，提示行提示:选择刀具边，选择腔体示意图上的参照线。如图 2-8-36 所示，弹出“创建表达式”对话框，输入 57，单击“创建表达式”对话框中的“确定”按钮。

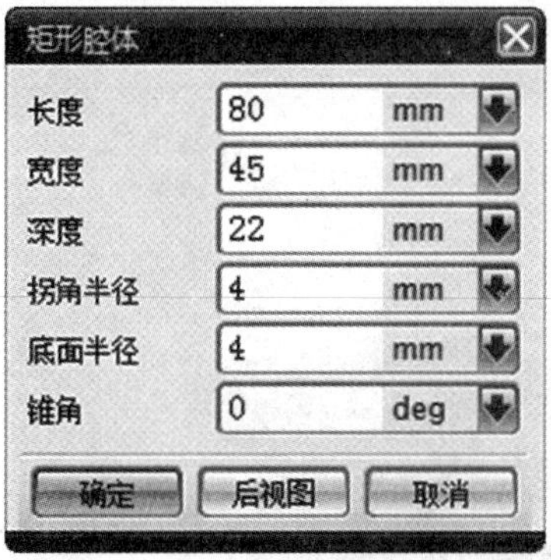

图 2-8-33 输入矩形腔体参数

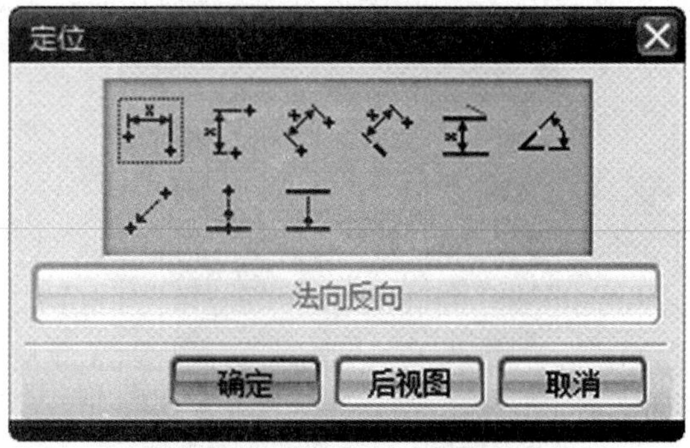

图 2-8-34 选择水平定位方式

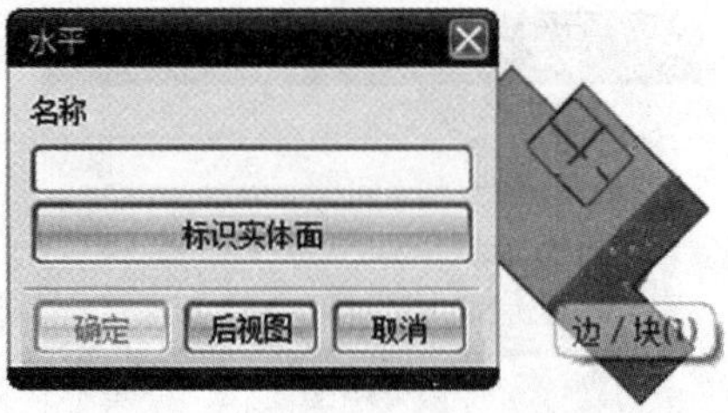

图 2-8-35 “水平”对话框

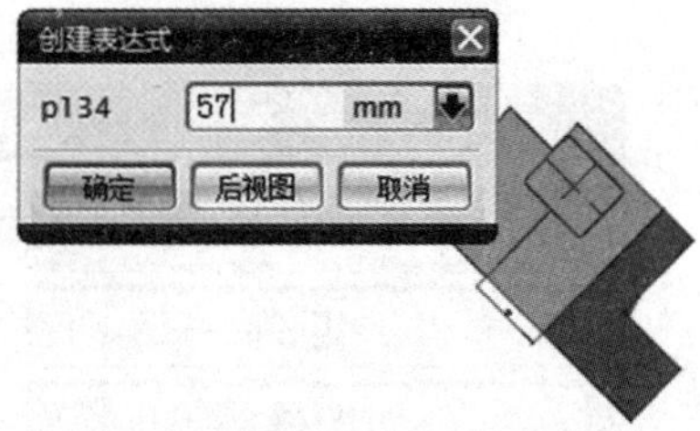

图 2-8-36 “创建表达式”对话框

③ 选择“竖直”方式，如图 2-8-37 所示，系统弹出“竖直”对话框，如图 2-8-38 所示，选择夹具体上端水平边缘为目标边，选择腔体示意图上的水平参照线为刀具边，如图 2-8-39 所示，弹出“创建表达式”对话框，输入 50。创建的腔体如图 2-8-40 所示。

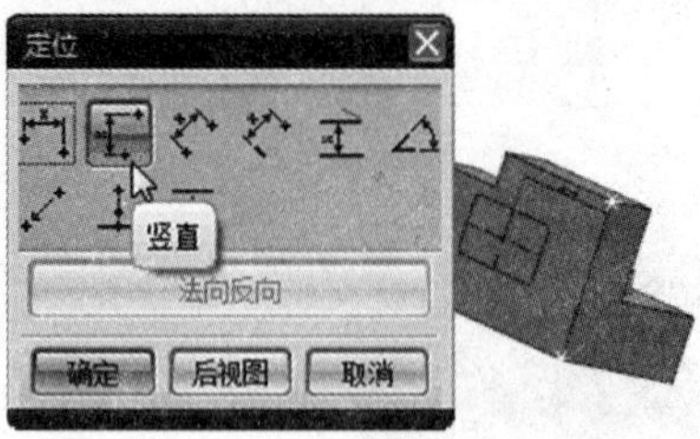

图 2-8-37 选择竖直定位方式

图 2-8-38 “竖直”对话框

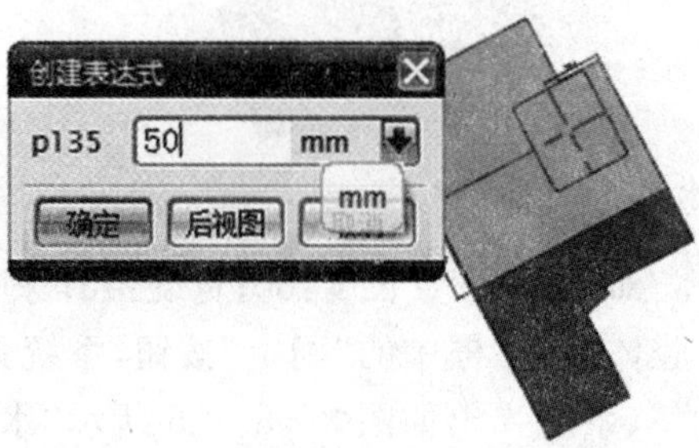

图 2-8-39 “创建表达式”对话框

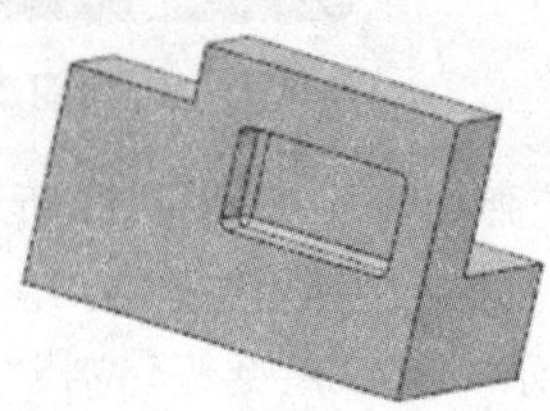

图 2-8-40 完成腔体创建

(8) 创建底面腔体。

采用与创建侧面腔体相同的操作方法，创建底面腔体。腔体参数如图 2-8-41 所示。腔体水平定位尺寸 90，竖直定位尺寸 60。完成的腔体如图 2-8-42 所示。

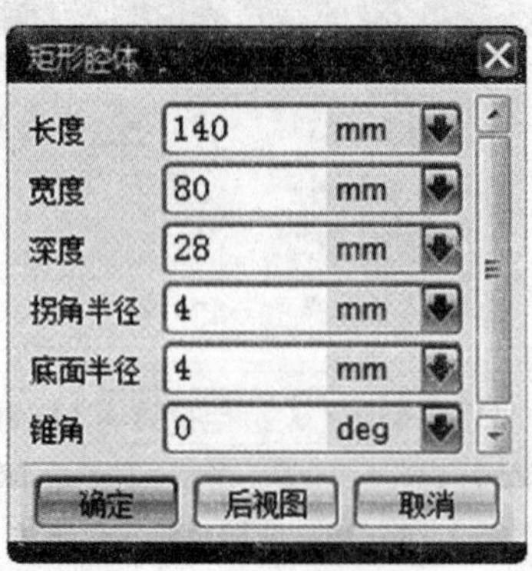

图 2-8-41 腔体参数

图 2-8-42 完成底面腔体创建

(9) 创建底部圆形凸台特征。

① 创建点。选择菜单"插入"→"基准/点"→"点",选择凸台轮廓上的圆,如图 2-8-43 所示,创建点。

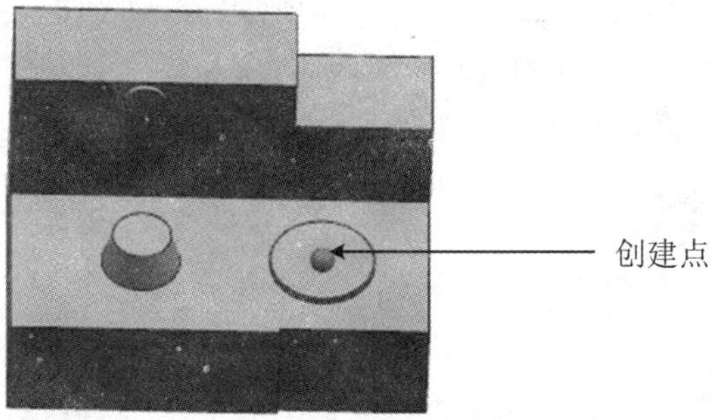

图 2-8-43 创建点

② 创建凸台。选择菜单"插入"→"设计特征"→"凸台",弹出如图 2-8-44 所示"凸台"对话框,选择底部腔体底面为放置面,输入直径:24;高度:3。单击对话框中的"确定"按钮,弹出如图 2-8-45 所示"定位"对话框,选择"点落在点上"按钮,如图 2-8-46 所示,选择上一步创建的点。创建后的圆台特征如图 2-8-47 所示。

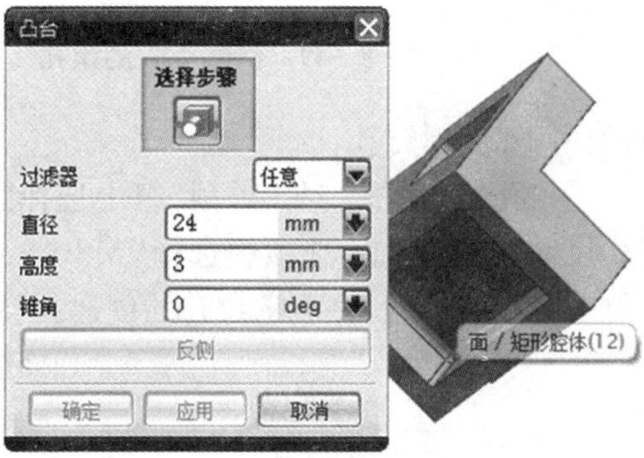

图 2-3-44 "凸台"对话框

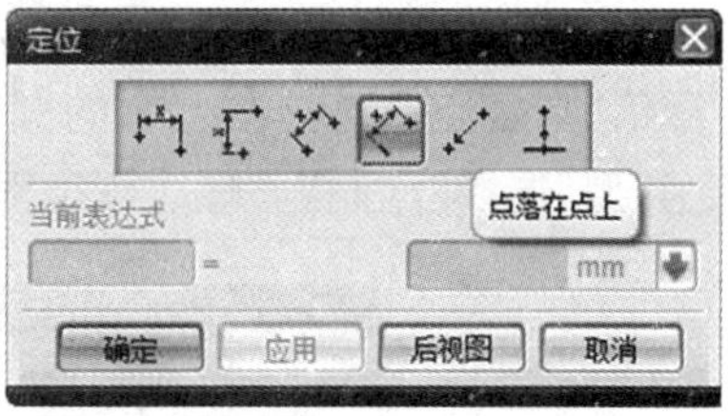

图 2-8-45 "定位"对话框

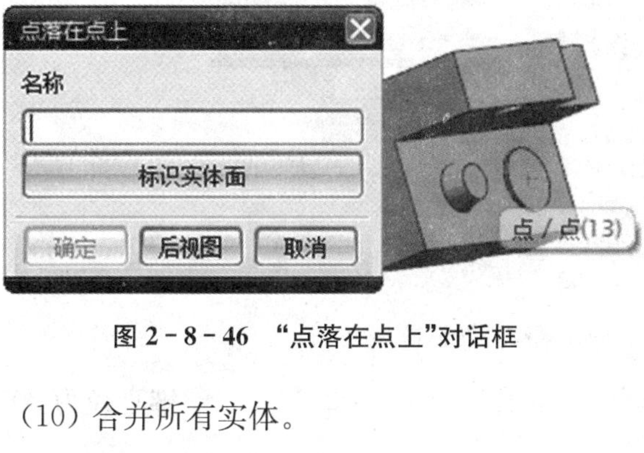

图 2-8-46 "点落在点上"对话框

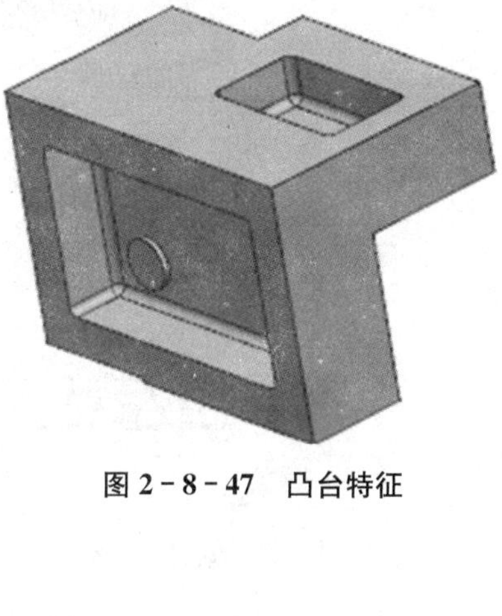

图 2-8-47 凸台特征

(10) 合并所有实体。

选择菜单“插入”→“组合”→“求和”，弹出“求和”对话框，选择一个实体作为目标体，选择另一个实体作为工具体，执行两个实体的合并操作。按照该步骤合并所有实体。

(11) 创建各处螺钉孔、销孔。

① 创建凸台 1 的 Φ16 的销孔。

单击“孔”按钮，系统弹出如图 2－8－48 所示“孔”对话框，在“类型”组中选择“常规孔”，“指定点”选择凸台 1 的圆心，在“成形”选项中输入直径 16，在“深度限制”中选择“贯通体”，单击“确定”按钮，完成后的孔特征如图 2－8－49 所示。

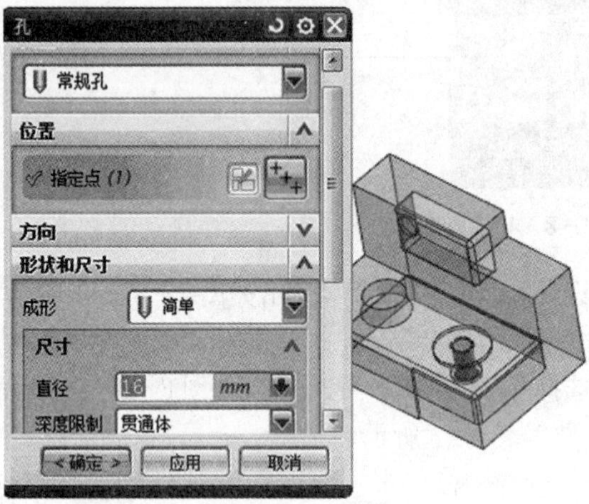

图 2－8－48 “孔”对话框

图 2－8－49 创建 Φ16 的销孔

② 创建凸台 2 上的 M8 螺钉孔和锥形凸台上的 M22 螺钉孔。

单击“孔”按钮，系统弹出如图 2－8－50 所示“孔”对话框。在“类型”组中选择“螺纹孔”；激活“指定点”，选择凸台 2 的圆心；在“螺纹尺寸”组 “大小”选项中选择“M8 * 1.25”，“深度类型”选择“定制”，“螺纹深度”输入 15。单击“确定”按钮，完成螺纹孔的创建。

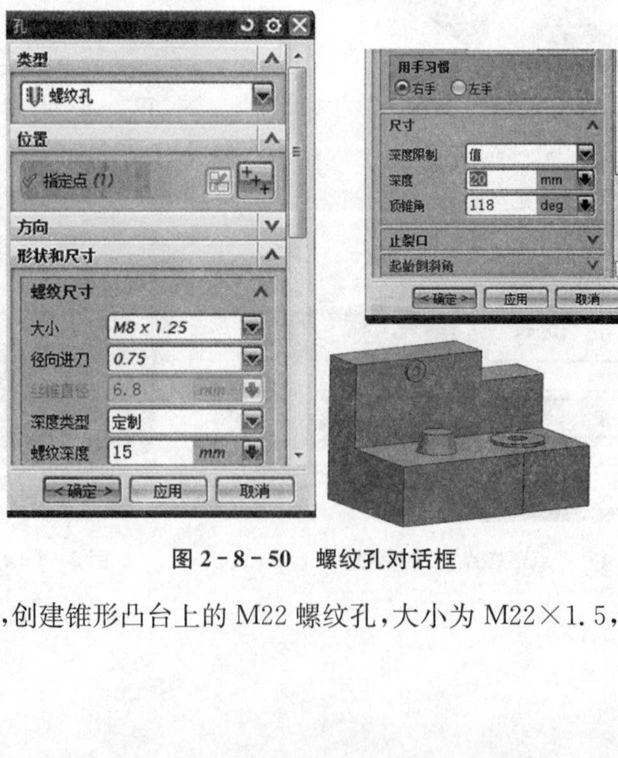

图 2－8－50 螺纹孔对话框

按照相同方法，创建锥形凸台上的 M22 螺纹孔，大小为 M22×1.5，丝锥直径为 20.917

mm,如图 2－8－51 所示。

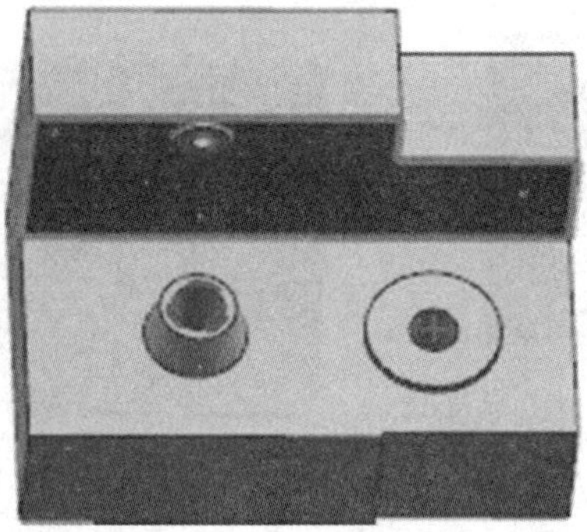

图 2－8－51　创建 M22 的螺纹孔

③ 创建固定 Φ10 钻模板的 M8 螺钉孔。

1) 选择顶面作为草图面,绘制固定 Φ10 钻模板螺钉孔和定位销孔的位置布局草图,如图 2－8－52 所示。

2) 创建两处 M8 螺纹孔,螺纹底孔直径 7.188 mm。一个 M8 螺纹孔为通孔,螺纹长度与孔深相同。另一个 M8 螺纹孔的底孔深度 30,螺纹深度 24。如图 2－8－53 所示。

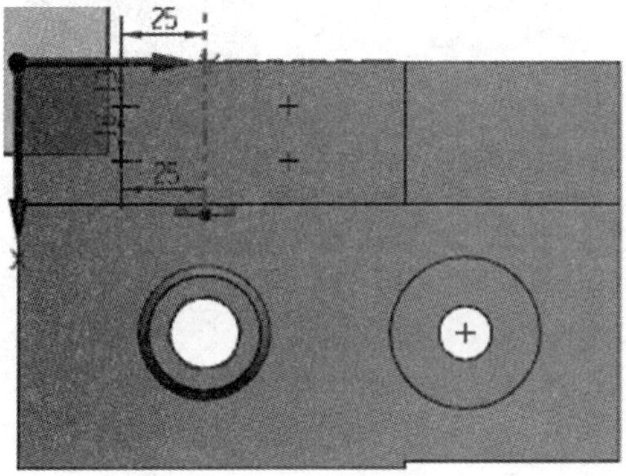

图 2－8－52　创建"孔"特征布局草图

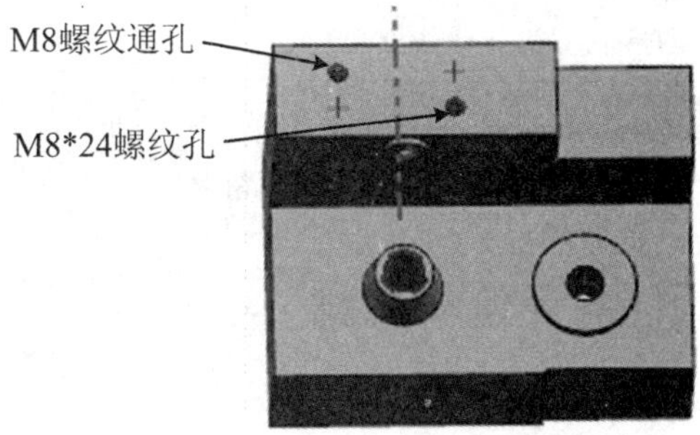

图 2－8－53　螺纹孔

④ 创建固定 Φ13 钻模板的螺钉孔。

1) 选择顶面作为草图绘制平面,绘制固定 Φ13 钻模板螺钉孔和定位销孔的位置布局草图,如图 2－8－54 所示。

2) 创建两处 M8 螺纹孔,螺纹底孔直径 7.188 mm。一个 M8 螺纹孔为通孔,螺纹长度与孔深相同。另一个 M8 螺纹孔的底孔深度 30,螺纹深度 24。如图 2－8－55 所示。

(12) 建立夹具体上各处轮廓的圆角。

① 对轮廓边进行倒圆角 R5。如图 2－8－56 所示,选择菜单"插入"→"细节特征"→"边倒圆"命令,弹出"边倒圆"对话框,选择 6 处实体轮廓边,设置半径:5 mm。

② 对轮廓边进行倒圆角 R3。如图 2－8－57 所示,选择菜单"插入"→"细节特征"→"边倒圆"命令,弹出"边倒圆"对话框,选择 3 处实体轮廓边,设置半径:3 mm。

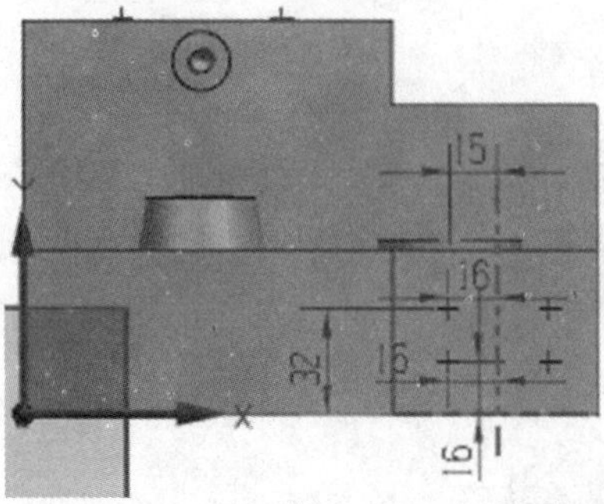

图 2-8-54　创建“孔”特征布局草图

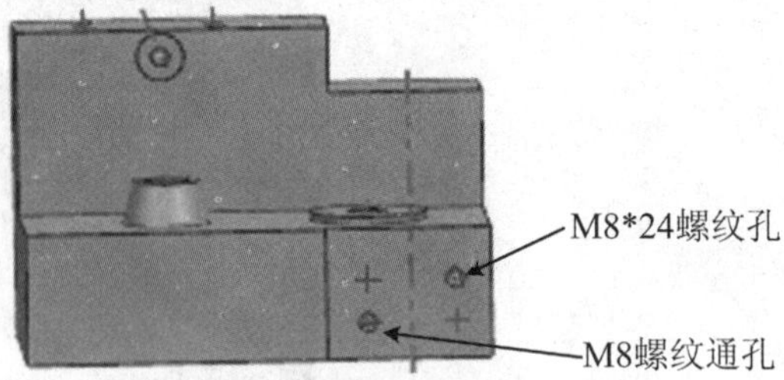

图 2-8-55　螺纹孔

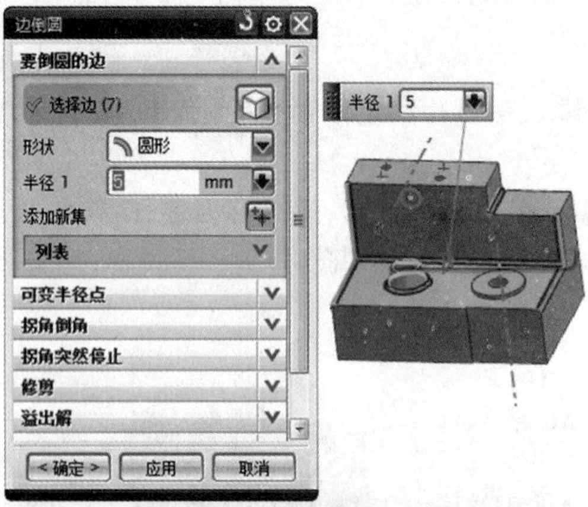

图 2-8-56　倒圆角 R5

图 2-8-57　倒圆角 R3

任务评价与总结

一、任务评价

任务评价按表 2-8-1 所示进行。

表 2-8-1　任务评价表

评价项目	配分	得分
一、成果评价：60%		
三维模型尺寸的正确性	30	
零件建模方案的合理性	10	
特征参数选择与设置的合理性	15	
部件导航器中是否有错误或冗余特征	5	
二、自我评价：15%		
学习活动的目的性	3	
是否独立寻求解决问题的方法	5	
造型方案、方法的正确性	3	

续表

评价项目	配分	得分
团队合作氛围	2	
个人在团队中的作用	2	
三、教师评价:25%		
工作态度是否端正	10	
工作量是否饱满	3	
工作难度是否适当	2	
软件使用熟练程度	5	
自主学习	5	
总分		

二、任务总结

(1) 零件上同样的几何结构,在 Siemens NX 8.0 中可以采用多种类型的特征创建。例如,夹具体中的锥形台可以直接采用圆锥特征命令创建,也可以用凸台特征命令创建带锥角的凸台实现;孔特征可以采用拉伸切除材料的方法实现,也可以直接用孔命令创建。

(2) 夹具体建模过程中,很多特征(例如凸台、腔体等特征)的创建都用到了定位操作。

(3) 在创建螺纹时,有“详细”和“符号”两种类型,两者的主要差别是“详细”螺纹类型在计算机运行时占用内存大,导致运行速度变慢,所以螺纹类型的选择要视情况而定。

(4) 创建圆台上的孔时,为了让孔通过底部腔体的凸台平面,需要事先将底部凸台和圆台、夹具体拉伸特征合并。

任务拓展

一、相关知识与技能

1. 常规腔体

常规腔体与圆柱形腔体、矩形腔体相比更具有通用性,在形状和控制方面非常灵活。常规腔体的放置面可以选择曲面;可以自己定义底面,也可以选择曲面作底面;顶面与底面的形状可由指定的链接曲线来定义,还可以指定放置面或底面与其侧面的圆角半径。在“腔体”对话框中单击“常规” 按钮,系统将弹出如图 2-8-58 所示“常规腔体”对话框。对话框中的“选择步骤”组中主要包括以下选项:

(1) 放置面。该按钮用于选择常规腔体的放置面。常规腔体的顶面跟随放置面的轮廓,可选择一个或多个表面、一个基准平面或平面作为常规腔体的放置面。使用时至少应选择一个作为放置面。在选择多个面作为放置面时,各个面只能是实体或片体的表面,而且必须邻接。

(2) 放置面轮廓。该按钮用于定义放置面轮廓线,该线是用来描述常规腔体在放置面上顶面轮廓的曲线集。放置面轮廓曲线集必须是连续的。

(3) 底面。该按钮用于定义通用型腔的底面,也可以由放置面偏置而来。

(4) 底面轮廓曲线。该按钮用于定义通用型腔的底面轮廓线,可以从模型中选择曲线或边缘定义,也可通过转换放置轮廓线进行定义。

(5) 目标体。当目标体不是第一个放置面所在的实体或片体时,应选择该按钮指定放置通用型腔的目标实体。单击该按钮,在模型中选择需要的一个实体或片体即可。

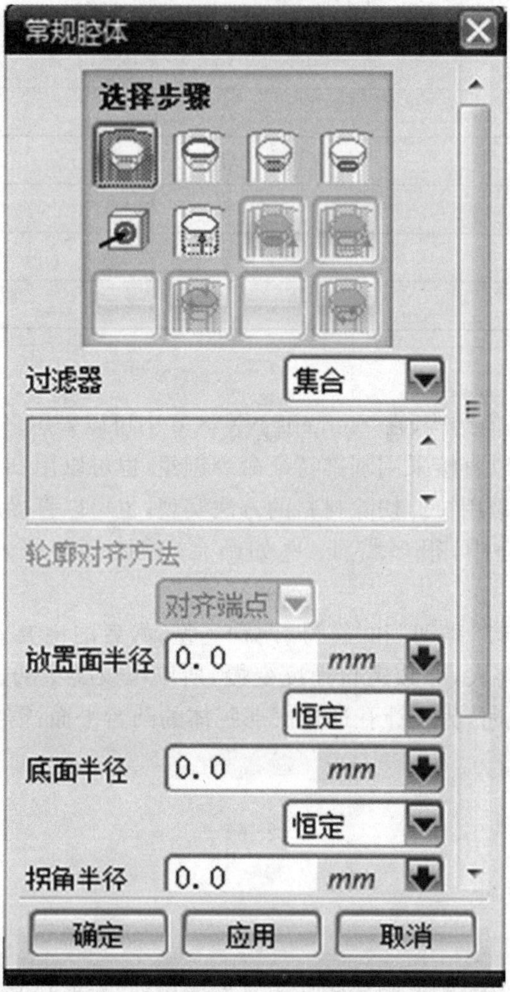

图 2-8-58 "常规腔体"对话框

2. 拔模类型

Siemens NX 8.0 的拔模类型包括从平面、从边、与多个面相切、至分型边等类型。

(1) 与多个面相切

"与多个面相切"拔模类型用于与拔模方向成拔模角度,对实体进行拔模,使拔模面相切于指定的实体表面。该类型适用于对相切表面拔模后要求仍然保持相切的情况。操作过程为:首先指定脱模方向,接着"选择相切面"按钮被激活,选择相切面后,即可设置拔模角度,同时"添加新集"按钮被激活,单击该按钮可进行下一次操作,如图 2-8-59 所示。

(2) 至分型边

“至分型边”拔模类型表示通过指定的实体分型面边缘拔模，用于从参考点所在平面开始，与拔模方向成拔模角度，沿指定的分割边缘对实体进行拔模。操作过程包括3个步骤：指定拔模方向(按钮)；选择固定表面(按钮)；选择参考边(按钮)，如图2-8-60所示。

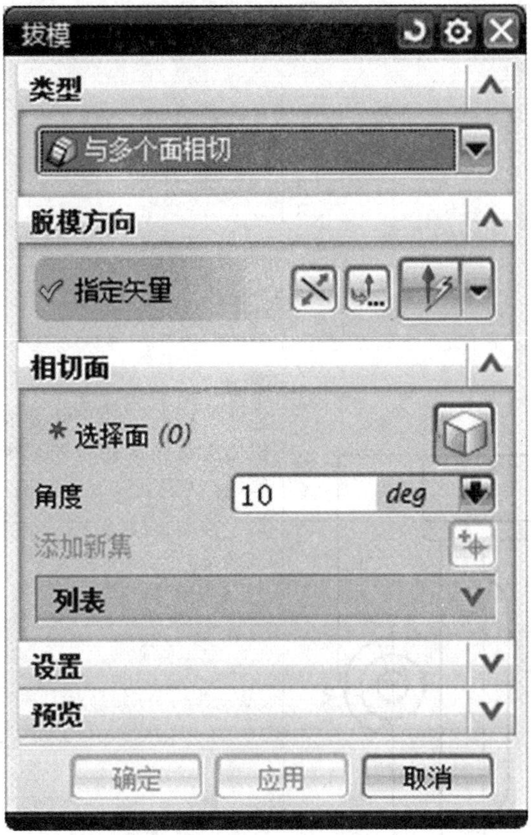

图2-8-59　与多个面相切拔模

图2-8-60　至分型边拔模

二、练习与提高

练习与提高内容如表2-8-2所示。

表 2-8-2

名称	机用虎钳固定钳身三维模型创建	难度	较难

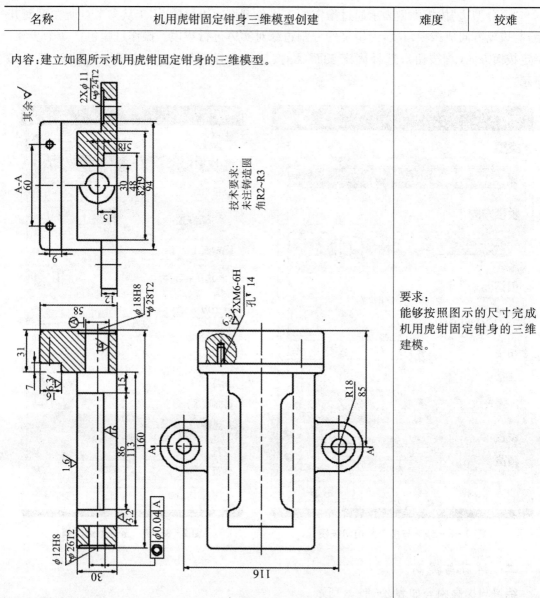

内容：建立如图所示机用虎钳固定钳身的三维模型。

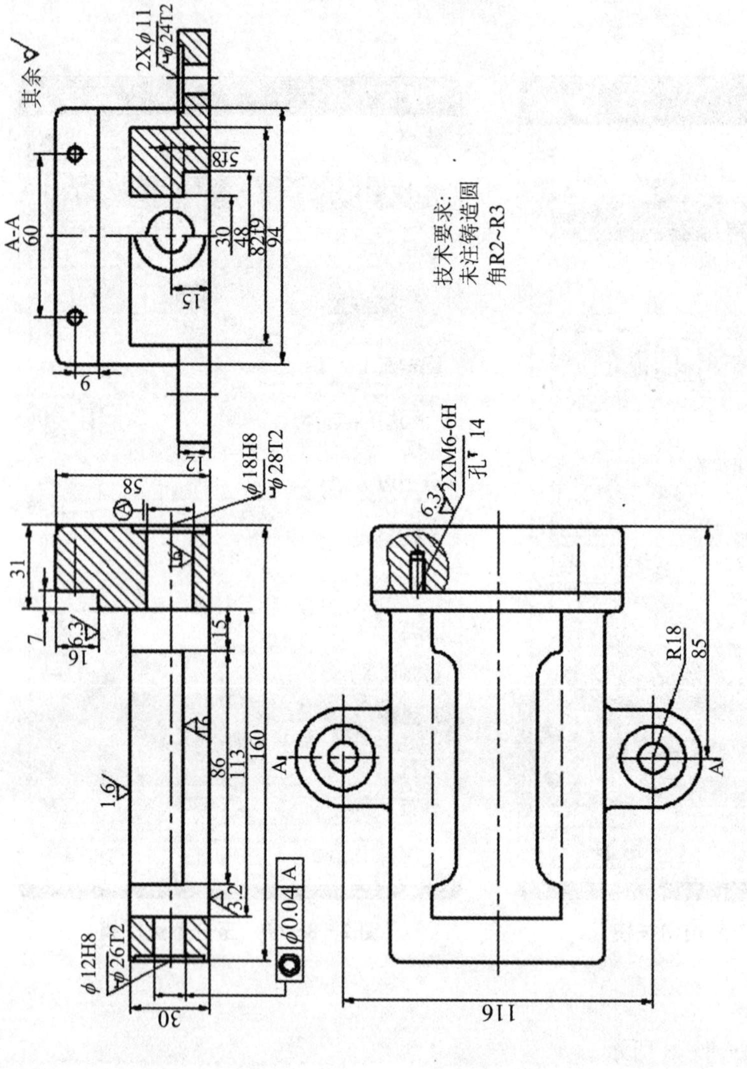

要求：
能够按照图示的尺寸完成机用虎钳固定钳身的三维建模。

项目三

杠杆臂钻模的虚拟装配

项 目 描 述

产品虚拟装配是基于产品的数字化实体模型，在计算机虚拟环境中，分析与验证产品的装配性能及工艺过程，从而提高产品的可装配性。在新产品开发、产品的维护以及操作培训方面具有独特的作用。Siemens NX 8.0 的装配模块可以提供虚拟装配中的装配约束处理、实时碰撞检测、装配路径与装配序列处理等功能，从而使得用户能够对产品的可装配性进行分析、对产品零部件装配序列进行验证和规划、对装配操作人员进行培训等。对于工艺装备设计来说，利用该模块可以验证机床夹具结构是否满足设计意图，并可以在机床夹具的装配环境中进行零部件的修改。

本项目包括利用 Siemens NX 8.0 装配模块完成钻模板虚拟装配和钻模虚拟装配两个任务。

学习目标

学习目标如表 3-1-1 所示。

表 3-1-1

序号	类别	目标
一	专业知识	(1) 理解 Siemens NX 8.0 装配导航器功能； (2) 掌握 Siemens NX 8.0 虚拟装配的流程； (3) 理解 Siemens NX 8.0 定义组件位置的各种装配约束； (4) 理解 Siemens NX 8.0 组件阵列和镜像的功能； (5) 理解 Siemens NX 8.0 WAVE 几何链接器的作用； (6) 了解 Siemens NX 8.0 装配爆炸图。

续表

序号	类别	目标
二	专业技能	(1) 能够调用 Siemens NX 8.0 装配模块； (2) 能够熟练使用 Siemens NX 8.0 装配约束、组件阵列和镜像建立中等复杂程度机床夹具的装配模型； (3) 能够在装配环境中对零部件结构进行修改，并使用 WAVE 几何链接器建立零部件之间的结构关联关系； (4) 能够建立装配模型的爆炸视图； (5) 通过查阅 Siemens NX 8.0 帮助文档、搜索相关学习论坛等途径获取 Siemens NX 8.0 虚拟装配的相关信息。
三	职业素养	(1) 培养沟通能力及团队协作精神； (2) 培养通过网络等工具主动获取和处理信息的能力； (3) 培养发现问题、分析问题、解决问题的能力。

工作任务

任务一　杠杆臂钻模板的虚拟装配

任务情况如表 3-1-2 所示。

表 3-1-2

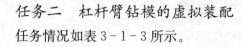

<table>
<tr><td>名称</td><td>杠杆臂 Φ10 孔钻模板和 Φ13 钻模板的虚拟装配</td><td>难度</td><td>低</td></tr>
<tr><td colspan="2">内容：根据下列钻模板爆炸视图，完成该钻模板的装配，并建立装配模型的爆炸图。
</td><td colspan="2">要求：
(1) 能够根据钻模板结构和功能特点，规划零件之间的相互位置关系；
(2) 能按照钻模板零部件结构关系，建立钻模板虚拟装配模型；
(3) 会在装配模型中修改零件并建立引用集。</td></tr>
</table>

任务二　杠杆臂钻模的虚拟装配

任务情况如表 3-1-3 所示。

表 3-1-3

<table>
<tr><td>名称</td><td>杠杆臂的钻模装配</td><td>难度</td><td>难</td></tr>
<tr><td colspan="2">内容:根据下列杠杆臂钻模的装配结构图示,完成该钻夹具的虚拟装配。
</td><td colspan="2">要求:
(1) 能够根据杠杆臂钻模结构和功能,规划零部件之间的相互位置关系;
(2) 能按照钻模零部件结构关系,建立杠杆臂钻模虚拟装配模型;
(3) 能够使用几何链接器,根据定位销建立夹具体和钻模板上的定位销孔;
(4) 会创建爆炸视图。</td></tr>
</table>

任务一　杠杆臂钻模板的虚拟装配

任务介绍

学习视频 3-1A　学习视频 3-1B

本次任务是使用 Siemens NX 8.0 完成杠杆臂钻模 Φ10 钻模板和 Φ13 钻模板的虚拟装配,如图 3-2-1 所示。学习者通过任务的实施,了解 Siemens NX 8.0 虚拟装配的使用流程和装配约束的使用。

(a) Φ10孔钻模板部件装配　　(b) Φ13孔钻模板部件装配

图 3-2-1　杠杆臂钻模板

相关知识

一、Siemens NX 8.0 虚拟装配功能简介

Siemens NX 8.0 虚拟装配是在装配应用模块中，按照一定顺序引入需要装配的对象，并确定装配对象在装配体中的位置，从而建立产品的虚拟装配模型，并可以对装配模型进行干涉检查等操作，以确定装配性能。在装配中，引入的装配对象可以是一个零件文件、子装配文件，并且装配的几何体是被装配引用，而不是复制到装配中。装配部件是由零件和子装配构成的部件。整个装配部件保持关联性，如果某零件修改，则引用它的装配部件自动更新，反映部件结构的最新变化。

Siemens NX 8.0 装配模块不仅能在虚拟环境下快速建立零部件之间的位置关系，而且可在装配中参照其他部件进行部件关联设计，并可对装配模型进行间隙分析、重量管理等操作。装配模型生成后，可建立爆炸视图，并可将其引入到装配工程图中；同时，在装配工程图中，可自动产生装配明细表。因此，使用虚拟装配功能，可以提高设计的准确性，缩短产品开发周期。

二、Siemens NX 8.0 中装配模块的调用

在 Siemens NX 8.0 中，选择工具栏“开始”→“装配”，即可调用 Siemens NX 8.0 装配模块，如图 3-2-2 所示，此时系统会显示“装配”工具条。

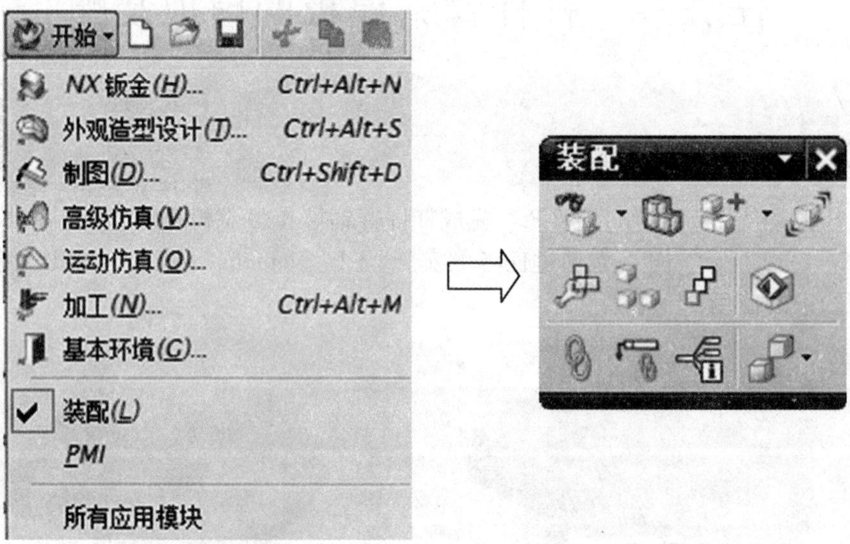

图 3-2-2　Siemens NX 8.0 装配模块调用及“装配”工具条

三、装配导航器

Siemens NX 8.0 装配导航器用来显示装配结构，又被称为装配树。在装配导航器中，装配树形结构的每个组件或子装配体作为一个节点显示。它能清楚反映装配中各个组件的装配关系，而且能让用户快速便捷地选取和操作各个部件。杠杆臂钻模装配导航器展开后如图 3-2-3(a)所示，从整个装配导航器中可以观察到钻模的所有零部件组成，并且可以观察到零部件之间的内在联系。

在 Siemens NX 8.0 中，允许向任何一个 part 文件中添加部件构成装配，因此任何一个 part 文件都可以作为装配部件。在 Siemens NX 8.0 中，零件和部件不必严格区分。需要注意的是，当存储一个装配时，各部件的实际几何数据并不是存储在装配部件文件中，而是存储在相应的部件（即零件文件）中，装配部件中只是保持了对零件文件的引用关系。例如 zuanmoban13_asm 和 zuanmoban10_asm 是部件装配，其中 zuanmoban13_asm 包含钻模板(zuanmoban_D13)、钻套(zuantao_D13)、螺钉(luodingM8)三个零件。zuanmo 是杠杆臂钻模夹具的装配文件，包含了 zuanmoban13_asm 和 zuanmoban10_asm 两个子装配文件。

可以将子装配的装配文件名前的“+”号用鼠标单击展开，这时子装配名称前的符号会变为“－”号；也可以单击“－”号使其折叠起来，这样可以简化装配导航器的显示。子装配是在高一级装配中被用作组件的装配，子装配也可以拥有自己的组件。子装配是一个相对的概念，任何一个装配部件可在更高级装配中用作子装配。

可以双击或右键单击导航器中的某一部件或零件，使其变为“工作部件”，在装配环境下对其进行建模修改操作，如图 3－2－3(b)所示。

(a) 装配导航器　　(b) 装配导航器快捷菜单

图 3－2－3　装配导航器

四、组件定位

组件在装配体中被添加时，需要选择定位方式。用户可以采用如图 3－2－4 所示的四种方式确定组件在装配空间中的位置。

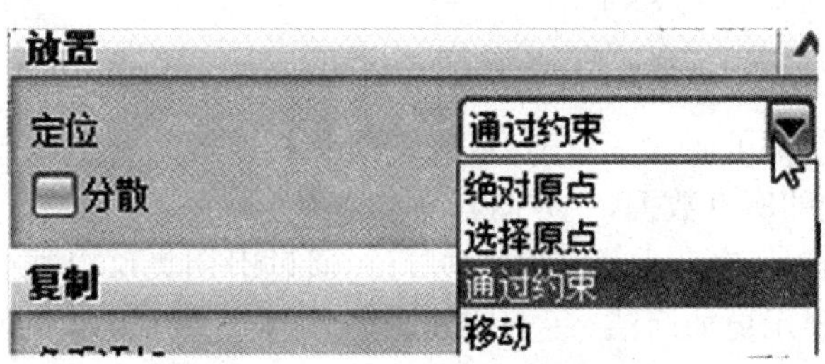

图 3－2－4　添加现有组件对话框

绝对原点:组件的坐标系和装配空间的坐标系重合。

选择原点:将组件的坐标系原点放置到装配空间中的选定点。

通过约束:选择 Siemens NX 8.0 提供的装配约束类型,建立组件和已装配组件之间的关联关系。

Siemens NX 8.0 虚拟装配的主要方法是使用装配约束,定义组件在装配空间中的位置。其中装配约束的类型如表 3-2-1 所示。

表 3-2-1　装配约束的类型

序号	装配约束类型	图表	作用
1	接触对齐		约束两个组件,使它们彼此接触或对齐
2	同心		约束两个组件的圆形边或椭圆形边,以使中心重合,并使边的平面共面
3	距离		指定两个对象之间的最小 3D 距离
4	固定		将组件固定在其当前位置上
5	平行		将两个对象的方向矢量定义为相互平行
6	垂直		将两个对象的方向矢量定义为相互垂直
7	拟合		将半径相等的两个圆柱面结合在一起。此约束对确定孔中销或螺栓的位置很有用
8	胶合		将组件"焊接"在一起,使它们作为刚体移动
9	中心		使一对对象之间的一个或两个对象居中,或使一对对象沿另一个对象居中
10	角度		定义两个对象间的角度尺寸

移动:在装配空间确定组件的坐标原点后,使用手柄拖动、旋转等操作方式将组件移动到需要的位置上。

五、Siemens NX 8.0 装配的一般步骤和部件管理

在对实体零部件的装配中,一般步骤是先装配主要部件,后装配次要和小的部件。在装配比较大的整机组件时,可以考虑先装配好部分组件,将其作为子装配,到总装时直接调入装配即可。在装配时,出现占用内存较大的零部件,可以使用引用空集等方法。

对零部件的管理,需要有计划和条理。Siemens NX 8.0 的虚拟装配只是对零部件进行有效的链接,不是真正地把零部件直接拷贝在装配文件中,所以装配文件虽然也是"*.prt"格式,但是只是做了个链接而已。零部件和装配的保存路径很重要,最简单的方式就是将装配文件和零部件放在同一个文件夹中。

六、引用集

在装配中,各部件都可能含有草图、基准平面及其他辅助图形数据,如果在装配空间中显示各部件和子装配的所有数据,一方面容易混淆图形,另一方面由于引用零部件的所有数据,需要占用大量内存,不利于装配工作的进行。通过引用集可以减少这类混淆,提高系统的运行效率,让图形显示更加简洁。引用集是用户在零部件中定义的部分几何对象,它代表零件或子装配中对象的命名集合。引用集可包含下列数据:零部件名称、原点、方向、几何体、坐标系、基准轴、基准平面和属性等。引用集一旦产生,就可以单独装配到部件中。一个

零部件可以有多个引用集。每个零部件在创建时，Siemens NX 8.0 都会自动创建若干缺省的引用集，其中部分常用的缺省引用集如下。

(1) 整个部件：该引用集表示整个部件，即引用部件的全部几何数据。在添加部件到装配中时，如果不选择其他引用集，缺省是使用该引用集。

(2) 空：该缺省引用集不含任何几何对象。当部件以空的引用集形式添加到装配中时，在装配中看不到该部件。如果部件几何对象不需要在装配模型中显示，可使用空的引用集，以提高显示速度。

(3) 模型引用集：包含实际模型几何体，这些几何体包括实体、片体、轻量级表示、非关联表示，不包括基准和曲线。

如图 3-2-5 所示，增加组件时，在系统的“添加组件”对话框中可以选择需要的引用集。

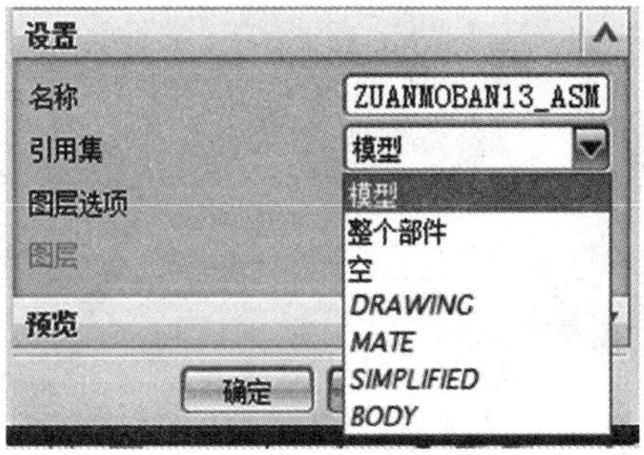

图 3-2-5　添加现有组件对话框

任务分析与计划

一、Φ10 孔钻模板部件装配的分析与计划

Φ10 钻模板部件由 2 个螺钉(文件名：luodingM8)、1 个钻模板(文件名：zuanmoban_D10)和 1 个固定式钻套(文件名：zuantao_D10)组成，装配方法较为简单。其中，钻模板与钻套的装配关系如图 3-2-6 所示，分别使用“中心”和“对齐”约束即可；2 个螺钉的装配，可以参考图 3-2-7 所示的关系进行。

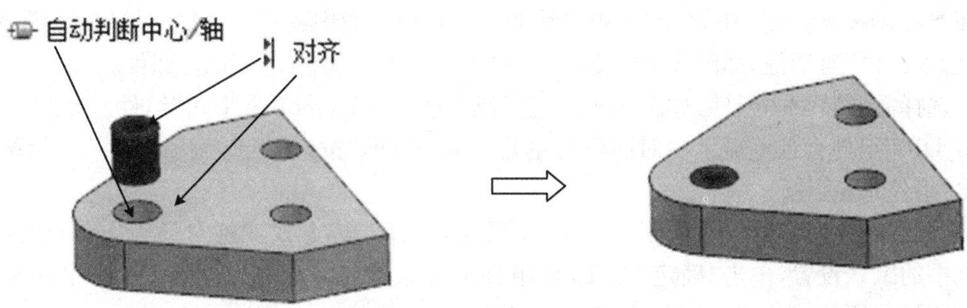

图 3-2-6　钻套的装配

二、Φ13 钻模板部件装配的分析与计划

Φ13 钻模板部件由 2 个螺钉(文件名：luodingM8)、1 个钻模板(文件名：zuanmoban_D13)和 1 个固定式钻套(文件名：zuantao_D13)组成，装配关系和步骤与 Φ10 钻模板类似，

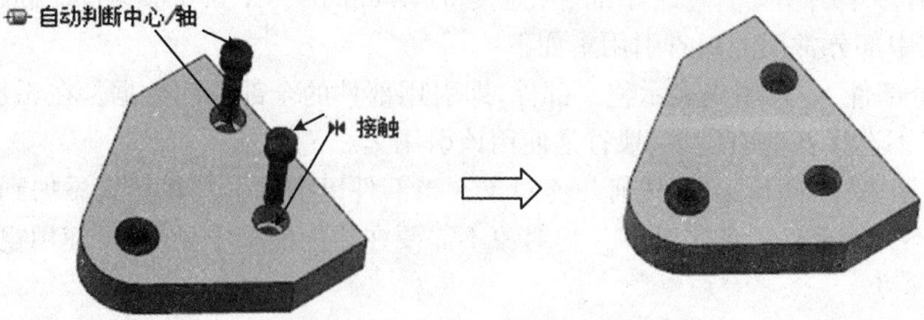

图 3-2-7 螺钉的装配

如图 3-2-8 所示，所采用的装配约束关系是“对齐”、“中心”和“配对”。

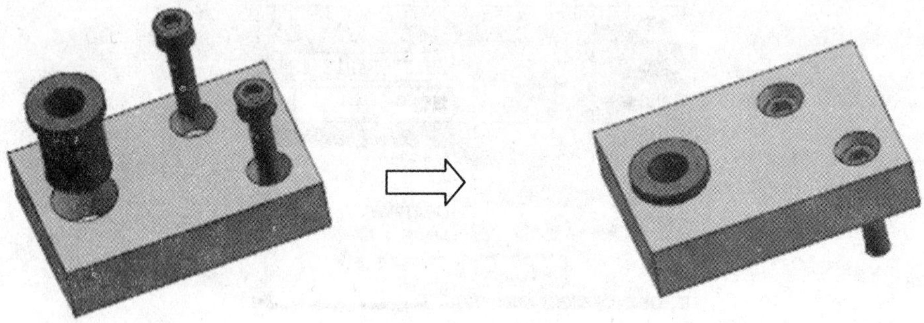

图 3-2-8 螺钉与钻套的装配

任务实施

一、Φ10 孔钻模板的装配

(1) 启动 Siemens NX 8.0 装配模块。

启动 Siemens NX 8.0 后，新建部件文件“zuanmoban10_asm”。把需要装配的零件文件“luodingM8”、“zuanmoban_D10”、“zuantao__D10”复制到新建部件文件所在的文件夹。

(2) 装配钻模板。

在 Siemens NX 8.0 中，装配模块自动加载在建模环境中，单击“添加组件”按钮，系统弹出“添加组件”对话框，如图 3-2-9 所示，单击“打开”按钮，会弹出“部件名”对话框，要求用户选择需要装配的组件，如图 3-2-10 所示，选择“zuanmoban_D10”组件。此时“zuanmoban_D10”组件会预览显示在对话框的左侧。单击“OK”按钮，回到“添加组件”对话框，同时弹出“组件预览” 框。

在“添加组件”对话框中，如图 3-2-11 所示，选择定位方式：“绝对原点”，其余保持该对话框中的默认设置，单击“确定”按钮，该组件坐标原点和装配坐标原点重合。装配后，装配导航器显示所装配的零件如图 3-2-12 所示。

(3) 装配钻套。

单击按钮，在出现的“添加组件”对话框中，单击“打开”按钮，系统弹出“部件名”对话框，选择“zuantao_D10”，单击“OK”按钮，系统回到“添加组件”对话框，设置“定位”方式为“通过约束”，单击“确定”按钮，弹出如图 3-2-13 所示的“装配约束”对话框。

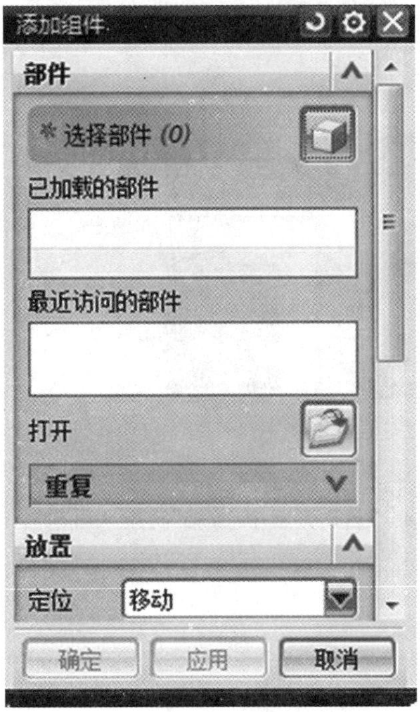

图 3-2-9 “添加组件”对话框

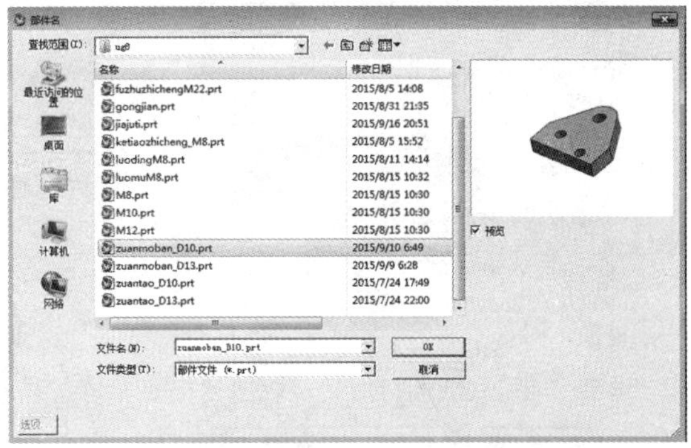

图 3-2-10 选择组件

图 3-2-11 定位方式

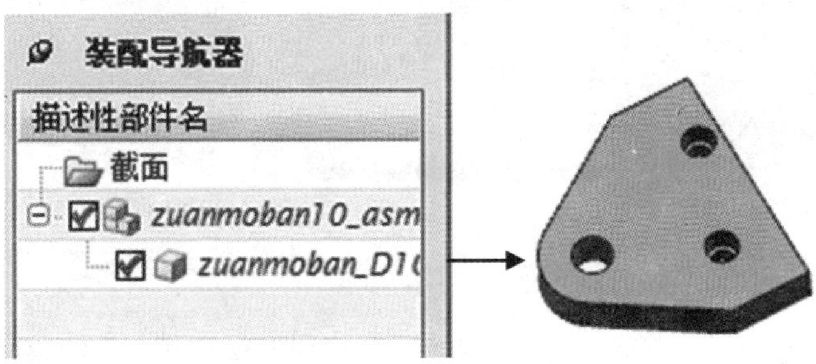

图 3-2-12 钻模板装配

在“类型”选项中选择“接触对齐”，在“方位”下拉列表框中选择“自动判断中心/轴”，在“组件预览”框中选择如图 3-2-14 所示的外圆柱面及钻模板内圆柱面，单击“装配约束”对话框中的“应用”按钮。

在“类型”选项中选择“接触对齐”，在“方位”下拉列表框中选择“对齐”，分别选择钻模板上表面和“组件预览”框中的钻套上表面，单击“装配约束”对话框中的“确定”按钮，完成钻套的装配，如图 3-2-15 所示。

(4) 装配螺钉。

参照步骤(3)，添加组件“luodingM8”。在“组件预览”框中，利用鼠标中键对“luodingM8”进行适当的旋转操作，以便于选择“luodingM8”头部下侧的平面。

在“类型”选项中选择“接触对齐”，在“方位”下拉列表框中选择“接触”，分别选择台阶孔的台阶平面和“组件预览”框螺钉头部下侧的平面，单击“装配约束”对话框中的“应用”按钮。

图 3-2-13　配对条件

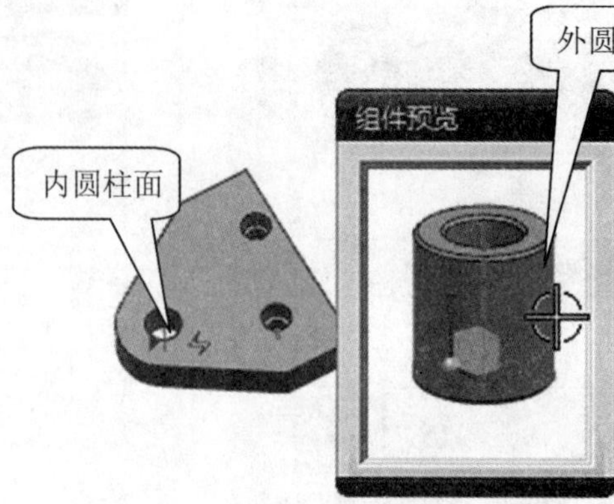

图 3-2-14　“自动判断中心/轴”约束

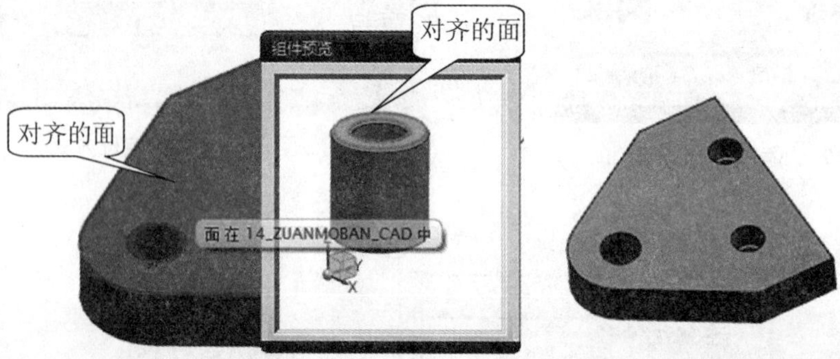

(a) 对齐　　(b) 装配后的位置图

图 3-2-15　钻套装配

在“类型”选项中选择“接触对齐”，在“方位”下拉列表框中选择“自动判断中心/轴”，选择如图 3-2-16 所示的“luodingM8” 外圆柱面和“zuanmoban_D10”台阶孔的内孔面，单击“装配约束”对话框中的“确定”按钮，完成钻套的装配。

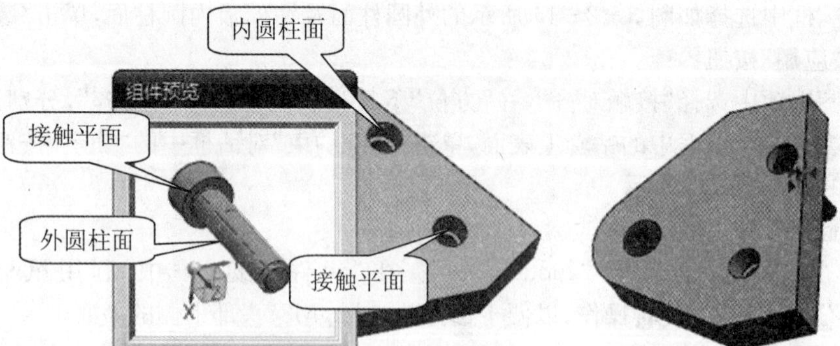

(a) 约束　　(b) 装配好的钻模板

图 3-2-16　螺钉装配

按照同样的方法装配如图 3－2－17 所示的螺钉。

图 3－2－17　装配第 2 只螺钉

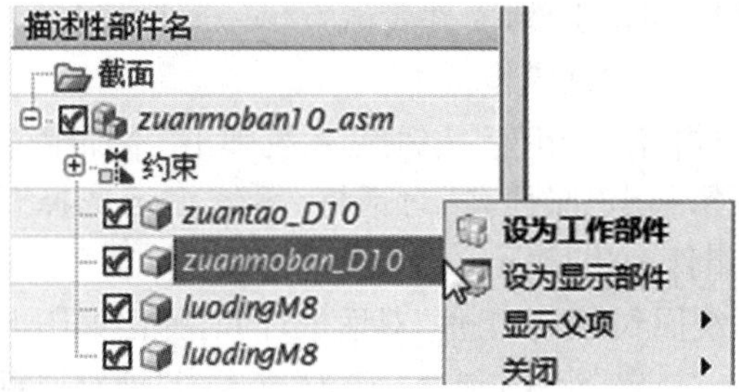

图 3－2－18　装配导航器

（5）修改零件。

从如图 3－2－18 所示的装配导航器中选择“zuanmoban_D10”，单击鼠标右键弹出快捷菜单，选择“使成为工作部件”（或双击“zuanmoban_D10”），则其他零件呈灰色显示，而零件“zuanmoban_D10”保持不变（黄色显示）。

① 创建两个基准轴。采用“点和方向”方式：点为草图点；方向通过选择钻模板上平面确定，完成后如图 3－2－19 所示。

② 创建两个基准面。采用“点和方向”方式：点为草图点；方向通过选择钻模板侧平面确定，完成后如图 3－2－19 所示。

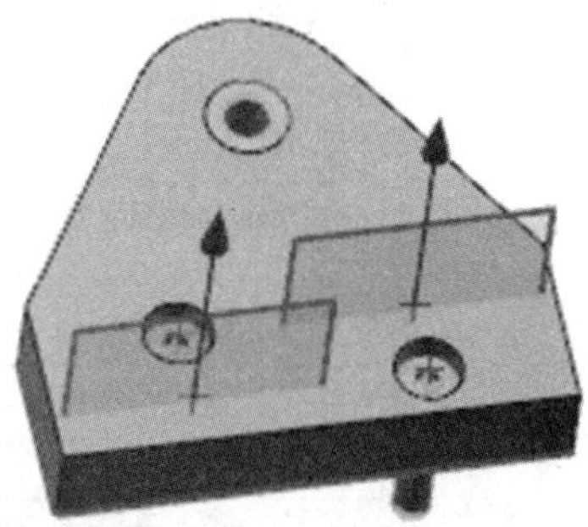

图 3－2－19　创建基准轴和基准面

③ 创建引用集。选择菜单“格式”→“引用集”，弹出“引用集”对话框，选择“添加新的引用集”图标□，弹出如图 3－2－20 所示的“引用集”对话框，选择实体、定位草图和上一步创建的两个基准轴及基准面作为引用集对象，引用集名称输入“dingweixiaocaotu”，单击“关闭”按钮。当再次调用引用集时，新创建的引用集 “dingweixiaocaotu”出现在 “引用集”对话框中。

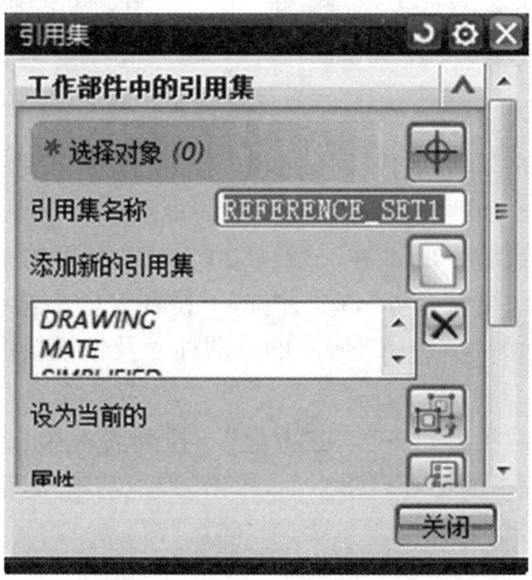

图 3－2－20　“引用集”对话框

二、Φ13 钻模板的装配

(1) 新建文件,文件名称为“zuanmoban13_asm”,进入装配应用模块。

(2) 装配钻模板。

单击“添加组件”按钮,系统弹出“添加组件”对话框,如图 3-2-21 所示,单击“打开”按钮,弹出“部件名”对话框,系统提示选择要添加到装配中的组件,选择“zuanmoban_D13”组件。此时“zuanmoban_D13”组件会预览显示在“部件名”对话框左侧,单击“OK”按钮,系统回到“添加组件”对话框,同时弹出如图 3-2-22 所示的“组件预览”框。

在“放置”组中,选择“定位”方式为“绝对原点”,将“zuanmoban_D13”组件添加到装配文件中,其余保持该对话框中的默认设置,单击“确定”按钮,该组件坐标原点和装配坐标原点重合。

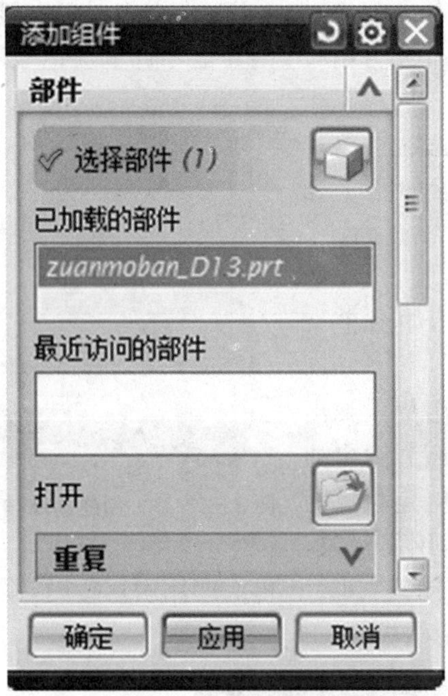

图 3-2-21 “添加组件”对话框

图3-2-22 “组件预览”对话框

(3) 装配钻套。

单击按钮,在出现的“添加组件”对话框中,单击“打开”按钮,弹出“部件名”对话框,选择“zuantao_D13”,单击“OK”按钮,系统回到“添加组件”对话框,设置“定位”方式为“通过约束”,单击“确定”按钮,系统弹出如图 3-2-23 所示的“装配约束”对话框。

在“类型”选项中选择“接触对齐”,在“方位”下拉列表框中选择“自动判断中心/轴”,在“组件预览”框中选择如图 3-2-24 所示的外圆柱面及钻模板内圆柱面,单击“装配约束”对话框中的“应用”按钮。

在“类型”选项中选择“接触对齐”,在“方位”下拉列表框中选择“接触”,分别选择钻模板平面和“组件预览”框中的钻套台阶平面,单击“装配约束”对话框中的“确定”按钮,完成钻套的装配,如图 3-2-25 所示。

图 3-2-23　配对条件

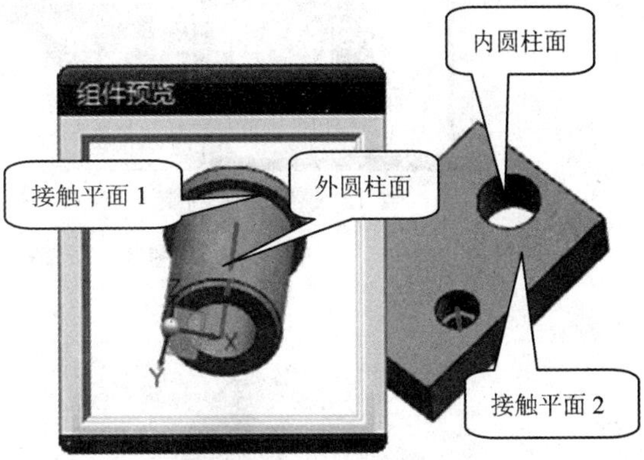

图 3-2-24　装配约束对象

图 3-2-25　装配后的钻套

(4) 装配螺钉。

参照步骤(3)的装配方法，添加组件“luodingM8”。在“组件预览”框中，利用鼠标中键对“luodingM8”进行适当的旋转操作，以便于选择“luodingM8”头部下侧的平面。

在“类型”选项中选择“接触对齐”，在“方位”下拉列表框中选择“ ⋈ 接触”，分别选择台阶孔的台阶平面和“组件预览”框螺钉头部下侧的平面，单击“装配约束”对话框中的“应用”按钮。

在“类型”选项中选择“接触对齐”，在“方位”下拉列表框中选择“自动判断中心/轴”，选择如图 3-2-26(a)所示的“luodingM8” 外圆柱面和“zuanmoban_D13”台阶孔的内孔面，单击“装配约束”对话框中的“确定”按钮，完成钻套的装配，如图 3-2-26(b)所示。

按照同样的方法装配如图 3-2-27 所示的螺钉。

(5) 修改零件。

从装配导航器中选择“zuanmoban_D13”，单击鼠标右键弹出快捷菜单，选择“使成为工作部件”(或双击“zuanmoban_D13”)，则其他零件呈灰色显示，而零件“zuanmoban_D13”保持不变(黄色显示)。

① 创建两个基准轴。采用“点和方向”方式：点为草图点；方向通过选择钻模板上平面确定，完成后如图 3-2-28 所示。

(a) 螺钉装配约束　　　　　　　　(b) 装配后的螺钉

图 3-2-26　螺钉装配

图 3-2-27　完成的螺钉装配

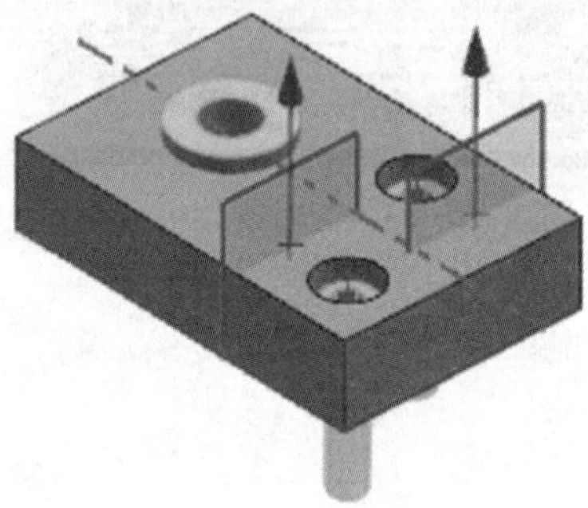

图 3-2-28　基准轴和基准面

② 创建两个基准面。采用“点和方向”方式：点为草图点；方向通过选择钻模板侧平面确定，完成后如图 3-2-28 所示。

③ 创建引用集。选择菜单“格式”→“引用集”，弹出“引用集”对话框，选择“添加新的引用集”图标□，弹出“引用集”对话框，选择实体、定位草图和上一步创建的两个基准轴及基准面作为引用集对象，引用集名称输入：dingweixiaocaotu，单击“关闭”按钮。当再次调用引用集时，新创建的引用集“dingweixiaocaotu”出现在如图 3-2-29 所示的“引用集”对话框中。

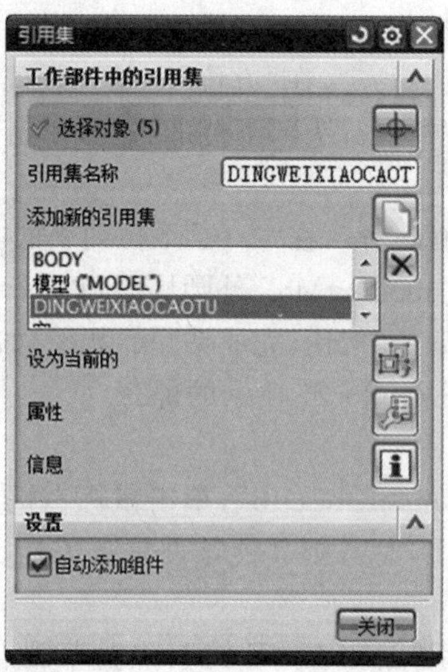

图 3-2-29　“引用集”对话框

任务评价与总结

一、任务评价

任务评价按表 3-2-1 进行。

表 3-2-1　任务评价表

评价项目	配分	得分
一、成果评价:60%		
虚拟装配约束的正确性	30	
虚拟装配方案的合理性	30	
二、自我评价:15%		
学习活动的目的性	3	
是否独立寻求解决问题的方法	5	
装配方案、方法的正确性	3	
团队合作氛围	2	
个人在团队中的作用	2	
三、教师评价:25%		
工作态度是否端正	10	
工作量是否饱满	3	
工作难度是否适当	2	
软件使用熟练程度	5	
自主学习	5	
总分		

二、任务总结

本次任务是对已有的零件进行虚拟装配,要求掌握虚拟装配的概念、方法和步骤。在虚拟装配时,需要详细明确组件在整个装配环境中的位置、约束的规划。虚拟装配可以实现如下功能:

(1) 建立装配约束,准确确定装配空间中各组件之间的关系。

(2) 虚拟装配后可以参照零组件之间的相对位置,对零部件进行修改与编辑。

(3) 可以利用装配间隙等分析工具,检查零部件之间是否有干涉,从而提高产品设计质量。

任务拓展

一、相关知识与技能

1. Siemens NX 虚拟装配设计

Siemens NX 虚拟装配设计有自底向上(Bottom-up)设计和自顶向下(Top-down)设计

两种方式。

自底向上(Bottom-up)设计是指在设计过程中，先设计单个零部件，在此基础上进行装配生成总体设计。这种装配建模需要设计人员给定配合零部件之间的配合约束关系，并且只有在进行装配时才能发现零部件设计是否合理，一旦发现问题，就要对零部件重新设计、装配，再发现问题再进行修改。

自顶向下(Top-down)设计是指在设计过程中，自上而下逐步细化设计过程。在装配环境中，先确定产品总体布局，再确定总体结构、部件结构直到部件零件，在设计中可以根据装配情况对零件进行详细的设计。产品的整体信息有明确的渠道传递至子部件中，并可以通过修改整体布局信息准确地完成产品设计变更。

2. 工作部件和显示部件

(1) 工作部件

工作部件是指用户正在创建或编辑的部件。如图 3-2-30 所示，如果需要改变当前图形窗口显示的工作部件，可以在装配导航器中选择一个组件或子装配，单击鼠标右键，从弹出的快捷菜单中选择“设为工作部件”，则选择的组件或子装配在装配导航器中的图标变为实体显示，其他组件图标变为线框显示，并且在图形窗口中，被选择为工作部件的组件颜色不变，其他组件颜色发生变化。

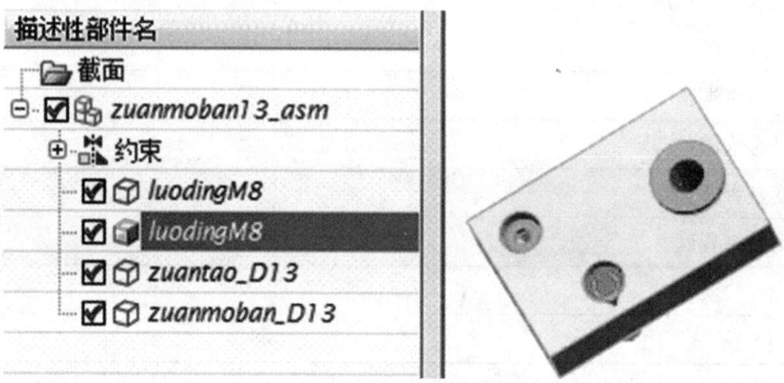

图 3-2-30 工作部件

(2) 显示部件

可以从装配导航器中选择一个组件或子装配，单击鼠标右键，在弹出的快捷菜单中选择“设为显示部件”，则图形窗口显示对象变为所选择的组件或子装配。

3. 约束导航器

虚拟装配中的装配约束用于确定装配模型中零件的相互位置关系，在 Siemens NX 8.0 中通过约束导航器显示、分析、组织和处理装配约束。

Siemens NX 6.0 及以前的版本使用配对条件指定两个组件之间的约束关系。例如，可指定一个组件的圆柱面与另一个组件的圆锥面共轴。

4. 移动组件

移动组件命令可在装配中移动并有选择地复制组件。可以选择并移动具有同一父项的多个组件。可以动态移动组件或创建约束，以便于将组件移动到位。默认情况下，可移动工作部件中的组件。

在“装配”工具条中，选择“移动组件”按钮，弹出如图 3-2-31 所示的“移动组件”对话框，在图形窗口中选择组件后，单击“指定方位”按钮，则在所选组件上出现移动手柄，可以拖动手柄移动或选择组件，但是移动组件的位置受已有装配约束的限制。

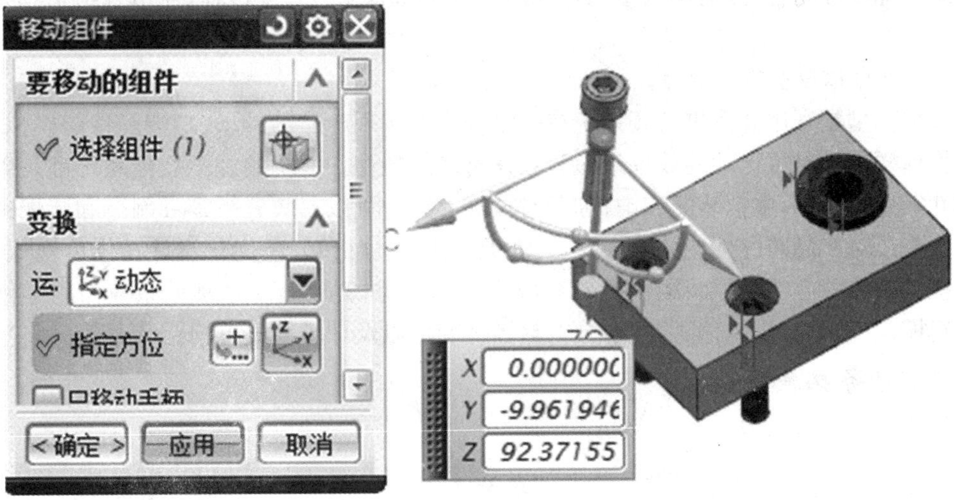

图 3-2-31 “移动组件”对话框

5. 虚拟装配(Virtual Assembly)概念

虚拟装配是产品数字化定义中的一个重要环节，在虚拟技术领域和仿真领域中得到了广泛的应用研究。通常有 2 种定义：

① 虚拟装配是一种零件模型按约束关系进行重新定位的过程，是有效分析产品设计合理性的一种手段。该定义强调虚拟装配技术是一种模型重新进行定位、分析的过程。

② 虚拟装配是根据产品设计的形状特性、精度特性，真实地模拟产品三维装配过程，并允许用户以交互方式控制产品的三维真实模拟装配过程，以检验产品的可装配性。

按照实现功能和目的的不同，目前针对虚拟装配的研究可以分为如下三类：以产品设计为中心的虚拟装配、以工艺规划为中心的虚拟装配和以虚拟原型为中心的虚拟装配。

(1) 以产品设计为中心的虚拟装配

此类虚拟装配是在产品设计过程中，为了更好地帮助进行与装配有关的设计决策，在虚拟环境下对计算机数据模型进行装配关系分析的一种计算机辅助设计技术。它结合面向装配设计(Design for Assembly，DFA)理论和方法，基本任务就是从设计原理方案出发在各种因素制约下寻求装配结构的最优解，由此拟定装配草图。它以产品可装配性的全面改善为目的，通过模拟试装和定量分析，找出零部件结构设计中不适合装配或装配性能不好的结构特征，进行设计修改。最终保证所设计的产品从技术角度来讲装配是合理可行的，从经济角度来讲尽可能降低产品总成本，同时还必须兼顾环保等社会因素。

(2) 以工艺规划为中心的虚拟装配

此类虚拟装配是针对产品的装配工艺设计问题，基于产品信息模型和装配资源模型，采用计算机仿真和虚拟现实技术进行产品的装配工艺设计，从而获得可行且较优的装配工艺方案，指导实际装配生产。根据涉及范围和层次的不同，又分为系统级装配规划和作业级装配规划。前者是装配生产的总体规划，主要包括市场需求、投资状况、生产规模、生产周期、资源分配、装配车间布置、装配生产线平衡等内容，是装配生产的纲领性文件。后者主要指装配作业与过程规划，主要包括装配顺序的规划、装配路径的规划、工艺路线的制定、操作空间的干涉验证、工艺卡片和文档的生成等内容。以工艺规划为中心的虚拟装配，以操作仿真的高逼真度为特色，主要体现在虚拟装配实施对象、操作过程以及所用的工装工具，均与生产实际情况高度吻合，因而可以生动直观地反映产品装配的真实过程，使仿真结果具有高可信度。

(3) *以虚拟原型为中心的虚拟装配*

虚拟原型是利用计算机仿真系统在一定程度上实现产品的外形、功能和性能模拟，以产生与物理样机具有可比性的效果来检验和评价产品特性。传统的虚拟装配系统都是以理想的刚性零件为基础，虚拟装配和虚拟原型技术的结合，可以有效分析零件制造和装配过程中的受力变形对产品装配性能的影响，为产品形状精度分析、公差优化设计提供可视化手段。以虚拟原型为中心的虚拟装配主要研究内容包括考虑切削力、变形和残余应力的零件制造过程建模，有限元分析与仿真，配合公差与零件变形以及计算结果可视化等方面。

二、任务拓展

任务拓展内容如表 3-2-2 所示。

表 3-2-2

<table>
<tr><td>名称</td><td>建立虎钳活动钳口部件装配</td><td>难度</td><td>低</td></tr>
<tr><td colspan="2">内容：根据虎钳活动钳口部件装配要求，完成虎钳护口铁、活动钳口、螺母等零件的装配。

虎钳活动钳口部件装配</td><td colspan="2">要求：
(1) 掌握 Siemens NX 8.0 装配模块的调用，熟悉装配导航器的操作；
(2) 掌握 Siemens NX 8.0 装配约束的使用。</td></tr>
</table>

任务二　杠杆臂钻模的虚拟装配

任务介绍

学习视频 3-2

本次任务是使用 Siemens NX 8.0 完成杠杆臂钻模的总体装配，如图 3-3-1 所示。学习者通过任务的实施，掌握 Siemens NX 8.0 装配模块中编辑组件和爆炸视图的使用。

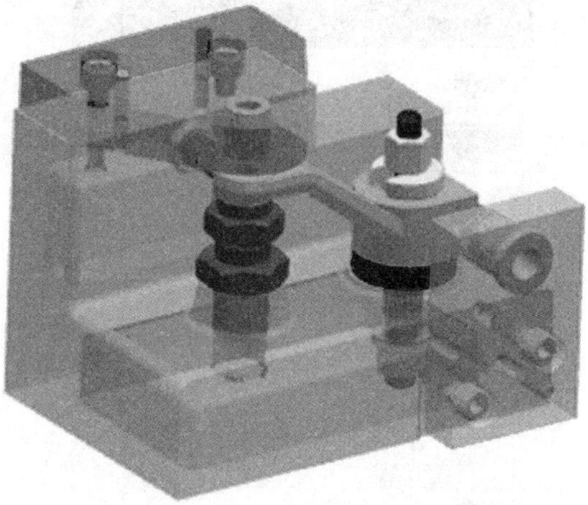

图 3-3-1　杠杆臂钻模装配模型

相关知识

一、WAVE 几何链接器

使用 WAVE 几何链接器可以实现组件之间几何体(点、线、面、体、边界、基准等)的关联性复制。一般来讲,关联性复制几何体可以在任意两个组件之间进行,可以是同级组件,也可以是上、下级组件之间。例如如图 3-3-2 所示的采用 WAVE 方法建立化油器垫片的例子。

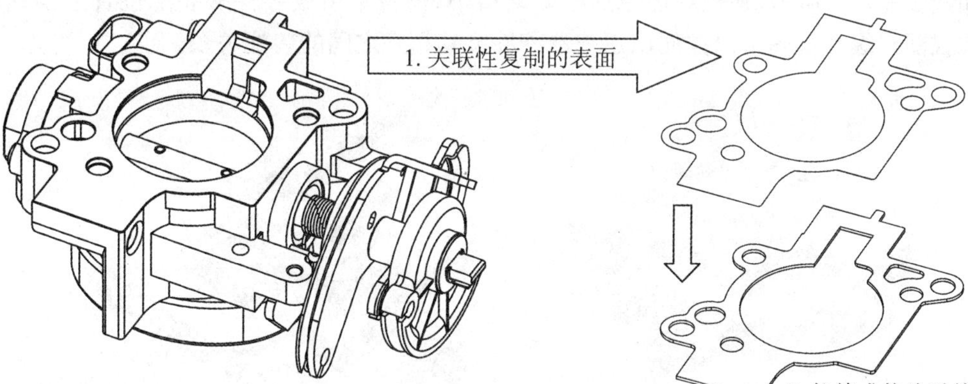

图 3-3-2　建立化油器垫片

在上面的例子中,建立化油器垫片的方法是:首先使用 WAVE 几何链接器,将化油器壳体上表面复制到垫片组件,再拉伸即可生成垫片零件。使用 WAVE 方法使得建模更加方便快捷。另外,当化油器壳体的尺寸、相应表面孔的大小位置改变时,垫片会自动更新,从而保证了两个零件参数的全相关。

选择菜单"插入"→"关联复制"→"WAVE 几何链接器",弹出如图 3-3-3 所示的"WAVE 几何链接器"对话框,在对话框中选择建立链接关系的几何类型。

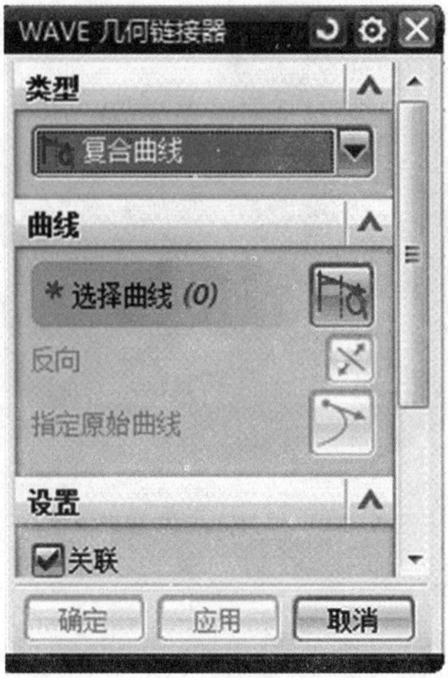

图 3-3-3 “WAVE 几何链接器”对话框

二、装配爆炸图

装配爆炸图是将装配模型中的组件按照装配关系偏移原来的位置而生成的图形，可以更加清楚地表示装配模型中各零部件及其相互关系，便于产品的装配和维修。

如图 3-3-4 所示，在机用虎钳的装配模型中，将各个组成零件从装配位置上偏移，形成爆炸视图。爆炸视图可以方便用户查看零件及其相互之间的装配关系。

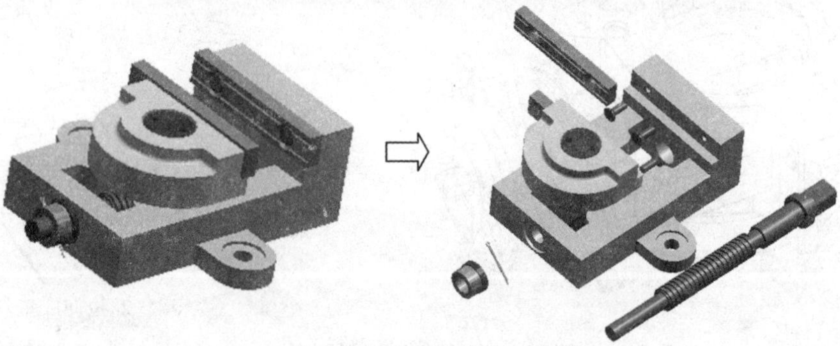

图 3-3-4 虎钳装配模型爆炸图

爆炸图在本质上也是一个视图，与其他用户定义的视图一样，一旦定义和命名就可以被添加到其他图形中。爆炸图与显示部件关联，并存储在显示部件中。用户可以在任何视图中显示爆炸图形，并对该图形进行任何的操作，该操作也将同时影响到非爆炸图中的组件。

单击菜单“装配”→“爆炸图”→“新建爆炸图”，系统会弹出如图 3-3-5 所示的对话框，可设置爆炸视图名称。

单击菜单“装配”→“爆炸图”→“自动爆炸组件”，系统会要求用户选择要爆炸的组件，选择好组件后，弹出如图 3-3-6 所示的“自动爆炸组件”对话框，输入零件爆炸距离，单击“确定”按钮，系统会自动将所选组件按照给定距离移动，形成如图 3－3－4 所示的爆炸图。

图 3－3－5 “新建爆炸图”对话框

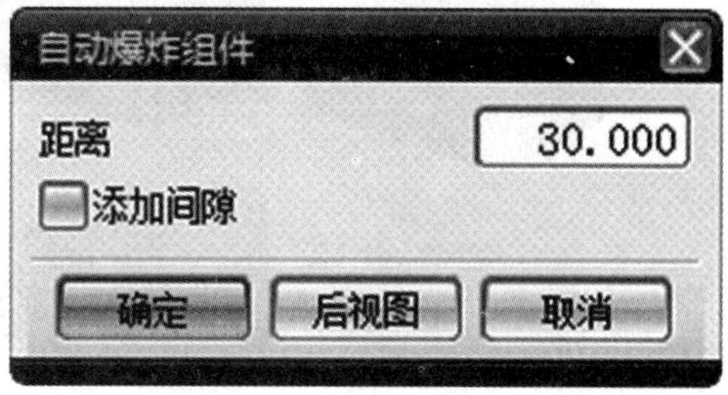

图 3－3－6 “自动爆炸组件”对话框

任务分析与计划

钻模主要由夹具体（文件名：jiajuti）、Φ10 钻模板装配（文件名：zuanmoban_D10）、Φ13 钻模板装配（文件名：zuanmoban_D13），在图中无具体显示的定位销（文件名：dinweixiao）、开口垫圈（文件名：kaikoudianquan）、辅助支承（文件名：fuzhuzhichengM22）、辅助支承螺母（文件名：fuzhuzhichengluomuM22）、可调支承（文件名：ketiaozhichengm8）、定位销（文件名：yuanzhuixiao）、杠杆臂零件（文件名：gongjian）等组成，如图 3－3－7 所示。

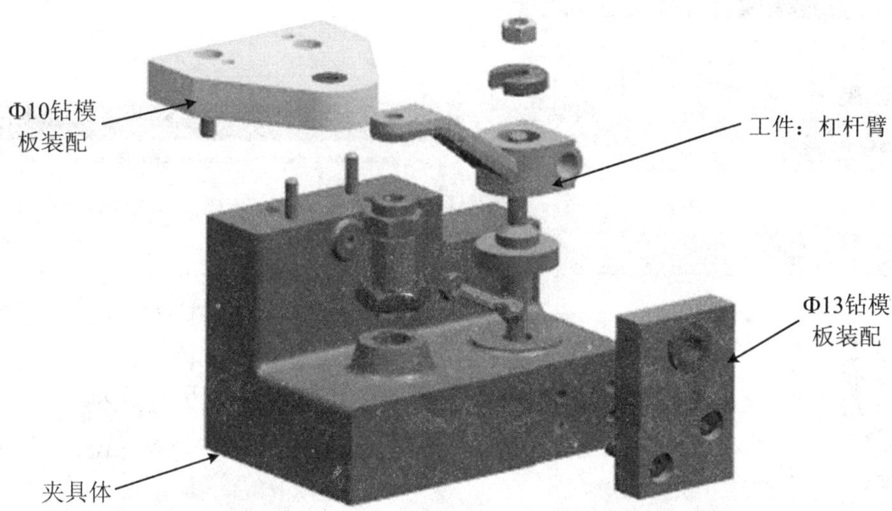

图 3－3－7 钻模装配模型的结构组成

该钻模的装配过程如图 3－3－8 所示。

任务实施

(1) 新建文件，文件名称为“gangganbizuanmo”，进入装配应用模块。

(2) 装配钻模板。

单击“添加组件”按钮，系统弹出如图 3－3－9 所示“添加组件”对话框，单击“打开”按钮，弹出“部件名”对话框，要求用户选择需要装配的组件，选择“jiajuti”组件，单击“OK”按钮，“jiajuti”组件就会显示在“组件预览”对话框中，如图 3－3－10 所示。

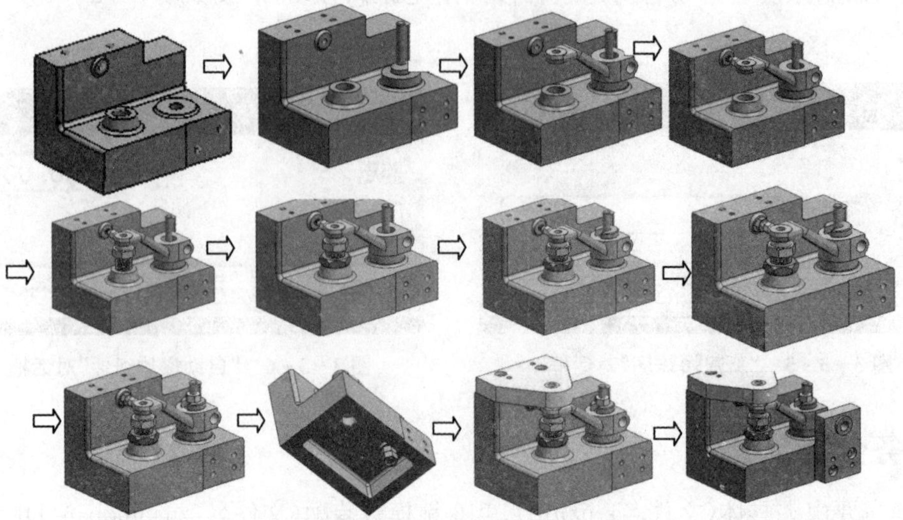

图 3-3-8　夹具装配体的装配

在“添加组件”对话框“放置”选项中，选择定位方式为“绝对原点”，单击“确定”按钮，该组件坐标原点和装配空间的坐标原点将重合放置。

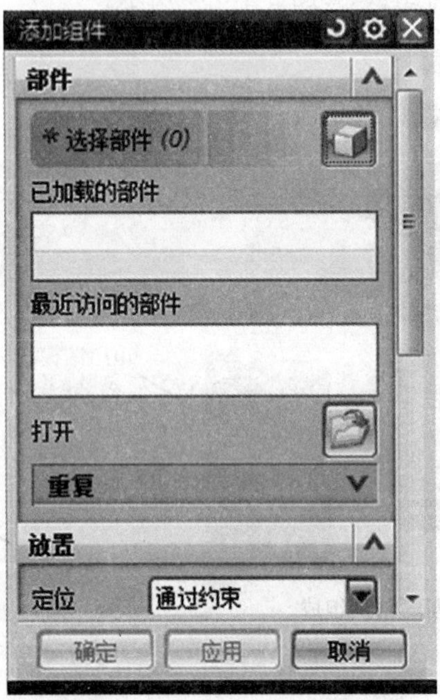

图 3-3-9　“添加组件”对话框

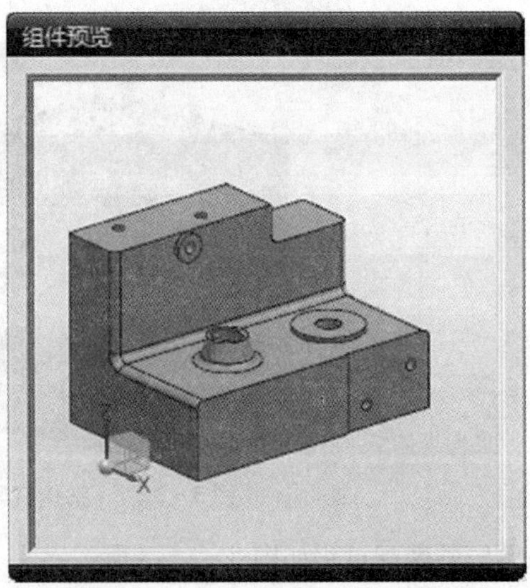

图 3-3-10　“组件预览”对话框

(3) 装配定位销组件。

单击“添加组件”按钮，在出现的“添加组件”对话框中，单击“打开”按钮，系统会弹出“部件名”对话框，选择“dinweixiao”，单击“OK”按钮。在“添加组件”对话框的“放置”组中，选择定位方式为“通过约束”，单击“确定”按钮，系统会弹出如图 3-2-11 所示的“装配约束”对话框。

在“类型”选项中选择“接触对齐”，在“方位”下拉列表框中选择“自动判断中心/轴”，在“组件预览”框中选择如图 3-3-12 所示的定位销外圆柱面及夹具体孔的内圆柱面，单击“装配约束”对话框中的“应用”按钮。

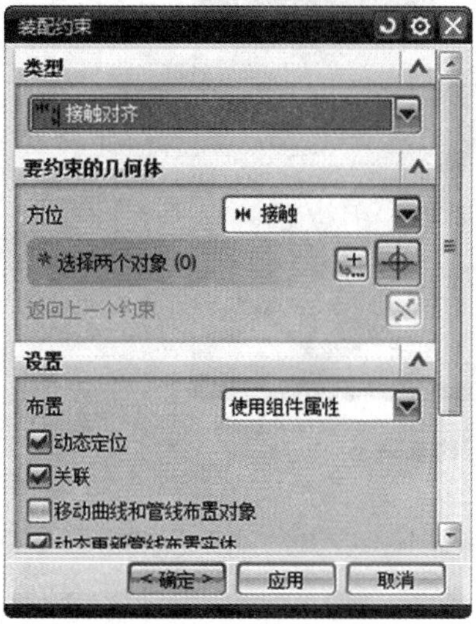

图 3-3-11　配对条件

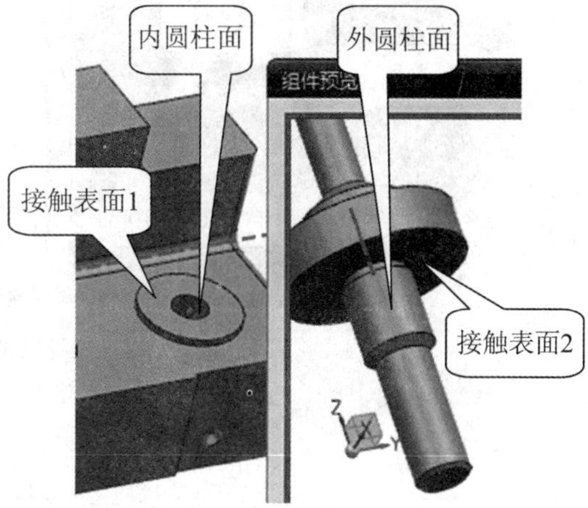

图 3-3-12　两个约束条件几何参照

在“类型”选项中选择“接触对齐”，在“方位”下拉列表框中选择“对齐”，分别选择夹具体凸台平面和“组件预览”框中的定位销平面，单击“装配约束”对话框中的“确定”按钮，完成定位销的装配，如图 3-3-13 所示。

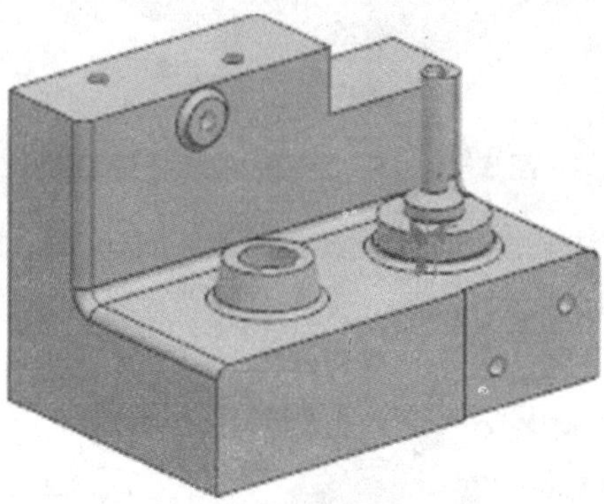

图 3-3-13　装配后的定位销

(4) 装配杠杆臂组件。

参照步骤(3)的装配方法，添加组件“gongjian”。其中：

在“类型”选项中选择“接触对齐”，在“方位”下拉列表框中选择“接触”，选择如图 3-3-14 所示的杠杆臂大端底部的平面，再选择定位销凸台台阶面，单击“应用”按钮。

在“类型”选项中选择“接触对齐”，在“方位”下拉列表框中选择“自动判断中心/轴”，分别选择杠杆臂大端和定位销的圆柱面，单击“应用”按钮。

在“类型”选项中选择“接触对齐”，在“方位”下拉列表框中选择“自动判断中心/轴”，分别选择杠杆臂和夹具体的圆孔面，单击“确定”按钮，即可完成组件杠杆臂的装配。

装配后的杠杆臂如图 3-3-15 所示。

(5) 装配可调支承组件。

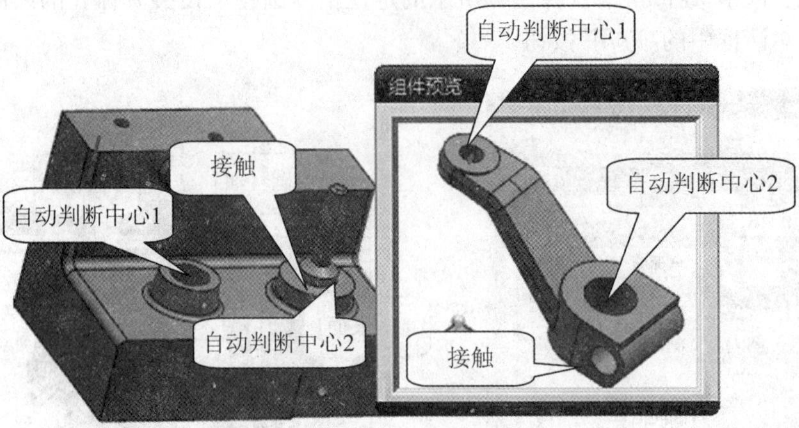

图 3-3-14　杠杆臂的装配约束关系

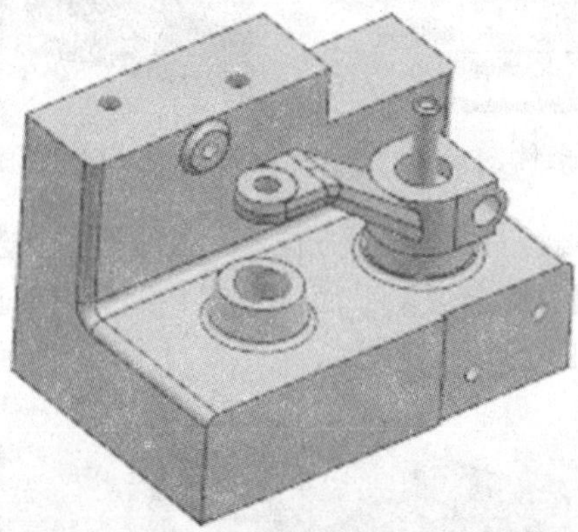

图 3-3-15　装配后的杠杆臂工件

参照步骤(4)的装配方法装配可调支承(文件名：ketiaozhicheng_M8)，具体选择的装配约束参照对象如图 3-3-16 所示。

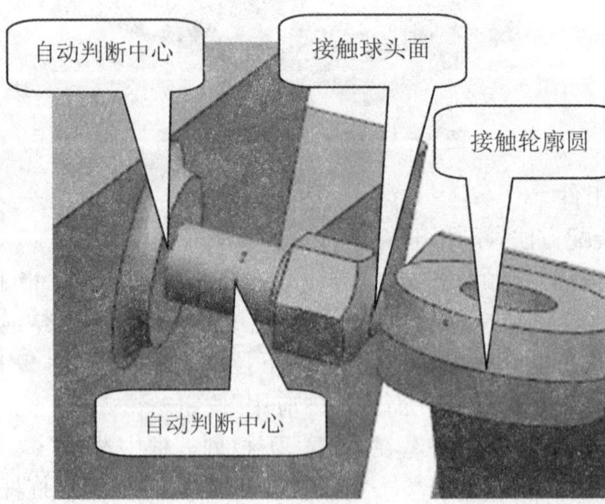

图 3-3-16　可调支承装配约束参照

"自动判断中心/轴"：可调支承外圆柱面、夹具体凸台内孔面。

"接触"：可调支承球头表面和杠杆臂小端轮廓圆。

(6) 装配辅助支承组件。

参照步骤(4)的装配过程装配辅助支承(文件名：fuzhuzhichengM22)，具体选择的装配约束参照对象如图 3-3-17 所示。

"自动判断中心/轴"：辅助支承外圆柱面、夹具体凸台内孔面。

"接触"：辅助支承球头表面和杠杆臂小端轮廓圆。

装配后的辅助支承组件如图 3-3-18 所示。

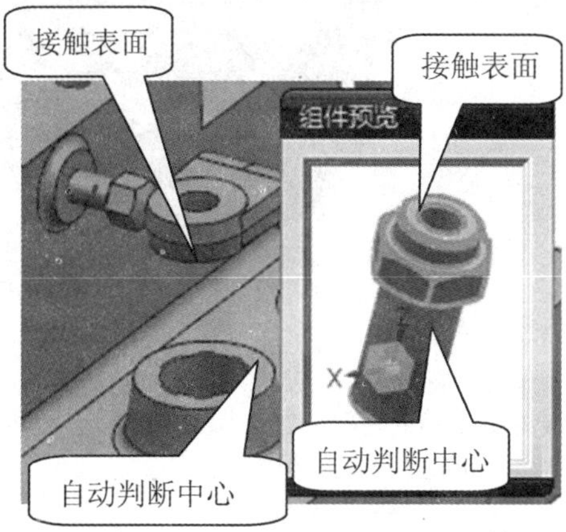

图 3-3-17 辅助支承装配约束

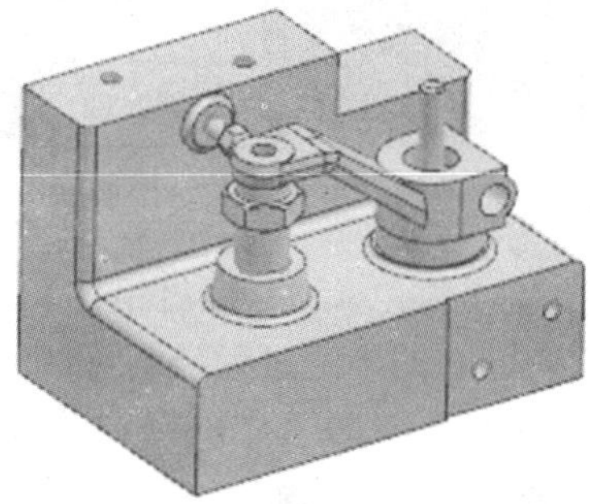

图 3-3-18 装配后的辅助支承组件

(7) 装配辅助支承锁紧螺母组件。

参照步骤(4)的装配过程装配辅助支承锁紧螺母(文件名：fuzhuzhichengluomuM22)，具体选择的装配约束参照对象如图 3-3-19 所示。

"自动判断中心/轴"：辅助支承锁紧螺母内孔面、夹具体凸台内孔面。

"接触"：辅助支承锁紧螺母下端平面和夹具体凸台平面。

装配后的辅助支承锁紧螺母组件如图 3-3-20 所示。

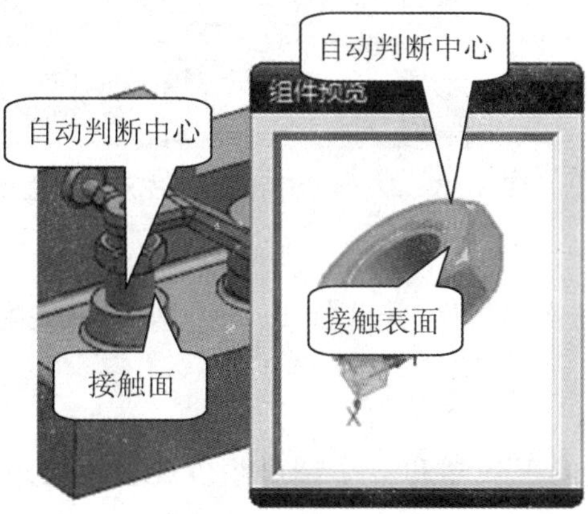

图 3-3-19 辅助支承锁紧螺母装配约束

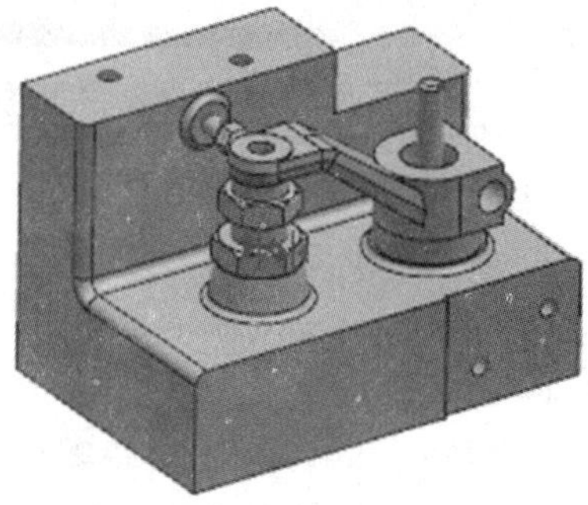

图 3-3-20 装配后的锁紧螺母

(8) 装配开口垫圈组件。

参照步骤(4)的装配过程装配开口垫圈(文件名：kaikoudianquan)，具体选择的装配约束参照对象如图 3-3-21 所示。

“自动判断中心/轴”：开口垫圈内孔面、定位销圆柱面。

“接触”：开口垫圈下端平面和杠杆臂大端平面。

装配后的开口垫圈组件如图 3-3-22 所示。

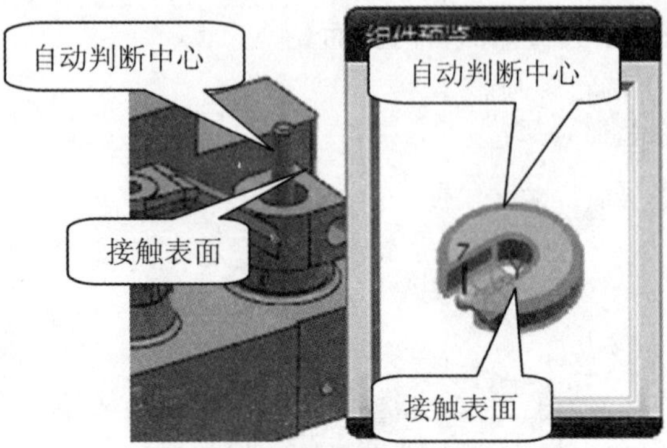

图 3-3-21　开口垫圈装配约束

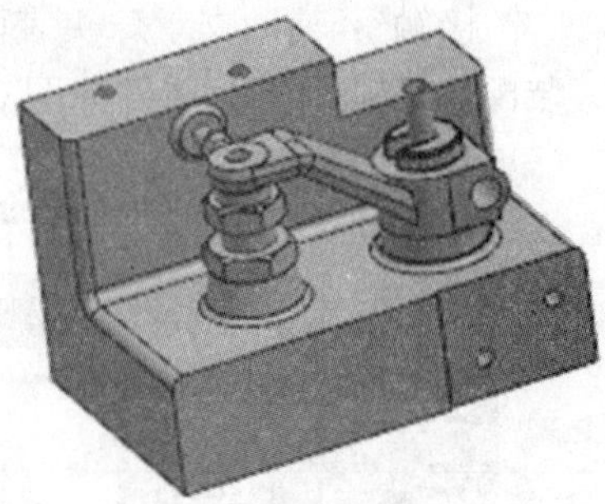
图 3-3-22　装配后的开口垫圈组件

(9) 装配可调支承锁紧螺母组件。

参照步骤(4)的装配过程装配可调支承锁紧螺母组件(文件名：luomu_M8)，具体选择的装配约束参照对象如图 3-3-23 所示。

“自动判断中心/轴”：螺母内孔面、可调支承圆柱面。

“接触”：螺母端面和夹具体凸台平面。

装配后的可调支承锁紧螺母组件如图 3-3-24 所示。

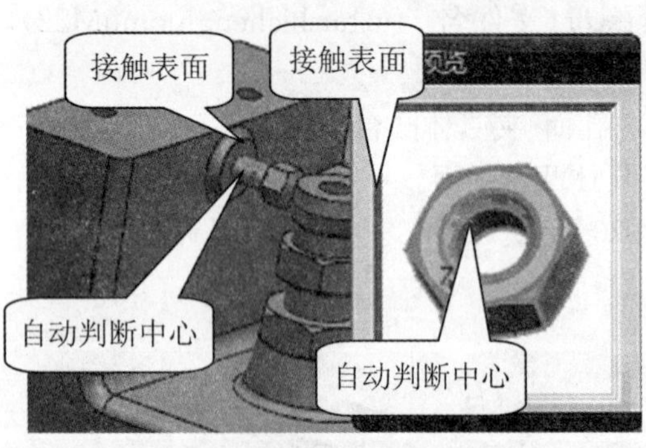

图 3-3-23　可调支承锁紧螺母装配约束

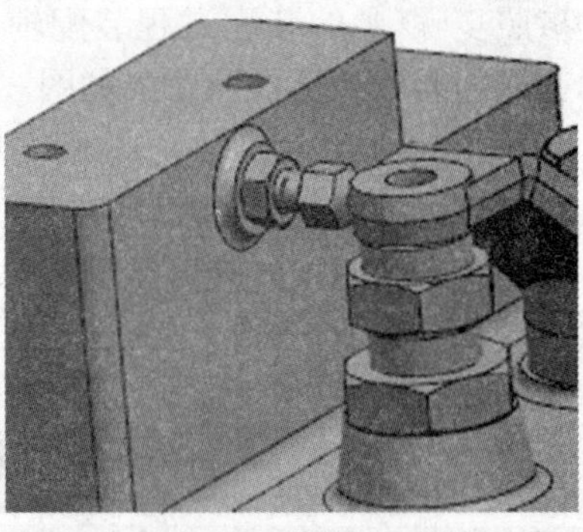
图 3-3-24　装配后的可调支承锁紧螺母组件

(10) 装配定位销上端锁紧螺母。

参照步骤(9)的装配过程装配定位销上端的螺母组件(文件名：luomu_M10)。装配后的螺母组件如图 3-3-25 所示。

(11) 装配定位销下端平垫圈和 2 个锁紧螺母。

参照步骤(9)的装配过程装配定位销下端的平垫圈和 2 个螺母组件(文件名：luomu_M12)。装配后的螺母组件如图 3-3-26 所示。

(12) 装配 Φ10 钻模板部件。

参照步骤(4)的装配过程装配 Φ10 钻模板部件(文件名：zuanmoban10_asm)，具体选择的装配约束参照对象如图 3-3-27 所示。

图 3-3-25　装配后的定位销上端锁紧螺母

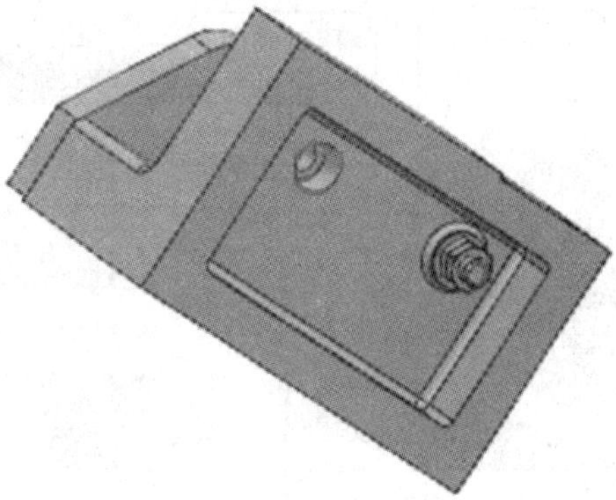

图 3-3-26　装配后的定位销下端锁紧螺母

"⧓ 接触"：钻模板底部平面和夹具体平面。

"自动判断中心/轴"：钻模板螺钉圆柱面 1、夹具体螺钉孔圆柱面 1。

"自动判断中心/轴"：钻模板螺钉圆柱面 2、夹具体螺钉孔圆柱面 2。

装配后的钻模板组件如图 3-3-28 所示。

图 3-3-27　钻模板组件装配约束

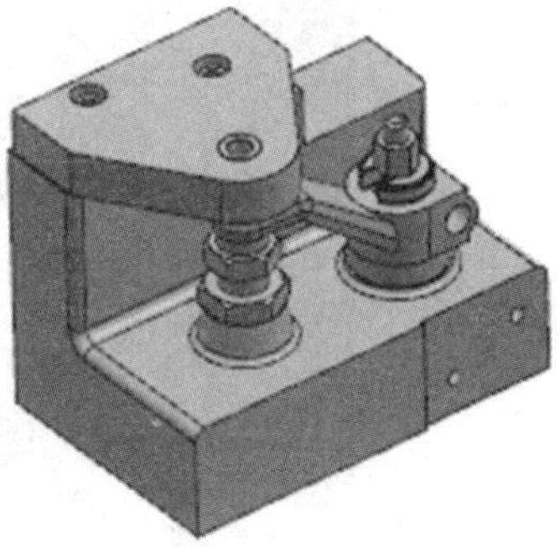

图 3-3-28　装配后的钻模板组件

(13) 装配 Φ13 钻模板部件。

参照步骤(4)的装配过程装配 Φ13 钻模板部件(文件名：zuanmoban13_asm)，具体选择的装配约束参照对象如图 3-3-29 所示。

"⧓ 接触"：钻模板底部平面和夹具体平面。

"自动判断中心\轴"：钻模板螺钉圆柱面 1、夹具体螺钉孔圆柱面 1。

"自动判断中心\轴"：钻模板螺钉圆柱面 2、夹具体螺钉孔圆柱面 2。

装配后的钻模板组件如图 3-3-30 所示。

(14) 装配两处钻模板上的 4 个定位销。

两处钻模板上需要装配 4 个定位销，并且需要根据定位销的尺寸和位置创建钻模板和夹具体上的销孔。在 Φ13 钻模板上装配定位销过程如下：

① 替换 Φ13 钻模板的引用集。

从图形窗口中选择钻模板，单击鼠标右键，从弹出的快捷菜单中选择"替换引用集"→"DINGWEIXIAOCAOTU"，如图 3-3-31 所示，则钻模板更新显示为如图 3-3-32 所示。

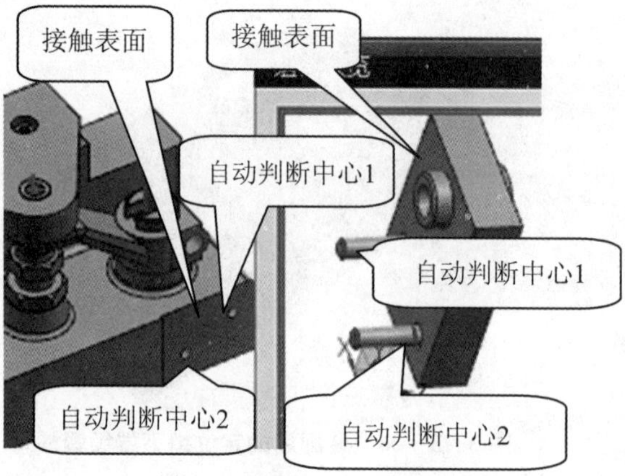

图 3-3-29　钻模板组件装配约束

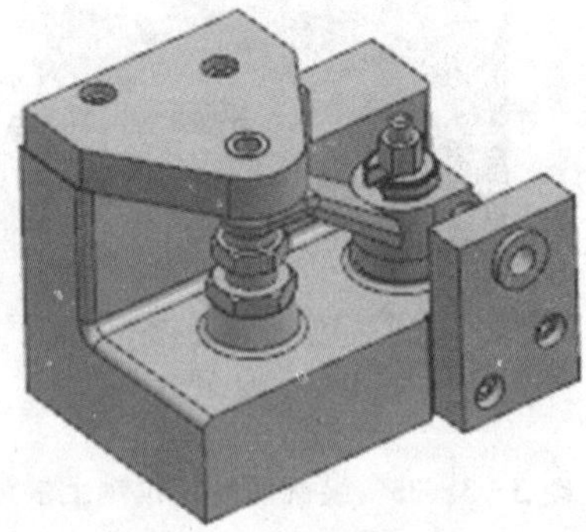

图 3-3-30　装配后的钻模板组件

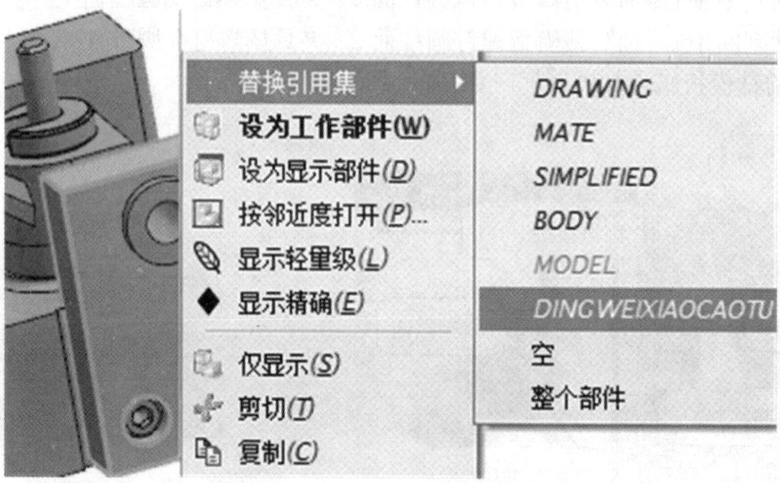

图 3-3-31　选择替换引用集

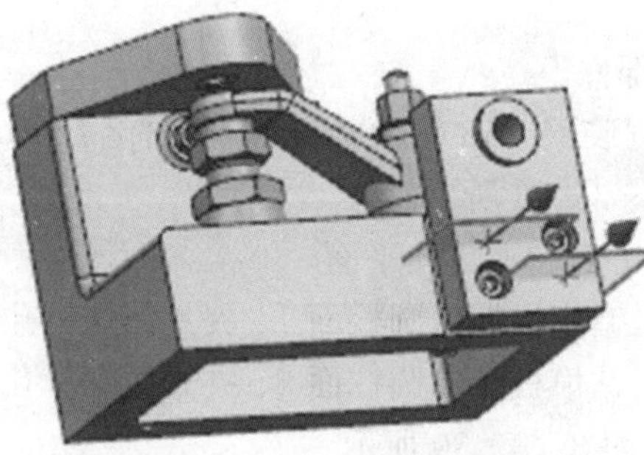

图 3-3-32　替换引用集后的钻模板

② 装配定位销。

参照步骤(4)的装配过程装配定位销组件(文件名:zhuixiao),具体选择的装配约束参照对象如图 3-3-33 所示。

"对齐":钻模板顶部平面、定位销大端平面。

"接触":钻模板定位草图中的基准轴、定位销上的基准轴。

“平行”：钻模板下部边缘、定位销草图中顶部直线。

调整钻模板显示的透明度，以便观察定位销内部结构。装配后的定位销组件如图 3-3-34 所示。

图 3-3-33　定位销装配约束

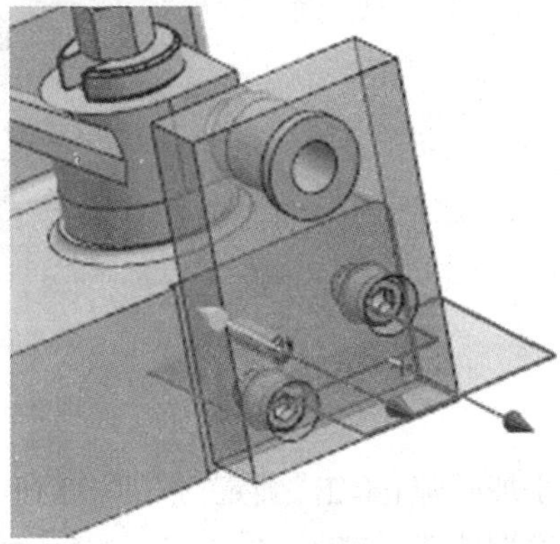

图 3-3-34　装配后的定位销组件

③ 使用 WAVE 几何链接器创建钻模板和夹具体上的孔。

选择钻模板，单击鼠标右键，从弹出的快捷菜单中选择“设为工作部件”菜单，则除钻模板外的其他零部件以浅黄色显示。选择主菜单“插入”→“关联复制”→“WAVE 几何链接器”，弹出“WAVE 几何链接器”对话框，“类型”选项选择“符合曲线”，从装配模型中选择定位销的草图，单击“WAVE 几何链接器”对话框中的“确定”按钮，则将定位销中的草图复制到钻模板中，如图 3-3-35 所示，隐藏定位销可以观察到复制的草图线条如图 3-3-36 所示。

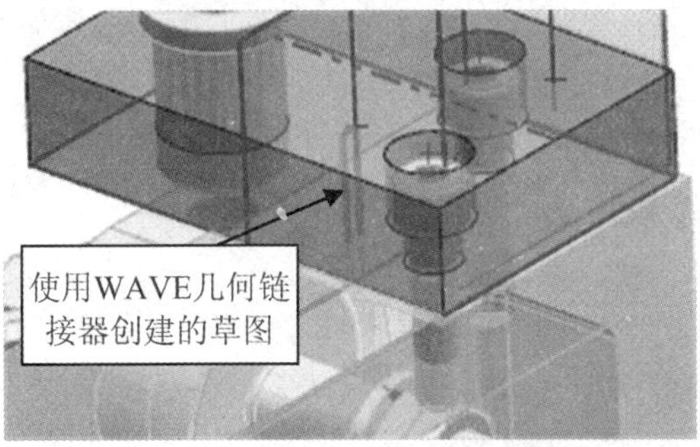

图 3-3-35　钻模板上复制得到的草图

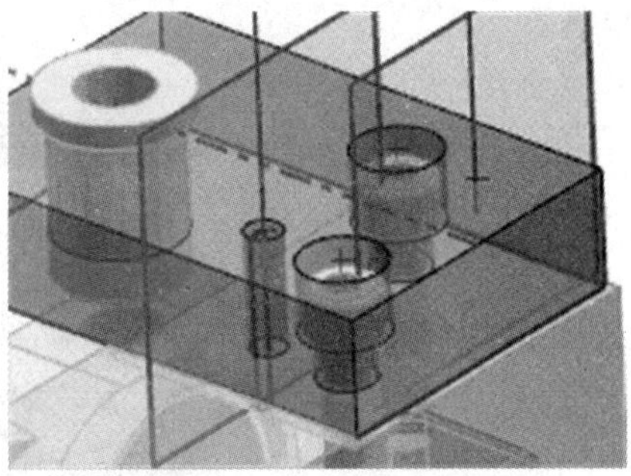

图 3-3-36　草图线条

④ 创建旋转切除。直接选择使用“WAVE 几何链接器”创建的草图轮廓进行回转切除，得到钻模板与定位销的配合孔。

⑤ 按照相同的方法创建该钻模板上另外一个定位销和 Φ10 钻模板上的两个定位销以及夹具体上的定位销孔。完成后的钻模如图 3-3-37 所示。

(15) 创建爆炸视图。

选择菜单“装配”→“爆炸图”→“新建爆炸图”，弹出如图 3-3-38 所示的“新建爆炸图”对话框，使用默认的爆炸视图名称，单击“确定”按钮。选择菜单“装配”→“爆炸图”→“自动爆炸组件”，图形区域出现“类选择”对话框，选择整个模型，单击“类选择”对话框上的“确定”按钮，弹出如图 3-3-39 所示的“自动爆炸组件”对话框，在“距离”文本框中输入距离“50”，

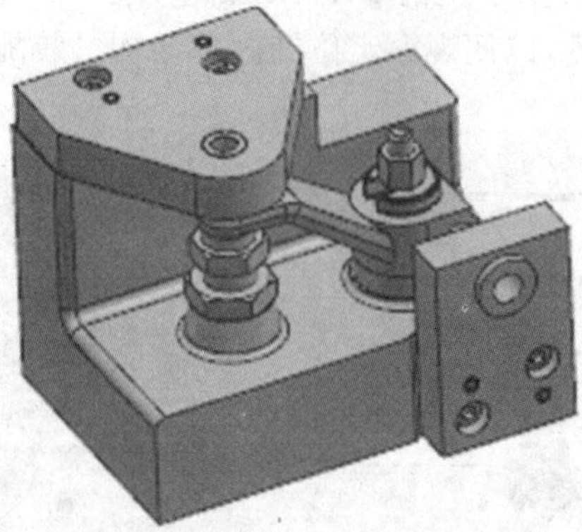

图 3-3-37　装配后的钻模

选择添加间隙，单击“确定”按钮，得到爆炸后的钻模装配模型，使用“编辑爆炸图”功能调整装配模型位置，结果如图 3-3-40 所示。

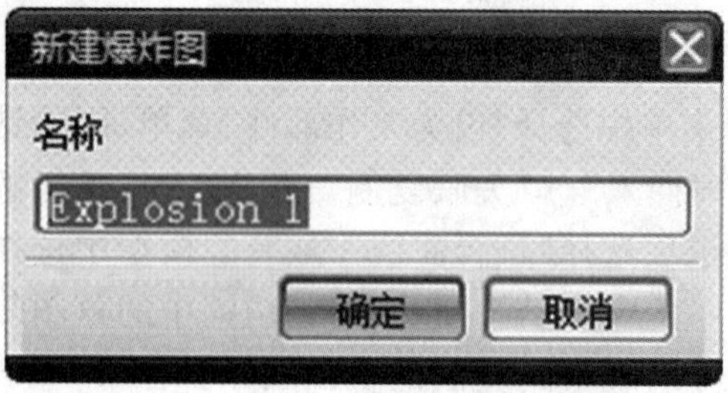

图 3-3-38　“新建爆炸图”对话框

图 3-3-39　“自动爆炸组件”对话框

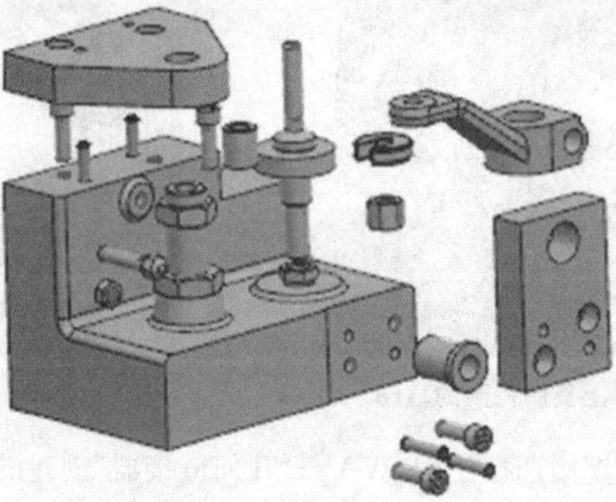

图 3-3-40　爆炸后的钻模

任务评价与总结

一、任务评价

任务评价按表 3-3-1 进行。

表 3-3-1　任务评价表

评价项目	配分	得分
一、成果评价:60%		
虚拟装配约束的正确性	30	
虚拟装配方案的合理性	30	
二、自我评价:15%		
学习活动的目的性	3	
是否独立寻求解决问题的方法	5	
装配方案、方法的正确性	3	
团队合作氛围	2	
个人在团队中的作用	2	
三、教师评价:25%		
工作态度是否端正	10	
工作量是否饱满	3	
工作难度是否适当	2	
软件使用熟练程度	5	
自主学习	5	
总分		

二、任务总结

(1) 装配约束的使用应根据组件之间的位置关系进行合理选择,有的组件需要使用多个约束将其自由度完全约束,例如杠杆臂在夹具体上的位置被三个约束完全约束,有的组件只需限制部分自由度,例如定位销在夹具体上的装配只需要使用接触和自动判断中心两个约束,无需限制定位销在夹具体上的转动自由度。

(2) 装配中由于装配约束的使用,可以对装配组件的显示透明度进行调整,以便观察和选择组件。

任务拓展

一、相关知识与技能

1. 爆炸图的编辑

自动爆炸图中,各个组件的位置可能并不能很好地满足使用者的意图,对此可以进行调整。选择菜单“装配”→“爆炸图”→“编辑爆炸图”,弹出如图 3-3-41 所示的“编辑爆炸图”对话框,选择“选择对象”按钮,从图形窗口中选择钻模板,选择“移动对象”按钮,则图形窗口中的钻模板上出现如图 3-3-42 所示的控制手柄,移动控制手柄中的箭头,则钻模板被移动。

2. 装配动画

装配动画(或称为装配序列)提供了方便查看装配过程的工具。利用装配动画可以形象地表达各个零部件之间的装配关系和整个产品的装配顺序。以创建 Φ10 钻模板(文件名：zuanmoban10_asm)部件装配动画为例,过程如下：

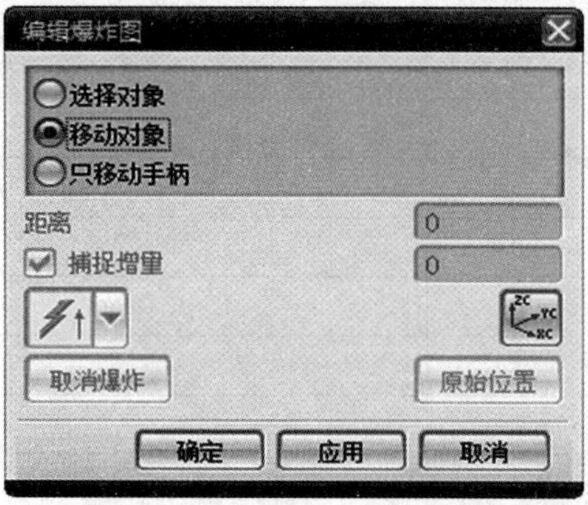

图 3-3-41 “编辑爆炸图”对话框

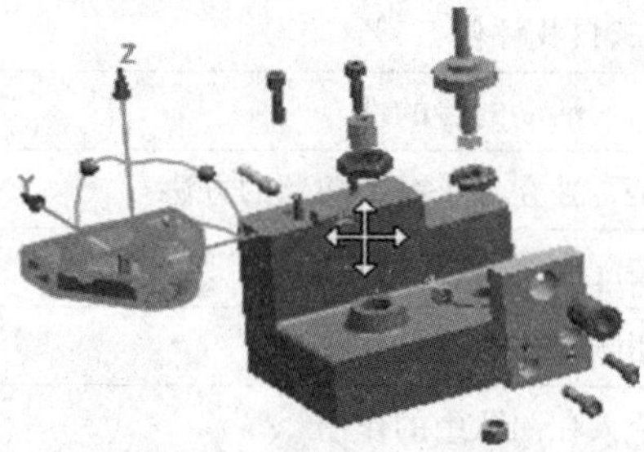

图 3-3-42 移动钻模板

(1) 打开 zuanmoban10_asm 部件,把各零件装配约束抑制。

(2) 选择菜单“装配”→“序列”,进入装配序列环境,选择“创建新序列”按钮,“序列导航器”中出现已预装的零件,如图 3-3-43 所示,默认所有零件均被预装入。

图 3-3-43 序列导航器

(3) 拆卸所有零件。选择“拆卸”按钮,出现“类选择”对话框,如图 3-3-44 所示,选择钻套零件,单击“类选择”对话框中的“确定”按钮,该零件不显示,并且在“序列导航器”中出现序列操作：*zuantao_D10*。按照相同方法拆卸所有零件。

(4) 装配所有零件。选择“装配”按钮,出现“类选择”对话框,从“序列导航器”的“已预装”组中选择钻模板零件：zuanmoban_D10,单击“类选择”对话框“确定”按钮,则该零件被装入图形窗口中,并且“序列导航器”中出现序列操作 *zuanmoban_D10*。按照相同方法装入所有工件。

(5) 插入各个零件的运动。选择“插入运动”按钮,弹出如图 3-3-45 所示的“记录组件运动”工具栏,默认“选择对象”按钮处于选中状态,选中钻套零件,“插入运动”工具栏中“移动对象”按钮可选,选中该按钮,则钻套零件上出现坐标系手柄,可以用鼠标操纵手柄的转动球,实现零件的移动和旋转。将零件放置到希望的位置上。单击“记录组件运动”工具栏“确定”按钮✔,“序列导航器”中出现序列操作:运动 1。将其他需要移动的零件逐个插入运动。

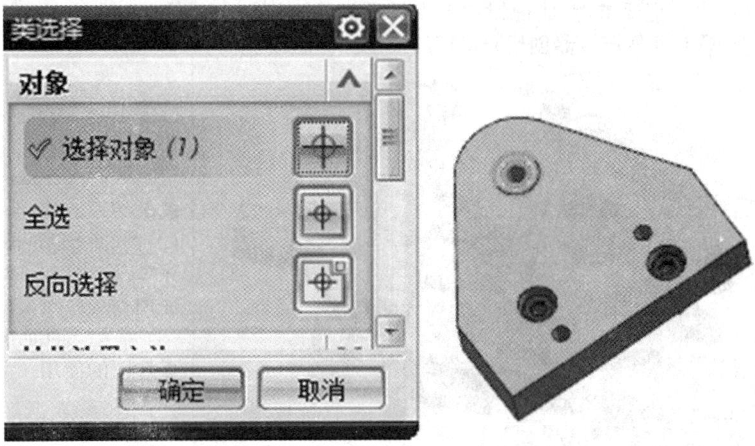

图 3-3-44 拆装钻套

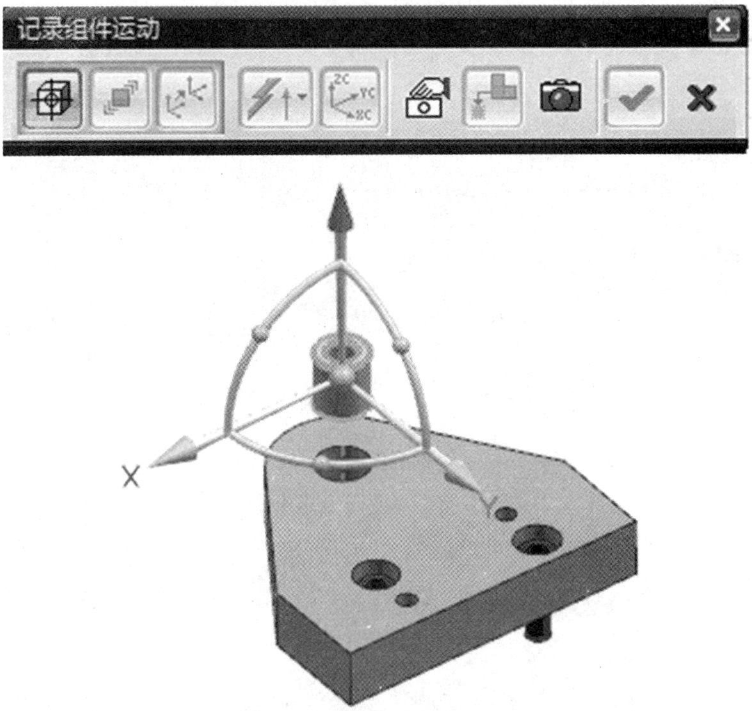

图 3-3-45 创建钻套运动

(6) 播放动画。选择“倒回到开始”按钮,然后单击“向前回放”按钮,可以看到零件装卸、装配和各个零件按照指定运动进行动画演示的过程。

(7) 单击“完成序列”按钮,完成动画创建。

二、任务拓展

任务拓展内容如表 3-3-2 所示。

表 3-3-2

名称	建立虎钳装配	难度	中
内容：根据虎钳装配要求，完成虎钳各个零件及部件的装配，并能够利用 WAVE 几何链接器创建开口销的模型。 		要求： (1) 掌握 Siemens NX 8.0 装配约束的使用； (2) 掌握 Siemens NX 8.0 WAVE 几何链接器的使用； (3) 掌握 Siemens NX 8.0 爆炸图的使用。	

项目四

杠杆臂钻模工程图的绘制

项 目 描 述

利用 Siemens NX 8.0 的实体建模和虚拟装配功能创建的零件和装配模型，可以引用到 Siemens NX 8.0 制图功能中，快速地生成二维工程图。由于 Siemens NX 8.0 的制图功能是基于三维模型的投影得到二维工程图，因此工程图与三维实体模型是完全关联的，实体模型的尺寸、形状和位置的任何改变，都会引起二维工程图做出相应的更新，保证了工程图样的准确性。

本项目利用 Siemens NX 8.0 工程图模块中的相关功能，完成钻模夹具体和钻模装配体工程图的生成。

学习目标

学习目标如表 4-1-1 所示。

表 4-1-1

序号	类别	目标
一	专业知识	(1) 掌握 Siemens NX 8.0 工程图模块的调用； (2) 掌握 Siemens NX 8.0 图纸页的新建和设置； (3) 掌握 Siemens NX 8.0 视图的生成和设置； (4) 掌握 Siemens NX 8.0 剖视图的生成和编辑； (5) 掌握 Siemens NX 8.0 尺寸及尺寸公差的标注； (6) 掌握 Siemens NX 8.0 粗糙度的标注； (7) 掌握 Siemens NX 8.0 形位公差的标注； (8) 掌握 Siemens NX 8.0 文本的标注与编辑； (9) 掌握 Siemens NX 8.0 零件序号编制； (10) 掌握 Siemens NX 8.0 二维工程图向 AutoCAD 格式文件的转换。

序号	类别	目标
二	专业技能	(1) 能够对 Siemens NX 8.0 图纸大小、比例、投影方式等进行设置； (2) 能够按照制图标准创建视图并编辑； (3) 会使用 Siemens NX 8.0 工程图中的尺寸及尺寸公差标注； (4) 会使用 Siemens NX 8.0 工程图中的文本标注； (5) 会使用 Siemens NX 8.0 工程图中的明细栏生成； (6) 能够将 Siemens NX 8.0 工程图转换成 DWG 格式的文件； (7) 能够利用 Siemens NX 8.0 工程图中的各种功能创建夹具零件图和装配图； (8) 通过查阅 Siemens NX 8.0 帮助文档、学习论坛等途径获取信息的能力。
三	职业素养	(1) 培养沟通能力及团队协作精神； (2) 培养通过网络等工具主动获取和处理信息的能力； (3) 培养发现问题、分析问题、解决问题的能力。

工作任务

任务一　杠杆臂钻模夹具体工程图的创建

任务内容如表 4-1-2 所示。

表 4-1-2

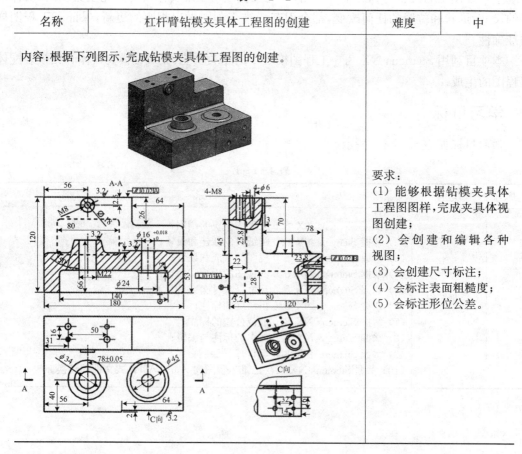

名称	杠杆臂钻模夹具体工程图的创建	难度	中
内容：根据下列图示，完成钻模夹具体工程图的创建。 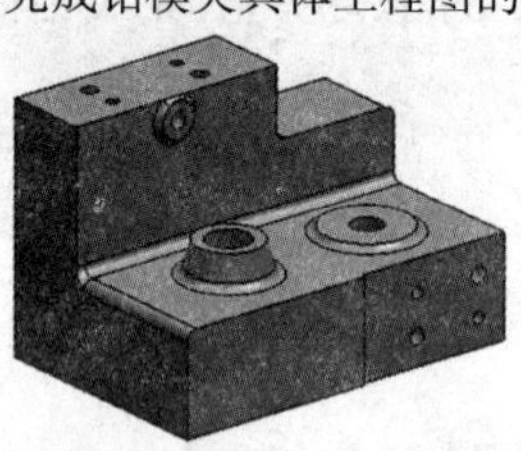 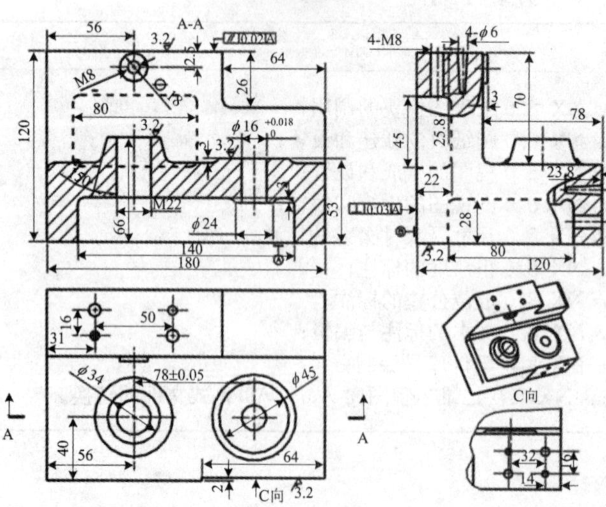		要求： (1) 能够根据钻模夹具体工程图图样，完成夹具体视图创建； (2) 会创建和编辑各种视图； (3) 会创建尺寸标注； (4) 会标注表面粗糙度； (5) 会标注形位公差。	

任务二　杠杆臂钻模装配体工程图的创建

任务内容如表 4-1-3 所示。

表 4-1-3

<table>
<tr><td>名称</td><td>杠杆臂钻模装配体工程图的创建</td><td>难度</td><td>难</td></tr>
<tr><td colspan="2">内容：根据下列图示，完成杠杆臂钻模装配体工程图的创建。
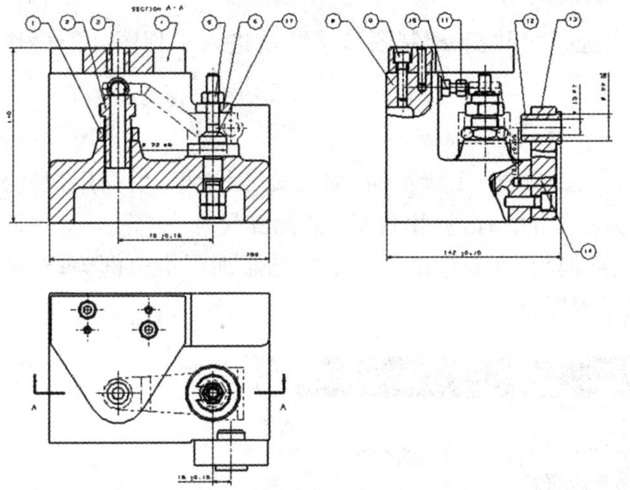</td><td colspan="2">要求：
(1) 能够根据钻模装配工程图图样要求，完成钻模装配体工程图创建；
(2) 会创建和编辑各种视图；
(3) 会创建尺寸标注；
(4) 会对工程图文件格式进行转换；
(5) 会创建装配明细表；
(6) 会创建装配零件编号。</td></tr>
</table>

任务一　杠杆臂钻模夹具体工程图的创建

学习视频 4-1

任务介绍

本次任务是使用 Siemens NX 8.0，利用杠杆臂钻模夹具体和钻模装配的三维模型，创建杠杆臂钻模夹具体和钻模装配体的工程图样。学习者通过任务的实施，掌握 Siemens NX 8.0 各类视图的创建、尺寸标注工具的使用。

相关知识

一、工程图的组成与创建

1. 工程图组成

工程图样是工程信息的载体，用以表达工程对象的形状、尺寸、材料和技术要求，是机械制造的主要依据。一张完整的工程图，应该遵循机械制图国家标准的规定，包括合适的视图、尺寸、表面粗糙度、形位公差、技术要求、标题栏等，装配图要有装配图图样、装配图要求尺寸、装配技术要求、装配图标题栏和明细栏、零件编号等组成。

对于夹具装配图的绘制，还需要将工件作为透明体绘制在装配体的各个视图中。

2. 工程图的创建步骤

(1) 新建图纸页，选择图纸页大小、比例、投影方式等。

(2) 根据需要创建基于模型的视图。

(3) 创建尺寸及尺寸公差。

(4) 创建表面粗糙度、形位公差。

(5) 调用图框、标题栏，填写标题栏。

二、Siemens NX 8.0 工程图模块

1. Siemens NX 8.0 工程图模块的调用

在 Siemens NX 8.0 工具栏中选择“开始”→“制图”，系统就进入工程图功能模块，并出现工程图界面。

2. 图纸页的创建

选择“插入”→“图纸页”，出现如图 4-2-1 所示的“图纸页”对话框，根据用户选择的大小，系统自动新建一张工程图。“大小”组中有“使用模板”、“标准尺寸”、“定制尺寸”三种类型，其中“使用模板”是根据标准图纸模板，在新建的图纸上自动添加图纸边框等；对于“标准尺寸”和“定制尺寸”选项，还可以设置图纸名称。

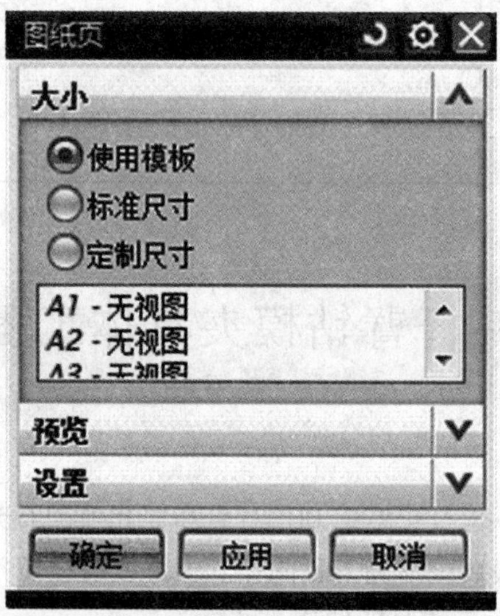

图 4-2-1 “图纸页”对话框

图纸大小根据选择绘图单位不同，有两种不同的形式。当选择毫米为单位时，符合国标的 A0～A4；如果选择英寸为单位，则会出现符合英制标准的图纸选项，如图 4-2-2 所示。

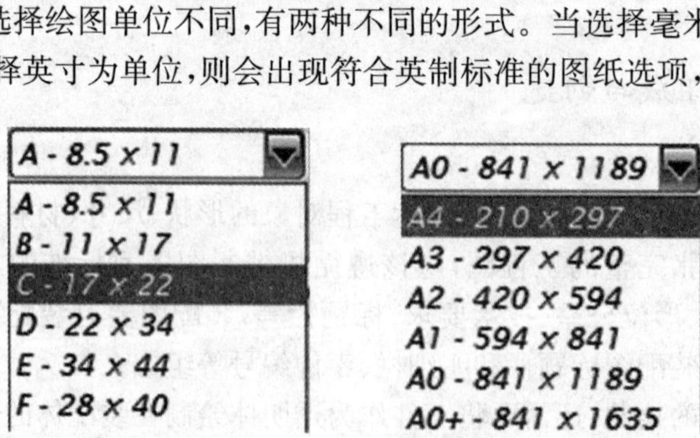

(a) 英制图纸　　(b) 公制图纸

图 4-2-2 图纸类型

3. 制图工具条

常用制图工具条有图纸、制图、注释、制图编辑及尺寸等工具条，如图 4－2－3 所示。利用这些工具条可以快速建立和编辑二维工程图。

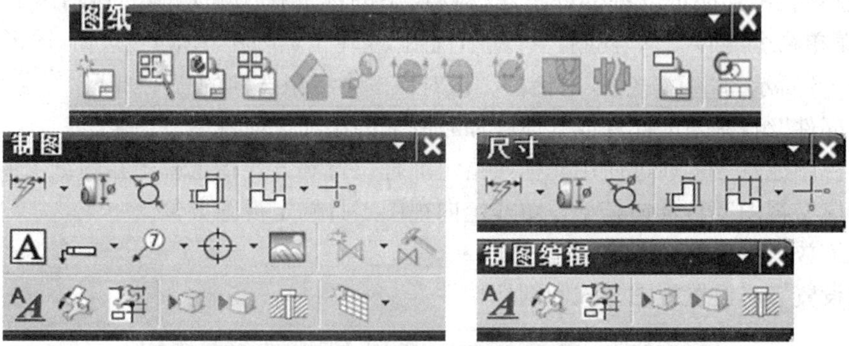

图 4－2－3　制图相关工具条

4. 打开图纸页

对于同一实体模型，如果采用不同的投影方法、不同的图纸规格和视图比例，建立了多张二维工程图纸，当要编辑其中的一张工程图纸时，首先要将其在绘图工作区中打开。

选择菜单命令“格式”→“打开图纸页”或在工具栏中单击“打开工程图”按钮，系统弹出如图 4－2－4 所示的“打开图纸页”对话框。

图 4－2－4　“打开图纸页”对话框

对话框的上部为过滤器，中部为工程图列表框，其中列出了满足过滤器条件的工程图名称。在图名列表框中选择需要打开的工程图，这时系统就在绘图工作区中打开所选的工程图。

选择菜单命令“编辑”→“删除”，可以在“部件导航器”中选择图纸页进行删除。

三、视图创建

视图用于表达产品的结构。在建立的工程图中可能会包含多种视图，Siemens NX 8.0 的制图模块提供了各种视图的创建与管理功能，如基本视图、标准视图、投影视图、移除视图、移动或复制视图、对齐视图和编辑视图等视图操作。利用这些功能，用户可以方便地管理工程图中所包含的各类视图，并可修改各视图的缩放比例、角度和状态等参数。

常用的视图有如下几种。

1. 基本视图

使用基本视图功能可以将部件在建模模块中的标准视图和定制的视图添加到图纸页中。选择菜单命令“插入”→“视图”→“基本视图”或在工具栏中单击按钮，图形窗口弹出如图 4-2-6 所示的“基本视图”对话框。该对话框中各组选项的意义如下。

(1) “部件”组：从当前部件或其他已加载的部件添加任何视图。

(2) “视图原点”组：通过使用光标或指定屏幕位置等方式指定视图在图纸上的位置。

(3) “模型视图”组：选择模型视图或定向视图工具确定视图方位。

(4) “缩放”组：确定视图比例。

(5) “设置”组：设置视图样式和剖切特性等。

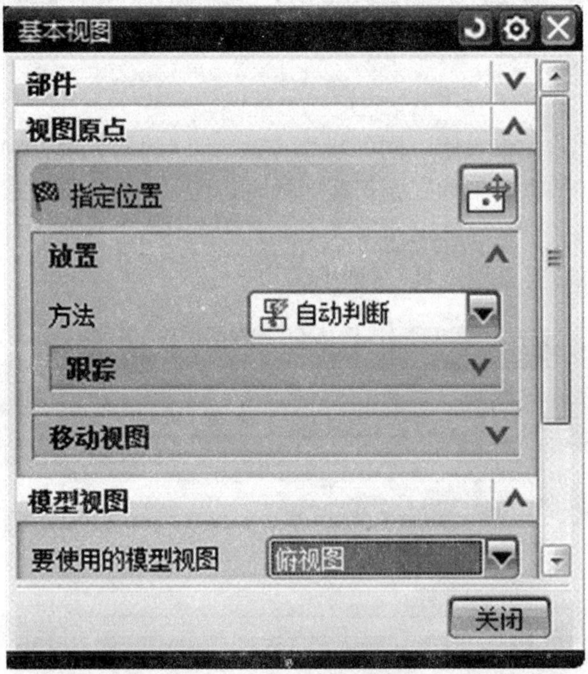

图 4-2-6 “基本视图”对话框

2. 投影视图

选择已有的基本视图、图纸视图为父视图，按照指定方向投影所创建的视图。在创建投影视图过程中，在选择了父视图后，使用铰链线作为参考，将视图旋转至正交空间内，使用与铰链线垂直的矢量方向指示从父视图朝哪个方向投影，铰链线和矢量方向如图 4-2-7 所示。

3. 局部放大图

在 Siemens NX 8.0 中，可以把现有视图中某一部分单独创建成局部放大视图。单击菜单“插入”→“视图”→“局部放大图”，系统会弹出如图 4-2-8 所示的“视图标签样式”对话框，用户可以选择使用圆形区域或矩型区域来选择要放大的范围，还可以选择放大的比例。

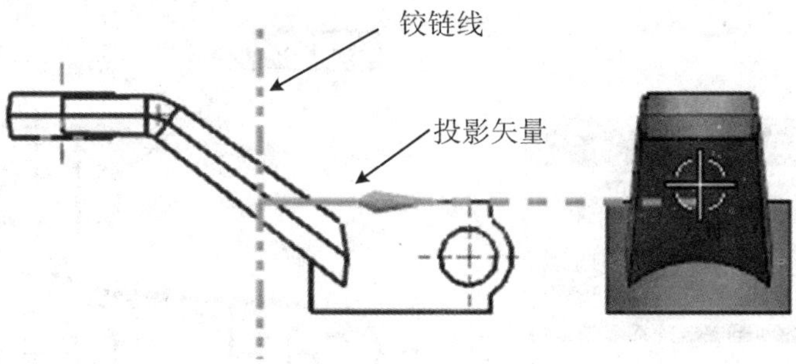

图 4-2-7　添加投影视图

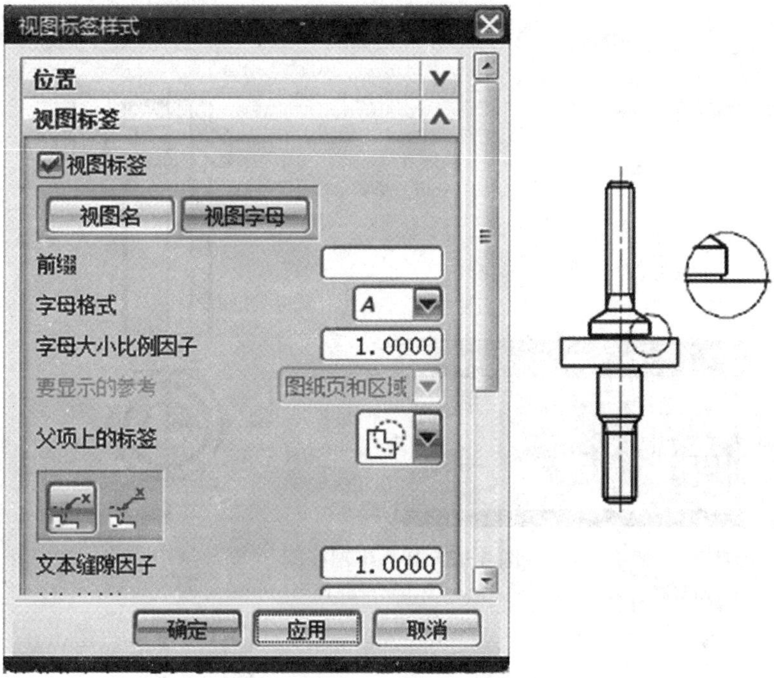

图 4-2-8　局部放大图

4. 添加剖视图

对于已有视图,可根据实际的需要添加剖视图,包括阶梯剖、旋转剖、半剖、局部剖等。单击菜单"插入"→"视图"→"截面"→"简单/阶梯剖",定义剖切位置后,生成如图 4-2-9 所示的剖视图。

5. 半剖视图

半剖视图中的部件一半剖切而另一半不剖切。由于剖切段与所定义铰链线平行,因此半剖视图类似于简单剖和阶梯剖视图。截面线符号只包含一个箭头、一个折弯和一个剖切段,如图 4-2-10 所示。

6. 旋转剖视图

用相交的两个平面对回转体进行剖切生成的剖视图,需要定义回转中心和两个剖切面分别通过哪个位置,如图 4-2-11 所示。

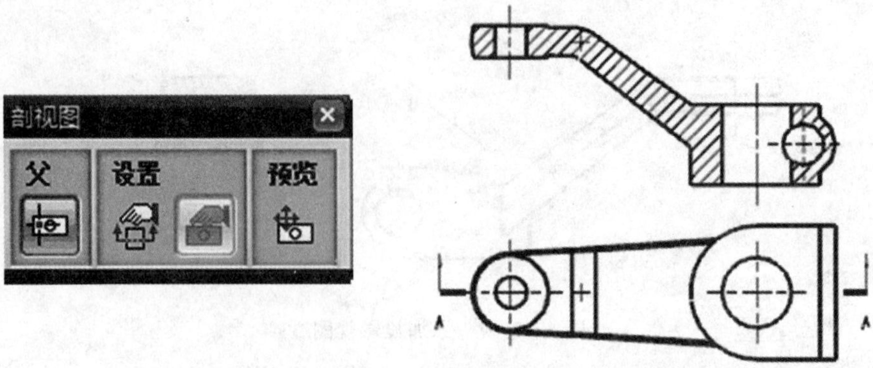

图 4-2-9　剖视图

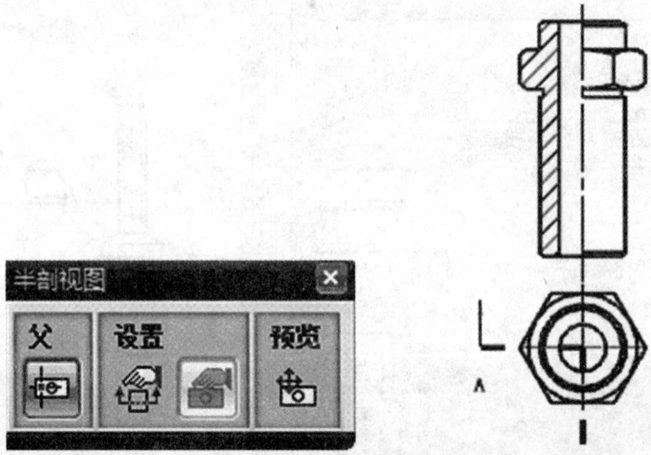

图 4-2-10　半剖视图

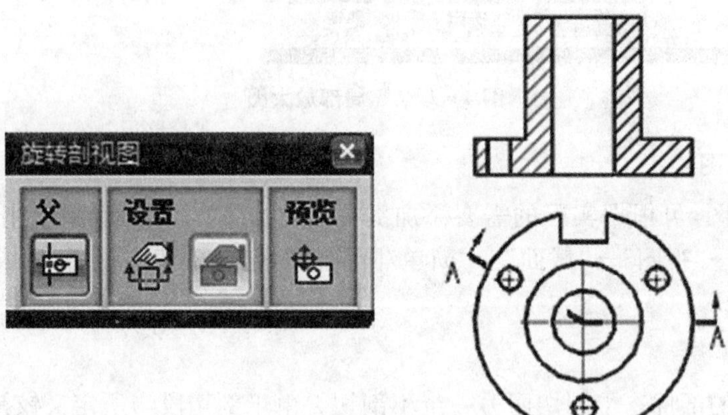

图 4-2-11　添加旋转剖视

7. 局部剖视图

当用户需要对视图的部分结构进行局部剖视时，可以选择菜单“插入”→“视图”→“截面”→“局部剖”，选择需要创建局部剖视的视图和范围。可以使用“展开成员视图”，对希望剖视的部分，利用曲线功能绘制样条曲线作为剖视的范围，如图 4 - 2 - 12 所示。在扩展的图纸视图中创建曲线，需启用曲线和/或直线和圆弧工具条，或者定制菜单并将基本曲线命令拖入“插入”→“曲线”菜单。

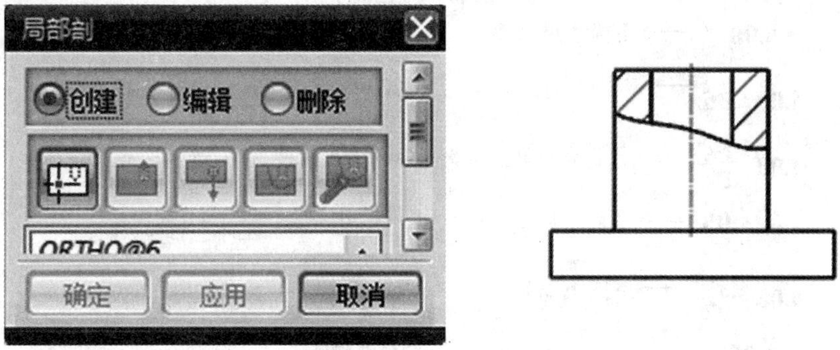

图 4 - 2 - 12　局部剖视图

四、尺寸及技术要求标注

1. 尺寸标注

SiemensNX 8.0 中的工程图模块与建模模块完全关联。工程图模块中标注的尺寸是直接引用三维模型真实的尺寸，因此无法像二维 CAD 软件中的尺寸那样可以进行改动，如果要改动零件中的某个尺寸参数，需要在三维实体中修改。如果三维模型被修改，工程图中的相应尺寸会自动更新，从而保证了工程图与模型数据的一致性。

单击菜单“插入”→“尺寸”，可选择的尺寸标注命令如图 4 - 2 - 13 所示。标注尺寸时，选择标注尺寸类型，结合弹出的工具条，选择尺寸的文本格式、精度、对齐方式等，完成这些设置以后，利用鼠标选择要标注的对象，并拖动标注尺寸到理想的位置，系统即在指定位置创建一个尺寸的标注。

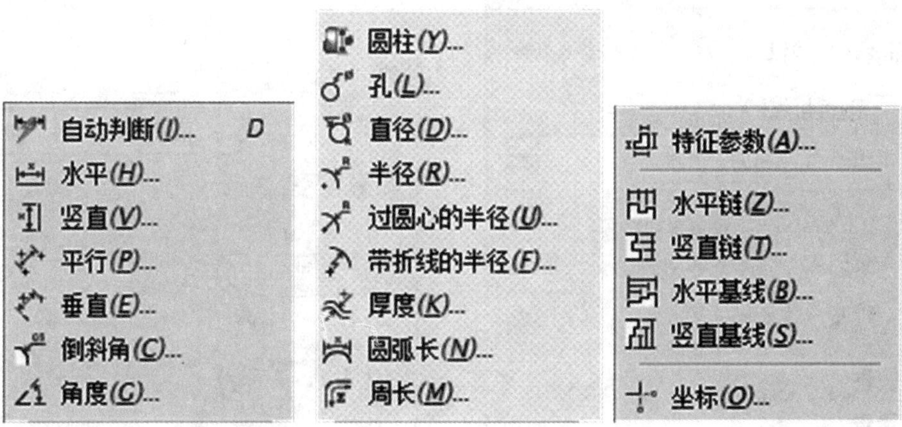

图 4 - 2 - 13　“尺寸”菜单

2. 技术要求

机械零件的几何精度包括尺寸偏差、表面粗糙度、形位公差以及文字表示的技术要求部分。

(1) 尺寸偏差

标注尺寸偏差只需要选择需要的尺寸偏差类型，指定精度和偏差大小即可。图 4－2－14 给出了尺寸偏差类型。

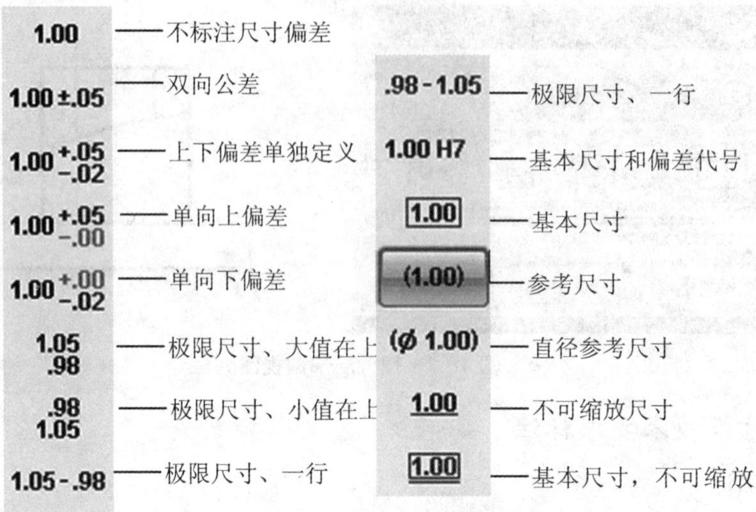

图 4－2－14　尺寸偏差类型

(2) 表面粗糙度

选择菜单命令“插入”→“符号”→“表面粗糙度符号”，系统弹出如图 4－2－15 所示的“表面粗糙度”对话框，用于对所选对象标注表面粗糙度。

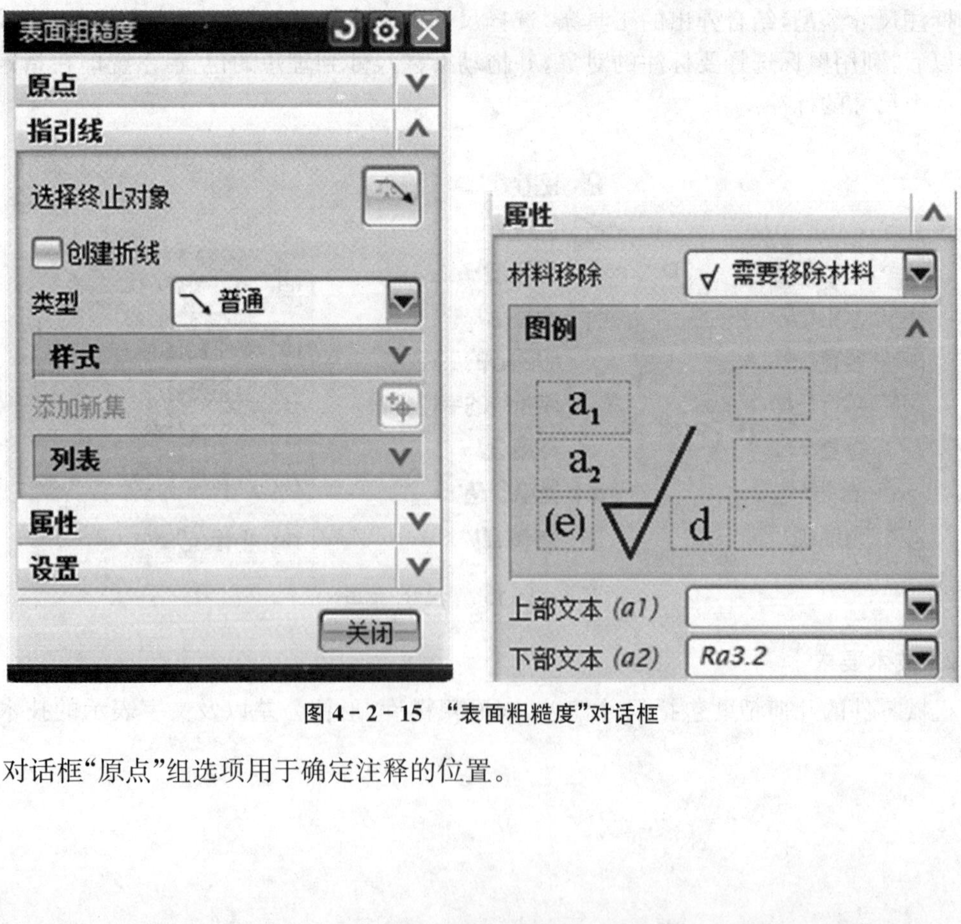

图 4－2－15　“表面粗糙度”对话框

对话框“原点”组选项用于确定注释的位置。

对话框“指引线”组选项用于确定注释指引线的类型，主要包括：

①“普通”。创建带短划线的指引线。

②“全圆符号”。创建带短划线和全圆符号的指引线。

③“标志”。根据所选轮廓或尺寸对象拖动符号以放置表面粗糙度符号，并且符号自动旋转与尺寸线等对象对齐。

对话框“属性”组选项用于确定表面粗糙度符号类型、粗糙度的数值等。

使用“表面粗糙度”对话框标注表面粗糙度的过程是设置对齐、指引线、属性等选项，单击标注对象并拖动符号确定放置位置。

(3) 技术要求

在 Siemens NX 8.0 工程图模块中，图样上需要用文字表达的技术要求可以使用“注释”或“标签”功能实现。Siemens NX 8.0 中“注释”由文本组成，“标签”由文本以及一条或多条指引线组成，均是在“注释”对话框中定义。

选择菜单命令“插入”→“注释”或在工具栏中单击“注释”按钮A，系统将弹出如图 4-2-16 所示的“注释”对话框。在对话框中除了可以输入文本以外，还可以设置注释位置、指引线类型。

图 4-2-16 “注释”对话框

(4) 基准特征符号

基准特征符号命令创建形位公差基准特征符号(带有或不带有指引线)，以便在图纸上指明基准特征。选择菜单“插入”→“注释”→“基准特征符号”，弹出“基准特征符号”对话框，如图 4-2-17 所示，选择对象后可以拖动并放置基准符号。

(5) 形位公差

在 Siemens NX 8.0 中，图样上的形位公差可以用“特征控制框”功能实现。选择菜单“插入”→“注释”→“特征控制框”，弹出“特征控制框”对话框，如图 4-2-18 所示，在对话框中可以定位公差类型、公差值以及指引线属性，选择对象后可以拖动并放置形位公差。

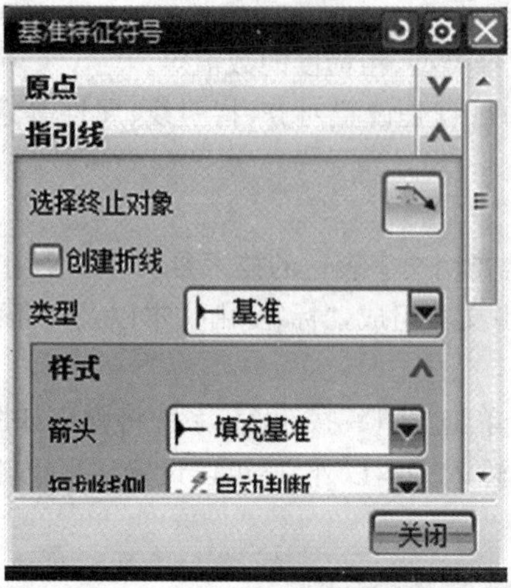

图 4-2-17 “基准特征符号”对话框

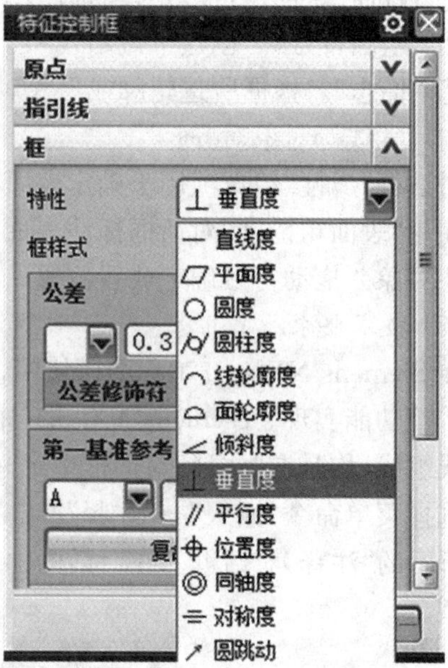

图 4-2-18 “特征控制框”对话框

五、视图相关编辑

在工具条中单击按钮或选择菜单“编辑”→“视图相关编辑”，弹出如图 4-2-19 所示的“视图相关编辑”对话框。该对话框上部为视图列表框，中部为添加编辑选项、删除编辑选项和转换类型选项，下部为设置视图对象的颜色、线型和线宽选项。应用该对话框，可以擦除视图中的几何对象和改变整个对象或部分对象的显示方式，也可取消对视图中所做的相关编辑操作。当要进行视图相关编辑操作时，应先在视图列表框或绘图工作区中选择某个视图，再选择相关的编辑图标，最后选择要编辑的对象。

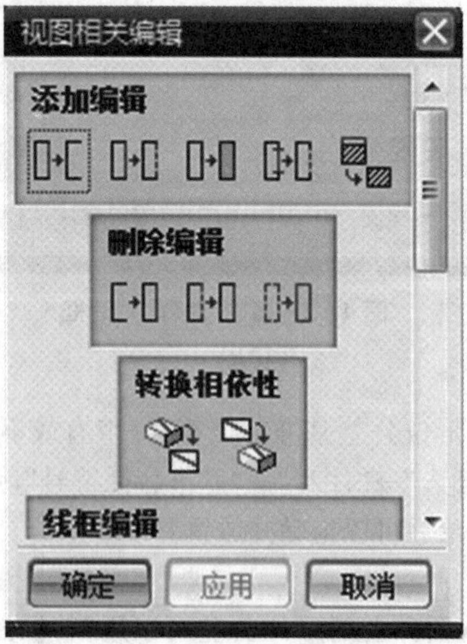

图 4-2-19 “视图相关编辑”对话框

任务分析与计划

一、零件图视图分析

图 4－2－20 为夹具体从不同方向观察所得的视图，根据此零件的外部结构和内部形状选择合适的视图和表达方法。

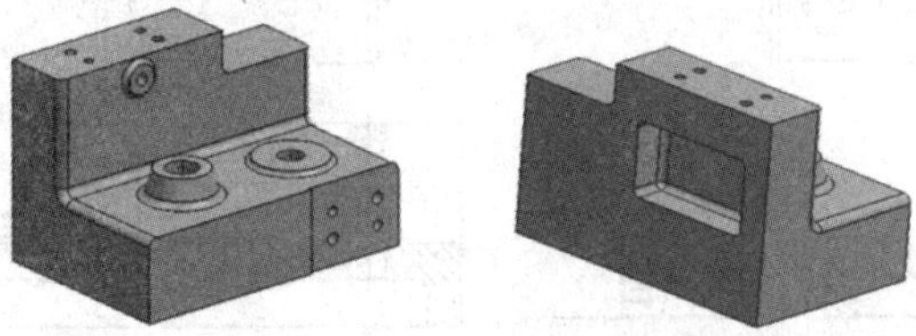

图 4－2－20　杠杆臂钻模夹具体

此零件图，由于内部和外形均需要详细表达，夹具体上的孔分布不是很有规则，故选择主视图采用全剖的方式；左视图使用两个局部剖表达销孔和螺钉孔；俯视采用视图；增加一个右前方的局部视图，表达夹具体和钻模板安装孔和定位销孔的位置；另外再附加一个轴测图，作为整体表达方案，如图 4－2－21 所示。

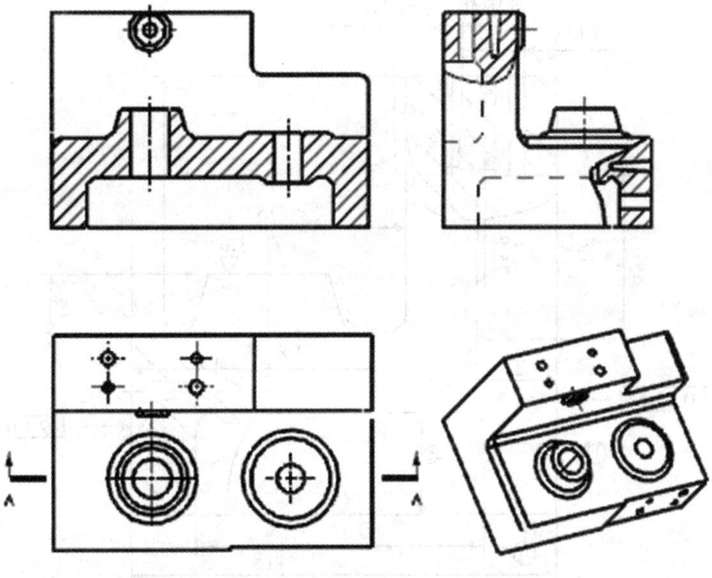

图 4－2－21　夹具体视图选择

二、工程图创建计划

1. 创建视图

夹具体视图创建步骤如图 4－2－22 所示。

2. 尺寸及技术要求标注

以左视图为例，尺寸及技术要求标注如图 4－2－23 所示。

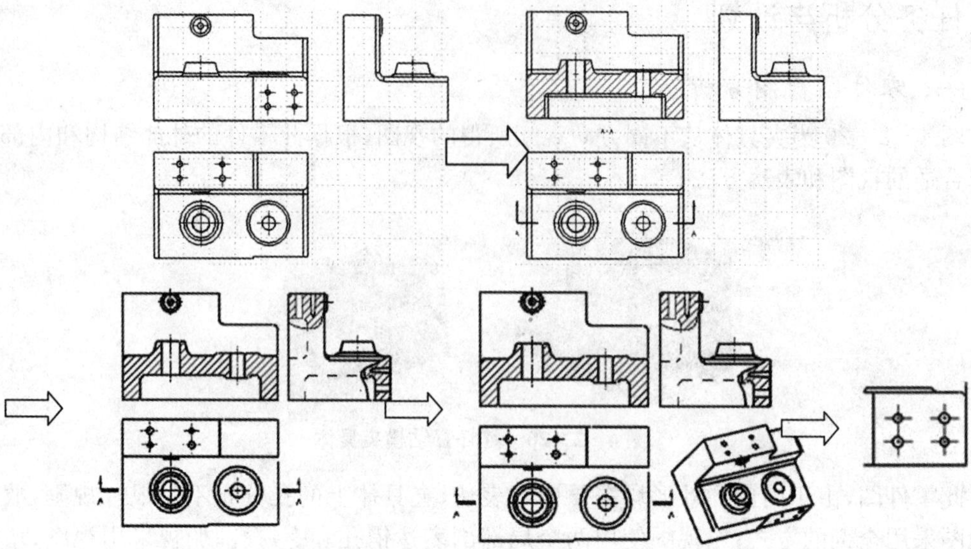

图 4-2-22　夹具体视图创建步骤

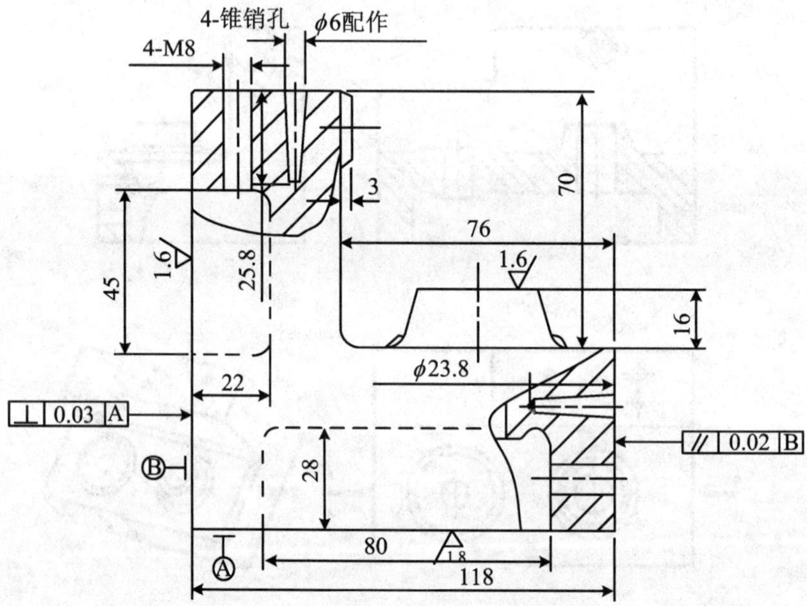

图 4-2-23　左视图的尺寸标注

任务实施

1. 创建视图

打开文件,文件名称为“jiajuti”,单位为“mm”。选择菜单“开始”→“工程图”,进入工程图绘制模块。如果在菜单“首选项”→“制图”→“常规”选项中,在基于模型的图纸工作流中没有选择“自动启动插入图纸页命令”,需要选择“插入”→“图纸页”,弹出“图纸页”对话框,选择图纸大小:A2;选择单位:毫米;选择视图投影类型:第一象限角投影,取消“自动启动视图创建”选项，单击“确定”按钮，进入工程图模块。

（1）创建俯视图。

选择菜单“插入”→“视图”→“基本”，弹出如图 4－2－24 所示的“基本视图”对话框，同时图形窗口中出现视图预览，并且预览视图随着鼠标移动而移动。

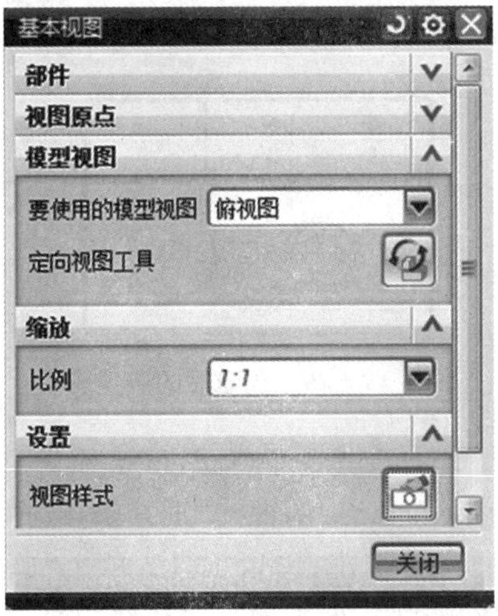

图 4－2－24 “基本视图”对话框

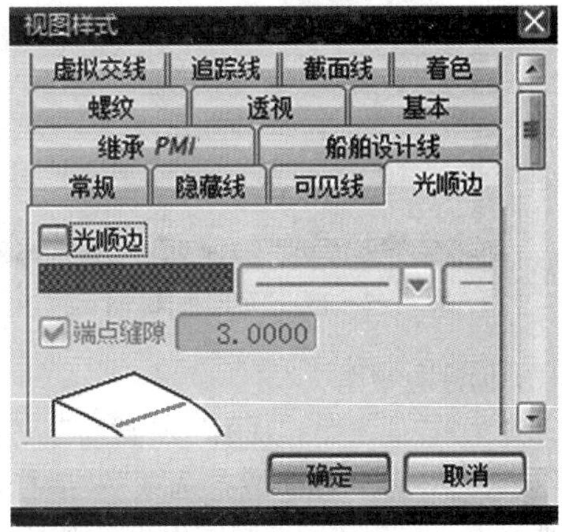

图 4－2－25 “视图样式”对话框

单击“基本视图”对话框中的“视图样式”按钮，弹出如图 4－2－25 所示的“视图样式”对话框，选择“光顺边”属性页，取消“光顺边”复选按钮。单击对话框中“确定”按钮，退出“视图样式”对话框。

单击“基本视图”对话框上的“定向视图工具”按钮，弹出如图 4－2－26 所示的“定向视图工具”对话框，选择“法向”组中的“指定矢量”按钮，在如图 4－2－27 所示的“定向视图”对话框中选择平面，选择“X 向”组中的“指定矢量”按钮，在“定向视图”对话框中选择轮廓边作为 X 方向，视图调整到如图 4－2－28 所示，单击鼠标中键，退出对话框，然后在图纸上合适位置单击鼠标左键，完成该夹具体俯视图的创建。

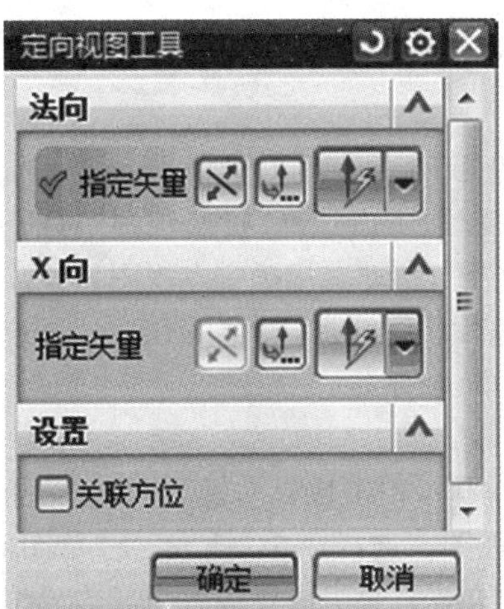

图 4－2－26 “定向视图工具”对话框

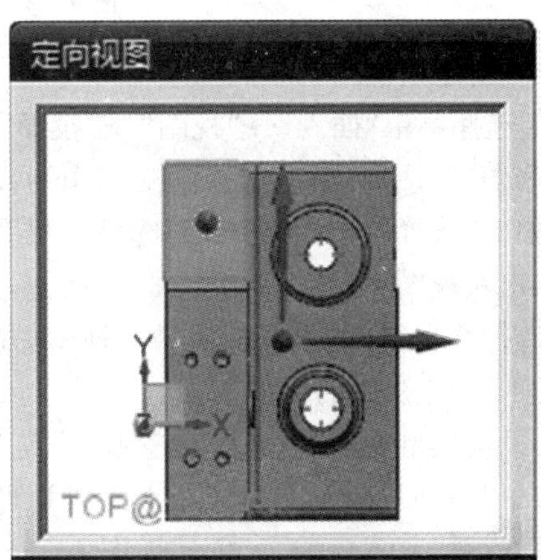

图 4－2－27 “定向视图”对话框

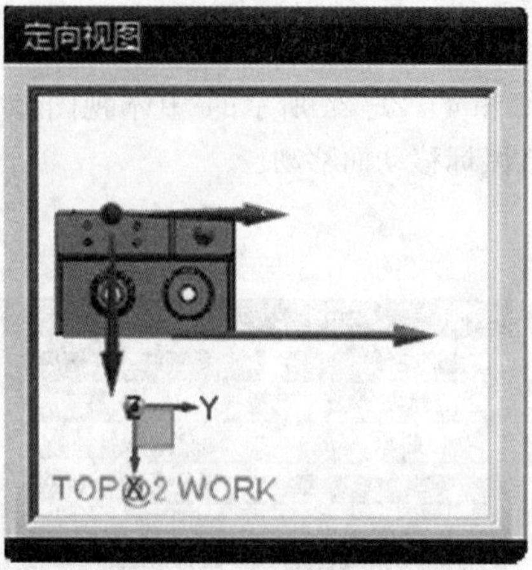

图 4-2-28 “定向视图”对话框

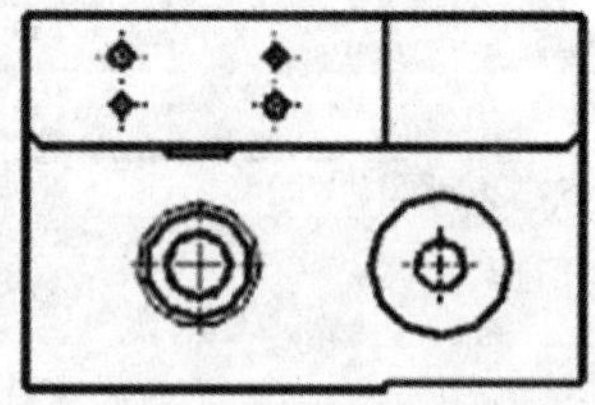

图 4-2-29 创建后的俯视图

(2) 创建主视图。

选择菜单“插入”→“视图”→“截面”→“简单/阶梯剖”，弹出“剖视图”工具条，选择“截面线型”按钮，弹出“截面线首选项”对话框，选择标准：GB 标准，设置 B：12；单击“确定”按钮。选择上一步创建的俯视图作为父视图，选择父视图的圆心作为切割线位置确定点，向上移动鼠标确定剖视图位置，完成如图 4-2-30 所示的主视图创建。

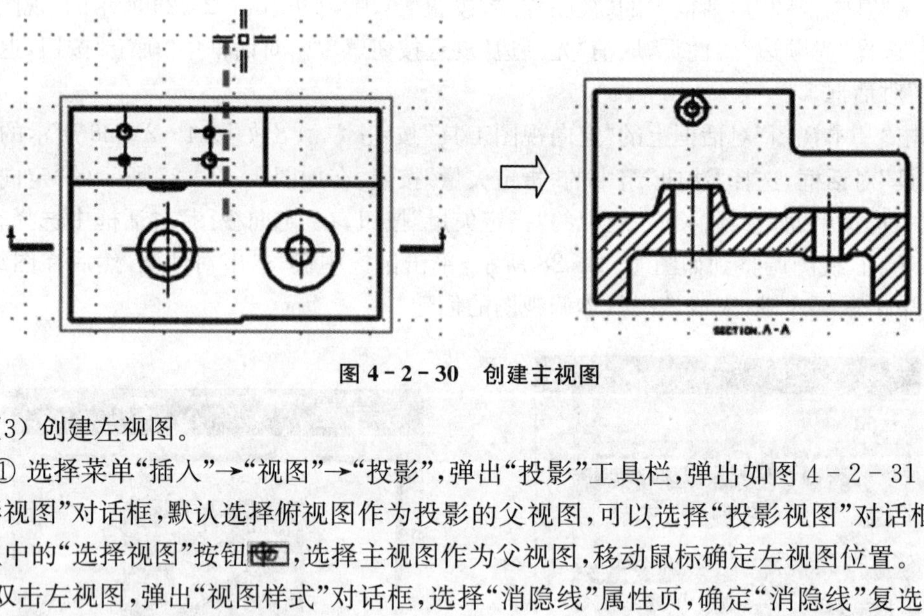

图 4-2-30 创建主视图

(3) 创建左视图。

① 选择菜单“插入”→“视图”→“投影”，弹出“投影”工具栏，弹出如图 4-2-31 所示的“投影视图”对话框，默认选择俯视图作为投影的父视图，可以选择“投影视图”对话框“父视图”组中的“选择视图”按钮，选择主视图作为父视图，移动鼠标确定左视图位置。

双击左视图，弹出“视图样式”对话框，选择“消隐线”属性页，确定“消隐线”复选框被选中，并选择线型：虚线。完成后的左视图如图 4-2-33 所示。

② 建立左视图的局部剖视。

定义局部剖视边界。如果左视图不是当前活动视图，单击鼠标右键，在快捷菜单中选择菜单命令“活动草图视图”，让左视图成为当前活动视图。选择菜单“插入”→“草图曲线”→“样条”(或者“艺术样条”)，创建如图 4-2-34 所示的局部剖切边界线。完成边界线的创建后，单击“完成草图”按钮。

图 4-2-31 “投影视图”对话框

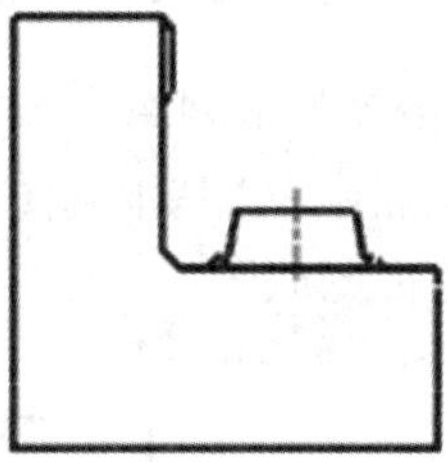

图 4-2-32 创建左视图

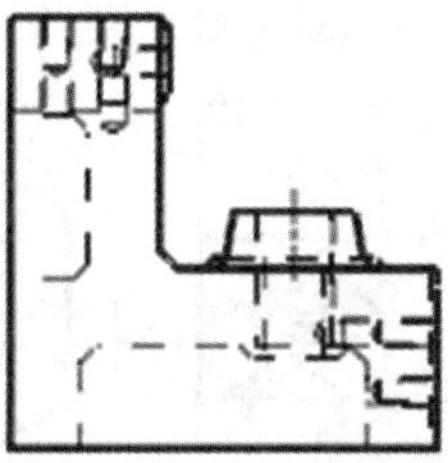

图 4-2-33 左视图

选择菜单“插入”→“视图”→“截面”→“局部剖”，弹出如图 4-2-35 所示的“局部剖”对话框，在俯视图中选择如图 4-2-36 所示的孔中心位置为基点。使用默认的投影矢量。选择左视图左上角剖视边界线，单击“局部剖”对话框中的“应用”按钮。按照相同的方法创建另一处局部剖视图。完成后的局部剖如图 4-2-37 所示。

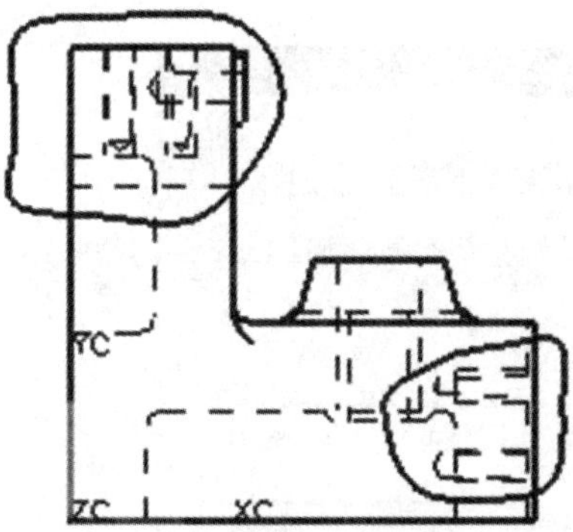

图 4-2-34 边界线

图 4-2-35 “局部剖”对话框

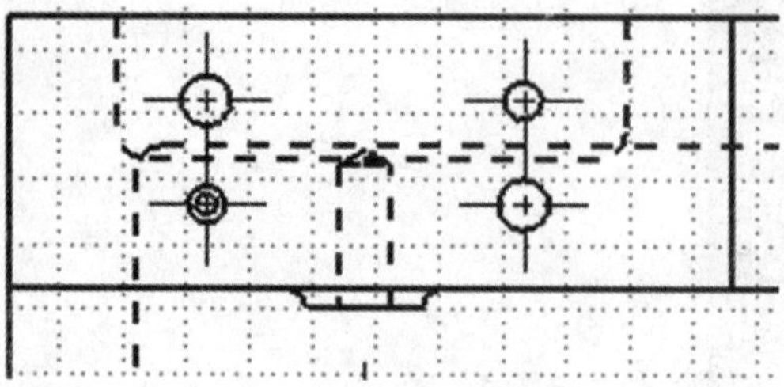

图 4-2-36　剖切位置

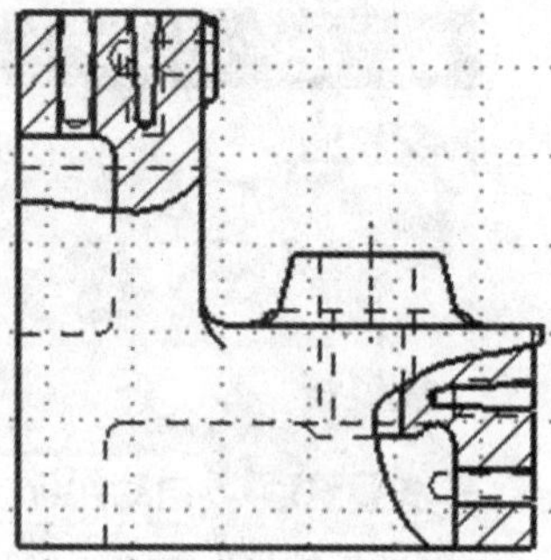

图 4-2-37　局部剖视图

(4) 创建正等测轴测图。

创建基本视图,从"基本视图"对话框中选择要使用的模型视图为"正等测视图",设定比例 0.7,完成的视图如图 4-2-38 所示。

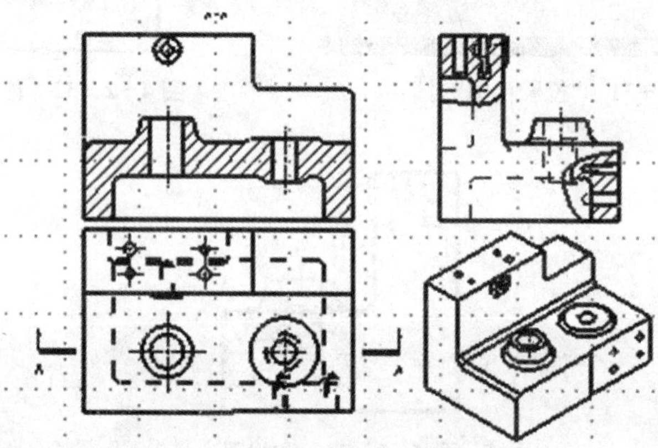

图 4-2-38　创建正等测视图

(5) 创建向视图。

① 选择菜单"插入"→"视图"→"投影",弹出"投影视图"对话框。"投影视图"对话框"父视图"按钮被激活,选择俯视图作为父视图。移动鼠标确定投影视图位置,完成后的投影视图如图 4-2-39 所示。

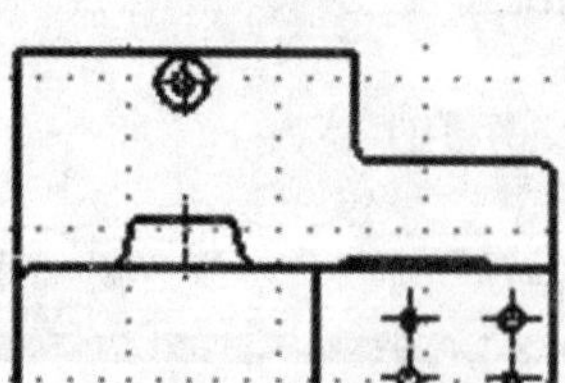

图 4-2-39　投影视图

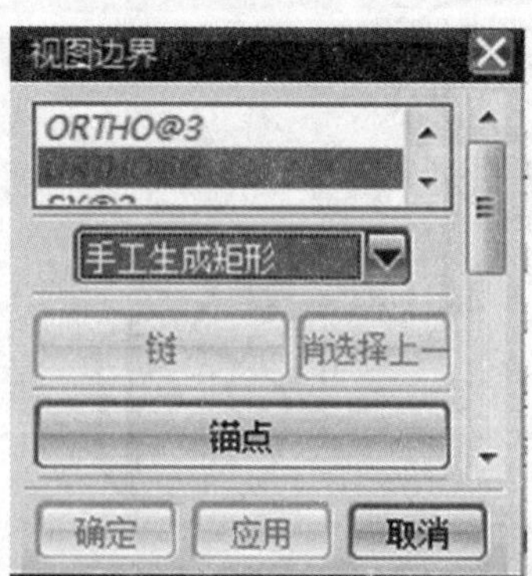

图 4-2-40　"视图边界"对话框

② 编辑视图边界。选择菜单“编辑”→“视图”→“边界”，弹出“视图边界”对话框，如图4-2-40所示，选择上一步创建的视图，从对话框中选择视图边界类型：手工生成矩形，该类型边界是通过拖动鼠标来定义视图的范围。创建后的视图边界如图4-2-41所示。删除多余中心线。

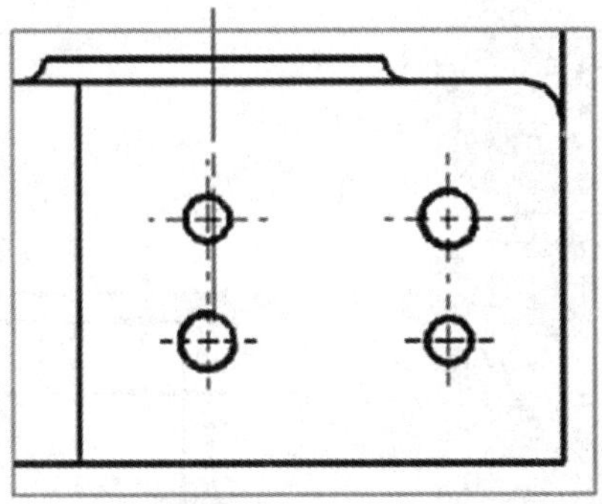

图4-2-41　视图边界

2. 编辑视图

选择菜单“编辑”→“视图”→“视图相关编辑”，弹出“视图相关编辑”对话框，选择向视图，则“视图相关编辑”对话框“添加编辑”中的各项工具按钮均可以使用，选择“擦除对象”按钮，弹出“类选择”对话框，从向视图中选择需要擦除的轮廓线条，单击“视图相关编辑”对话框中的“确定”按钮，选择的轮廓线条均不显示。

3. 创建轴线符号

选择菜单“插入”→“中心线”→“自动”，弹出如图4-2-42所示的“自动中心线”对话框，选择各个视图，则系统自动创建各个视图中孔和圆柱体的中心线。

图4-2-42　创建轴线符号

4. 尺寸标注

选择菜单“插入”→“尺寸”，从弹出的尺寸标注菜单中选择相应的标注方式，对夹具体各处结构进行尺寸标注。

5. 形位公差标注

(1) 创建基准符号。选择菜单“插入”→ “注释”→ “基准特征符号”，弹出如图4-2-43

所示的“基准特征符号”对话框，在“基准标识符”中选择“A”，“类型”选择“基准”，选择左视图上轮廓线，单击鼠标左键标注出基准符号，如图 4-2-44 所示。

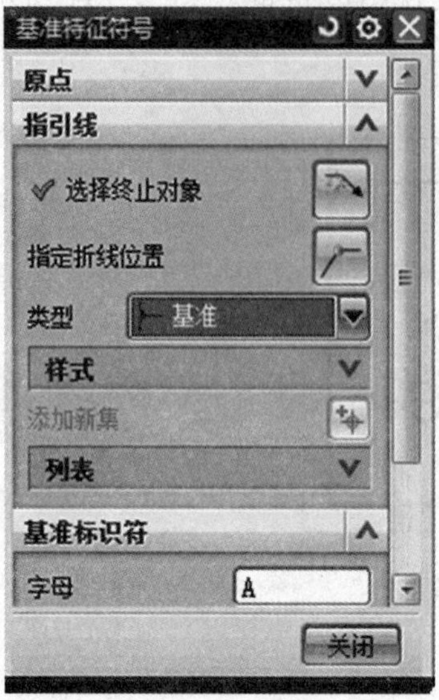

图 4-2-43 “基准特征符号”对话框

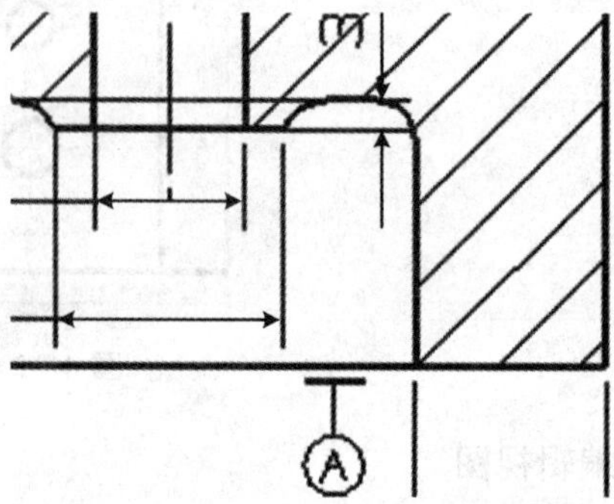

图 4-2-44 创建的基准符号

(2) 创建垂直度公差。选择“特征控制框”按钮，弹出如图 4-2-45 所示“特征控制框”对话框，选择形位公差类型：垂直度，输入公差值：0.03，选择轮廓线后完成垂直度公差标注，如图 4-2-46 所示。

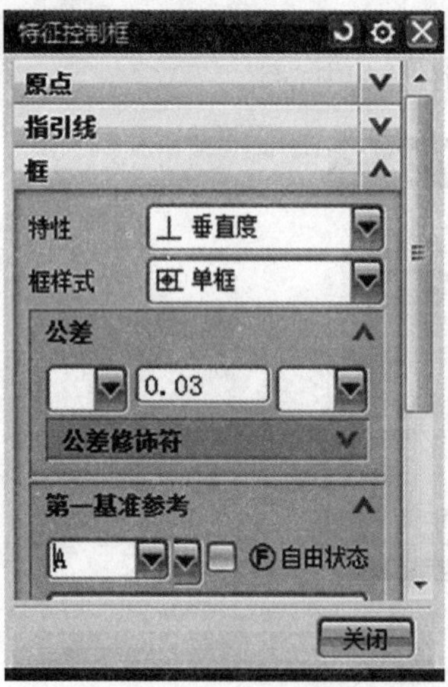

图 4-2-45 “特征控制框”对话框

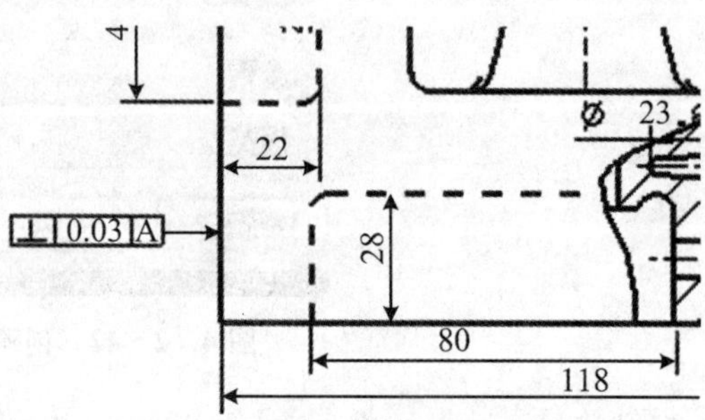

图 4-2-46 垂直度公差标注

参照此方法完成其他基准符号和形位公差的标注。

6. 表面粗糙度的标注

选择菜单“插入”→“注释”→“表面粗糙度符号”，设置表面粗糙度符号类型指引线：标志；设置材料移除：✓需要移除材料；设置符号文本大小：3.2；设置下部文本 a2：3.2；在“设置”中选择“反转文本”，选择左视图底部轮廓边缘，按住鼠标左键移动符号的放置位置，完成后的表面粗糙度标注如图 4－2－47 所示。参照此方法完成其他各处表面粗糙度的标注。

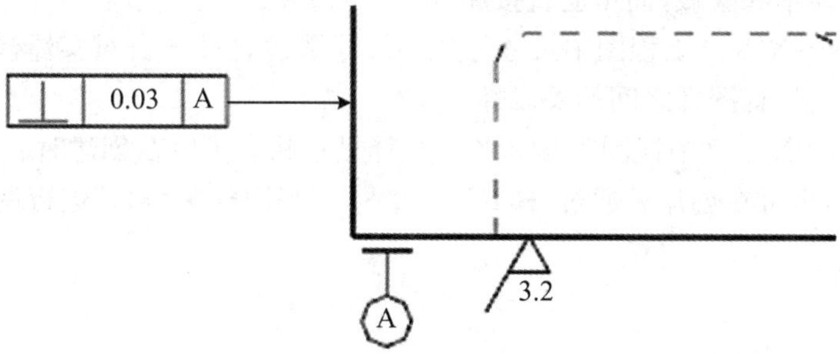

图 4－2－47　表面粗糙度标注

任务评价与总结

一、任务评价

任务评价按表 4－2－1 进行。

表 4－2－1　任务评价表

评价项目	配分	得分
一、成果评价：60％		
基本视图创建的正确性	20	
全剖视图、局部剖视和局部视图创建的正确性	20	
尺寸、表面粗糙度、形位公差创建的正确性	20	
二、学生自我评价与团队成员互评：15％		
学习活动的目的性	3	
是否独立寻求解决问题的方法	6	
团队合作氛围	3	
个人在团队中的作用	3	
三、教师评价：25％		
工作态度是否端正	10	
工作量是否饱满	3	
工作难度是否适当	2	
学生对于学习任务的明确和相关信息的收集与理解、工作任务方案制定的合理性	5	
自主学习	5	
总分		

二、任务总结

(1) 使用 Siemens NX 8.0 对零件模型生成工程图前，要根据零件实体的特征、结构和相关要求，做好分析，明确如何选择视图和剖视、局部剖视的表达方案，相关技术要求的标注等。

(2) Siemens NX 8.0 中的视图是通过对实体模型按照指定方向投影得到的，因此视图上的线条只能是显示和隐藏，而不能直接删除。

(3) Siemens NX 8.0 工程图中尺寸标注的尺寸数值直接来自对实体模型的测量，因此保证了实体模型与工程图样之间的关联性。

(4) Siemens NX 8.0 中视图内容和各种注释显示状态可以在创建时通过“样式”中的参数设置进行调整，也可在创建后通过“样式”、“边界”、“视图相关编辑”进行调整。

任务拓展

一、相关知识与技能

1. 视图样式

在 Siemens NX 8.0 中，控制视图注释，设置视图中追踪线和螺纹表示的显示特性，设置视图的可视属性、控制，例如怎样渲染隐藏线、可见线、虚拟交线和光顺边，视图是否显示为着色或线框图像，设置视图的透视、角度和比例等，可以使用“视图样式”对话框。可以在选中某一视图的情况下，按鼠标右键，弹出如图 4-2-48 所示的快捷菜单，选择菜单中的“样式”，弹出如图 4-2-49 所示的对话框，在此对话框中修改隐藏线等内容的显示方式。

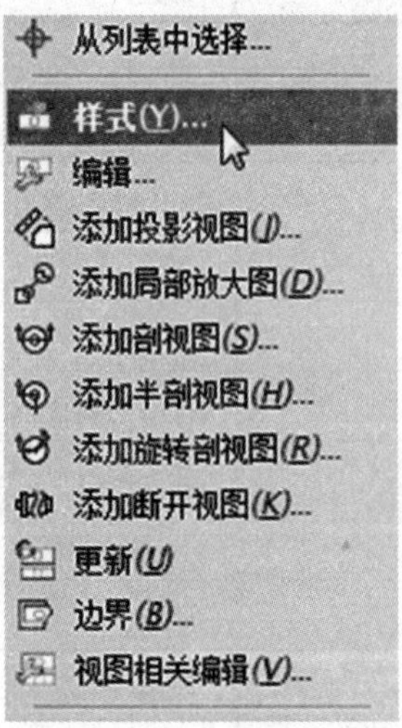

图 4-2-48 快捷菜单

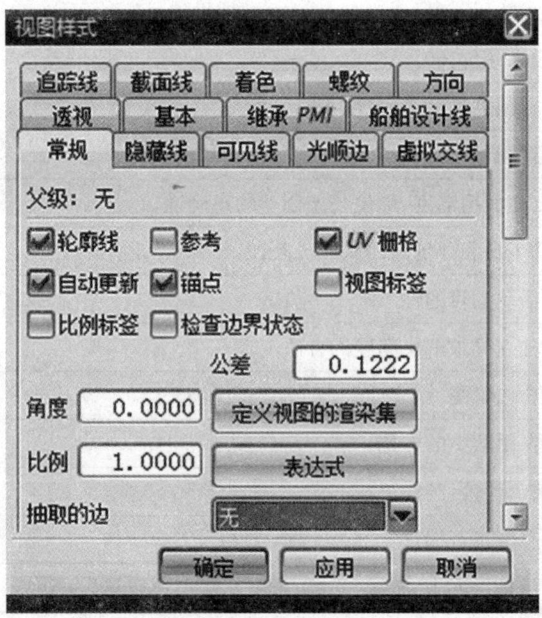

图 4-2-49 “视图样式”对话框

2. 对齐视图

在 Siemens NX 8.0 中，可以用“叠加”、“水平”、“竖直”、“垂直于直线”、“自动判断”等五种不同的对齐方法对齐现有的视图。选择主菜单“编辑”→“视图”→“对齐视图”，弹出如图 4-2-50 所示的对话框，用户可以对视图进行对齐操作。

3. 工程图中螺纹特征的显示

对于螺纹特征在工程图中的显示，需要在“建模”模块中创建螺纹时，选择“符号螺纹”选项，否则在做螺纹的投影时，工程图中看到的是螺纹牙型曲面，不符合螺纹的制图标准要求，具体区别如图 4-2-51 所示。在“视图样式”的“螺纹标准”选项中还可以控制螺纹是否显示以及螺纹显示的方式。

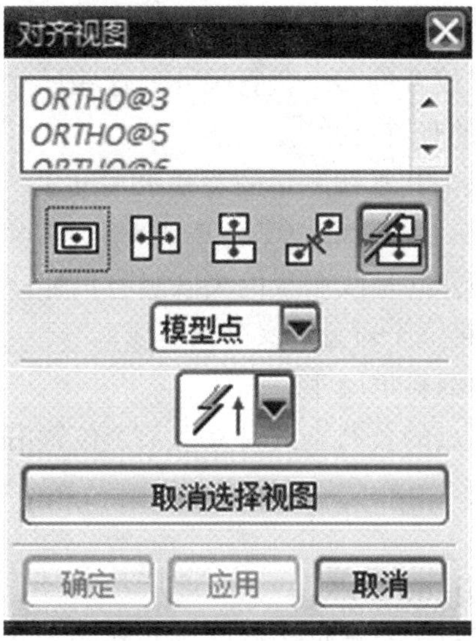

图 4-2-50　“对齐视图”对话框

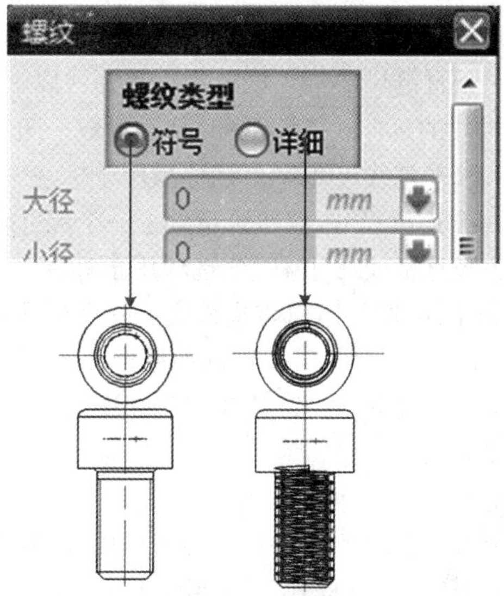

图 4-2-51　符号螺纹和详细螺纹在工程图中的显示

4. 尺寸标注类型

(1) 尺寸标注类型

在标注尺寸前，先要选择尺寸的类型。选择菜单“插入”→“尺寸”，弹出的尺寸标注类型菜单有以下类型：

1) 自动判断尺寸。该选项由系统自动根据光标位置和选中的对象推断出选用哪种尺寸标注类型进行尺寸标注。

2) 水平尺寸。该选项用于标注所选对象平行于 X 轴测量的尺寸。

3) 竖直尺寸。该选项用于标注所选对象平行于 Y 轴测量的尺寸。

4) 平行尺寸。该选项用于标注所选对象间的平行尺寸。

5) 垂直尺寸。该选项用于标注所选点到直线(或中心线)的垂直尺寸。

6) 角度尺寸。该选项用于标注所选两直线之间的角度。

7) 圆柱尺寸。该选项用于标注两个对象或点位置之间的线性距离尺寸，并会自动附加上直径符号。

8) 孔尺寸。该选项用于标注所选孔特征的尺寸。

9) 直径尺寸。该选项用于标注所选圆或圆弧的直径尺寸。

10) 半径尺寸。该选项用于标注所选圆或圆弧的半径尺寸，但标注不过圆心。

11) 过圆心的半径尺寸。该选项用于标注所选圆或圆弧的半径尺寸，但标注过圆心。

12) 带折线的半径尺寸。该选项用于标注所选大圆弧的半径尺寸，并用折线来缩短尺寸线的长度。

13）厚度尺寸。该选项用于标注所选两条曲线测量点之间的距离尺寸。

14）弧长尺寸。该选项用于标注所选圆弧的弧长尺寸。

15）坐标。标注时定义一个原点的位置，作为一个距离的参考点位置，进而可以明确地给出所选择对象的水平或垂直坐标(距离)。

16）水平链尺寸。该选项用于标注以端到端方式放置的多个水平尺寸。这些尺寸从前一个尺寸的延伸线连续延伸，从而形成一组首尾相连的水平尺寸。

17）竖直链尺寸。该选项用于标注以端到端方式放置的多个竖直尺寸。这些尺寸从前一个尺寸的延伸线连续延伸，从而形成一组首尾相连的竖直尺寸。

18）水平基线尺寸。该选项用于标注一系列根据公共基线测量的关联水平尺寸。竖直偏置每个连续尺寸，以防止重叠上一个尺寸。所选的第一个对象定义公共基线。

19）竖直基线尺寸。该选项用于标注一系列根据公共基线测量的关联竖直尺寸。水平偏置每个连续尺寸，以防止重叠上一个尺寸。所选的第一个对象定义公共基线。

20）倾斜角尺寸。该选项用于标注 45°倒斜角的倒斜角尺寸。

21）坐标尺寸。该选项用于标注从被称为坐标原点的公共点到对象上某个位置沿坐标基线的距离。

(2) 尺寸标注样式

选择尺寸标注类型进行标注或编辑尺寸时，可以在弹出的如图 4-2-52 所示的“尺寸”工具条中选择“尺寸样式”按钮，在弹出的“尺寸标注样式”对话框中修改尺寸和箭头的样式；选择“名义尺寸”按钮，在弹出的下拉列表框中修改尺寸小数位数；选择“偏差类型”按钮，在弹出的下拉列表框中选择所需要的尺寸偏差类型；选择“注释编辑器”按钮，在弹出的“注释编辑器”对话框中修改文字样式。

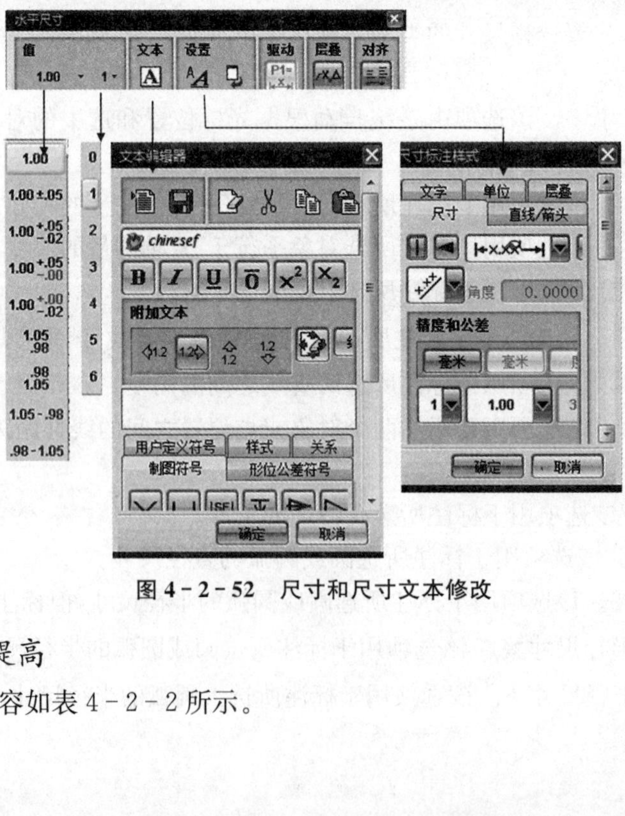

图 4-2-52　尺寸和尺寸文本修改

二、练习与提高

练习与提高内容如表 4-2-2 所示。

表 4-2-2

<table>
<tr><td>名称</td><td>建立机用虎钳活动钳身的工程图</td><td>难度</td><td>中</td></tr>
<tr><td colspan="2">内容：根据机用虎钳活动钳身的三维模型，使用 Siemens NX 8.0 建立该零件的二维图样。
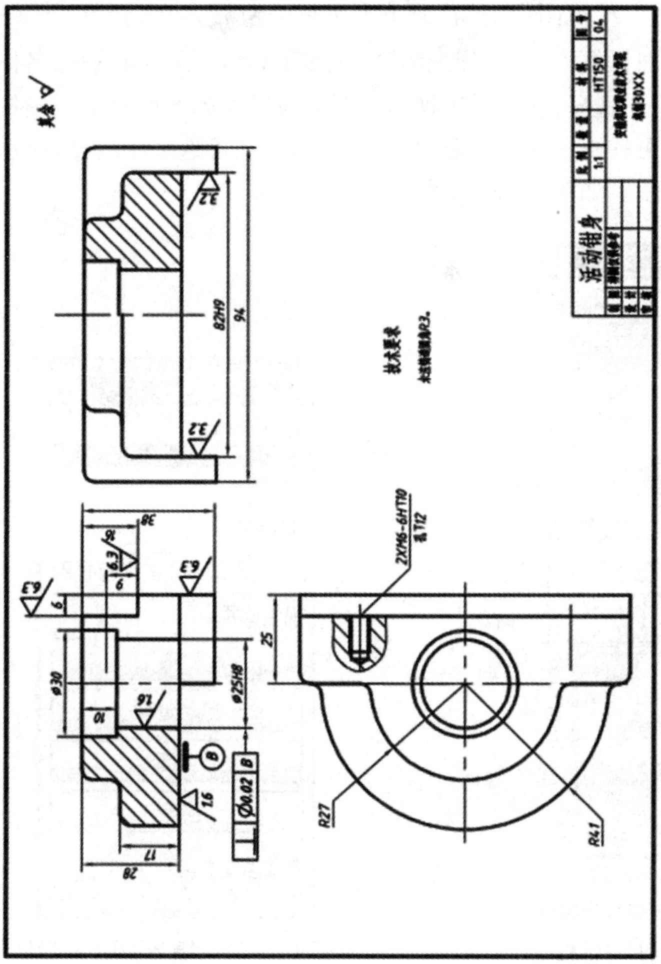</td><td colspan="2">要求：
(1) 掌握 Siemens NX 8.0 各种视图的创建；
(2) 掌握 Siemens NX 8.0 工程图中尺寸、形位公差、表面粗糙度标注的创建；
(3) 利用 Siemens NX 8.0 工程图中的视图样式和编辑功能管理视图，使工程图满足 GB/T 14689—1993 等国家机械制图标准的要求。</td></tr>
</table>

任务二　杠杆臂钻模装配体工程图的创建

任务介绍

学习视频 4-2

本次任务是使用 Siemens NX 8.0 工程制图模块完成杠杆臂钻模装配体工程图的创建，学习者通过任务的实施，掌握 Siemens NX 8.0 工程制图模块中组件剖切特性、明细表等功能。

相关知识

一、零部件的剖切特性

在装配部件的剖视图中，有的部件不需要剖开，如螺栓、螺母、销钉等标准件和一些轴类零件。选择菜单“编辑”→“视图”→“视图中剖切”或单击工具按钮，弹出如图 4－3－1 所示的“视图中剖切”对话框。该对话框中的“选择视图”按钮自动激活，可在视图名称列表框中选择视图，也可在图形窗口中选择视图，所选视图在图形窗口中高亮度显示。选择视图后，“选择组件”图标自动激活，可在视图中选择要编辑的组件，一次可选多个组件，所选组件在图形窗口中自动以高亮度显示。如图 4－3－1 所示。

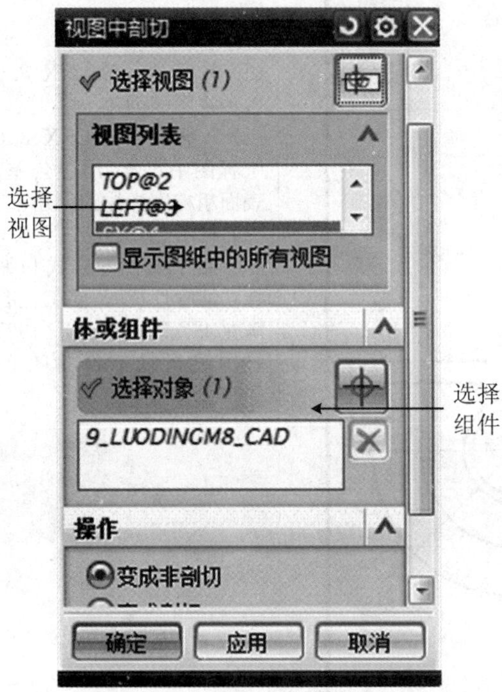

图 4－3－1 “视图中剖切”对话框

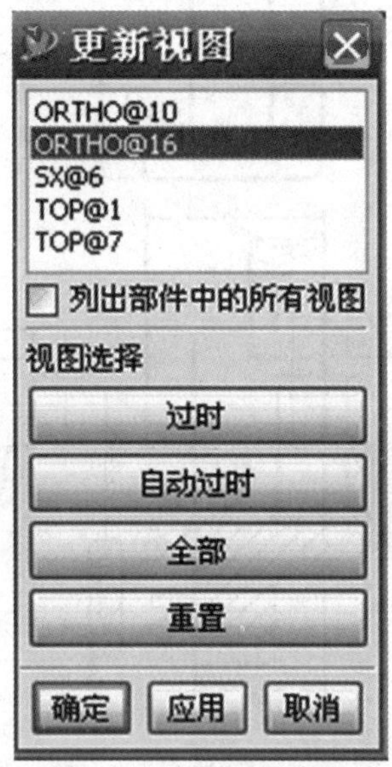

图 4－3－2 “更新视图”对话框

“视图中剖切”对话框选项说明如下：

① 变成非剖切。选择该选项，为所选组件指定不剖特性。

② 变成剖切。选择该选项，为所选组件指定剖切特性。

③ 移除特定于视图的剖切属性。该选项移去视图指定的特性。

完成组件选择后，单击“视图中剖切”对话框中的“确定”按钮，则完成所选组件剖切特性编辑工作。但剖视特性编辑后，图形没有变化，需要更新视图才能看到编辑效果。选择“编辑”→“视图”→“更新”菜单项，在弹出的如图 4－3－2 所示的“更新视图”对话框中选择“全部”按钮，单击“确定”按钮，则视图更新，从中可看到剖视图组件剖切属性被更改后的效果。

二、零件序号

可使用“标识符号”创建独立的符号，用于表示零件的序列号等。选择菜单命令“插入”→“注释”→“标识符号”或在工具栏中单击“标识符号”按钮，系统将弹出如图 4－3－3 所示的“标识符号”对话框。可在“标识符号”对话框中指定符号类型、文本、大小和放置。

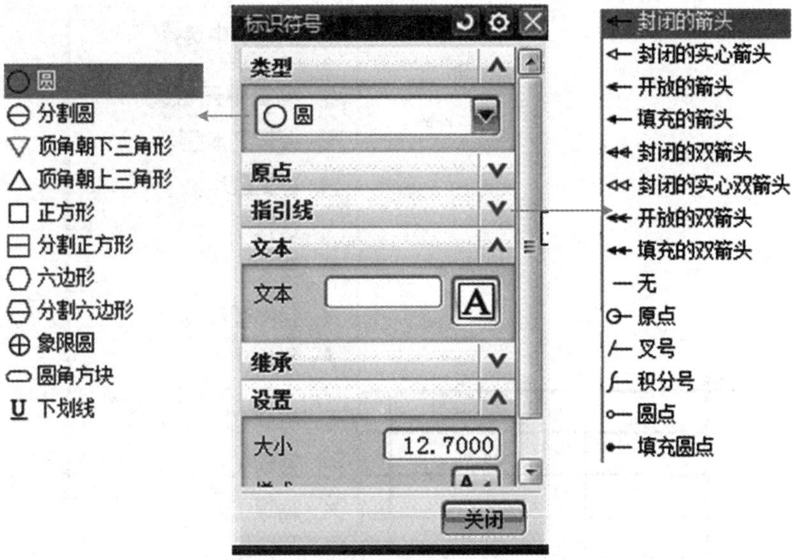

图 4-3-3 “标识符号”对话框

1. 类型

在“类型”中包括了“圆”等 11 种类型符号。

2. 指引线样式

该选项用于让用户定义指引线箭头、短划线侧等的类型。系统中共提供了 8 种引出线类型，用户可以根据需要选择其中的一种。

三、装配明细表

在 siemens NX 8.0 中，可以使用两种方法创建装配明细表。

1. 使用“零件明细表”菜单

零件明细表是直接从装配导航器中列出的组件派生而来的，可以通过这些表为装配体创建物料清单。选择“插入”→“表格”→“零件明细表”，在图纸上合适位置单击鼠标左键作为明细表的位置，系统根据装配零部件属性中的信息自动创建明细表，如图 4-3-4 所示。

5	13_ZUANMOBAN_CAD	1
4	12ZUANTAO_13	1
3	4_ZUANMOBAN_CAD	1
2	3ZUANTAO_ZHIJING10_2	1
1	9_LUODINGM8_CAD	4
PC NO	PART NAME	QTY

图 4-3-4 零件明细表

2. 使用“表格”

选择“插入”→“表格”→“表格注释”，在图纸上合适位置单击鼠标左键确定明细表位置，即可创建出明细表。可以使用“编辑”→“表格”中的菜单命令对表格进行编辑，完成明细表中各项内容。如图 4-3-5 所示。

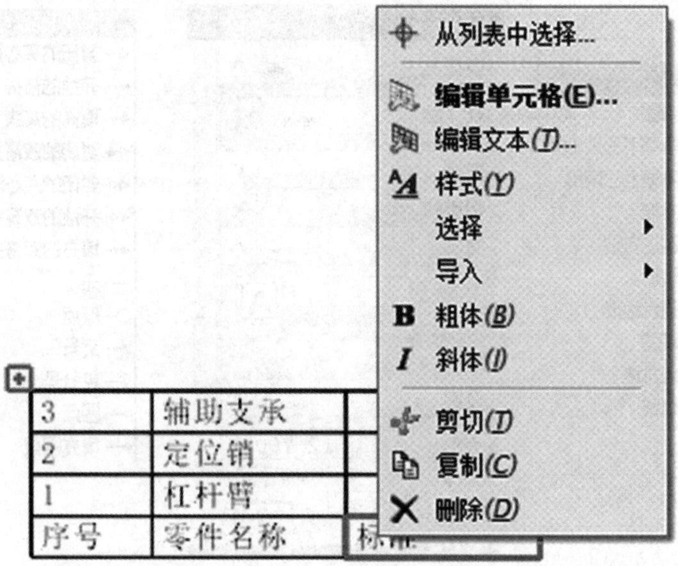

图 4-3-5 表格注释

四、Siemens NX 8.0 工程图与 AutoCAD 文件的转换

目前,AutoCAD、CAXA 电子图板等二维应用软件在企业的二维图样绘制中应用广泛,使用 Siemens NX 8.0 创建二维工程图后,可以把所创建的工程图转换成 DWG、DXF 等格式的文件,便于在 AutoCAD 软件中进行编辑与修改。

单击菜单"文件"→"导出"→"2D Exchange",系统会弹出如图 4-3-6 所示的"2D Exchange"对话框。在此对话框中,按照图 4-3-6 所示的参数修改,再单击"确定"按钮,即可实现文件转换。

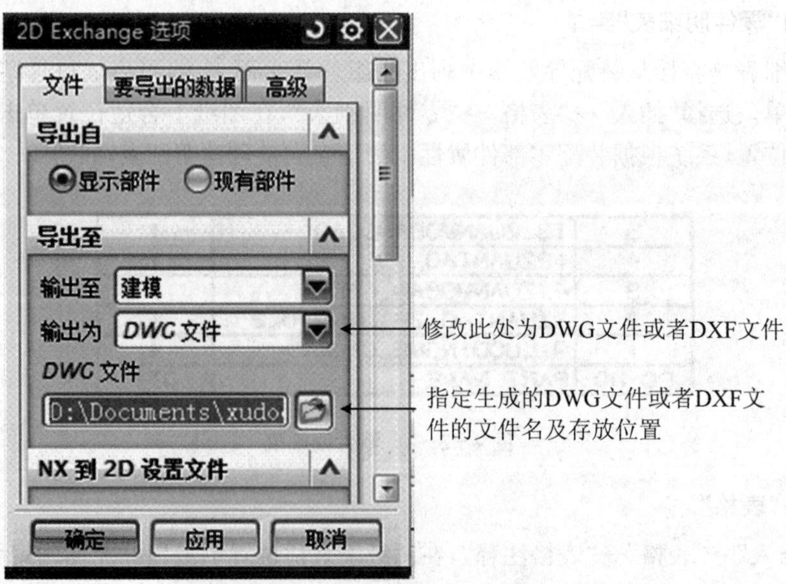

图 4-3-6 2D 转换对话框

任务分析与计划

一、杠杆臂钻模装配体工程图创建任务的分析

装配体工程图主要是为了表达装配体零部件之间的连接关系、工作原理、装配关系等。钻模的装配体重点表达钻模板和夹具体之间的关系，表达钻模的钻孔装夹原理。图 4－3－7 给出了钻模各个方向的结构。

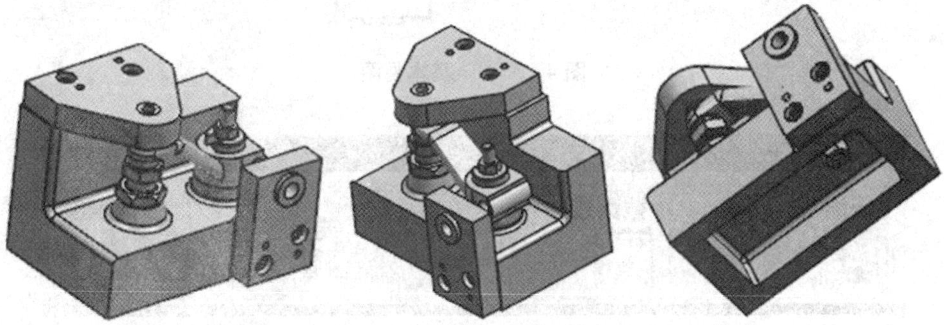

图 4－3－7　钻模装配体的结构

装配结构中，两个钻模板部分要表达钻模和钻模板之间的配合、加工工件与夹具体之间的装夹关系。综合分析，拟采用 3 个视图来表达钻模的详细结构和装配、配合关系。在视图表达方式选择上，我们选择主视图采用全剖视图、左视图采用局部剖视、俯视图采用视图的方式。

二、杠杆臂钻模装配体工程图创建计划

(1) 创建各处视图。

(2) 创建尺寸标注和形位公差。

(3) 创建明细表和零件序列号。

(4) 导出文件为 DWG 格式文件。

任务实施

1. 打开文件

打开杠杆臂钻模装配文件，文件名称为“gangganbizuanmo”，单位选择“mm”。选择菜单“起始”→“制图”，进入工程图模块，新建一个图纸页，图纸大小选择“A1”。

2. 创建视图

(1) 插入基本视图作为俯视图。

使用“基本视图”对话框中的“定向视图工具”按钮调整视图方向，并在“视图样式”对话框中取消“光顺边”，完成后的俯视图如图 4－3－8 所示。

(2) 插入剖视图作为主视图。

选择菜单“插入”→“视图”→“截面”→“简单/阶梯剖”，弹出如图 4－3－9 所示的“剖视图”工具条，选择上一步骤中创建的基本视图为父视图，在“剖视图”工具条中选择“非剖切组件”按钮，出现“类选择”对话框，从俯视图中选择定位销，单击“类选择”工具对话框中的“确定”按钮，得到如图 4－3－10 所示的剖切视图。该剖切视图中定位销没有剖切，但是定

位销上的螺母被剖切。

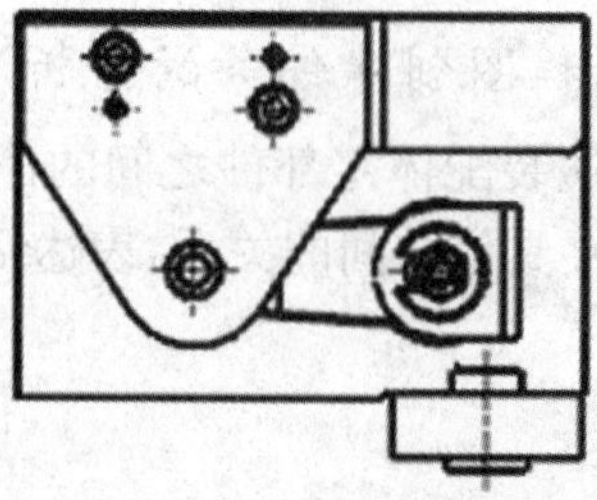

图 4-3-8　基本视图

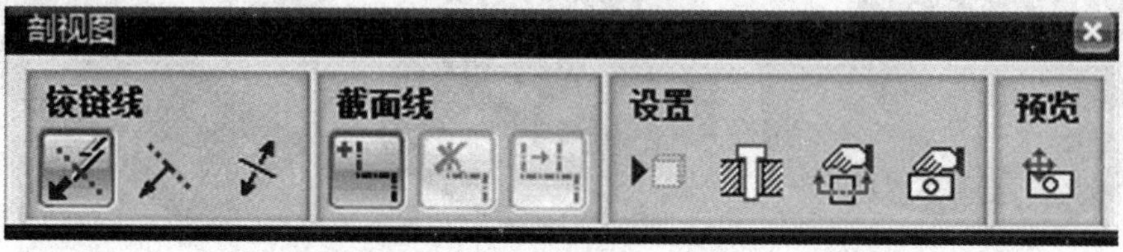

图 4-3-9　“剖视图”工具条

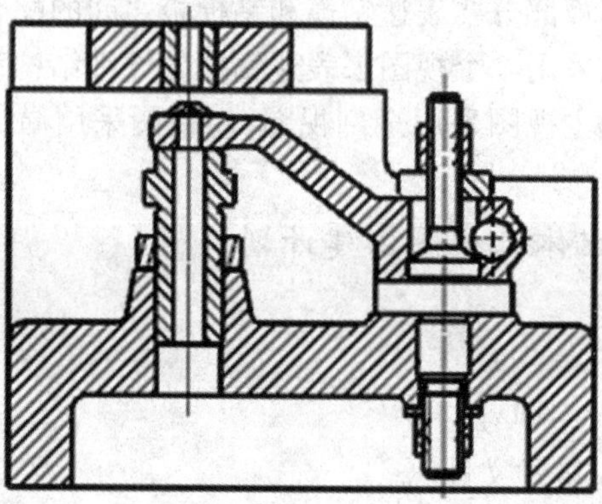

图 4-3-10　剖切视图

选择菜单“编辑”→“视图”→“视图中剖切”，弹出如图 4-3-11 所示的“视图中剖切”对话框，选择主视图，并选择剖切视图中定位销上端和下端螺母，单击对话框中“确定”按钮，螺母由剖切状态改变为非剖切状态。如图 4-3-12 所示。

如果视图中螺母显示状态没有变化，可以选择菜单“编辑”→“视图”→“更新”，弹出“更新视图”对话框，选择全部视图，单击“确定”按钮后得到的视图如图 4-3-13 所示。

(3) 创建其他视图。

创建投影视图作为左视图，并建立局部剖切视图。在 3 个视图中隐藏杠杆臂零件后重新创建 3 个杠杆臂模型视图叠加到已有的视图上，得到杠杆臂装配体视图。

3. 标注尺寸、形位公差、表面粗糙度

添加中心线，标注尺寸、形位公差、表面粗糙度。

4. 建立零件序号

使用“标识符号”创建各个零件的序号。

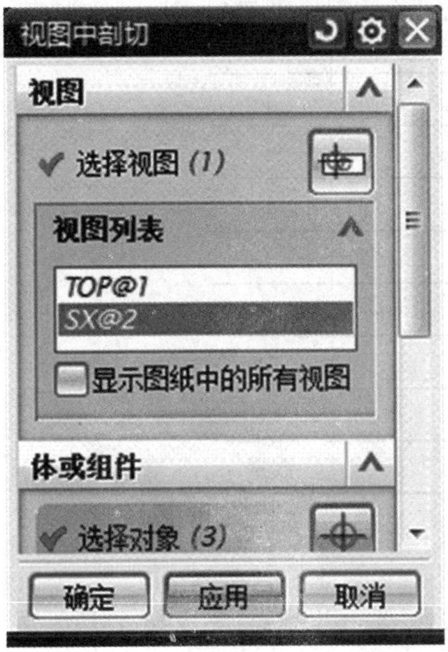

图 4-3-11 “视图中剖切”对话框

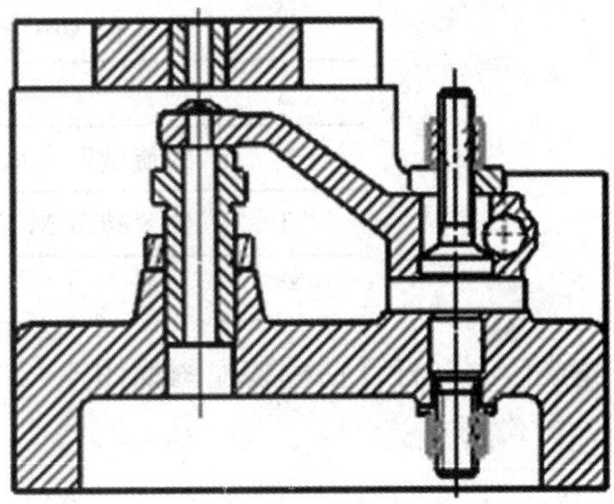

图 4-3-12 选择对象

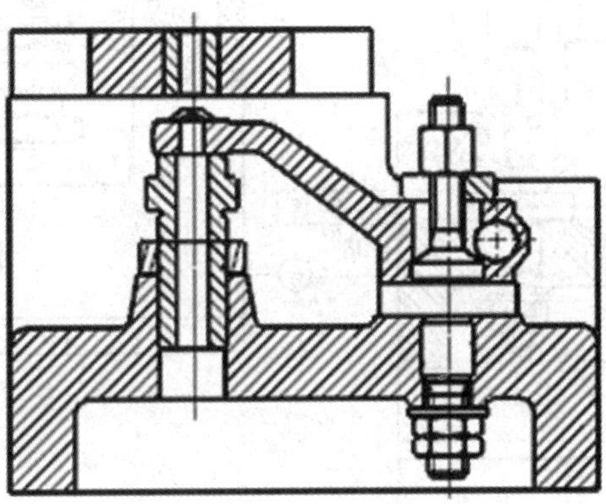

图 4-3-13 调整后的主视图

5. 建立零件明细表

使用“表格注释”创建表格，根据各个零件的名称、标准、材料和数量修改各个单元格内容。创建后的零件明细表如表 4-3-1 所示。

表 4-3-1 零件明细表

14	圆锥销	4
13	钻模板(Ø13 孔)	1
12	钻套	1
11	可调支承钉	1
10	锁紧螺母	1
9	螺钉 M8	4

续表

8	夹具体	1
7	定位销	1
6	开口垫圈 M10	1
5	夹紧螺母 M10	1
4	钻模板(Ø10 孔)	1
3	钻套	1
2	螺旋辅助支承	1
1	锁紧螺母 M22	1
序号	名称	数量

完成后的杠杆臂钻模装配图如图 4-3-14 所示。

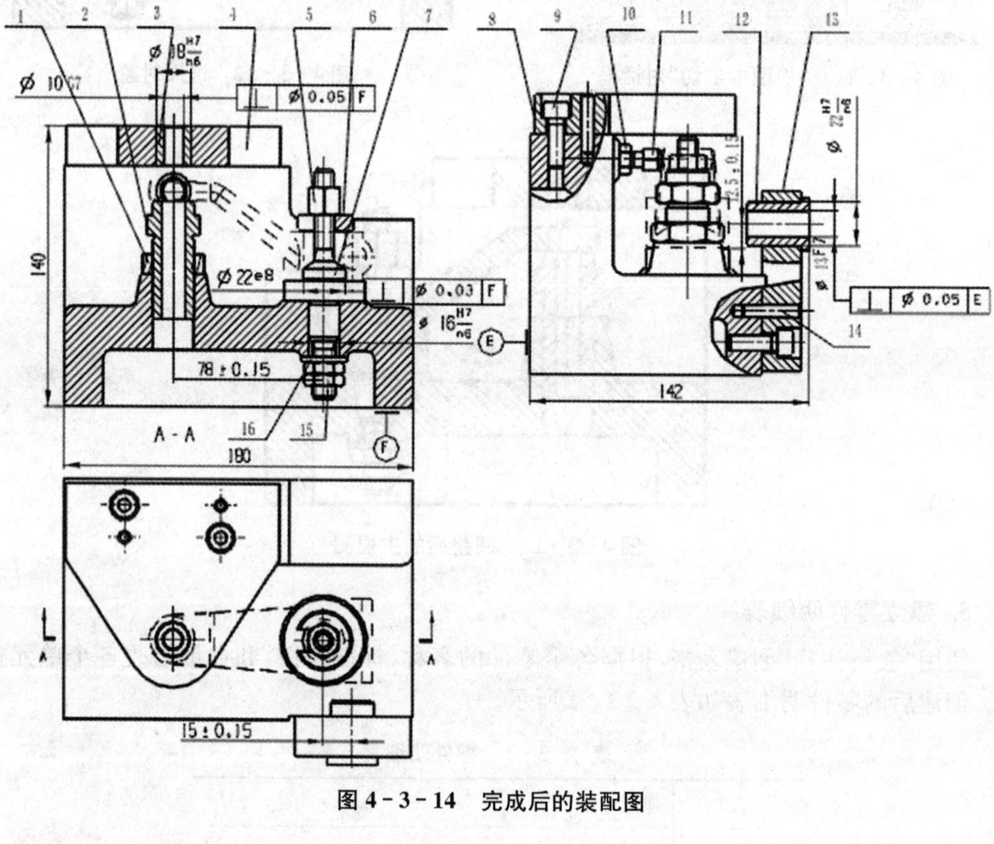

图 4-3-14　完成后的装配图

任务评价与总结

一、任务评价

任务评价按表 4-3-2 进行。

表 4-3-2　任务评价表

评价项目	配分	得分
一、成果评价：60％		
基本视图创建的正确性	10	
全剖视图、局部剖视和局部视图创建的正确性	25	
尺寸、形位公差、零件序号、明细表创建的正确性	25	
二、自我评价：15％		
学习活动的目的性	3	
是否独立寻求解决问题的方法	6	
团队合作氛围	3	
个人在团队中的作用	3	
三、教师评价：25％		
工作态度是否端正	10	
工作量是否饱满	3	
工作难度是否适当	2	
自主学习	10	
总分		

二、任务总结

(1) 综合使用 Siemens NX 8.0 工程图中的“相关编辑”、“视图中的剖切组件”、“视图样式”功能，可以将 Siemens NX 8.0 中各种视图编辑至符合国家机械制图标准要求，其中“视图中的剖切组件”主要实现轴类等零件在纵向剖切中的不剖处理。

(2) Siemens NX 8.0 中的工程图可以转换为 DWG、DXF 等格式的文件。

任务拓展

一、相关知识与技能

1. 爆炸视图

可以将建模中的装配状态保存为视图，并在工程图绘制中放置爆炸视图，以便于观察和了解夹具等工艺装备的装配结构。其具体步骤如下：

(1) 在建模状态中建立爆炸图，并旋转爆炸图到合适方位。

(2) 选择“视图”→“操作”→“另存为”菜单项，弹出“保存工作视图”对话框，在对话框中输入自定义爆炸图的名称，单击“确定”。

(3) 在工程图状态中，选择“图纸”→“添加视图”菜单项，在弹出的对话框中选择按钮，引入自定义爆炸视图到工程图中，例如杠杆臂钻模装配体工程图建立的爆炸视图如图 4-3-15 所示。

2. 部件剖切特性

根据机械制图标准规定，在装配部件的剖视图中，轴、螺栓、螺母、销钉等实心零件在纵

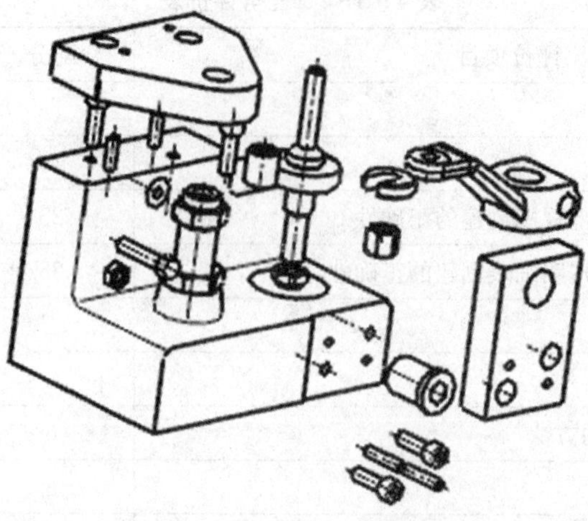

图 4-3-15　爆炸视图的创建

向剖切中，剖切平面通过其对称平面或轴线时，这些零件均按不剖处理。Siemens NX 8.0 工程图模块有两种方法可以实现部件在剖视图中不剖：一是通过为部件指定不剖属性；二是在建立剖视图后，通过对剖视图的编辑，使部件不剖。

为部件指定不剖属性的方法如下：在装配导航器中选择要编辑的组件，单击鼠标右键，在弹出的菜单中选择“属性”选项，系统将打开“组件属性”对话框，如图 4-3-16 所示。选

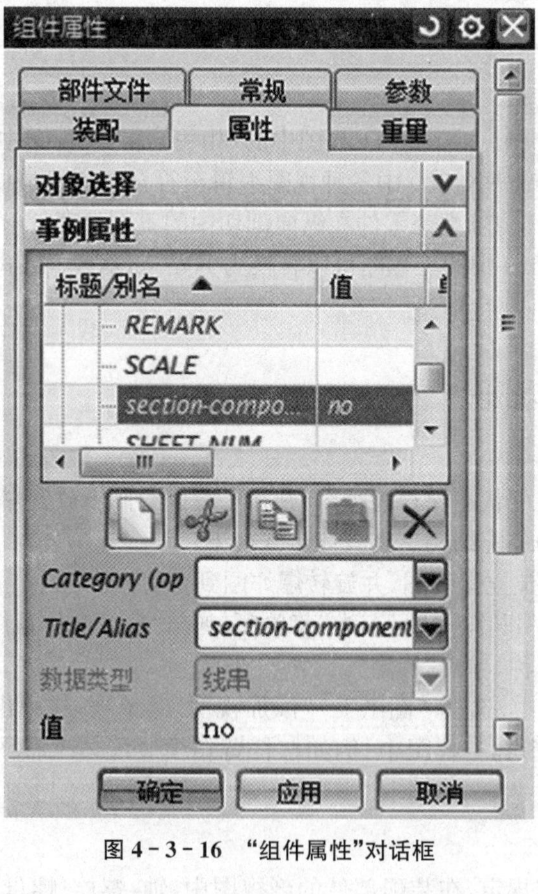

图 4-3-16　“组件属性”对话框

择“属性”选项卡，在“Title/Alias”中输入“Section-Component”，在“值”中输入“no”。这样该部件就被指定了一个不剖属性。

3. 工程图边框与标题栏

Siemens NX 8.0 工程图的边框和标题栏除了直接利用曲线功能进行绘制以外，还可以采用以下方法处理：

(1) 使用图纸页模板。新建“图纸页”，如图 4-3-17 所示，在“大小”中选择“使用模板”选项，并从列表框中选择相应的标准图纸模板。在导航器中选择组“DRAWING”后，图形窗口显示如图 4-3-18 所示的图纸边框和标题栏。

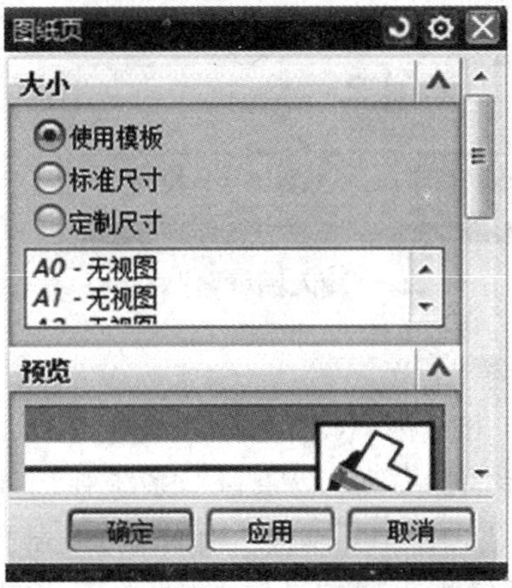

图 4-3-17 “图纸页”对话框

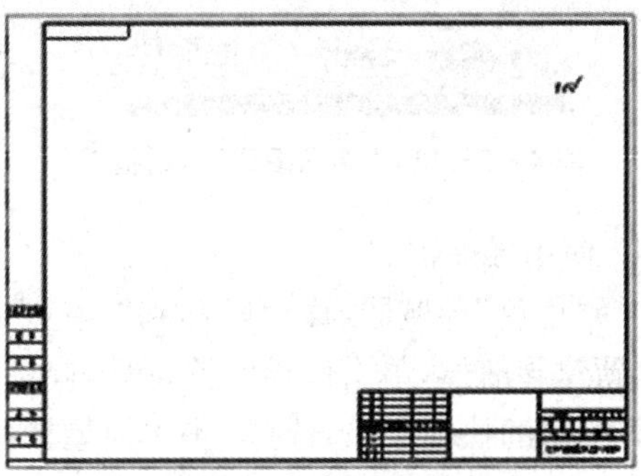

图 4-3-18 图纸页边框与标题栏

(2) 导入其他软件产生的标题栏文件。方法是选择主菜单“文件”→“导入”，然后选择已经具有标题栏的文件，例如 DXF/DWG。

(3) 利用 Siemens NX 8.0 的图样功能。

① 制作图样。新建一个部件文件，直接进入工程图模块。根据图框的大小设置图纸的尺寸。设置好这些参数后，用曲线功能绘制图框，并在相关栏目插入一些通用文本。选择菜单“文件”→“选项”→“保存选项”→“保存仅图样数据”，保存文件，当前文件被存储，这样就建立了一个可供其他部件引用的图纸文件。

② 使用图样。选择菜单“格式”→“图样”，系统将弹出如图 4-3-19 所示的“图样”对话框。该对话框中提供了 8 个选项，用于添加、更新、替换图样，设置图样显示参数，定义图样位置等操作。

“调用图样”选项用于添加存在的图样到当前工程图。选择该选项，系统将弹出如图 4-3-20 所示的“调用图样”对话框。该对话框用于设置图样的比例、目标坐标系、自动缩放和图样显示等参数。设置完成后系统将弹出“调用图样”对话框，用户可选择适合当前工程图的图样文件。选择

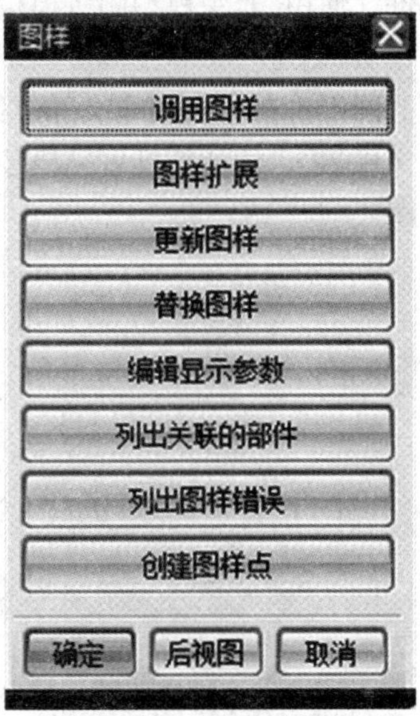

图 4-3-19 “图样”对话框

图样文件后，系统弹出如图 4－3－21 所示的“输入图样名”对话框，用户可根据需要为图样指定一个新的名称，一般可沿用系统提供的缺省名称。确定名称后，系统将弹出“点构造器”对话框，用于在工程图中选择图样的放置位置。选择工程图的坐标原点作为放置位置后，图样被添加到当前工程图。

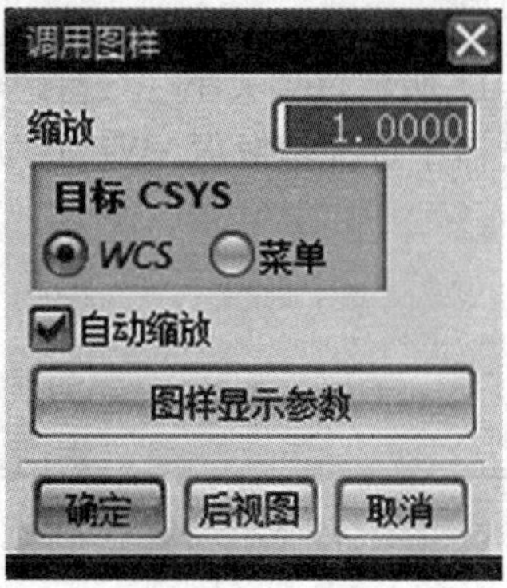

图 4－3－20 “调用图样”对话框

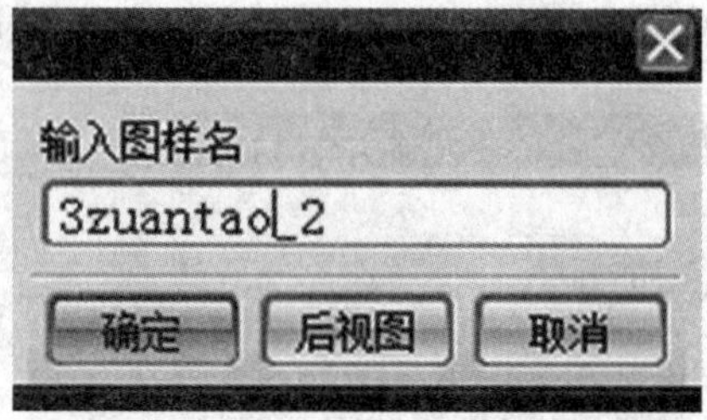

图 4－3－21 “输入图样名”对话框

（4）使用导航器。

选择“角色”导航器，移动鼠标到“角色”导航器，单击鼠标右键，选择快捷菜单“新资源板”，则新建导航器，单击该导航器，单击鼠标右键，选择快捷菜单“新条目”，系统弹出如图 4－3－22 所示的快捷菜单，选择“非主模型图纸模板”或者“图纸页模板”，弹出“打开部件”对话框，选择含有边框和标题栏的图纸模板文件。该图纸模板出现在导航器中，单击该图纸模板文件，则图纸模板中边框等内容被应用到已经打开的部件文件中。其中，使用“图纸页模板”是将选定的部件文件作为制图图纸页模板文件来处理，选定资源板条目后，直接在当前工作部件中创建制图图纸页，“制图”应用模块打开，且模板文件的图纸页被应用到当前工作部件。使用“非主模型图纸模板”则是将选定的文件作为制图模板文件来处理，选定资源板条目后，创建一个非主模型图纸，当前工作部件添加为组件，“制图”应用模块打开，且模板文件的图纸页在非主模型文件中得以应用，新建的非主模型文件命名是“模型文件名＋图纸模板文件名”。例如杠杆臂钻模装配体使用导航器创建的具有边框和标题栏的非主模型文件如图 4－3－23 所示。

图 4－3－22 快捷菜单

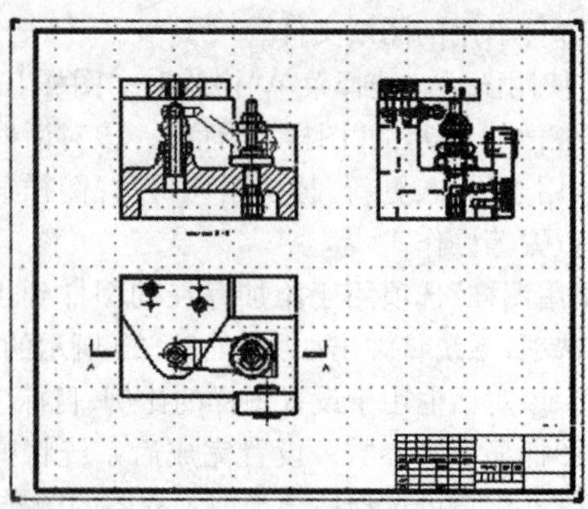

图 4－3－23 具有边框和标题栏的非主模型文件

二、练习与提高

练习与提高内容如表 4－3－3 所示。

表 4－3－3

名称	机用虎钳装配体工程图的创建	难度	难
内容：根据下列机用虎钳装配体的工程图图样，完成机用虎钳装配体的工程图创建。 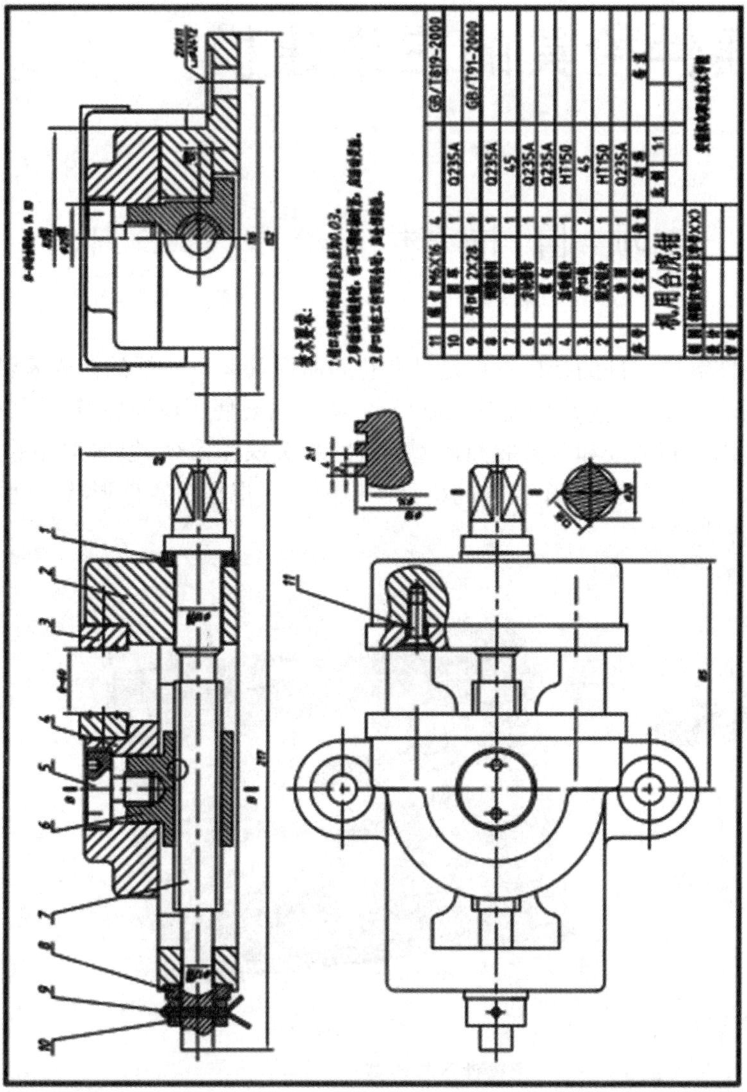	要求： （1）能够完成机用虎钳装配体的工程图创建； （2）会设定丝杠等零件的不剖特性； （3）会创建装配零件编号； （4）会创建装配零件序列号； （5）会创建装配明细表； （6）能将所创建的工程图转换为 DWG 格式文件。		

项目五

加强件检具的三维建模

项目描述

汽车车身冲压件、内饰件等覆盖件的结构特点是具有空间曲面和局部特征的薄壳零件，如图 5-1-1 所示，使用 Siemens NX 8.0 创建其三维模型，除了需要使用拉伸、回转等特征模块的操作命令，还需要使用空间曲线和自由曲面造型模块的相关操作命令，根据构件的空间点坐标或特征曲线创建自由曲面模型。覆盖件的检具建模则需要根据覆盖件形状创建检具本体和型面样板的结构特征。

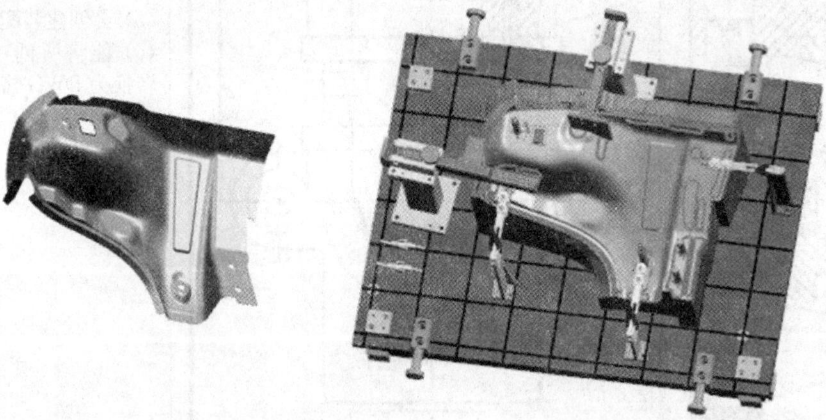

(a) 覆盖件三维模型　　(b) 覆盖件检具

图 5-1-1　覆盖件及其检具

本项目是利用 Siemens NX 8.0 完成某汽车前地板加强件三维建模和检具建模等相关工作任务。主要工作内容包括完成汽车前地板加强件的三维建模，检具本体型面设计的三维建模，检具定位元件、检测元件、夹钳和把手等零部件的装配。通过项目实施，帮助学习者掌握 Siemens NX 8.0 曲面建模相关命令的使用，了解使用三维 CAD 软件进行检具设计的工作流程。

学习目标

学习目标如表 5－1－1 所示。

表 5－1－1

序号	类别	目标
一	专业知识	(1) 理解 Siemens NX 8.0 曲线模块中的直线、桥接命令及其对话框选项； (2) 理解 Siemens NX 8.0 曲面模块中的有界平面、通过曲线网格命令及其对话框选项； (3) 理解 Siemens NX 8.0 曲面模块中的修建片体、加厚、延伸、偏置曲面命令及其对话框选项； (4) 了解检具三维建模的工作流程。
二	专业技能	(1) 能够合理制定出覆盖件的建模方案； (2) 会使用 Siemens NX 8.0 的曲线和曲面建模命令创建覆盖件的三维模型； (3) 会使用 Siemens NX 8.0 的偏置曲面和装配命令创建检具的三维模型； (4) 能够根据给定的检具设计要求，使用 Siemens NX 8.0 创建检具的三维模型； (5) 通过查阅 Siemens NX 8.0 帮助文档、学习论坛等途径获取信息的能力。
三	职业素养	(1) 学生的沟通能力及团队协作精神； (2) 质量、成本、安全和环保意识。

工作任务

任务一　加强件三维模型的创建

任务内容如表 5－1－2 所示。

表 5－1－2

名称	加强件三维模型的创建	难度	高
内容：根据下列图示汽车前地板加强件的数据文件及其相关结构尺寸，完成其三维模型的创建。 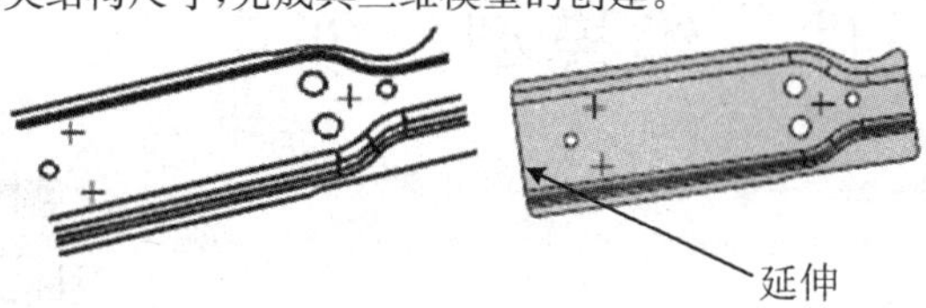 1. 壁厚 2 mm； 2. 延伸处 30 mm。		要求： (1) 理解 Siemens NX 8.0 曲线模块中的直线、桥接命令及其对话框选项； (2) 理解 Siemens NX 8.0 曲面模块中的有界平面、通过曲线网格命令及其对话框选项； (3) 理解 Siemens NX 8.0 曲面模块中的修建片体、延伸命令及其对话框选项； (4) 能够根据汽车前地板加强件的线框造型，运用 Siemens NX 8.0 完成汽车前地板加强件三维模型的创建。	

任务二　加强件检具三维模型的创建

任务内容如表 5－1－3 所示。

表 5-1-3

名称	加强件检具三维模型的创建	难度	高
内容：根据下列检具装配体的工程图，完成检具装配体模型的创建。 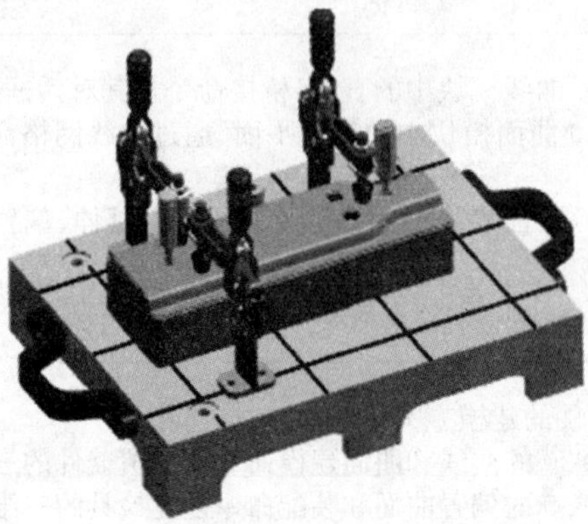 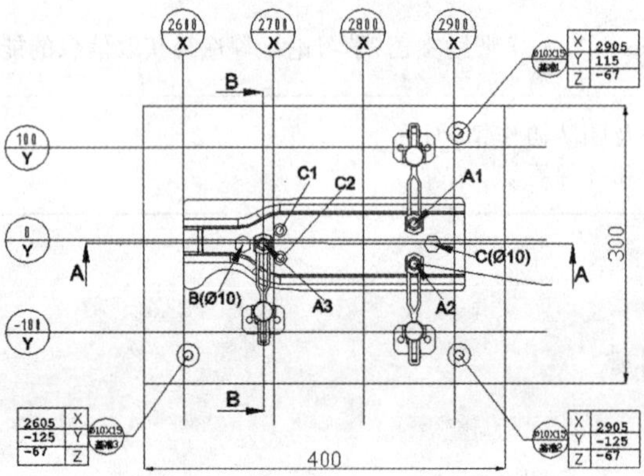 		要求： (1) 理解 Siemens NX 8.0 曲面模块中的偏置曲面及其对话框选项； (2) 能够在装配环境中运用 Siemens NX 8.0 完成汽车前地板加强件检具三维模型的创建。	

任务一　加强件三维模型的创建

任务介绍

学习视频 5-1

汽车前地板加强件属于汽车车身的组成构件，一般用优质低碳冷轧、深拉延级别钢板冲压成型。汽车前地板加强件形状为典型的空间曲面模型，如图 5-2-1 所示，其三维模型的建立需要使用 Siemens NX 8.0 根据点云文件或线框模型建立曲面，再使用加厚片体等方式建立完整的三维实体模型。

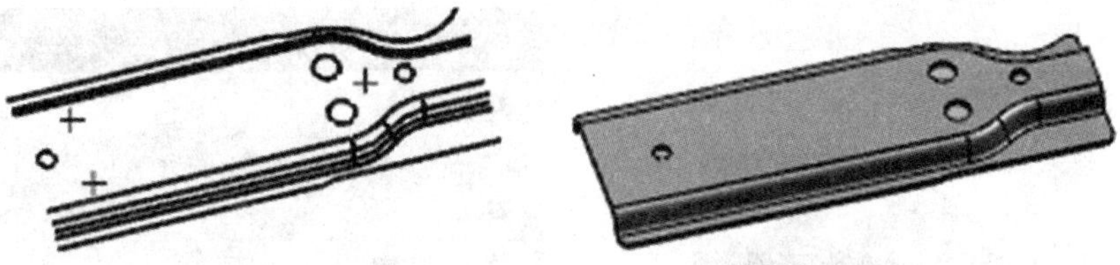

(a) 线框模型　　(b) 实体模型

图 5-2-1　汽车前地板加强件三维模型

任务相关知识

一、曲线

Siemens NX 8.0 软件不仅在草图模块中提供了直线、圆弧等工具反映零件的二维轮廓，还提供了多种方式在三维空间中直接创建直线、圆弧、矩形、多边形、样条曲线等空间曲线。例如选择菜单“插入”→“曲线”→“直线”，弹出如图 5-2-2 所示的“直线”对话框，选择图示的两点作为起点和终点，则可创建一条直线段。也可以使用“直线和圆弧”命令中的各种方式创建直线。

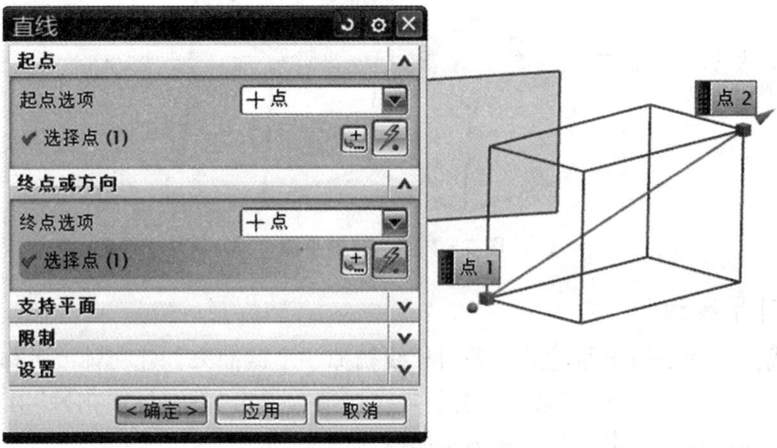

图 5-2-2　“直线”对话框

二、桥接曲线

桥接曲线用于在两条空间曲线间，根据给定的约束条件创建过渡连接曲线。例如为了创建如图 5-2-3(a)所示的过渡曲面，需要创建如图 5-2-3(b)所示的曲线，此时可以使用桥接曲线命令完成。选择菜单“插入”→“来自曲线集的曲线”→“桥接”，弹出如图 5-2-4 所示的“桥接曲线”对话框，选择如图 5-2-3(b)所示的两条轮廓边，即可创建出桥接曲线。

三、有界平面

有界平面命令用于创建一组处于同一平面且由相连封闭曲线串构成的平面片体。如图 5-2-5 所示，根据选择的曲线串决定生成的有界平面是否有孔。该命令的使用可以选择菜单“插入”→“曲面”→“有界平面”，选择封闭的曲线后，单击“确定”按钮。

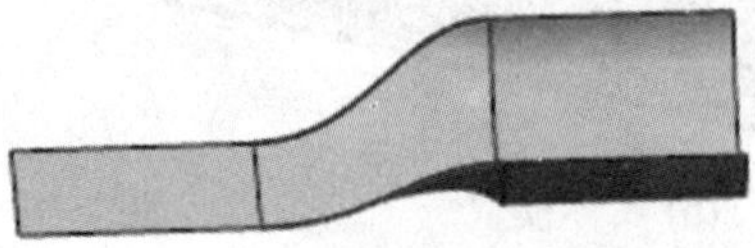

(a) 过渡曲面

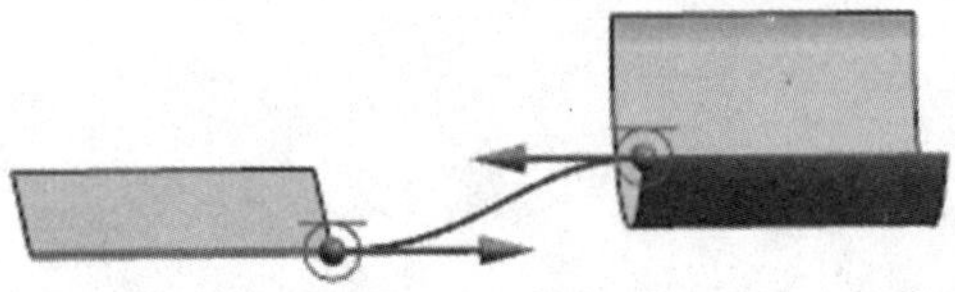

(b) 桥接曲线

图 5-2-3　桥接曲线

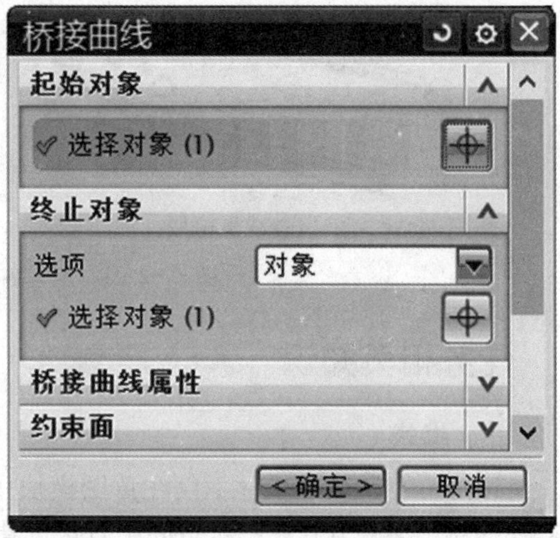

图 5-2-4　“桥接曲线”对话框

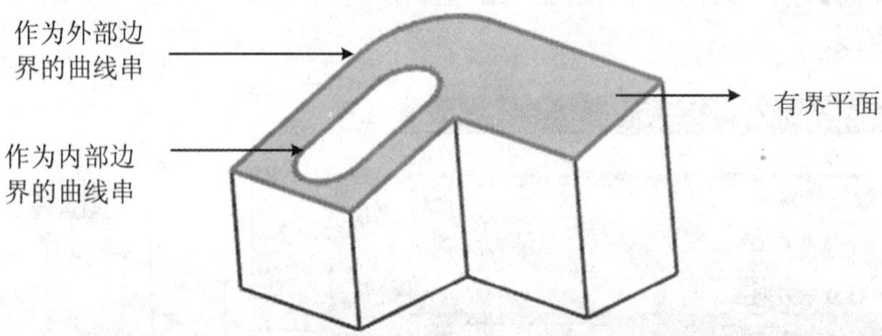

图 5-2-5　有界平面

四、沿引导线扫掠

沿引导线扫掠命令用于通过沿一条引导线扫掠一个截面来创建实体或片体。如图 5-2-6 所示，选择菜单“插入”→“扫掠”→“沿引导线扫掠”，弹出“沿引导线扫掠”对话框，选择图示的截面线串和引导线线串即可创建出实体或片体。

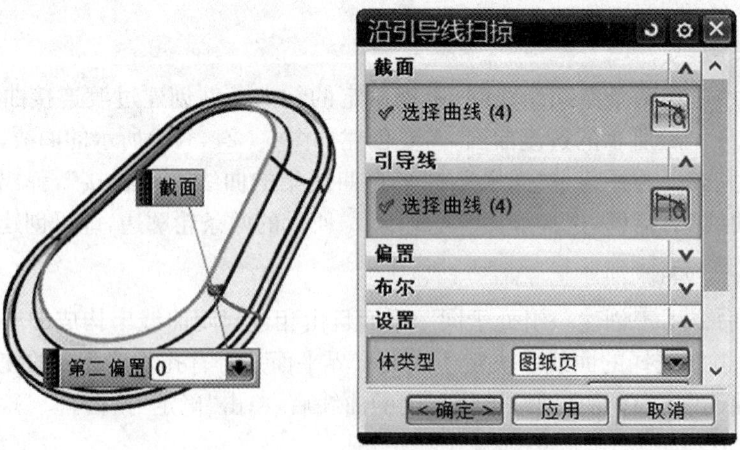

图 5-2-6　沿引导线扫掠

五、通过曲线网格

通过曲线网格命令用于沿着处于主曲线和交叉曲线两个不同方向的曲线轮廓(称为线串)创建体。例如使用通过曲线网格创建如图 5-2-7 所示的曲面，可以选择菜单“插入”→“网格曲面”→“通过曲线网格”，弹出“通过曲线网格”对话框，选择主曲线和交叉曲线即可。创建通过曲线网格片体时，可以根据需要在“连续性”组中确定“第一主线串”、“最后主线串”、“第一交叉线串”、“最后交叉线串”的连续性。可以选择曲线上的点作为第一个或最后一个主线串。

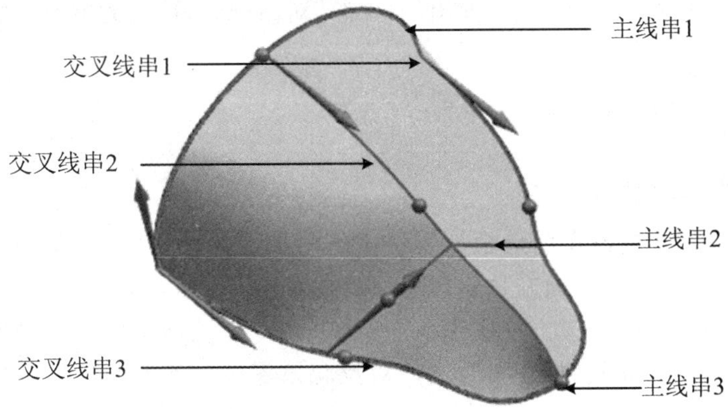

图 5-2-7　通过曲线网格

六、修剪片体

修剪片体命令用于使用面、边、曲线和基准平面对已有片体进行修剪。例如使用修剪片体对如图 5-2-8 所示的片体进行修剪，可以选择菜单“插入”→“修剪”→“修剪片体”，弹出“修剪片体”对话框，选择图示目标片体和边界对象后，可以选择当前区域处于“保持”或“舍弃”状态。

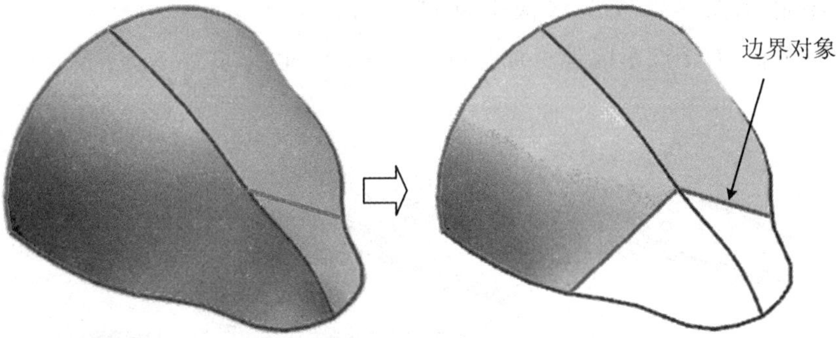

图 5-2-8　修剪片体

七、修剪和延伸

修剪和延伸命令根据选择的类型实现对一个或多个曲面的延伸或修剪。其类型包括“按距离”、“已测量百分比”、“直至选定对象”、“制作拐角”。使用方法是选择菜单“插入”→“修剪”→“修剪与延伸”。

八、缝合

缝合用于把两个或两个以上片体连接到一起，形成一个片体；如果要缝合的片体封闭，则可以选择“实体”类型，从而创建一个实体。使用方法是选择菜单“插入”→“组合”→“缝合”。在弹出的“缝合”对话框中可以设置“公差”，根据此数值，需要缝合到一起的边之间的距离小于指定公差就会缝合；如果距离大于该公差，则它们不会缝合在一起。

九、加厚

加厚命令用于将指定的一组片体沿法向偏置一定距离创建实体。使用方法是选择菜单“插入”→“偏置/缩放”→“加厚”。在弹出的“加厚”对话框中，可以为“加厚”特征指定一个或两个偏置。

任务分析与计划

一、加强件三维模型分析

如图 5-2-9 所示的汽车前地板加强件由薄钢板经拉伸、修边等工序加工形成。结构特点是形状复杂，多为空间曲面并且曲面间有较高的连接要求，因此其三维模型对于表达其空间形状与尺寸具有重要意义。使用 Siemens NX 8.0 创建该零件的三维模型的主要思路是首先根据线框尺寸建立其曲面模型，然后对反映该零件形状的曲面进行加厚形成其三维模型。

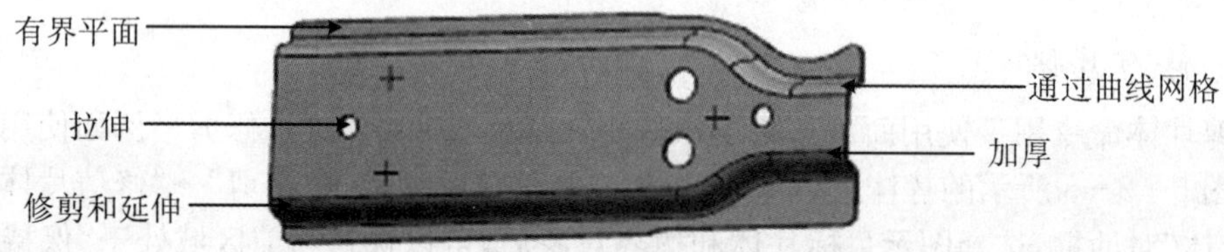

图 5-2-9　汽车前地板加强件三维模型分析

二、汽车前地板加强件三维模型创建计划

根据上述分析，对于汽车前地板加强件三维模型可以采取如图 5-2-10 所示的创建计划。

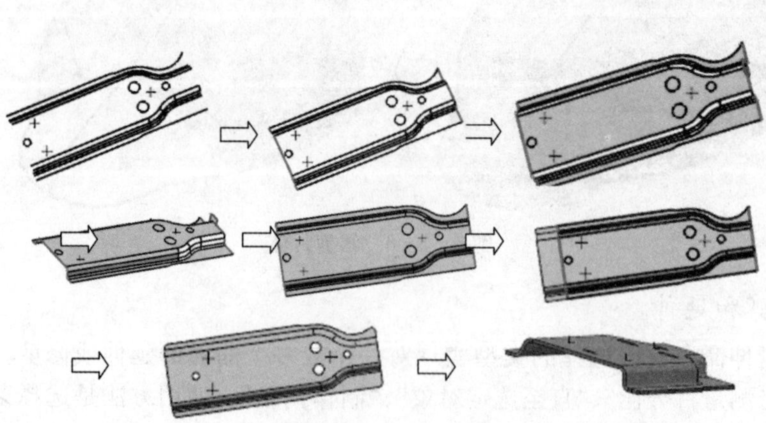

图 5-2-10　加强件三维模型创建计划

任务实施

1. 新建文件

运行 NX 8.0 后，新建一个部件文件，文件名称：jiaqianjian，单位：mm。选择菜单“开始”→“建模”，进入“建模”应用模块。

2. 导入数模

选择菜单“文件”→“导入”→“STEP214”，弹出“导入自 STEP214 选项”对话框，在“STEP214 文件”对应的文本框中输入汽车前地板加强件数模文件名及其路径，或选择“浏览”按钮后，选择加强件数据文件。单击“导入自 STEP214 选项”对话框中的“确定”按钮，包含加强件特征轮廓线和关键点的数模被导入，单击工具栏中的“适合窗口”按钮后，导入的数模文件如图 5-2-11 所示。

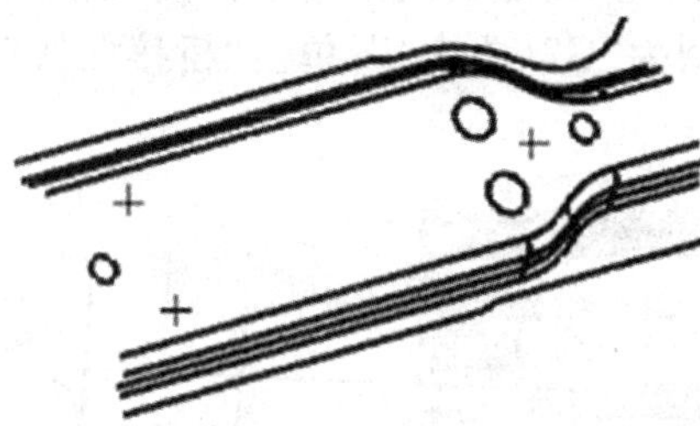

图 5-2-11　汽车前地板加强件特征轮廓线和关键点

3. 建立空间曲线

(1) 建立直线。

选择菜单“插入”→“曲线”→“直线”，弹出“直线”对话框，在图形窗口中选择如图 5-2-12 所示的两个端点后，单击“直线”对话框中的“确定”按钮，创建直线段。

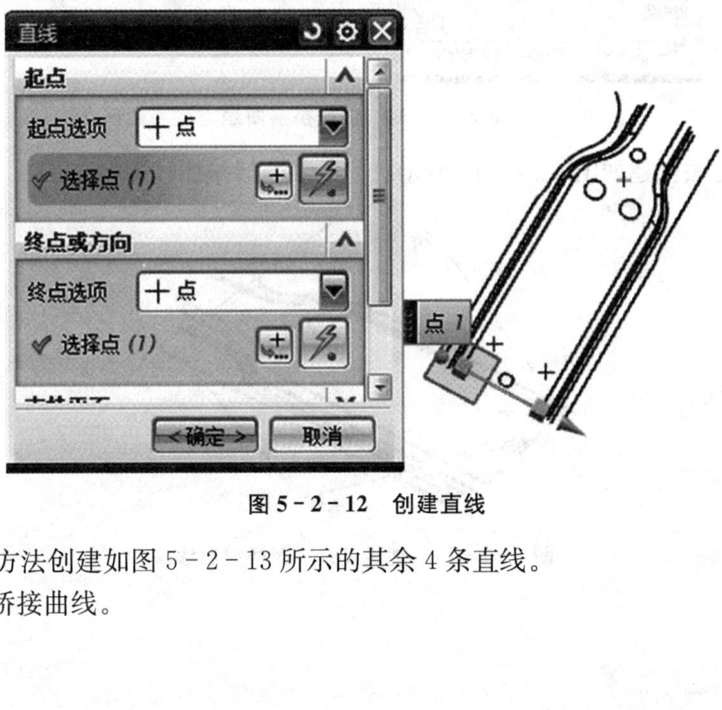

图 5-2-12　创建直线

按照相同方法创建如图 5-2-13 所示的其余 4 条直线。

(2) 创建桥接曲线。

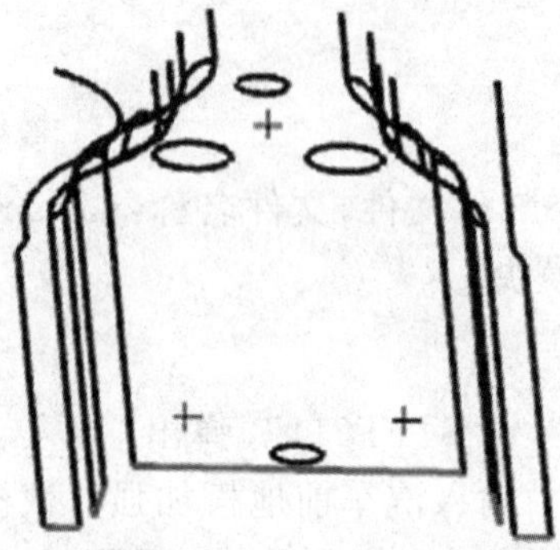

图 5-2-13　创建其余 4 条直线

选择菜单"插入"→"来自曲线集的曲线"→"桥接"，弹出"桥接曲线"对话框，如图 5-2-14 所示，在图形窗口中选择上一步创建的两条直线段的两个端点，保持"桥接曲线属性"组中"起点"和"终点"的约束类型为"G2(曲率)"，单击"桥接曲线"对话框中的"确定"按钮，创建桥接曲线。

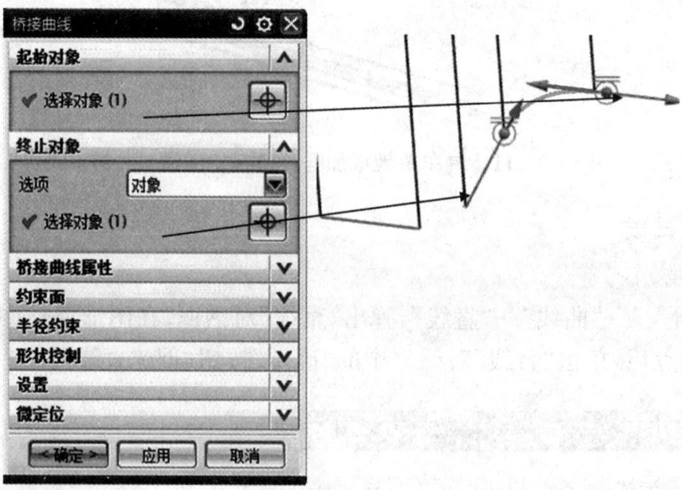

图 5-2-14　创建桥接曲线

按照相同方法创建如图 5-2-15 所示的另外 3 处桥接曲线。

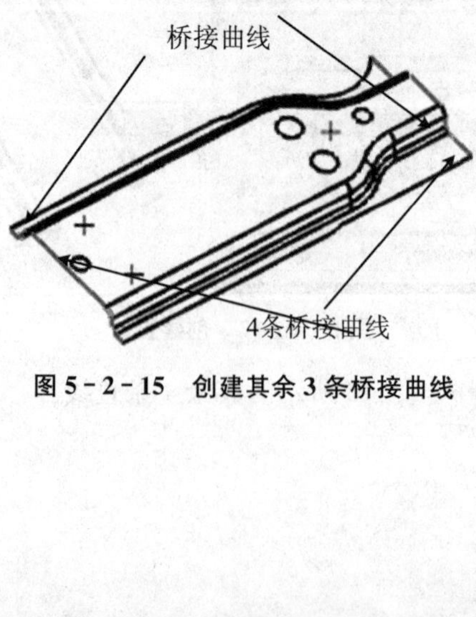

图 5-2-15　创建其余 3 条桥接曲线

4. **创建有界平面**

选择菜单"插入"→"曲面"→"有界平面",弹出"有界平面"对话框,如图 5－2－16 所示,在图形窗口中依次选择图示的直线和样条曲线,形成封闭线串,单击"有界平面"对话框中的"确定"按钮,创建有界平面作为汽车前地板加强件顶面。

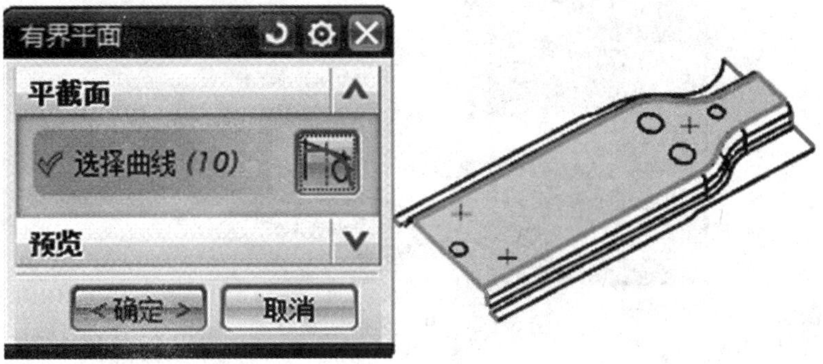

图 5－2－16　创建有界平面

按照相同方法创建如图 5－2－17 所示的另外 2 处有界平面。

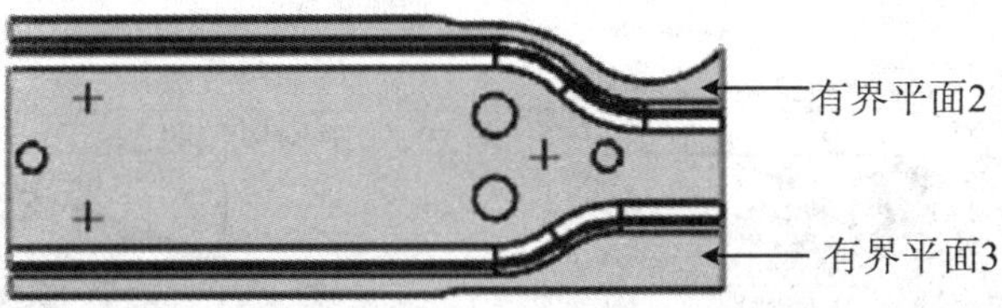

图 5－2－17　创建另外 2 处有界平面

5. **建立通过曲线网格曲面**

选择菜单"插入"→"网格曲面"→"通过曲线网格",弹出"通过曲线网格"对话框,如图 5－2－18 所示,在图形窗口的"主曲线"组中,"选择曲线"按钮被激活,选择图示的样条曲线后,单击鼠标中键,则主曲线 1 出现在列表中。按照此方法创建图示的 4 条主曲线。

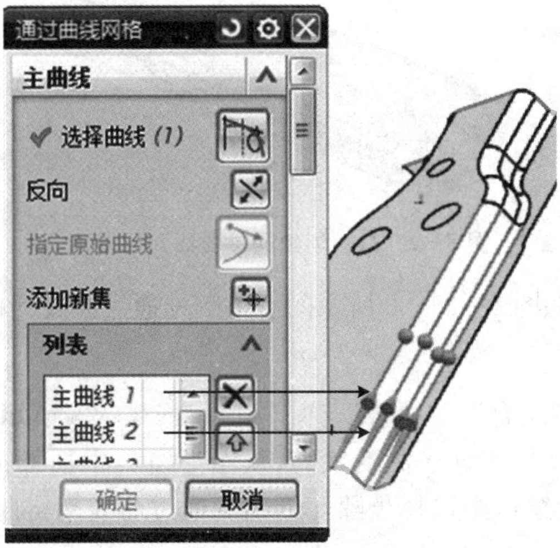

图 5－2－18　选择主曲线

如图 5-2-19 所示，选择“交叉曲线”组，单击“选择曲线”，依次选择图示的样条曲线后，单击鼠标中键，则交叉曲线 1 出现在列表中。按照相同方法创建交叉曲线 2。

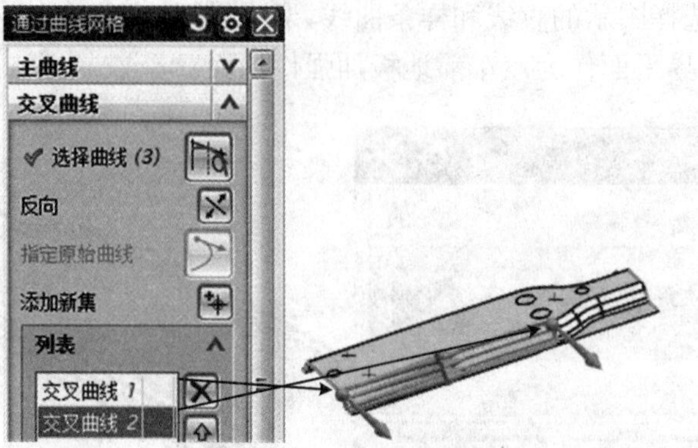

图 5-2-19　选择主曲线

如图 5-2-20 所示，选择“连续性”组，选择“第一主线串”选项为“G1(相切)”，选择步骤 4 创建的有界平面(加强件顶面)，选择“最后主线串”选项为“G1(相切)”，选择有界平面，单击“通过曲线网格”对话框中的“确定”按钮，创建如图 5-2-21 所示的通过曲线网格曲面。

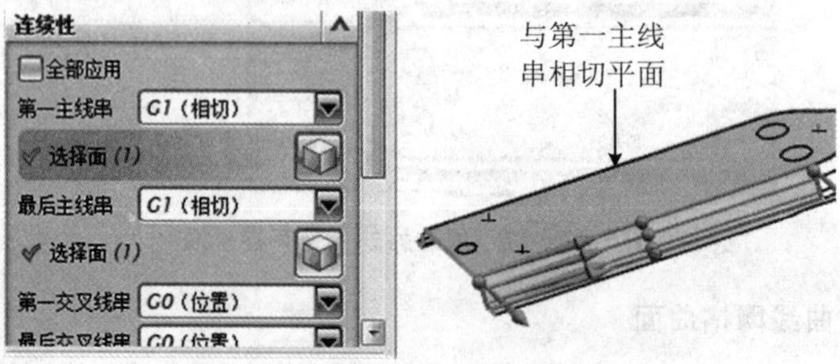

图 5-2-20　通过曲线网格连续性设置

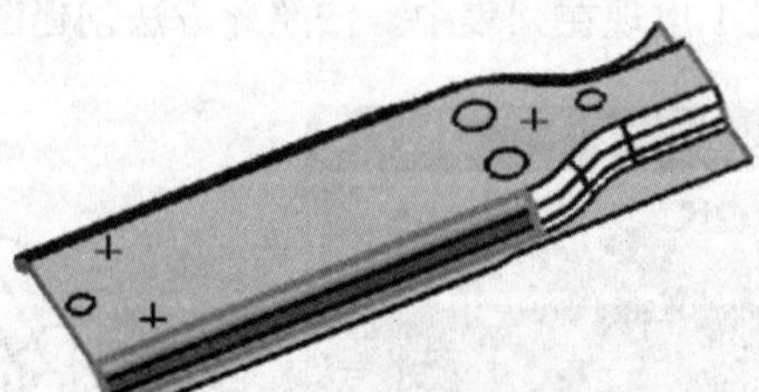

图 5-2-21　创建通过曲线网格曲面

按照相同方法创建如图 5-2-22 所示的另外 7 处通过曲线网格曲面。

6. 缝合曲面

选择菜单“插入”→“组合”→“缝合”，弹出如图 5-2-23 所示的“缝合”对话框，在“目标”组中，确定“选择片体”按钮处于激活状态，从图形窗口中选择顶面，在“工具”组中选择“选择片体”按钮，从图形窗口中选择步骤 5 创建的通过曲线网格曲面，单击“确定”按钮，完成所有片体的缝合。

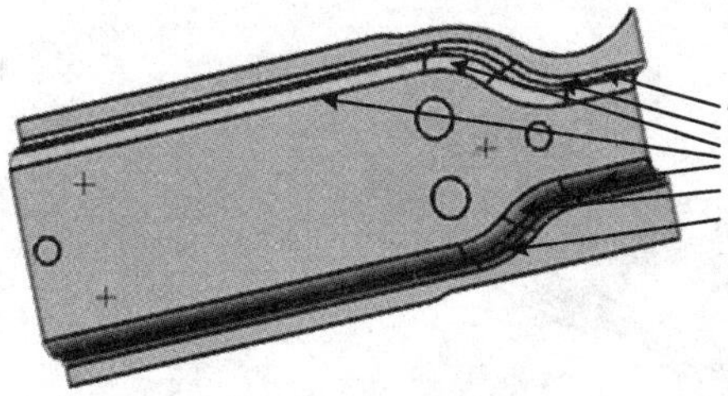

图 5-2-22　创建 7 处通过曲线网格曲面

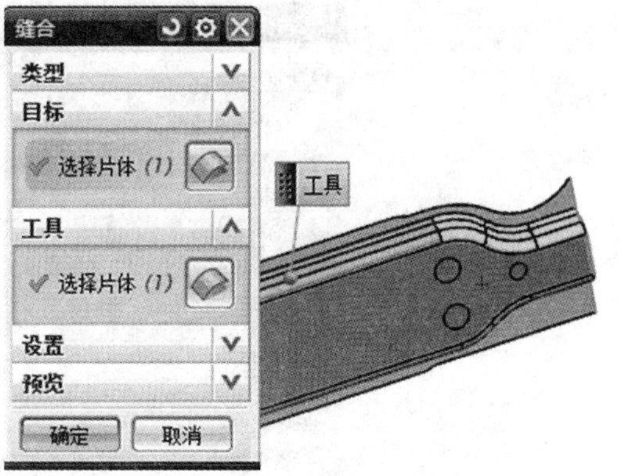

图 5-2-23　缝合曲面

7. 修剪和延伸

选择菜单“插入”→“修剪”→“修剪和延伸”，弹出“修剪和延伸”对话框，在“类型”中选择“按距离”，设置“距离”为 30，如图 5-2-24 所示，在图形窗口中选择图示曲面的轮廓线，单击“修剪和延伸”对话框中的“确定”按钮，完成曲面延伸。

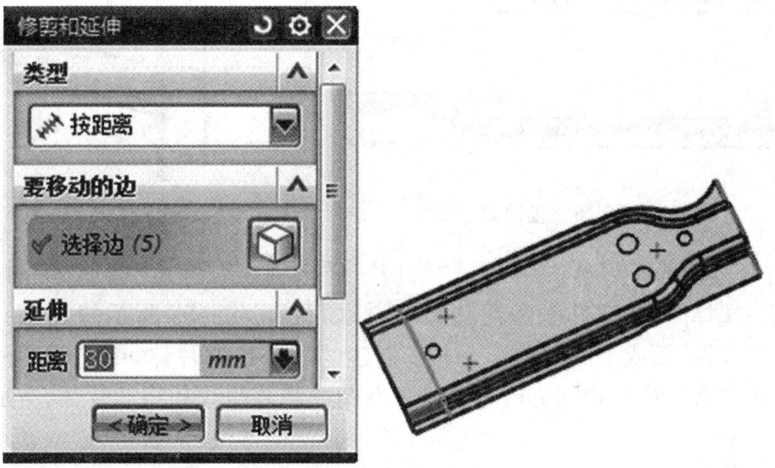

图 5-2-24　曲面延伸

8. 修剪片体

选择菜单“插入”→“修剪”→“修剪片体”，弹出“修剪片体”对话框，在“目标”组中，确定“选择片体”按钮处于激活状态，选择如图 5-2-25 所示的曲面，在“边界对象”组中激活“选择对象”按钮，选择曲面上四个圆弧曲线，在“区域”组中激活“选择区域”按钮，选择“保持”，单击对话框中的“确定”按钮，完成曲面修剪。

9. 创建片体圆角

(1) 创建如图 5-2-26 所示草图，草图中包括 4 个 R5 圆角曲线。

(2) 拉伸片体。创建拉伸特征，拉伸的截面曲线为上一步创建的草图曲线，设置“体类型”为“图纸页”，即设置拉伸后特征为片体。如图 5-2-27 所示。

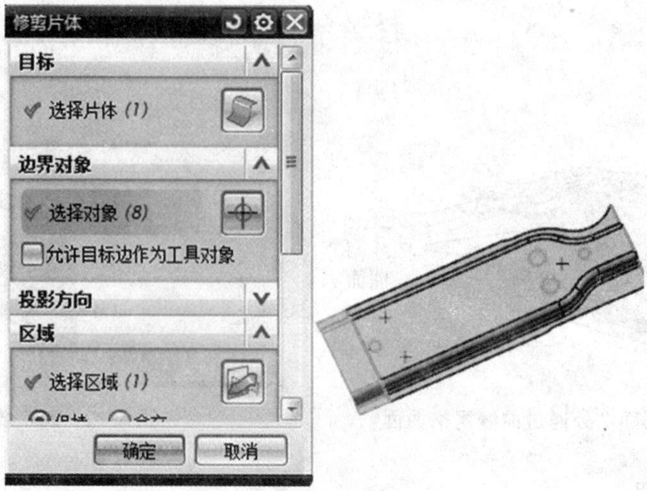

图 5-2-25　片体修剪

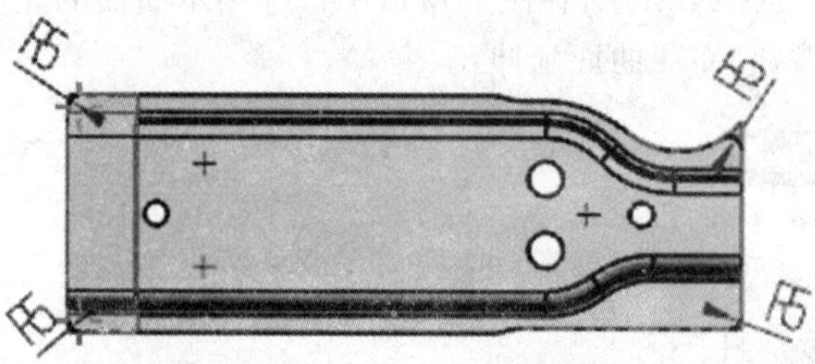

图 5-2-26　创建草图

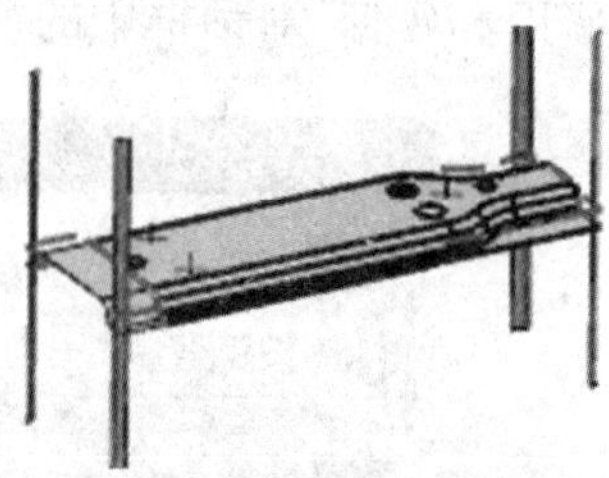

图 5-2-27　拉伸片体

(3) 修剪片体。选择菜单“插入”→“修剪”→“修剪体”，弹出“修剪体”对话框。在“目标”组中，确定“选择体”按钮处于激活状态，选择如图 5-2-28 所示的片体。在“工具”组中，“工具”选项选择“面或平面”，选择上一步创建的一个拉伸片体，单击对话框中的“确定”按钮，完成片体修剪。按照相同方法创建其他圆角并隐藏曲线和拉伸片体，完成后的部件如图 5-2-29 所示。

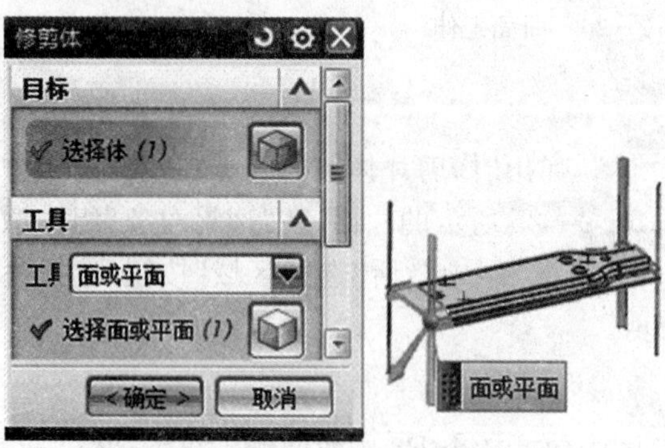

图 5-2-28　修剪体

图 5-2-29　完成后的部件

10. 创建加厚特征

选择菜单“插入”→“偏置/缩放”→“加厚”，弹出如图 5-2-30 所示的“加厚”对话框，在

"面"组中，确定"选择面"按钮处于激活状态，选择图形窗口中的曲面，在"厚度"组中，设置"偏置 1"为 2 mm，单击对话框中的"确定"按钮，完成后的部件如图 5－2－31 所示。

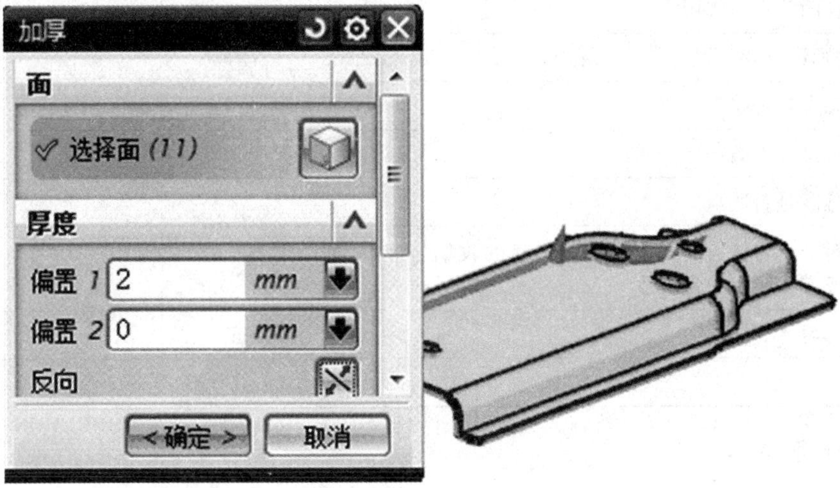

图 5－2－30 "加厚"对话框

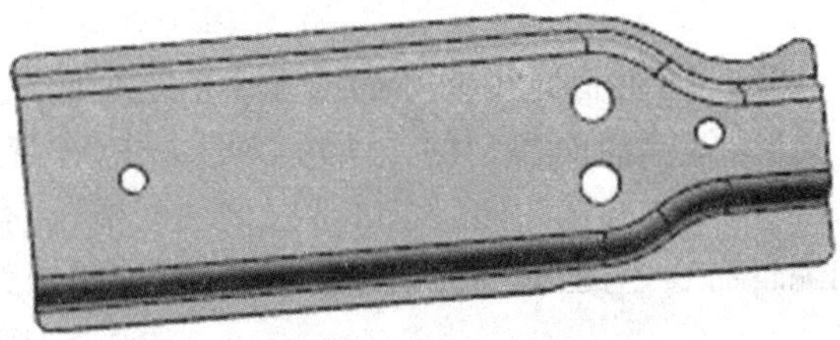

图 5－2－31 完成后的部件

任务评价与总结

一、任务评价

任务评价按表 5－2－1 进行。

表 5－2－1 任务评价表

评价项目	配分	得分
一、成果评价：60％		
加强件线框模型中直线和桥接曲线创建的正确性	10	
加强件曲面模型创建的正确性	30	
加强件实体创建的正确性	20	
二、学生自我评价与团队成员互评：15％		
学习活动的目的性	3	
是否独立寻求解决问题的方法	6	
团队合作氛围	3	

续表

评价项目	配分	得分
个人在团队中的作用	3	
三、教师评价:25%		
工作态度是否端正	10	
工作量是否饱满	3	
工作难度是否适当	2	
学生对于学习任务的明确和相关信息的收集与理解、工作任务方案制定的合理性	5	
自主学习	5	
总分		

二、任务总结

(1) 在 Siemens NX 8.0 中,草图是在一个指定平面上创建的曲线集合,还可以使用点和曲线命令创建对象的线框模型,其中曲线创建的命令包括基本曲线、来自曲线集的曲线和来自实体集的曲线。

(2) 在 Siemens NX 8.0 中,曲面是由一个面或多个面组合而成的结合体,本身没有厚度,常用于复杂的模型设计。创建曲面模型的方法可以是通过点构造曲面,例如"通过点"、"从极点"等方式;也可以使用曲线构造曲面,例如"通过曲线网格"、"有界曲面";还可以通过使用相关的曲面操作和编辑命令,对已有的曲面进行缝合、延伸和修剪等操作创建。

任务拓展

一、相关知识与技能

1. 坐标

Siemens NX 中有多个不同的坐标系。常用于设计和模型创建的坐标系有绝对坐标系、工作坐标系(WCS)。选择"格式"→"WCS"中的各种命令,可以创建和调整工作坐标系。

2. 点工具

Siemens NX 中创建点、曲线或曲面等操作中需要临时确定点的位置时,都会弹出如图 5-2-32 所示的"点"对话框。在对话框中"类型"指定点的创建方法,包括"自动判断的点"、"光标"等方式。其中"自动判断的点"是根据选择内容指定要使用的点类型,系统自动判断使用光标位置(仅当光标位置也是一个有效的点方法时有效)、现有点、端点、控制点以及圆弧/椭圆中心等方式。

3. 曲线和曲面的连续性与分析

在使用 Siemens NX 8.0 进行曲线和曲面造型时,经常需要关注曲线或曲面的过渡情况。常采用连续性衡量曲线和曲面的过渡情况。常用的曲线和曲面的连续性包括位置连续(G0)、斜率连续(G1)、曲率连续(G2)、曲率的变化连续(G3)等。除了定义曲线和曲面时需要指定连续性,还可以通过曲率梳、半径、反射灯辅助工具来分析曲线和曲面的连续情况。例如,如图 5-2-33 所示,选择加强件轮廓曲线后,选择菜单"分析"→"曲线"→"曲率梳",

就会显示该特征曲线的曲率分布情况。

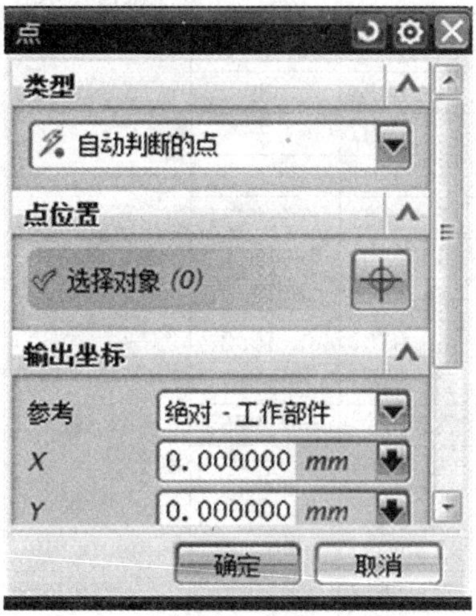

图 5-2-32 “点”对话框

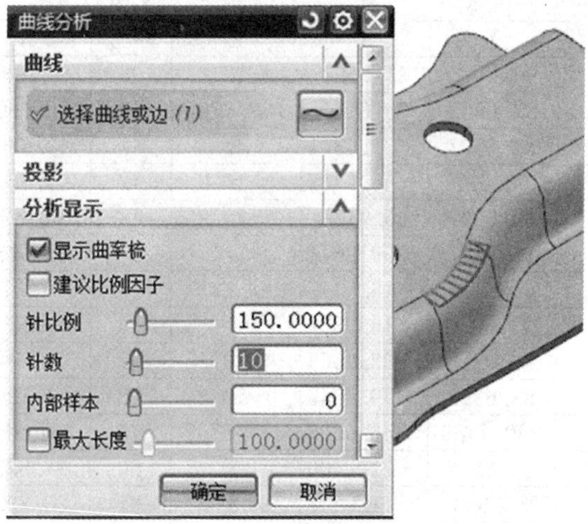

图 5-2-33 “曲线分析”对话框

4. 来自曲线集的曲线和来自体的曲线

在 Siemens NX 8.0 中，除了直接创建曲线以外，还可以根据已有曲线和曲面创建来自曲线集的曲线和来自体的曲线。其中：

(1) 来自曲线集的曲线创建方式包括偏置曲线、圆形圆角曲线、在面上偏置曲线、桥接曲线、简化曲线、连接曲线、投影曲线、组合曲线、镜像曲线。

(2) 来自体的曲线创建方式包括相交曲线、等参数曲线、截面曲线、抽取曲线和抽取虚拟曲线等。

二、练习与提高

练习与提高内容如表 5-2-2 所示。

表 5-2-2

<table>
<tr><td>名称</td><td>建立曲面模型</td><td>难度</td><td>中</td></tr>
<tr><td colspan="2">内容：
(1) 根据图示尺寸，使用 Siemens NX 8.0 建立该零件的曲面模型。
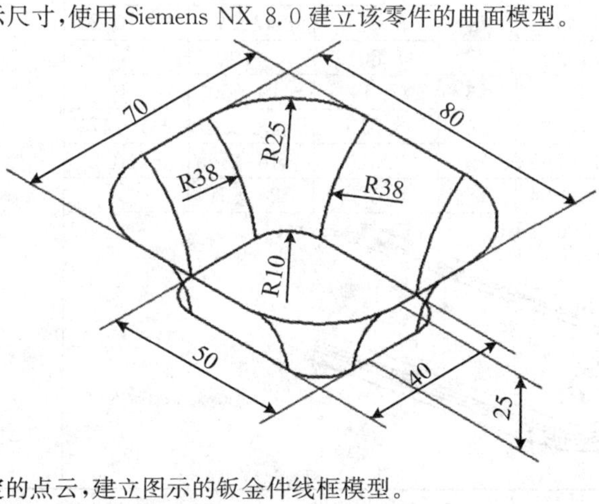

(2) 根据给定的点云，建立图示的钣金件线框模型。</td><td colspan="2">要求：
(1) 掌握 Siemnes NX 8.0 曲线命令的使用；
(2) 掌握 Siemens NX 8.0 曲面命令的使用。</td></tr>
</table>

续表

名称	建立曲面模型					难度	中
序号	X	Y	Z	序号	X	Y	Z
1	0	31.0693	−10.2	39	231.9892	−38.0484	3
2	83.6302	23.0451	−7.9765	40	76.1302	−31.9307	3
3	83.6302	−39.4381	3	41	47.6302	−16.9307	3
4	260.6317	−66.9307	−10.2	42	83.6302	21.2956	−1.4471
5	83.6302	25.9429	−10.2	43	100.8282	−65.9307	−10.2
6	60.1177	−39.2671	3	44	48.5783	−51.6675	−10.2
7	65.6152	−16.8448	3	45	107.0732	−66.9307	−10.2
8	252.6302	−16.9307	3	46	57.6059	17.141	−10.2
9	0	−33.4065	−7.9765	47	0	7.5451	−7.9765
10	83.6302	−59.8043	−10.2	48	91.1302	−31.9307	3
11	260.7489	−56.9065	−7.9765	49	261.3282	15.5	3
12	42.6302	−21.9406	3	50	94.5832	31.0693	−10.2
13	252.6301	−11.9208	3	51	28.8922	−25.8614	3
14	0	5.7956	−1.4471	52	0	0	3
15	0	−36.3043	−10.2	53	83.6302	−55.1569	−1.4471
16	260.6303	25.9429	−10.2	54	86.2037	−64.9307	−10.2
17	260.6316	−59.8043	−10.2	55	83.6302	−49.3614	3
18	37.8017	10.4429	−10.2	56	91.1302	−1.9307	3
19	60.4269	13.4478	−1.4471	57	0	10.4429	−10.2
20	37.8017	7.5451	−7.9765	58	63.9448	8.842	3
21	76.1302	−1.9307	3	59	261.0924	21.2956	−1.4471
22	83.6302	−56.9065	−7.9765	60	252.6302	−21.9406	3
23	28.8922	−36.3043	−10.2	61	83.6301	5.5767	3
24	83.6302	−9.4381	3	62	260.6302	33.0693	−10.2
25	261.3272	−49.3613	3	63	37.6302	−16.9307	3
26	257.6302	−16.9307	3	64	54.6475	−44.4637	−7.9765
27	42.6302	−16.9307	3	65	232.1672	4.9179	3
28	28.8922	−31.6569	−1.4471	66	37.8017	5.7956	−1.4471
29	0	−56.2188	−10.2	67	0	−31.6569	−1.4471
30	83.6302	15.5	3	68	42.6301	−11.9208	3
31	94.5832	−64.9307	−10.2	69	83.6301	−24.4233	3
32	83.6302	−31.9307	3	70	260.7477	23.0451	−7.9765
33	261.0924	−55.1569	−1.4471	71	23.3645	−44.078	−10.2
34	107.0732	33.0693	−10.2	72	37.8017	0	3
35	83.6302	−1.9307	3	73	247.6302	−16.9307	3
36	100.8282	32.0693	−10.2	74	55.9159	−43.2587	−1.4471
37	28.8922	−33.4065	−7.9765	75	52.5466	−46.4595	−10.2
38	59.3649	14.8381	−7.9764	76	0	−25.8614	3

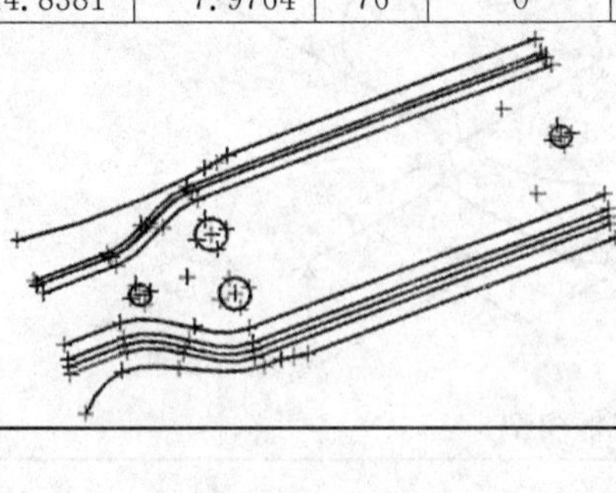

任务二　加强件检具三维模型的创建

任务介绍

学习视频 5-2

在汽车车身及内饰件生产中，常采用检具来测量和评价零件尺寸质量。使用时，只需要将零件准确地安装于检具上，通过目测或使用检测销、划线销、通止规、卡尺、间隙尺对零件上不同形状的孔、型面、周边尺寸以及零件与零件之间的连接位置进行检查，就可以判断零件的质量状态。总的来说，检具就是直接用于检验产品尺寸、形状、位置特性的专用夹具和检测附件的集合。

本次任务是以汽车前地板加强件作为研究对象，根据该对象的数模和检测要求，使用 Siemens NX 8.0 的曲面偏置、导入部件等功能建立加强件检具的三维模型，如图 5-3-1 所示。

图 5-3-1　汽车前地板加强件检具三维模型

任务相关知识

一、偏置曲面

偏置曲面命令通过沿所选面的曲面法向来偏置点，从而创建一个或多个与现有曲面具有偏置关系的新体。选择菜单“插入”→“偏置/缩放”→“偏置曲面”，弹出如图 5-3-2 所示的“偏置曲面”对话框，在对话框中可以设置偏置距离、偏置方向以及通过选择集选择所要偏置的曲面。如果选择“启用部分偏置”，则偏置距离可能大于面的曲率半径，或者偏置面可能自相交有问题的偏置区域从曲面偏置操作中排除。

二、偏置面

偏置面命令是沿面的法向偏置体上的一个或多个面，不改变体的拓扑结构，以实现添加或移除材料。选择菜单“插入”→“偏置/缩放”→“偏置面”，弹出如图 5-3-3 所示的“偏置面”对话框，在对话框中可以设置偏置距离、偏置方向以及通过选择集选择所要偏置的曲面。

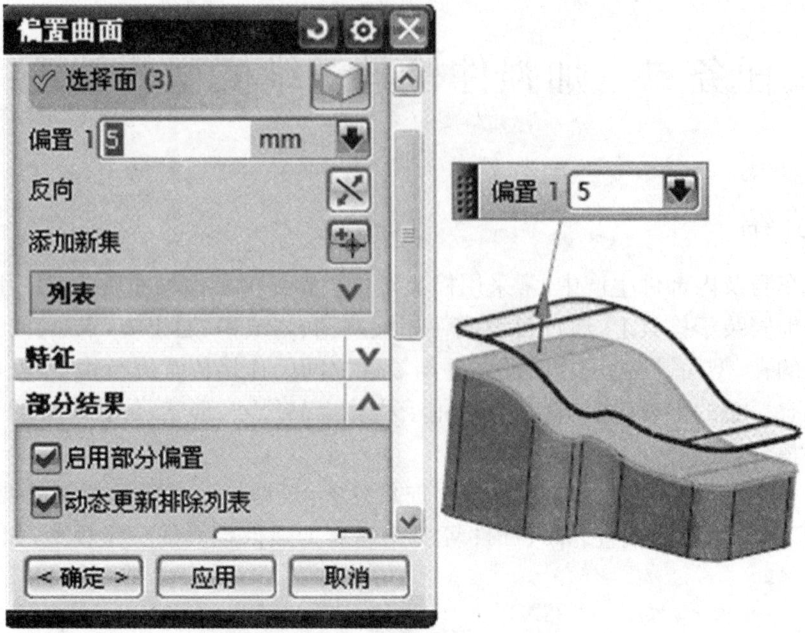

图 5-3-2 "偏置曲面"对话框

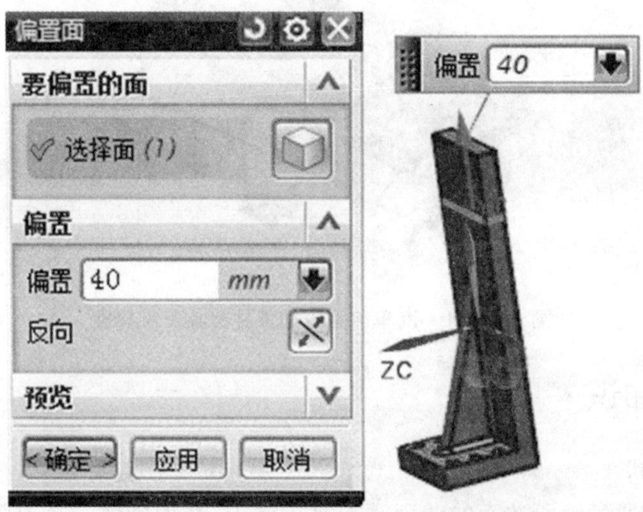

图 5-3-3 "偏置面"对话框

三、移动对象

移动对象命令是按照一定方式重定位部件中的对象。选择菜单"编辑"→"移动对象"，弹出如图 5-3-4 所示的"移动对象"对话框。在对话框的"变换"组中，可以选择如下的"运动"方式：

(1) 使用手柄移动对象。

(2) 沿给定矢量、朝给定矢量、在两点之间或沿参考 CSYS 的 X、Y 和 Z 方向将对象移动特定距离。

(3) 沿指定的矢量移动对象，并绕指定的矢量旋转对象。

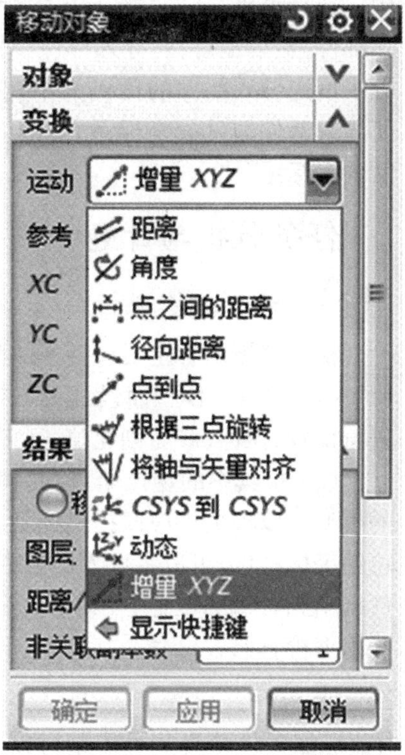

图 5-3-4 “移动对象”对话框

在“移动对象”对话框中，如果选择“复制原先的”选项，则创建的新对象与原对象不关联；如果选择“移动原先的”和“关联”选项，则“移动/旋转”特征被添加到部件导航器中，该特征直接与原体相连，并可以像其他特征一样编辑。

四、变换

变换命令对部件中的对象执行重定位和复制操作，其创建的对象与原始对象为非关联关系，因此，原始对象的更改或更新不会影响变换后的对象。如果要创建关联对象，应使用镜像体或实例特征等命令。选择菜单“编辑”→“变换”，选择进行变换操作的对象后，弹出如图 5-3-5 所示的“变换”对话框。在对话框中，提供有如下几种变换方式：

(1) 同时移动并调整对象大小。

(2) 通过直线或平面创建包括线框对象在内的对象的镜像副本。

(3) 创建对象的矩形或圆形阵列。

(4) 使用一组参考点来重定位和重构形对象。

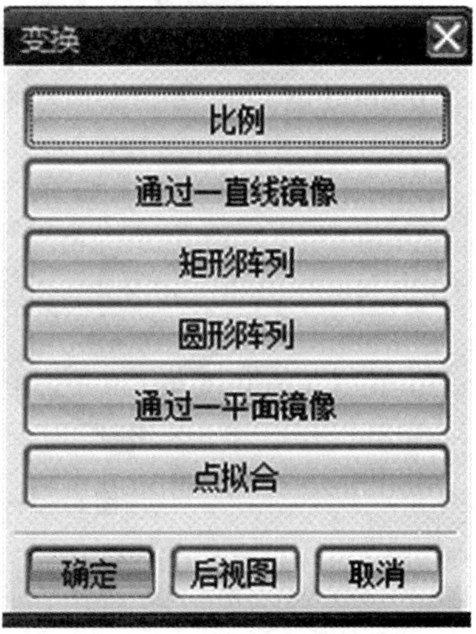

图 5-3-5 “变换”对话框

五、导入部件

在 Siemens NX 8.0 中，可以在已打开的部件文件中导入一个已有的 NX 部件文件。例如在检具设计中，可以将检具划线销、圆柱销等部件文件导入到检具

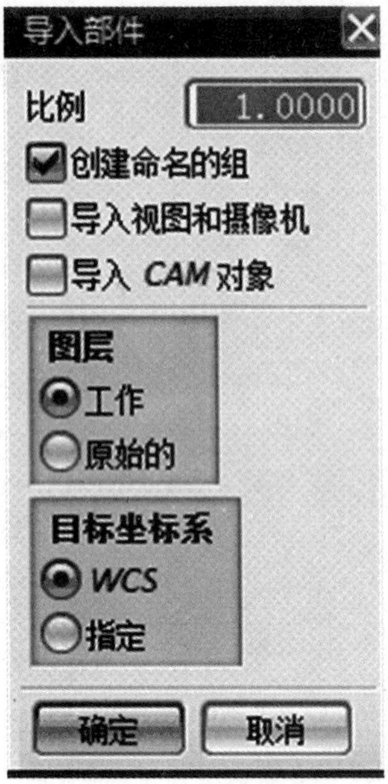

图 5-3-6 “导入部件”对话框

中。选择菜单“文件”→“导入”，弹出如图 5-3-6 所示的“导入部件”对话框。在“导入部件”对话框中，可以在“比例”文本框中设定导入部件的比例大小，在“目标坐标系”中可以指定所导入部件的目标坐标系是 WCS 还是使用 CSYS 对话框定义的坐标系。

任务分析与计划

一、检具建模分析

检具建模内容主要包括本体和附件，其中：

(1) 检具本体型面设计可以根据加强件数模的轮廓曲面进行偏置、拉伸、修剪创建。

(2) 检具中的定位销、检测销、支座、通止规、夹钳等附件的模型可以根据供应商提供的数模设定坐标后导入。对于定位销等标准件，可以将导入的数模进行平移和变换，使得标准件调整到希望的位置上；对于支座等模型除了调整位置，还需要根据检具修改尺寸。

二、检具三维模型创建计划

根据上述分析，对于汽车前地板加强件检具三维模型可以采取如图 5-3-7 所示的创建计划。

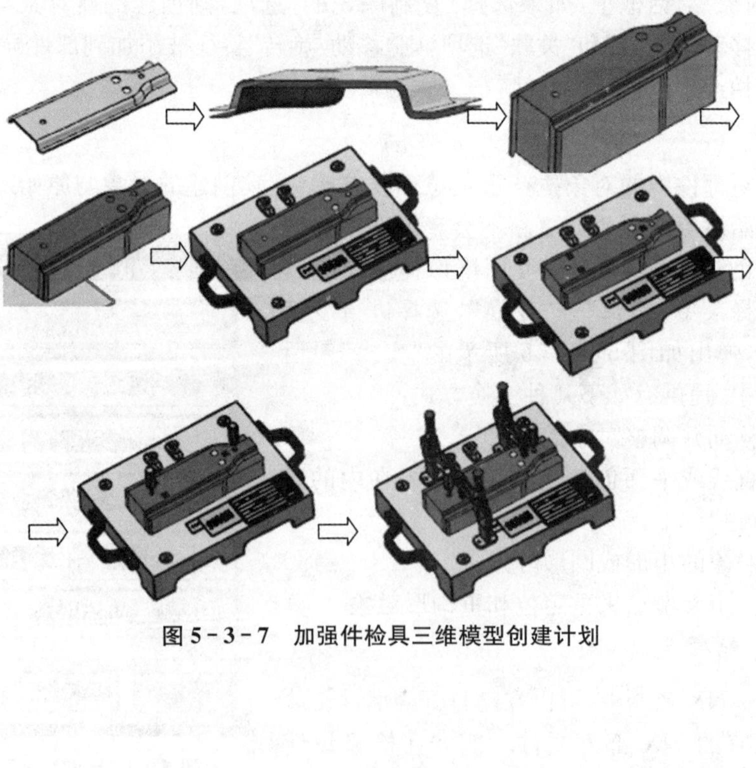

图 5-3-7 加强件检具三维模型创建计划

任务实施

1. 新建文件

新建一个部件文件，文件名称为“jianjusheji”，进入 Siemens NX 8.0“建模”应用模块。

2. 导入加强件数模

选择菜单“文件”→“导入”→“IGES”，弹出“导入自 IGES 选项”对话框，选择加强件 IGES 数模，单击“确定”按钮后，加强件数模被导入“jianjusheji”文件中，同时构成模型的各个体出现在如图 5-3-8 所示的导航器中。也可直接打开上一任务创建的加强件部件文件。

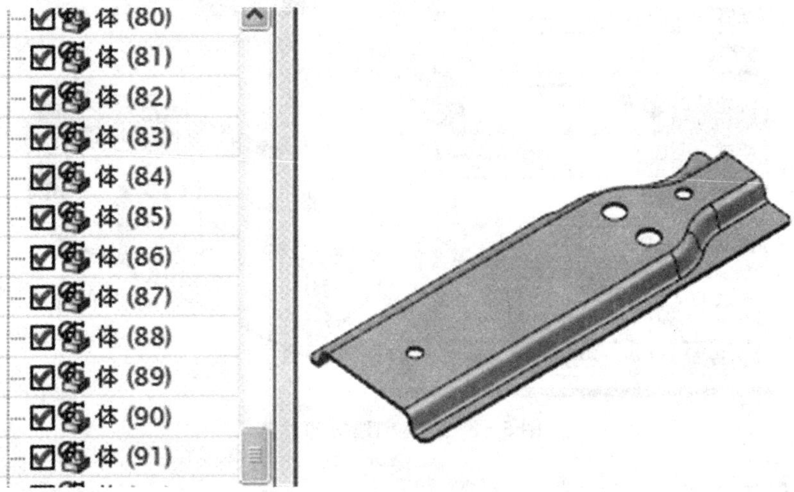

图 5-3-8　导入后的加强件

3. 偏置曲面

选择菜单“插入”→“偏置/缩放”→“偏置曲面”，弹出如图 5-3-9 所示的“偏置曲面”对话框，在对话框中设置偏置距离：3 mm，选择汽车前地板加强件内部曲面，单击“确定”按钮，创建偏置曲面作为检具的本体型面。使用“隐藏”命令，将汽车前地板加强件隐藏。

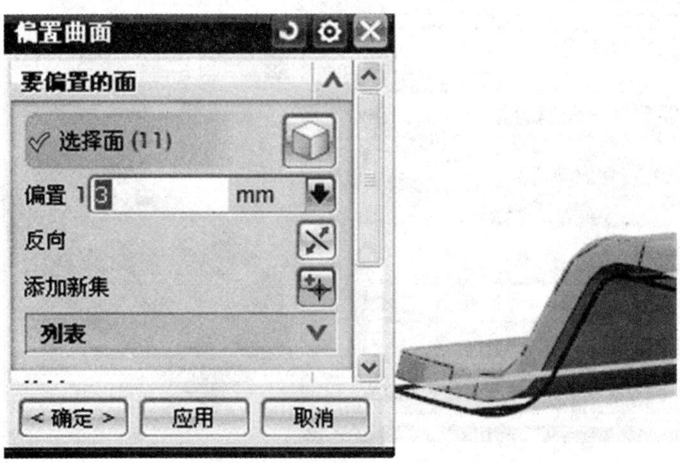

图 5-3-9　创建偏置曲面

4. 拉伸曲面

选择菜单“拉伸”→“设计特征”→“拉伸”，弹出如图 5-3-10 所示的“拉伸”对话框，在“结束”中选择“值”，在“距离”中输入“100”，在“布尔”选项中选择“无”，在“体类型”中选择“图纸页”，单击“确定”按钮，完成本体侧面创建。

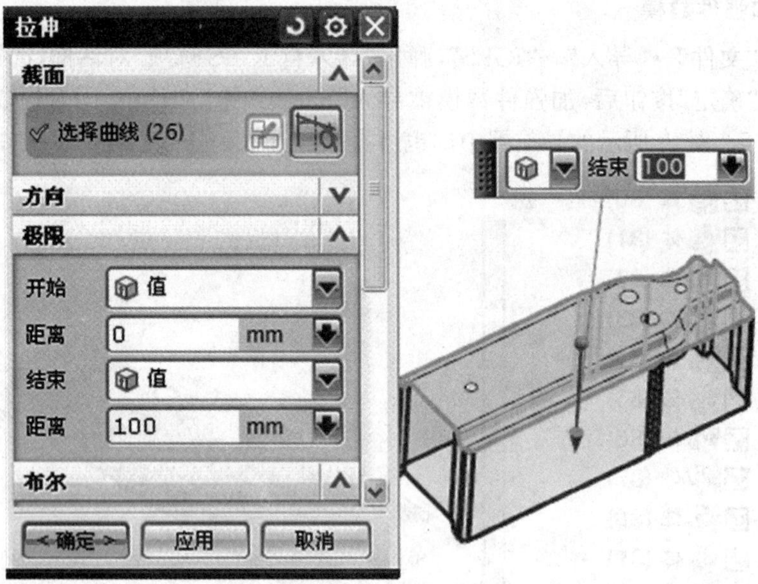

图 5-3-10　创建拉伸片体

5. 修剪侧边片体

(1) 创建基准面。选择菜单“插入”→“基准/点”→“基准平面”，弹出如图 5-3-11 所示的“基准平面”对话框，“要定义平面的对象”组中的“选择对象”处于激活状态，选择图示的顶部平面，在“距离”中输入“60”，单击“确定”按钮，完成基准面的创建。

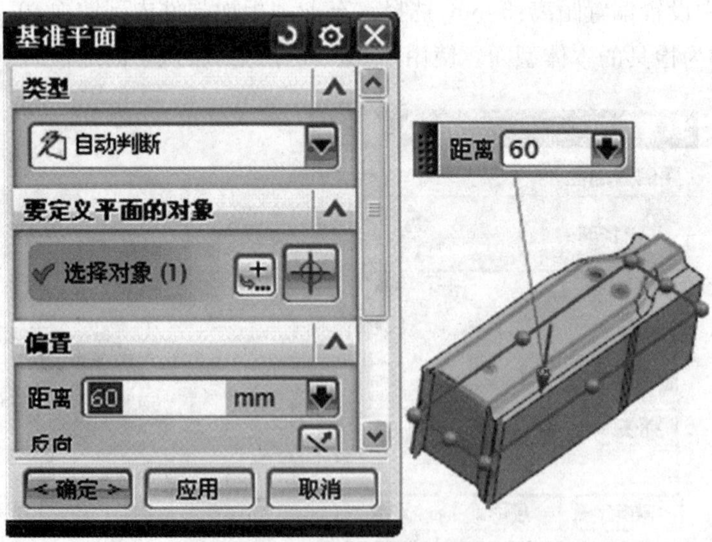

图 5-3-11　创建基准面

(2) 修剪体。选择菜单“插入”→“修剪”→“修剪体”,弹出如图 5－3－12 所示的“修剪体”对话框,“目标”组中的“选择体”处于激活状态,选择图示的拉伸片体,在“工具”中激活“选择面或平面”按钮,选择上一步创建的基准面,单击“确定”按钮,完成修剪。

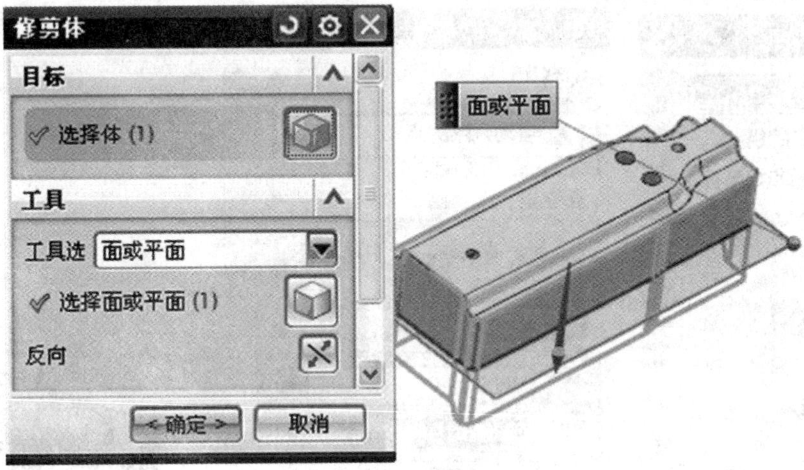

图 5－3－12　修剪片体

6. 导入检具底座

(1) 调整坐标系。选择菜单“格式”→“WCS”→“原点”,弹出如图 5－3－13 所示的“点”对话框,“类型”选择“点在面上”,选择顶部平面,在“面上的位置”中输入:U 向参数 0.5,V 向参数 0.5,单击“确定”按钮,完成工作坐标系的第一次调整。选择菜单“格式”→“WCS”→“原点”,在“点”对话框中,“类型”选择“自动判断的点”,在“偏置”中输入 ZC 增量:－60,单击“确定”按钮,完成工作坐标系的第二次调整。隐藏基准面。

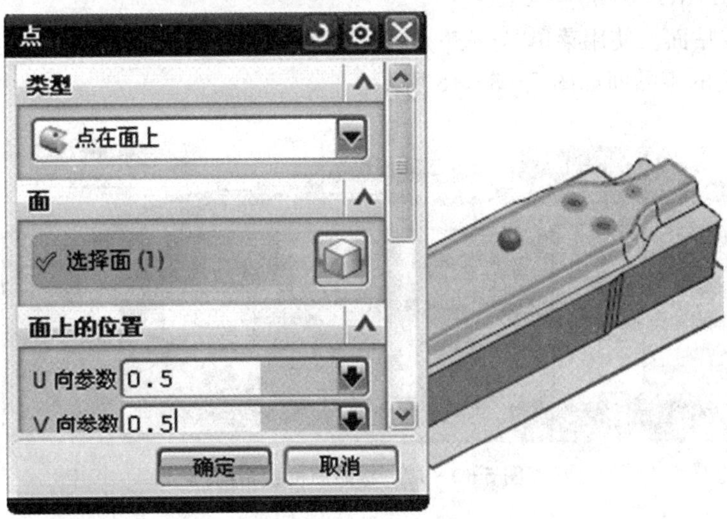

图 5－3－13　“点”对话框

(2) 导入基座。检具基座包括底板及其手柄等部件,可以从供应厂家获得相应 UG 模型。根据加强件检具尺寸,选择长度为 400 mm、宽度为 300 mm 的底座,并将其工作坐标系调整至与检具本体坐标系一致后导入。选择菜单“文件”→“导入”→“部件”,弹出“导入部件”对话框，如图 5－3－14 所示，单击“确定”按钮，从弹出对话框中选择基座文件，单击“确定”按钮，弹出“点”对话框，如图 5－3－15 所示，“参考”选择“WCS”，确定 XC、YC、ZC 值均为 0，单击“确定”按钮后，完成基座的导入，如图 5－3－16 所示。

图 5－3－14 “导入部件”对话框

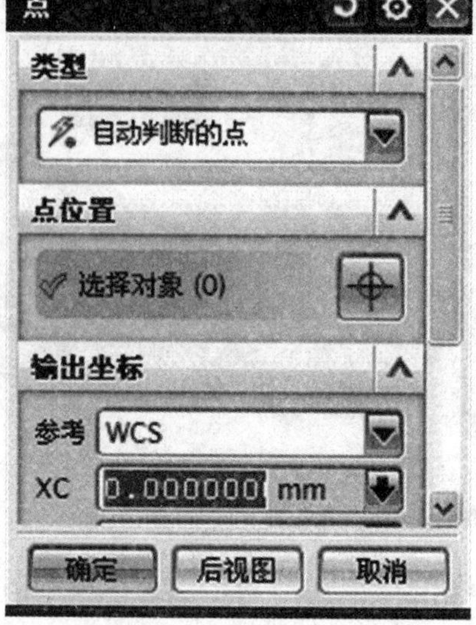

图 5－3－15 “点”对话框

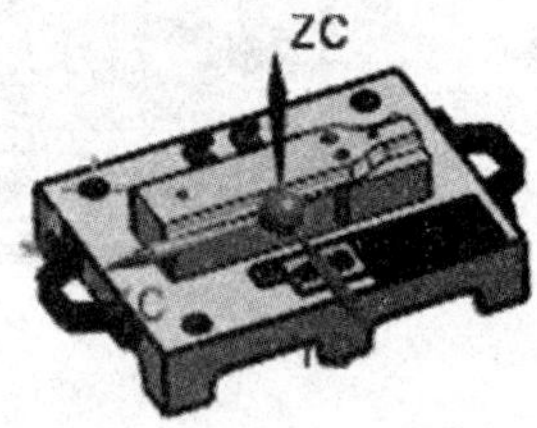

图 5－3－16 导入的基座

7. 创建零贴面

(1) 如图 5－3－17 所示，根据检具本体型面上孔的圆心，创建三个零贴面的位置点：点 1——XC＝86. 092094707，YC＝－21. 305416222，ZC＝60. 000000046；点 2——XC ＝86. 092094707，YC＝21. 694583778，ZC＝60. 000000046；点 3——XC ＝－80. 907905293，YC＝ 0. 194583778，ZC＝60。

(2) 导入零贴面。使用菜单“导入”→“部件”，导入三个零贴面，放置在上一步创建的三个点上。导入后的零贴面如图 5－3－18 所示。

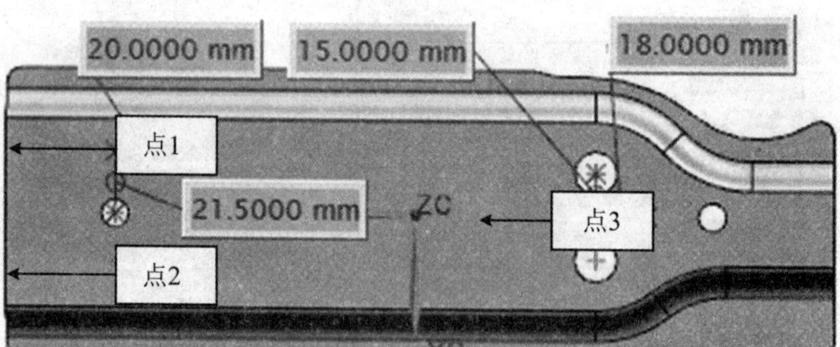

图 5－3－17 零贴面位置布局

8. 创建定位销

(1) 创建圆柱销和销套。使用菜单“导入”→“部件”，导入圆柱销和圆柱销衬套。选择菜单“编辑”→“移动对象”，选择圆柱销衬套，“运动”选项选择“距离”，“距离”选项输入“3”。单击“确定”按钮，完成销套的向下平移。如图 5－3－19、图 5－3－20 所示。

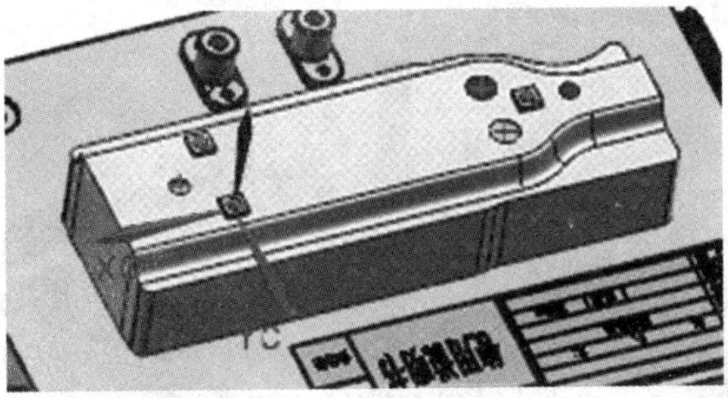

图 5-3-18　导入的零贴面

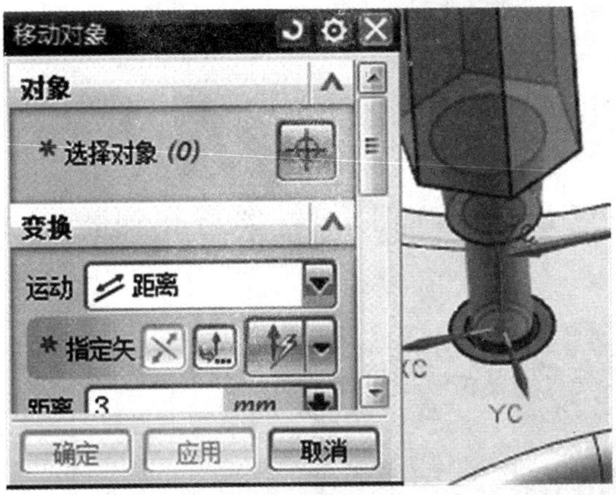

图 5-3-19　移动销套

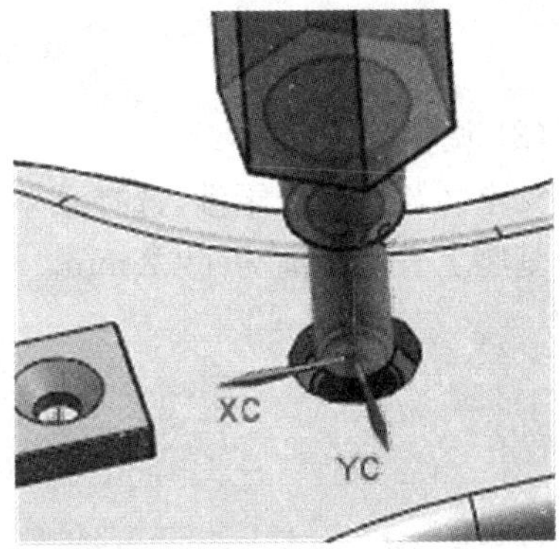

图 5-3-20　完成后的圆柱销和销套

（2）创建削边销和销套。选择菜单“导入”→“部件”，导入削边销和削边销衬套。选择菜单“编辑”→“移动对象”，选择削边销衬套，“运动”选项选择“距离”，“距离”选项输入“3”。单击“确定”按钮，完成销套的向下平移。完成后的削边销和销套如图 5-3-21 所示。

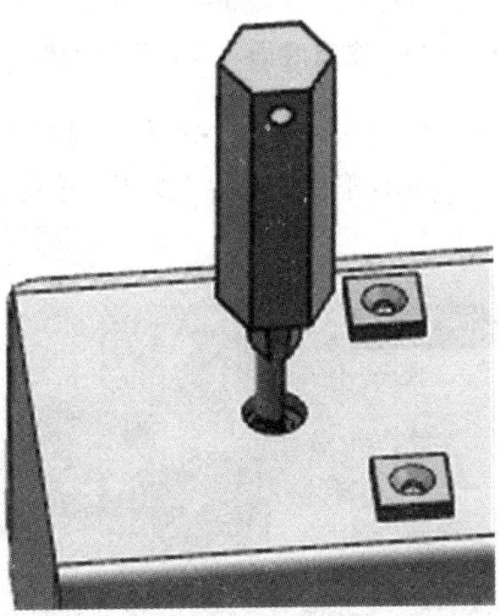

图 5-3-21　完成后的削边销和销套

9. 创建夹钳及支座

（1）导入夹钳和支座。选择菜单“导入”→“部件”，选择如图 5-3-22 所示的零位面上中心点，导入夹钳和支座。

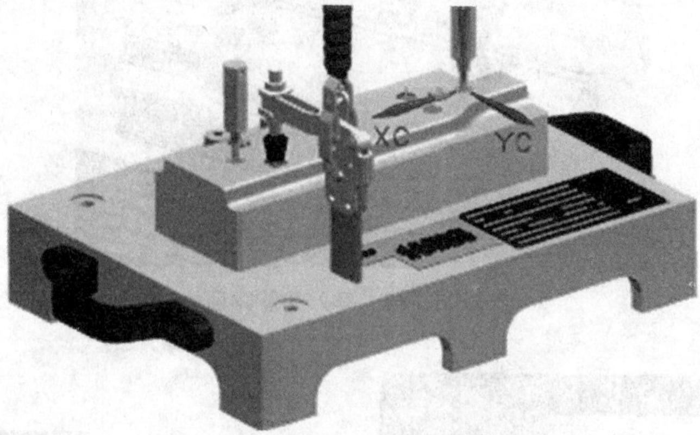

图 5-3-22　导入夹钳和支座

(2) 调整支座面。

支座面与底板有干涉，选择菜单“分析”→“测量距离”，如图 5-3-23 所示，测得支座底面与基座上表面距离为 11.2 mm。

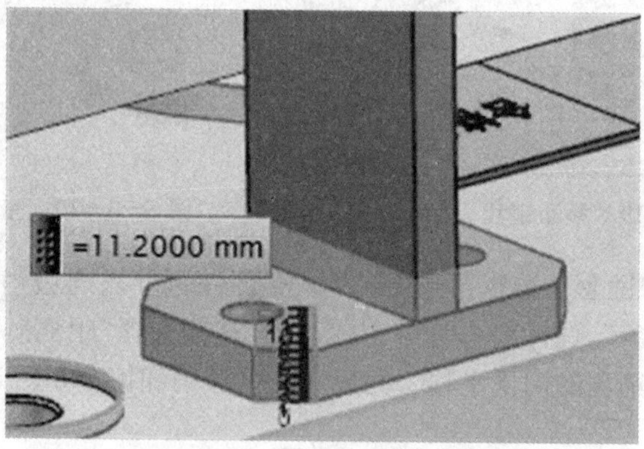

图 5-3-23　支座底面与底板平面的距离分析

选择菜单“插入”→“偏置/缩放”→“偏置面”，弹出“偏置面”对话框，选择如图 5-3-24 所示的支座面，输入“偏置”：11.2 mm，单击“确定”按钮，完成支座上平面的偏置。按照相同方法和偏置距离偏置支座底面。

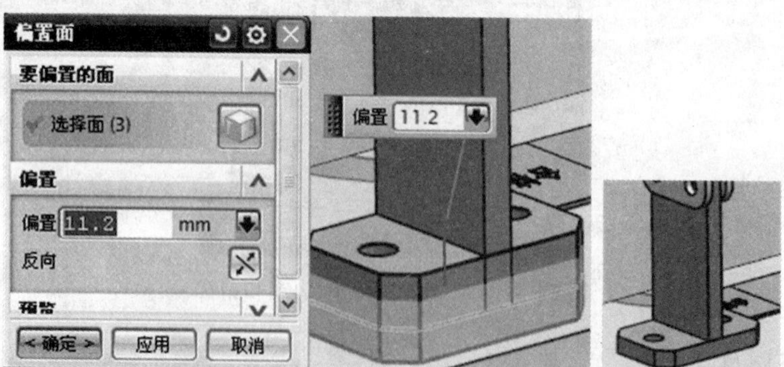

图 5-3-24　支座底上平面的偏置

(3) 创建其余夹钳和支座。使用平移和变换功能创建如图 5-3-25 所示的夹钳和支座。

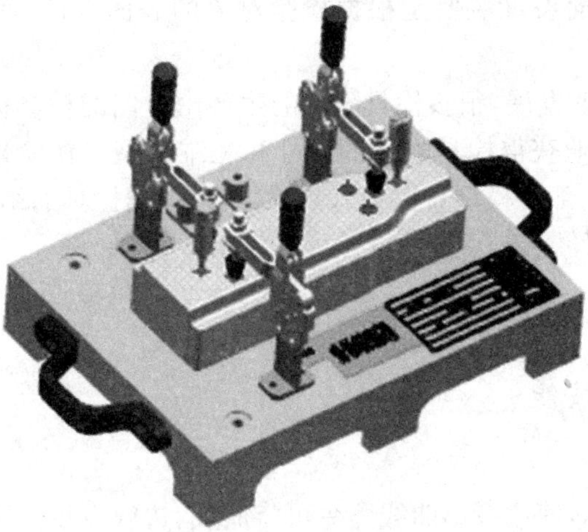

图 5-3-25　完成后的夹钳

任务评价与总结

一、任务评价

任务评价按表 5-3-1 进行。

表 5-3-1　任务评价表

评价项目	配分	得分
一、成果评价:60%		
检具型面建模的正确性	30	
检具底座、夹钳等附件建模的正确性	30	
二、学生自我评价与团队成员互评:15%		
学习活动的目的性	3	
是否独立寻求解决问题的方法	6	
团队合作氛围	3	
个人在团队中的作用	3	
三、教师评价:25%		
工作态度是否端正	10	
工作量是否饱满	3	
工作难度是否适当	2	
学生对于学习任务的明确和相关信息的收集与理解、工作任务方案制定的合理性	5	
自主学习	5	
总分		

二、任务总结

(1) 检具本体的型面设计主要是根据检验对象的表面设计，使用的命令包括"曲面偏置"、"拉伸"、"修剪"等。

(2) 随着检具技术的发展，很多检具附件的生产由专门的检具标准件制造企业完成，可以从检具附件的制造企业获得检具附件的尺寸和三维模型。在检具设计过程中，底座等附件的建模，可以将附件的部件模型直接导入到检具，再根据检具的结构和尺寸要求调整附件的位置。

任务拓展

一、相关知识与技能

1. 投影曲线

如图 5-3-26 所示，使用投影曲线命令可将曲线、边或点投影到面、平面化的体或基准平面上。可以调整投影朝向指定的矢量、点或面的法向，或者与它们成一角度。

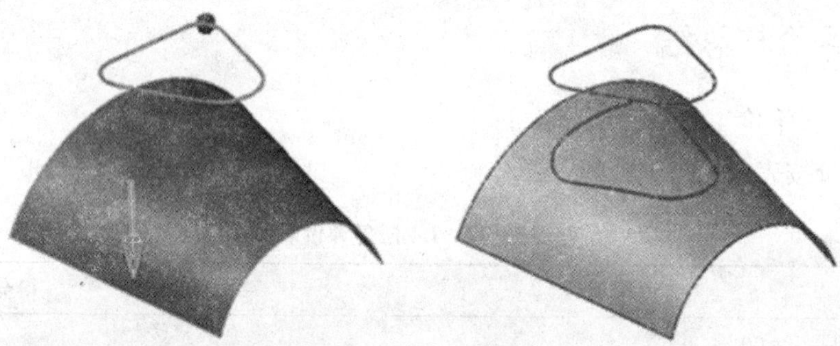

图 5-3-26　投影曲线

如图 5-3-27 所示，检具底板上通常会根据零件绝对坐标系刻注出车身坐标系的位置，每隔 100 mm 为一挡进行刻注。百位线的建模过程如下：

(1) 建立 X 方向和 Y 方向直线。

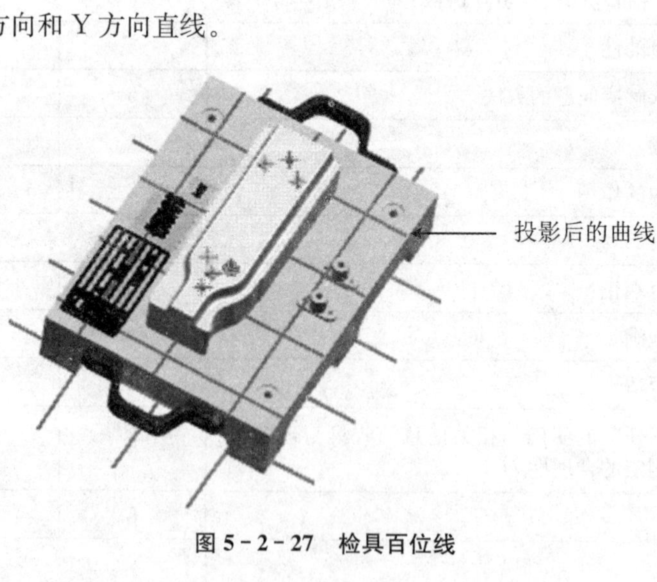

图 5-2-27　检具百位线

(2) 使用变换、平移或阵列特征等命令复制出各格直线。

(3) 将所有直线向底板投影。

2. 抽取曲线

使用抽取曲线可以从一个或多个现有体的边或面出发创建几何体(直线、圆弧、二次曲线和样条)。包括以下方式:

(1) 边曲线。从指定的边抽取曲线。

(2) 轮廓线。从轮廓边缘创建曲线。

(3) 完全在工作视图中。由工作视图中体的所有可见边(包括轮廓边缘)创建曲线。

(4) 等斜度曲线。创建在面集上的拔模角为常数的曲线。

(5) 阴影轮廓。在工作视图中创建仅显示体轮廓的曲线。

选择菜单"插入"→"来自体的曲线"→"抽取",弹出"抽取曲线"对话框,选择"边曲线"按钮后从图形界面中选择如图 5-3-28 所示的片体轮廓边,单击"确定"按钮,完成检具本体检测圆的创建。

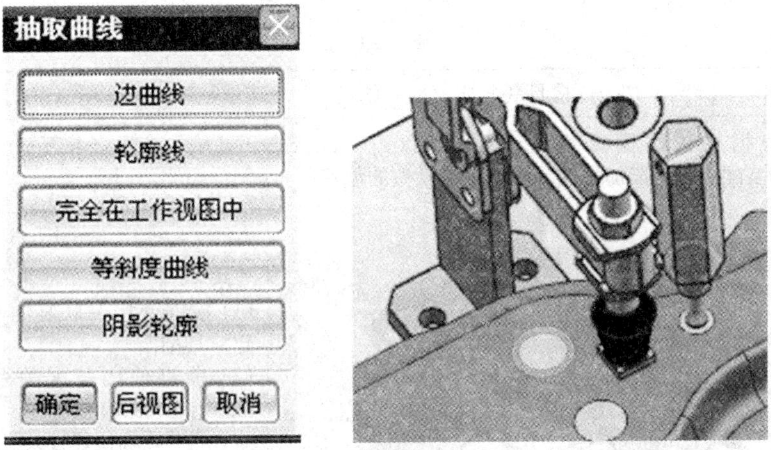

图 5-3-28 抽取曲线

3. 偏置曲线

偏置曲线是偏置已有的直线、圆弧、二次曲线、样条、边或草图形成新的曲线。曲线可以在选定几何体所定义的平面内偏置,也可以使用拔模角和拔模高度选项偏置到一个平行平面上,或者沿着使用 3D 轴方法时指定的矢量偏置。

如图 5-3-29 所示,选择菜单"插入"→"来自曲线集的曲线"→"偏置",弹出"偏置曲线"对话框,设置偏置距离:3 mm,选择抽取的片体轮廓边,单击"确定"按钮,完成检具本体检测圆参考线的创建。

二、练习与提高

练习与提高内容如表 5-3-2 所示。

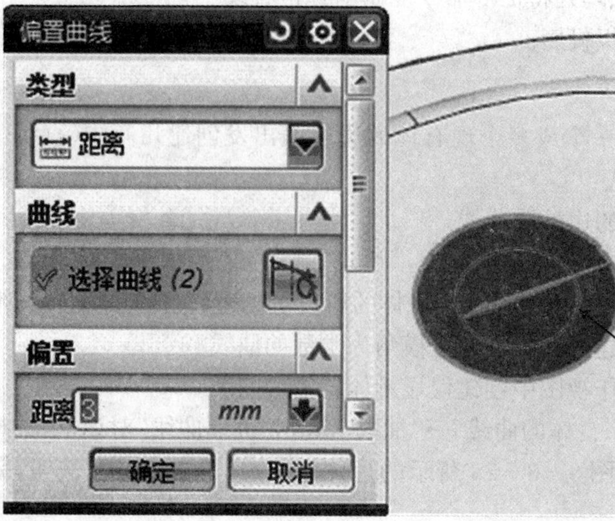

图 5-3-29　偏置曲线

表 5-3-2

<table>
<tr><td>名称</td><td>加强件检具装配体模型的创建</td><td>难度</td><td>难</td></tr>
<tr><td colspan="2">内容：根据加强件检具的设计要求，利用 Siemens NX 8.0装配功能完成加强件装配体三维模型的创建。
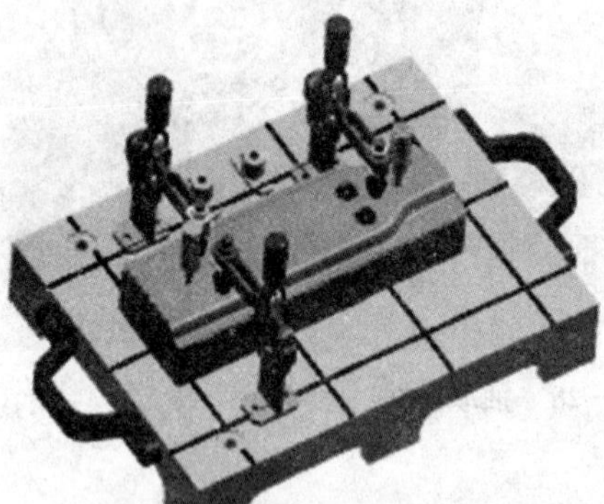</td><td colspan="2">要求：
(1) 能够使用关联复制等功能创建检具型面；
(2) 能够使用装配关系装配标准件；
(3) 能够正确创建检具工程图。</td></tr>
</table>

项目六

工艺装备零件加工的辅助编程

项目描述

机床夹具、检具和各种模具等工艺装备属于单件生产或小批量生产，因此在生产中广泛采用数控机床加工，以提高加工精度和缩短其制造周期。例如对夹具体、定位块、检具本体和模具型腔等主要零件，就可以采用三维 CAD/CAM 软件的 CAM 模块完成加工表面的计算机辅助编程。

本项目由 3 个任务构成，任务实施需要利用 Siemens NX 8.0 加工模块中的平面铣、点位加工、型腔铣和固定轴曲面轮廓铣功能，完成钻模夹具体和夹具曲面数控加工的计算机辅助编程，并通过后处理生成 NC 程序。

学习目标

学习目标如表 6-1-1 所示。

表 6-1-1

序号	类别	目标
一	专业知识	(1) 了解操作导航器功能； (2) 熟悉 Siemens NX 8.0 加工模块中计算机辅助编程的流程； (3) 掌握平面铣操作参数功能； (4) 掌握面铣操作参数功能； (5) 掌握点位加工操作参数功能； (6) 掌握型腔铣操作参数功能； (7) 掌握固定轴曲面轮廓铣操作参数功能； (8) 了解 NX/Post Builder 参数功能； (9) 熟悉 Siemens NX 8.0 模块中刀具轨迹后处理的使用流程。

序号	类别	目标
二	专业技能	(1) 创建与编辑父节点组； (2) 创建与编辑平面铣操作； (3) 创建与编辑面铣操作； (4) 创建与编辑点位加工操作； (5) 创建与编辑型腔铣操作； (6) 创建与编辑固定轴曲面轮廓铣； (7) 使用 NX/Post Builder 创建 3 轴数控铣床(含 3 轴镗铣加工中心)； (8) 使用 Siemens NX 8.0 加工模块中刀具轨迹后处理。
三	职业素养	(1) 培养沟通能力及团队协作精神； (2) 培养通过网络等工具主动获取和处理信息的能力； (3) 培养发现问题、分析问题、解决问题的能力。

工作任务

任务一　钻模夹具体加工的计算机辅助编程

任务内容如表 6-1-2 所示。

表 6-1-2

<table>
<tr><td>名称</td><td>钻模夹具体加工的计算机辅助编程</td><td>难度</td><td>低</td></tr>
<tr><td colspan="2">内容：根据下列图示钻模夹具体数模，完成钻模夹具体指定表面数控加工的计算机辅助编程。
(1) 平面 A 加工余量：3 mm；表面粗糙度：Ra1.6。
(2) 平面 B 加工余量：3 mm；表面粗糙度：Ra1.6。
(3) 平面 C 加工余量：3 mm；表面粗糙度：Ra1.6。
(4) 2-M8 螺纹底孔 Φ6.8 mm、M22 螺纹底孔、Φ16 mm 孔，表面粗糙度：Ra6.3。
(5) M22 螺纹底孔 Φ19.5 mm，表面粗糙度：Ra6.3。
(6) Φ16 孔，表面粗糙度：Ra6.3。
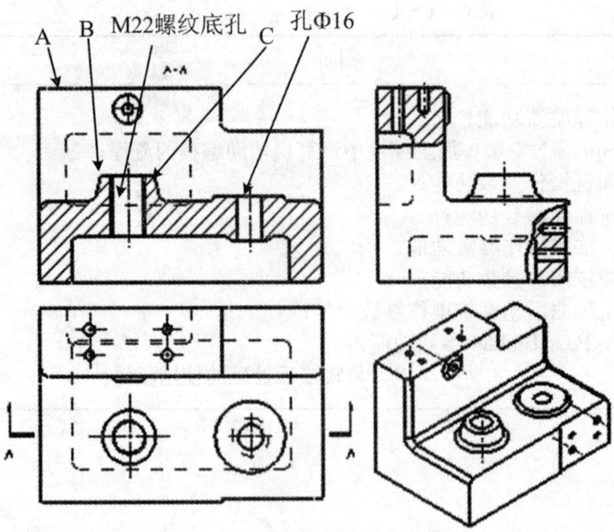
</td><td colspan="2">要求：
(1) 能够根据钻模夹具体加工要求选择加工设备、刀具、切削用量，并做出工艺规划；
(2) 会创建和编辑刀具、几何体、方法、程序父节点组；
(3) 会创建与编辑平面铣操作；
(4) 会创建与编辑点位加工操作；
(5) 能够对加工操作刀具轨迹进行模拟，并判断加工工艺性。</td></tr>
</table>

任务二　检具本体加工的计算机辅助编程

任务内容如表 6-1-3 所示。

表 6-1-3

名称	检具本体加工的计算机辅助编程	难度	中
内容：根据下列图示零件数模，完成检具本体加工的计算机辅助编程。 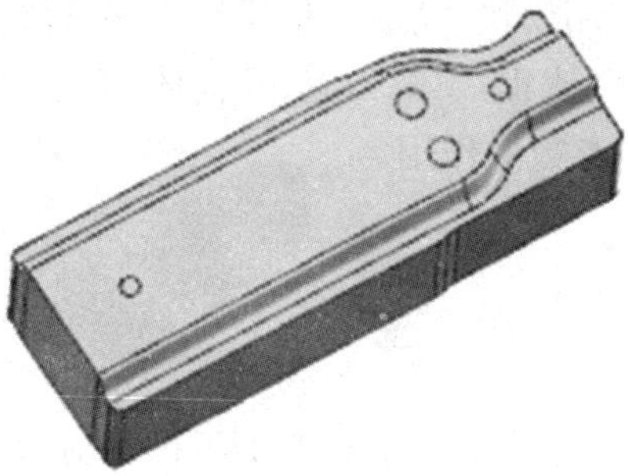		要求： (1) 能够根据检具本体加工要求选择加工设备、刀具、切削用量，并做出工艺规划； (2) 会创建和编辑刀具、几何体、方法、程序父节点组； (3) 会创建与编辑曲面型腔铣操作； (4) 会创建与编辑固定轴曲面轮廓铣操作； (5) 能够对加工操作刀具轨迹进行模拟，并判断加工工艺性。	

任务三　SKDX70100 雕铣机 Siemens NX 8.0 后处理器的创建与使用

任务内容如表 6-1-4 所示。

表 6-1-4

名称	SKDX70100 雕铣机后处理器创建	难度	高
内容：根据 SKDX70100 雕铣机数控系统 SKY2006NA 和机床参数，完成 SKDX70100 数控雕铣机的后处理器创建。 (1) 数控系统 SKY2006NA。 (2) SKDX70100 机床为 3 轴联动插补，其中 X 轴工作行程：700 mm；Y 轴工作行程：1000 mm；Z 轴工作行程：350 mm。 		要求： (1) 根据 SKY2006NA 数控系统参数，利用 UG/Post Builder 创建后处理器，名称 SKDX70100； (2) 根据创建的 SKDX70100 后处理器对指定零件中的刀具路径进行后处理； (3) 总结 UG/Post Builder 创建后处理器的一般方法。	

任务一　钻模夹具体加工的计算机辅助编程

任务介绍

学习视频 6-1

本次任务是使用 Siemens NX 8.0 加工应用模块，完成杠杆臂钻模夹具体指定表面的加工编程，掌握 Siemens NX 8.0 加工模块的使用流程，了解刀具、几何体、方法、程序父节点组功能，掌握平面铣操作和点位加工操作中各项参数的作用。

相关知识

一、工艺装备制造特点

(1) 加工精度高。通常工艺装备元件的工作尺寸公差取加工工件相应尺寸公差的 1/5～1/3。

(2) 单件小批量生产。例如机床专用夹具、冲压模具或塑料模具通常是为一类或一种零件的加工而设计，因此工艺装备自身制造数量较少。

(3) 生产周期短。由于产品市场竞争加剧，对缩短产品生产准备时间提出了越来越高的要求，所以，当前企业对机床夹具、模具等工艺装备的生产和制造周期都提出了较高要求。

使用高精度、加工范围广的数控加工是满足工艺装备制造需要的有效途径。

二、Siemens NX 8.0 加工模块的操作环境

1. Siemens NX 8.0 加工模块的调用

在 Siemens NX 8.0 中，选择菜单“开始”→“加工”，即可进入 Siemens NX 8.0 加工模块。在加工环境对话框中选择加工会话配置进行加工环境的初始化，如图 6-2-1 所示。

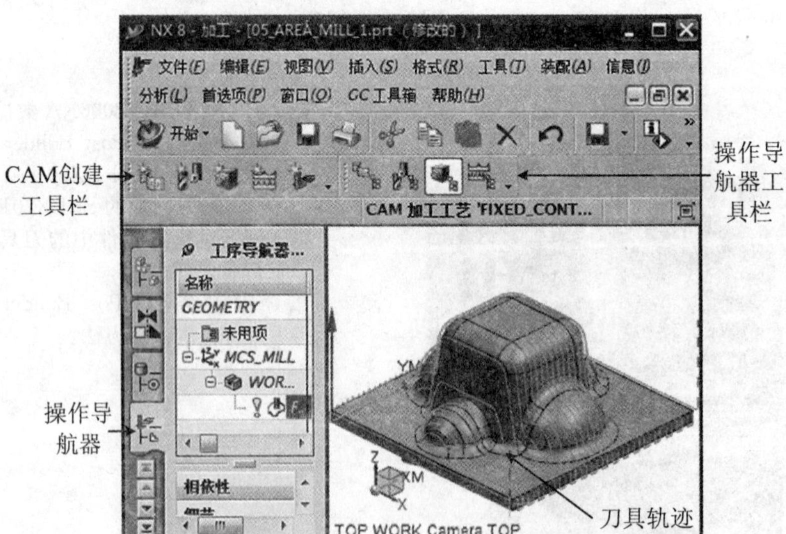

图 6-2-1　Siemens NX 8.0 加工环境界面

2. 工序导航器

工序导航器提供图形化的用户界面，将各个加工工序及其所使用的刀具、几何体和加工方法等信息，按照树状结构进行组织管理，反映程序、刀具等父组和加工工序之间的关系。参数自上向下传递，如果改变了某父组，则下层的父组或工序将受影响。传递的信息可以是刀具、零件、毛坯、检查几何体、加工坐标系、公差、余量等。

工序导航器有 4 种视图：

(1) 程序顺序视图。显示所有程序组，同时显示使用这些程序组的各个工序，并分类显示和组织工序、程序组之间的继承关系。例如，如图 6-2-2 所示，程序导航器显示每个工序所属的程序父组，其中每个程序组代表一个独立的输出至后处理器或 CLSF 的程序文件。

(2) 机床视图。显示所有从刀具库调用的或在当前设置中创建的刀具，同时显示使用这些切削刀具的各个工序，并通过刀具对工序进行分类。

(3) 几何体视图。显示所有加工几何体和加工坐标系，同时显示使用这些几何体和加工坐标系的各个工序，并分类显示和组织工序、几何体父节点组、MCS 的关系。

(4) 加工方法视图。显示所有加工方法，同时显示使用这些加工方法的各个工序，并通过加工方法对工序进行分类。

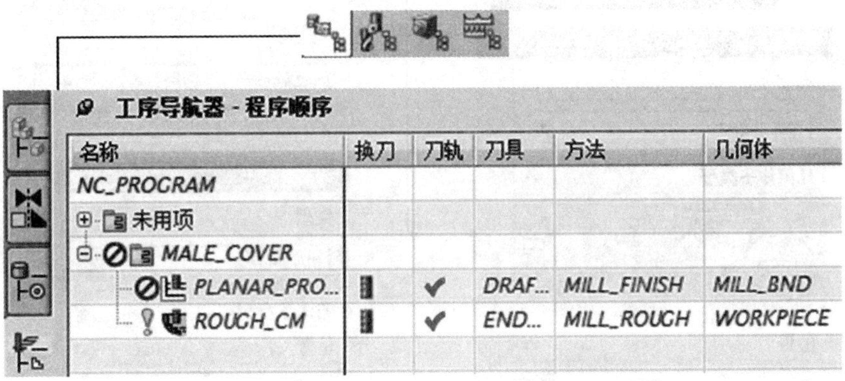

图 6-2-2　工序导航器—程序顺序视图

三、父组

在 Siemens NX 8.0 中，如图 6-2-3 所示，定义的程序、刀具、几何体和方法参数可从其他组或工序继承，继承的上一级对象和下一级对象形成父子关系，包含工序或子组的组称为父节点组或父组。

1. 程序组

决定操作后处理输出的顺序，当选取一个程序节点输出，其包含的所有操作的刀轨被输出成刀位源文件(CLSF)或直接输出成 NC 文件，位于上面的操作的刀轨在刀位源文件或 NC 文件中排在前面。可选择工具按钮进行创建。

2. 刀具组

定义加工中需要使用的刀具，包括刀具尺寸参数、刀具号，可选择工具按钮进行创建。

3. 几何体组

定义几何体数据，如零件、毛坯、MCS、安全平面等，可选择工具按钮进行创建。

4. 方法组

定义加工参数，如进给速度、主轴转速和公差等，可选择工具按钮进行创建。

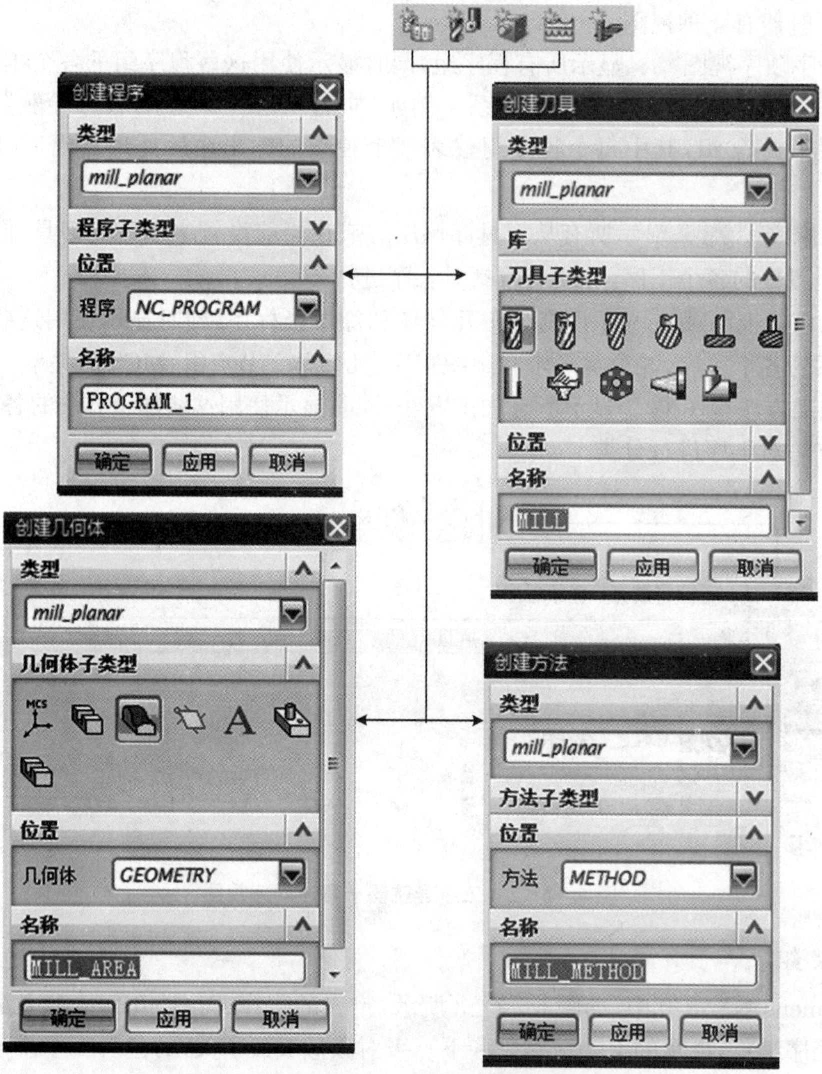

图 6-2-3 程序、刀具、几何体、方法创建对话框

四、Siemens NX 8.0 加工编程的一般步骤

根据如图 6-2-4 所示的 Siemens NX 8.0 加工编程的流程，可以知道 Siemens NX 8.0加工编程的一般步骤如下：

(1) 创建加工装配。加工装配可以引用主模型数据作为加工对象，加工数据仅保存在装配文件中，避免了重复建模和数控编程人员对主模型数据的破坏，并且编程人员还可以在装配部件中设计夹具和毛坯，使得编程中充分考虑到加工条件。根据加工要求规划加工工序，确定工序采用的加工类型。

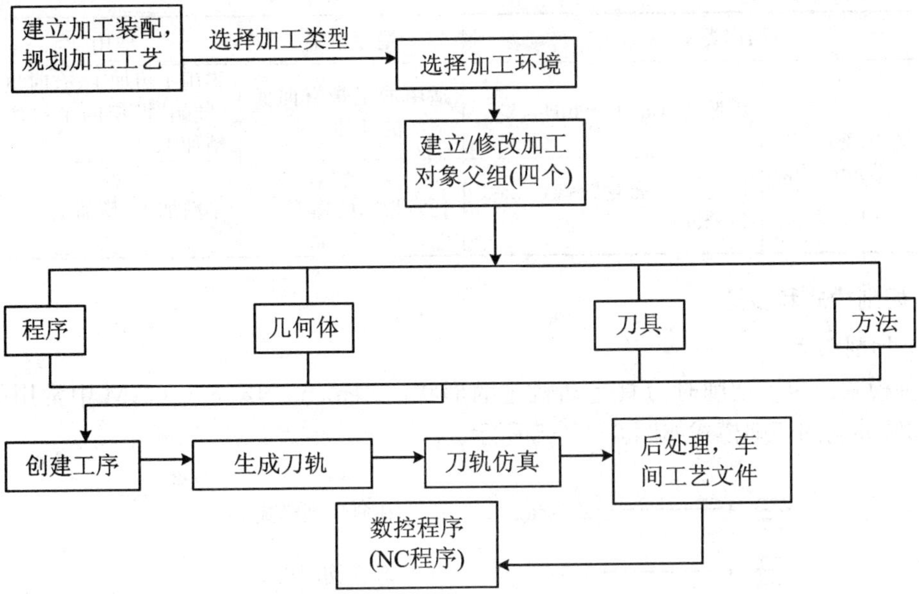

图 6-2-4　Siemens NX 8.0 加工编程步骤

(2) 选择合适的加工环境。根据加工要求选择加工环境，例如铣削加工、车削加工等。

(3) 创建父组。建立和利用继承的概念，最大程度减少参数定义的重复性，实现对加工刀具、几何体、加工方法、加工程序的可视化管理与重复使用。

(4) 创建工序。设置生成刀具轨迹所需的参数和各种方法。

(5) 检验刀轨。用仿真的方法检验刀具轨迹加工过程是否正确，减少可能的错误，例如过切、干涉等。

(6) 后处理。将刀具轨迹转换为指定数控系统能识别的格式，即 NC 程序。

(7) 创建车间文档。把加工信息输出，供车间操作人员使用。

五、工序创建

工序创建过程就是根据所选择的加工操作类型，选择刀具、几何体等父组，并设置工序的详细参数，包括切削方法、步距、进退刀等，所有的这些参数，都对最终生成的刀具轨迹产生影响。可选择“创建工序”按钮创建工序。常用的工序类型如表 6-2-1 所示。

表 6-2-1　Siemens NX 8.0 加工中常用的工序类型

操作类型		适用范围	适用工艺
点位加工(Drill)	钻孔(Drilling)	深度较浅的孔	孔的粗钻、精钻
	啄钻(Peck-Drilling)	深孔	
平面铣(Planar Milling)	面铣(Face-Milling)	底面为平面、侧壁与刀轴平行的部件	粗加工或精加工平面
	平面铣(Planar-Mill)		粗加工、精加工

续表

操作类型		适用范围	适用工艺
轮廓铣(Surface Contouring)	型腔铣(Cavity-Mill)	适用加工带有曲面形状的部件	多用于粗加工,有时也用于"陡峭"模型的半精加工和精加工
	固定轴曲面轮廓铣(Fixed-Contour)	任意形状的模型	半精加工、精加工

1. 切削模式和步进

(1) 切削模式

切削模式决定了切削时刀具运动轨迹的形状。Siemens NX 8.0 CAM 中常用的平面铣、轮廓铣共同的切削模式如图 6-2-5 所示。

图 6-2-5　切削模式

往复(Zig-Zag)切削模式创建一系列平行直线刀路,在两个相邻刀路上切削方向不同,使用顺铣和逆铣交替进行。如果没有指定切削区域起点,如图 6-2-6 所示,那么第一个 Zig 刀路将尽可能地从外围边界的起点处开始切削。

单向(Zig)切削模式可创建一系列沿一个方向切削的直线平行刀路。"单向"将保持一致的"顺铣"或"逆铣"切削,并且在连续的刀路间不执行轮廓切削,除非指定的"进刀"方式要求刀具执行该操作。刀具从切削刀路的起点处进刀,并切削至刀路的终点。然后刀具退刀,移动至下一刀路的起点,并以相同方向开始切削。如图 6-2-7 所示。

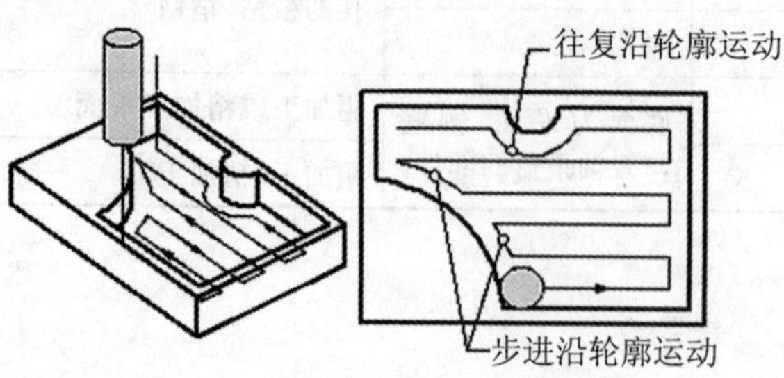

图 6-2-6　往复切削模式

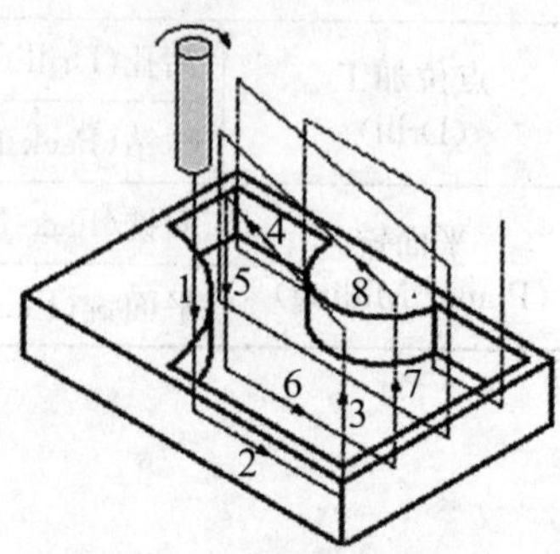

图 6-2-7　单向切削模式

单向轮廓(Zig with Contour)切削模式以一个方向进行切削加工,但在两个刀路之间,即切削运动前后加入一个切削边界轮廓的刀路,然后刀具抬刀再进刀到下一个切削刀路的起点。如图 6-2-8 所示。

跟随周边(Follow Periphery)切削模式沿零件几何体或毛坯几何体最外侧边缘偏置生成一系列同心刀路。当刀路与该区域的内部形状重叠时,这些刀路将合并成一个刀路,然后再次偏置这个刀路就形成下一个刀路。可加工区域内的所有刀路都将是封闭形状。如图 6-2-9 所示。

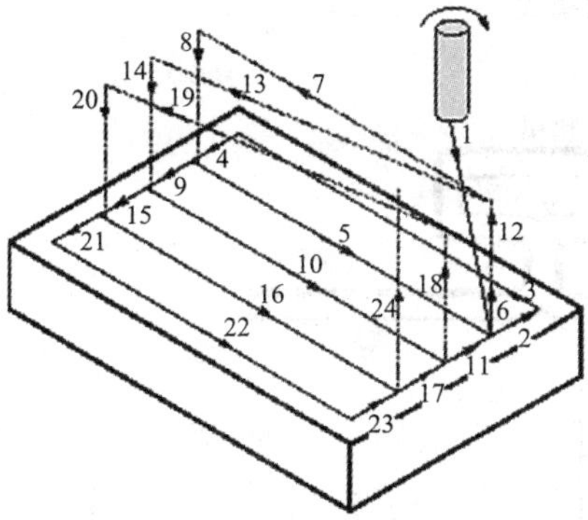

图 6-2-8 单向轮廓切削模式

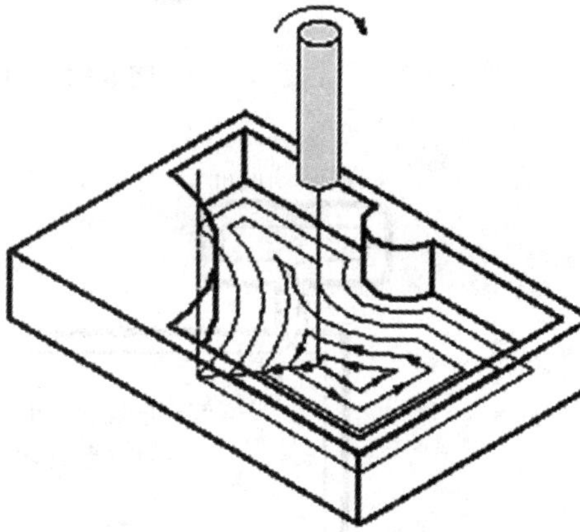

图 6-2-9 跟随周边切削模式

跟随工件(Follow Part)切削模式从所有零件边界同心偏置出刀路,计算刀路时同时使用最外圈的边缘和内部的岛或腔,在整个刀轨中始终保持顺铣(或逆铣),如图 6-2-10 所示。

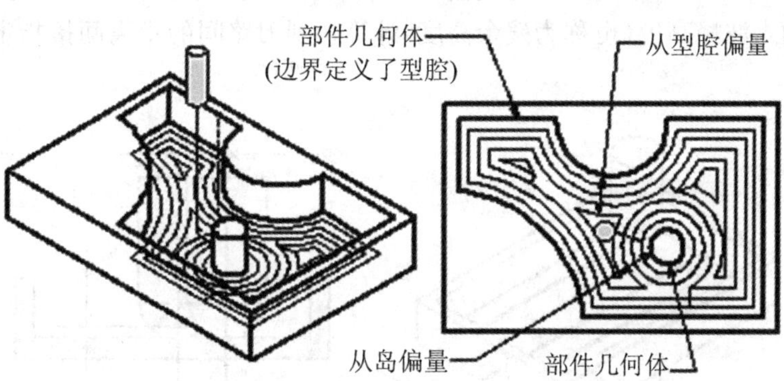

图 6-2-10 跟随工件切削方式

轮廓(Profile)切削模式创建一条或指定数量的切削刀路对部件壁面进行精加工。它可以加工开放区域,也可以加工闭合区域。对于具有封闭形状的可加工区域,轮廓刀路的构建和移动与"跟随部件"切削图样相同,不会产生交叉刀路。如图 6-2-11 所示。

标准驱动(Standard Drive)切削模式是一种轮廓切削方式,它允许刀具准确地沿指定边界移动,而不使用自动边界裁剪功能。可以指定刀轨是否允许自相交。如图 6-2-12 所示。

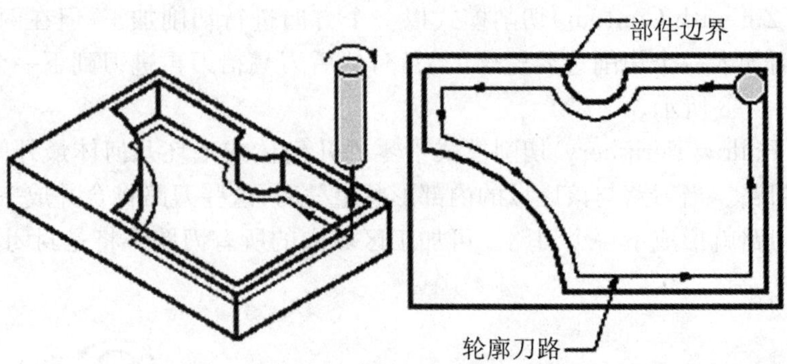

图 6-2-11　轮廓切削模式

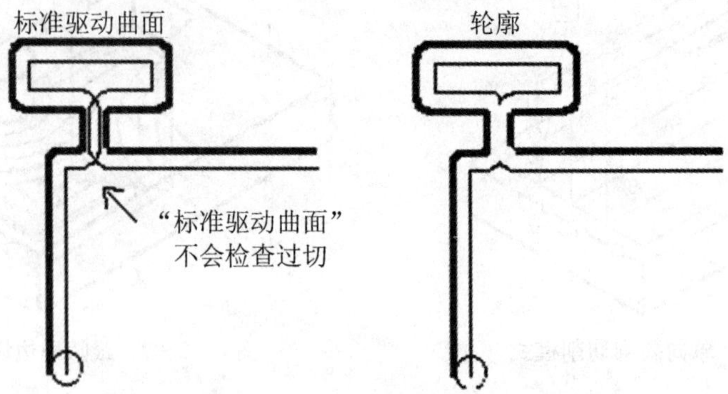

图 6-2-12　标准驱动切削模式

(2) 步距

指定切削刀路之间的距离。可通过输入一个常数值或刀具直径的百分比直接指定该距离，也可通过输入波峰高度(也称为残余高度)计算切削刀路间的距离间接指定该距离，如图 6-2-13 所示。

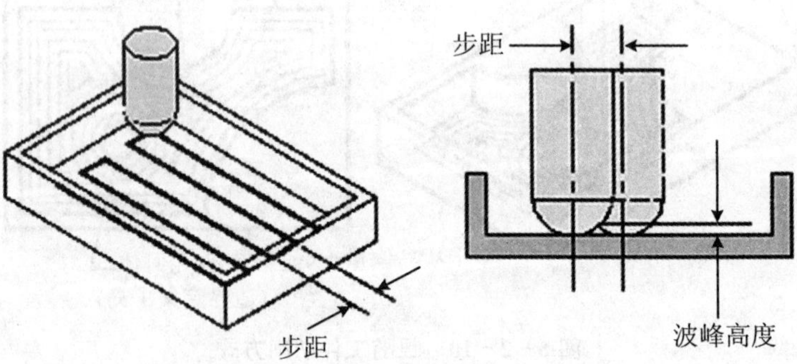

图 6-2-13　步距方式

2. 进刀/退刀设置

允许通过定义正确的刀具运动来规定进刀和从工件退刀时的运动方向和距离。正确的进刀和退刀运动有助于避免刀具上不必要的压力、驻留痕迹、过切部件以及与夹具的碰撞等。如图 6-2-14 所示。

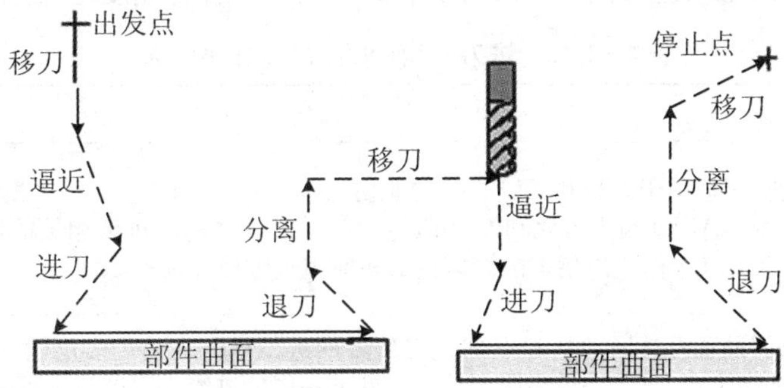

图 6-2-14　进刀/退刀工作流程

进刀和退刀的各个运动步骤的作用如表 6-2-2 所示。

表 6-2-2　进刀/退刀各个运动步骤的作用

序号	动作步骤	作用
1	出发点、停止点	指定刀轨中的第一个和最后一个位置
2	逼近、分离	指定发生在退刀后和进刀前的非切削运动
3	进刀、退刀	指定刀具如何从分离或退刀的末端运动到逼近或进刀的起点
4	移刀	指定从一个切削区域移动到另一个切削区域、从一个切削刀路移动到另一个切削刀路
5	间隙(安全平面)	为进刀、退刀、逼近、分离和移刀的各种工况指定安全几何体

3. 切削速度和进给速度

在定义加工方法或工序中，可以通过如图 6-2-15 所示的对话框设置主轴转速(或表面速度)、各种进给速度。

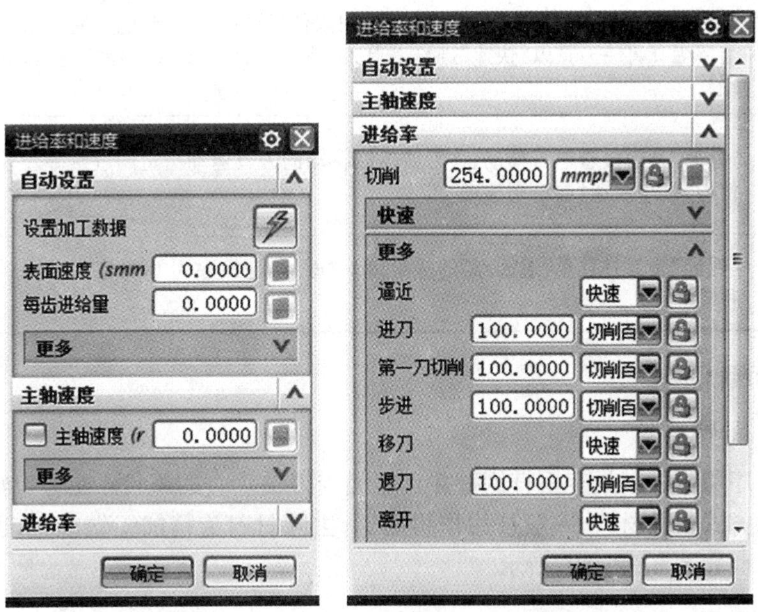

图 6-2-15　Siemens NX 8.0 中的“进给率和速度”对话框

Siemens NX 8.0 加工模块中进刀、切削和退刀运动的各种速度定义如表 6-2-3 所示。

表 6-2-3　进刀、切削和退刀中的各种速度

选项	描述
快速	“快速”只适用于刀轨和 CLSF 中的非切削状态下的运动速度。G0 模式将导致后处理器命令 RAPID 写入刀轨和 CLSF,进而使后处理器输出机床相关的快速运动 G 代码(如 G00);G1 模式以指定的快速进给率使用机床插补运动
逼近	“逼近”设置刀具运动从起点到进刀位置的进给率。在使用多层的“平面铣”和“型腔铣”工序中,“逼近”进给率用于从一层到下一层的进给。零进给率可以使系统使用“快速”进给率
进刀	“进刀”是为从“进刀”位置到初始切削位置的刀具运动指定的进给率。当刀具抬起后返回工件时,此进给率也可用于“返回”进给率。零进给率可以使系统使用“切削”进给率
第一刀切削	“第一刀切削”是为初始切削刀路指定的进给率(后续的刀路按“切削”进给率值进给)。零进给率可以使系统使用“切削”进给率。对于单个刀路轮廓,指定第一刀切削进给率可以使系统忽略切削进给率。要获得相同的进给率,则需设置切削进给且将第一刀进给率保留为 0
步进	“步进”是刀具移向下一平行刀轨时的进给率。如果刀具从工作表面抬起,则“步进”不适用。因此,“步进”进给率只适用于允许“往复”刀轨的模块。零进给率可以使系统使用“切削”进给率
切削	“切削”设置刀具与部件几何体接触时的刀具运动进给率
移刀	“移刀”是当“进刀/退刀”菜单中的“移动方式”选项的状态为“上一层”(而不是“安全平面”)时用于快速水平非切削运动的进给率。只有当刀具是在未切削曲面之上的“竖直间隙”距离,并且是距任何型腔岛或壁的“水平间隙”距离时,才会使用“移刀”进给率。这可以在移刀时保护部件,并且刀具在移动时也不用抬至“安全平面”。进给率为 0 将使刀具以“快速”进给率移动
退刀	“退刀”是为从“退刀”位置到最终刀轨切削位置的刀具运动指定的进给率。“退刀”进给率为 0 将使刀具以“快速”进给率退刀(线性运动),或以“切削”进给率退刀(圆周运动)
分离	“分离”是为接着退刀移动、移刀或返回移动的刀具运动指定的进给率。进给率为 0 将使刀具以“快速”进给率移动
返回	“返回”是刀具移至“返回点”的进给率。“返回”进给率为 0 将使刀具以“快速”进给率移动

六、平面铣

1. 平面铣的特点

平面铣工序用来加工具有垂直侧壁并且底面与刀轴垂直的工件,在与刀轴垂直的平面上以层切削的方式去除材料,一般被用作粗加工,去除材料为精加工做准备,也可用于精加工。其创建界面如图 6-2-16 所示。

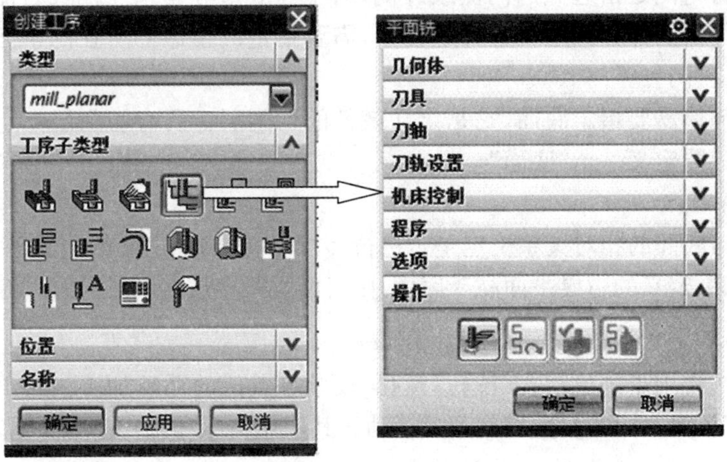

图 6-2-16　平面铣工序

2. 边界

平面铣使用边界定义加工几何体,用以确定刀轨形成的区域。

(1) 边界类型

边界分为临时边界和永久边界两种。永久边界可以选择菜单“工具”→“边界”来创建,并只能通过选择曲线和边来创建,创建后可持续地显示在屏幕上并且可以在需要使用边界的任何加工模块中使用,但无法编辑和移动。临时边界是通过“创建工序”对话框中的“几何体”组创建的,可以通过曲线、边缘、已经存在的永久边界、平面和点来创建,创建后随父几何体的变化而变化,并且能够被编辑。

(2) 几何体类型

平面铣几何体由部件边界、毛坯边界、检查边界和修剪边界组成,如图 6-2-17 所示。其中部件边界定义要加工的几何体,毛坯边界指定要切削的材料,检查边界定义刀具必须避让的区域,比如夹板或其他固定设备,修剪边界定义生成刀具轨迹的范围。

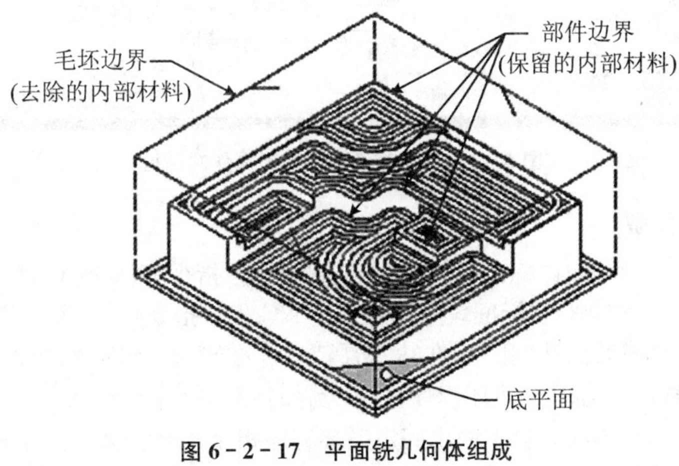

图 6-2-17　平面铣几何体组成

边界在定义的过程中需要指定材料侧和平面。其中对于部件边界、检查边界和修剪边界材料侧是指不需要形成切削刀轨的边界侧,对于毛坯边界材料侧是指需要切除的部分。

对于封闭边界材料侧是指边界的内侧或外侧，对于开放边界是指左侧或右侧。对于部件材料侧是指需要保留的部分。定义边界过程中，需要指定产生边界所在的平面，通常分为“自动”和“用户定义”两种。

平面铣几何体需要指定底面，它是定义最低的切削层。所有切削层都与“底面”平行生成。每个操作只能定义一个“底面”。

(3) 切削深度

边界位置与底面的相对关系决定是否进行多层切削，如果定义的边界平面与底面重合，则单层切削；如果定义的边界平面高于底面，则可能进行多层切削，层数由切削深度来确定。

七、钻孔加工

钻孔加工主要用于创建钻孔、铰孔、镗孔、攻丝等点位的循环加工。对不同类型的孔循环加工，分别有很多不同的参数控制刀具运动。其操作类型和操作参数设置对话框如图 6-2-18 所示。

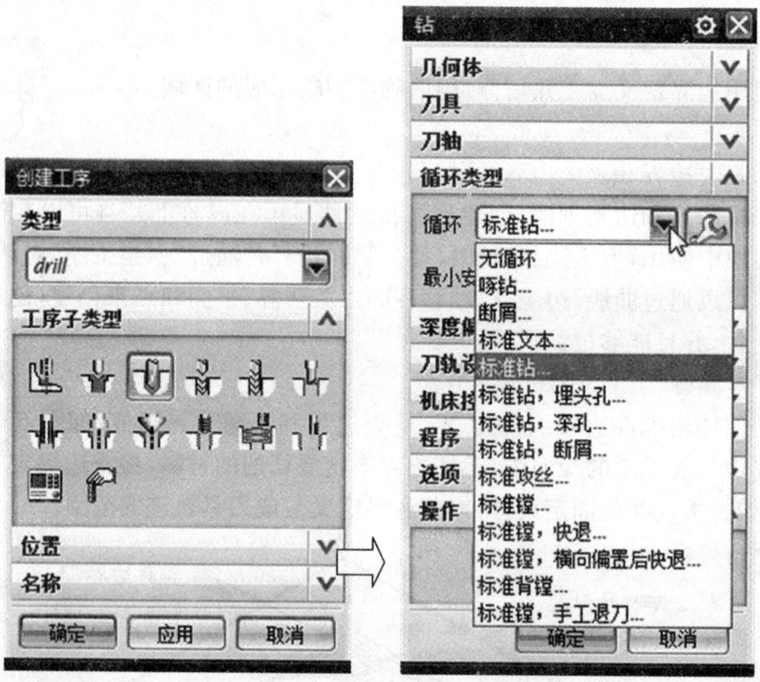

图 6-2-18　创建钻孔加工操作对话框

1. 钻孔循环类型

常用的钻孔循环类型有“标准钻”(相当于 NC 程序指令 G81 或 G82)、“标准钻，深孔”(相当于 NC 程序指令 G83)、“标准攻丝”(相当于 NC 程序指令 G84)等。其中“标准钻”、“标准钻、埋头孔”、“标准钻、深孔”和“标准钻、断屑”、“标准镗”、“标准镗、快退”输出循环加工，在后处理后通常被输出为固定循环程序指令(例如钻孔循环指令 G81 等)。“无循环”、“啄钻”和“断屑”钻孔循环不在刀轨中输出固定循环程序指令，使用 GOTO 点进行运动仿真。

2. 钻孔深度设置

(1) 部件表面

如图 6-2-19 所示，该表面指定刀具切入材料的位置。

(2) 最小间隙

定义了每个操作的安全点。通常在该点处，刀具运动从“快速”进给率或“进刀”进给率改变为“切削”进给率。也称 R 点平面。

(3) 深度偏置

允许指定盲孔底部以上的剩余材料量(例如用于精加工操作)，或指定多于通孔应切除材料的材料量(例如确保打通该孔)。

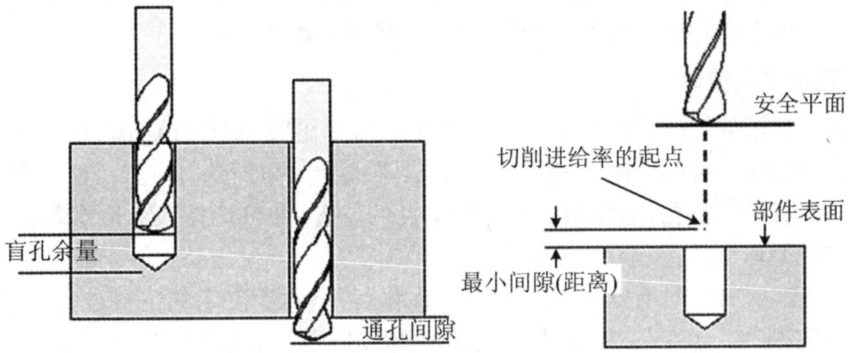

图 6-2-19　点位加工中的各种高度设置

3. Cycle 参数

详细定义钻孔加工中，刀具如何完成所需的操作。在一个钻孔加工操作中最多可以定义 5 组，至少定义一组。如果一个刀轨中所有的点位具有相同的循环参数，则只用一个循环参数组；如果有多个点位，则将点位按循环参数分组，相同参数的使用同一个循环参数组。几个常用的循环参数如图 6-2-20 所示。

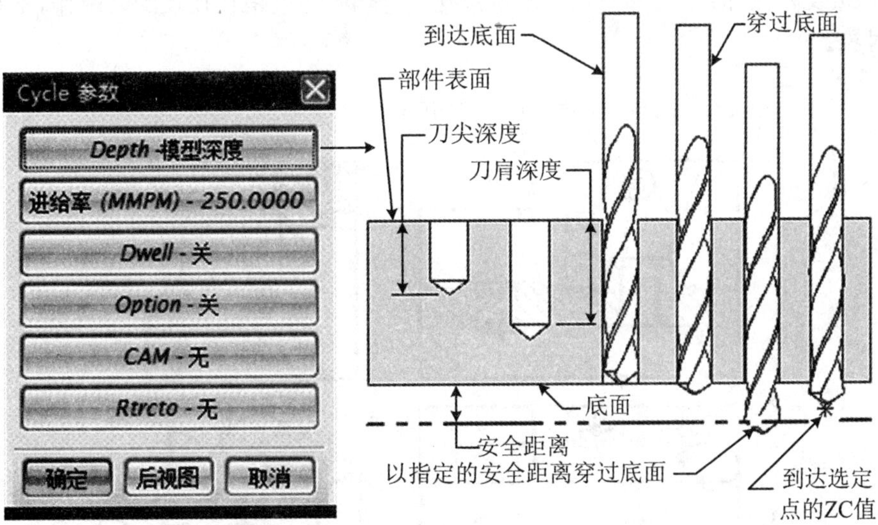

图 6-2-20　Cycle 循环参数对话框

Depth：定义循环切削深度，共有模型深度、刀尖深度、刀肩深度、至底面、穿过底面和至选定点 6 种方式。

进给率：定义切削时刀具的运动速率。

Dwell:定义刀具在到达切削深度时的停留时间。

Csink 直径:定义沉头孔的直径(在沉头孔钻削中才有该参数)。

CAM:为 Z 轴不可编程的机床指定一个预置的 CAM 停刀位置,控制刀具深度。

Rtrcto:定义循环退刀距离,表示刀具钻至指定深度后,沿刀具轴测量的从部件表面到退刀后刀具所在点之间的距离。它出现在所有标准循环的“循环参数”菜单中,但“镗孔,手动”除外。

Step:定义钻孔操作中每个增量要钻入的距离,包括深度逐渐增加的钻孔操作。此参数出现在“标准钻,深孔”和“标准钻,断屑”循环的“循环参数”菜单中。

4. 钻孔加工几何体

在“钻”对话框的“几何体”组中,选择“指定孔”,弹出“点到点几何体”对话框,选择菜单“选择”,弹出对话框,可以使用“一般点”、“组”、“类选择”、“面上所有孔”、“预钻点”等方式选择(圆柱形和圆锥形的)孔、圆弧和点确定加工点的位置,并可选择“Cycle 参数组”菜单确定所选点对应的循环参数。

在“点到点几何体”对话框中,选择菜单“优化”可以对所确定的位置进行优化。选择菜单“避让”,可以定义“起点”、“终点”和“避让距离”。“距离”表示“部件表面”和“刀尖”之间的距离,该距离必须足够大,以便刀具可以越过“起点”和“终点”之间的障碍。

任务分析与计划

一、加工工艺分析

1. 加工分析

如图 6-2-21 所示夹具体,材料为 HT200,需要加工面为顶面 A、2-M8 螺纹底孔;面 B 和 M22 螺纹底孔;面 C 及 Φ16 mm 定位销孔。2-Φ6 圆锥销孔在装配时配作,不在此处作为编程对象。

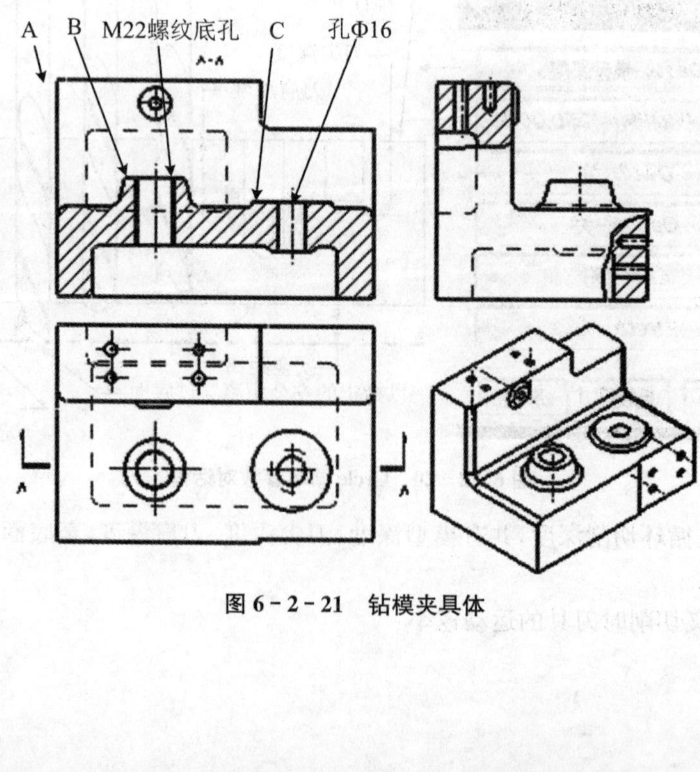

图 6-2-21　钻模夹具体

2. 解决方案

以底面为定位面，使用平面铣完成平面 A、B、C 处的加工编程，用钻孔加工完成 2 - M8 螺纹底孔、M22 螺纹底孔和 Φ16 孔处的加工编程。具体加工采用的加工方法和刀具如表 6 - 2 - 4所示。

表 6 - 2 - 4　加工方案

加工表面	加工操作	加工方法	加工余量	加工刀具	
				名称	直径
A	平面铣	粗加工	2.7 mm	EM20	Φ20
	平面铣	精加工	0.3 mm	EM20	Φ20
B	平面铣	粗加工	2.7 mm	EM20	Φ20
	平面铣	精加工	0.3 mm	EM20	Φ20
C	平面铣	粗加工	2.7 mm	EM20	Φ20
	平面铣	精加工	0.3 mm	EM20	Φ20
2 - M8 螺纹底孔	钻孔	粗加工		D6.8	Φ6.8
M22 螺纹底孔	钻孔	粗加工		D19.5	Φ19.5
Φ16 孔	钻孔	粗加工		D16	Φ16

二、加工工艺方案

(1) 建立父节点组。建立如表 6 - 2 - 4 所示的刀具，并编辑加工方法。

(2) 使用平面铣工序进行粗加工。创建 A 面、B 面和 C 面的平面铣粗加工操作。

(3) 使用平面铣工序进行精加工。

(4) 创建钻孔工序 。建立 2 - M8 螺纹底孔、M22 螺纹底孔和 Φ16 孔的钻孔加工操作。

任务实施

1. 进入加工环境

打开文件，文件名称："jiajuti"。进入加工应用模块，在如图 6 - 2 - 22 所示的"加工环境"对话框中，在"CAM 会话配置"列表框中选择 cam_general，在"要创建的 CAM 设置"列表框中选择 mill_planar，单击"确定"按钮，进入加工环境。

2. 建立父节点组

(1) 建立刀具。

① 创建 Φ20 mm 立铣刀。选择"创建刀具"按钮，弹出如图 6 - 2 - 23 所示的"创建刀具"对话框，选择图标，输入名称：EM20。单击"确定"按钮，弹出如图 6 - 2 - 24 所示"铣刀-5 参数"对话框，输入直径：20；输入长度：180；输入刃口长度：10。单击"确定"按钮。选择"机床视图"工具按钮，工序导航器中显示创建的刀具如图 6 - 2 - 25 所示。

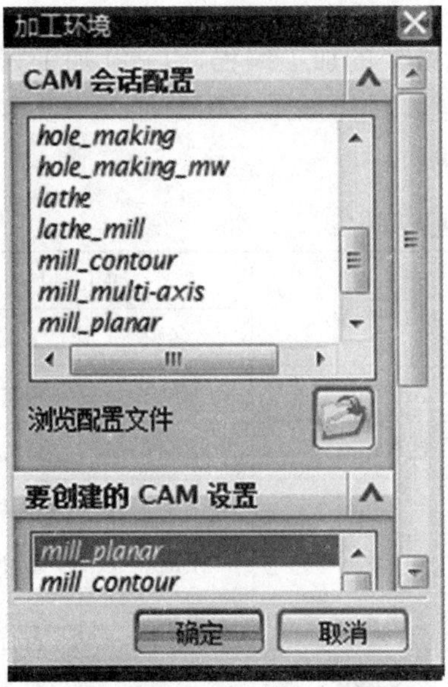

图 6-2-22 “加工环境”对话框

图 6-2-23 “创建刀具”对话框

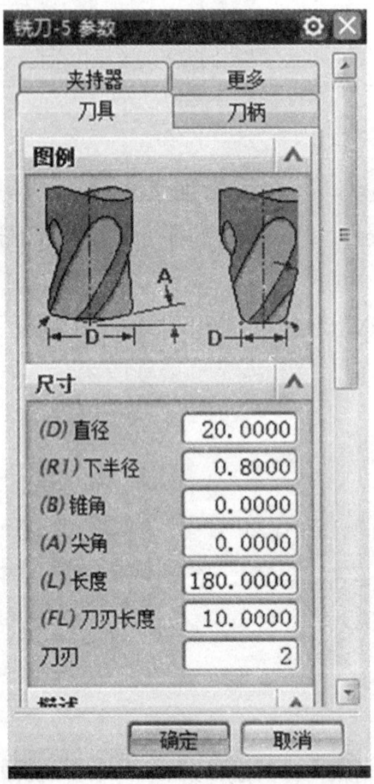

图 6-2-24 “铣刀-5 参数”对话框

图 6-2-25 创建的刀具

② 创建 Φ19.5 mm 的麻花钻。

③ 创建 Φ16 mm 的麻花钻。

④ 创建 Φ6.8mm 的麻花钻。

(2) 创建与编辑加工方法。

① 编辑粗铣加工方法。切换工序导航器到如图 6-2-26 所示的“加工方法”视图，双击

“MILL_ROUGH”，弹出如图 6－2－27 所示的“铣削方法”对话框。保持“内公差”等参数不变，部件余量和进给参数可以在具体工序中重新定义。

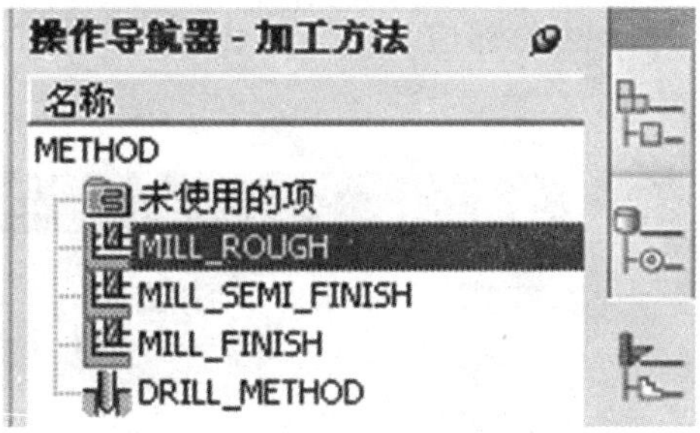

图 6－2－26　“加工方法”视图

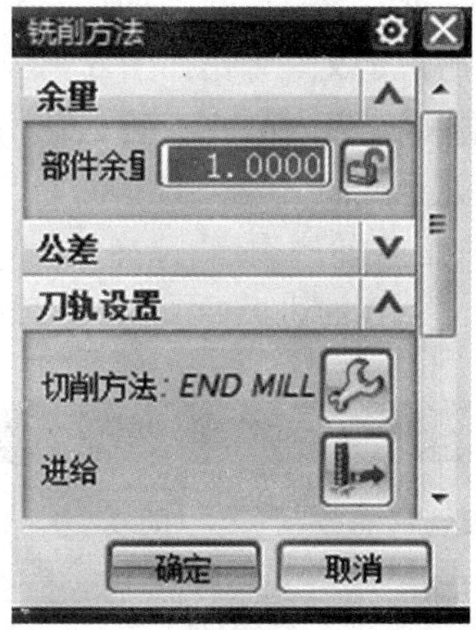

图6－2－27　“铣削方法”对话框

② MILL_FINISH 和 DRILL_METHOD 参数保持不变。

(3) 几何体使用默认的父节点，具体的加工几何体将在创建工序过程中进行创建。

3. 使用平面铣进行各平面的粗加工

(1) 创建顶面 A 的平面铣操作。

选择“创建工序”按钮，弹出“创建工序”对话框，工序子类型选择 PLANAR_MILL，选择其他参数如下：

- 程序：NC_PROGRAM；
- 使用刀具：EM20；
- 使用几何体：MCS_MILL；
- 使用方法：MILL_ROUGH；
- 名称：PLANAR_MILL_A_ROUGH。

单击“应用”按钮，弹出如图 6－2－28 所示的“平面铣”对话框。

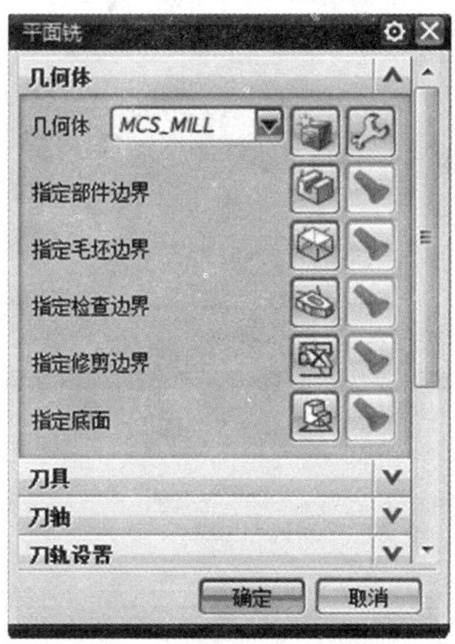

图 6－2－28　“平面铣”对话框

① 建立几何体。

选择“平面铣”对话框中的“指定部件边界”按钮，弹出如图 6－2－29 所示的“边界几何体”对话框，选择“模式”：曲线/边。弹出如图 6－2－30 所示的“创建边界”对话框，选择“平面”：用户定义。弹出如图 6－2－31 所示的“平面”对话框，选择按钮，输入偏置距离：123，单击“确定”按钮，在顶面 A 上方出现一个如图 6－2－32 所示的平面符号，代表边界投影平面，并且距离 XC－YC 平面为 123 mm。选择“材料侧”：外部；选择“刀具位置”：对中；选择顶部平面 A 轮廓边缘；选择如图 6－2－33 所示的轮廓边缘，单击“创建边界”对话框“确定”按钮。创建的边界如图 6－2－34 所示。

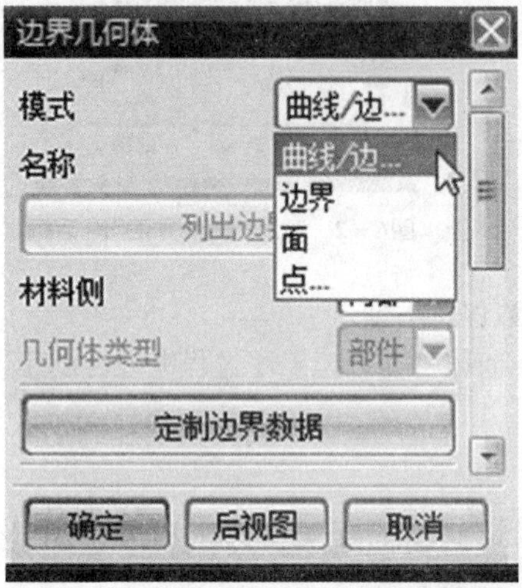

图 6－2－29 “边界几何体”对话框

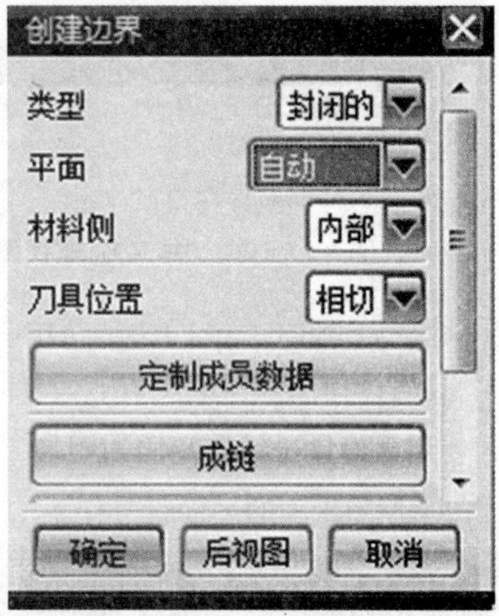

图 6－2－30 “创建边界”对话框

图 6－2－31 “平面”对话框

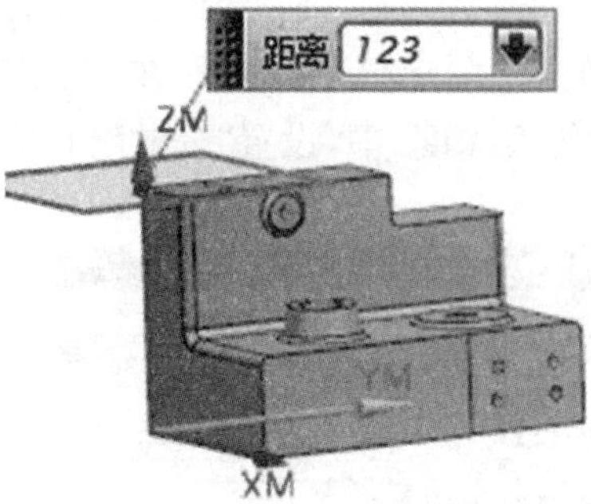

图 6-2-32 边界投影平面

图 6-2-33 选择轮廓边缘曲线

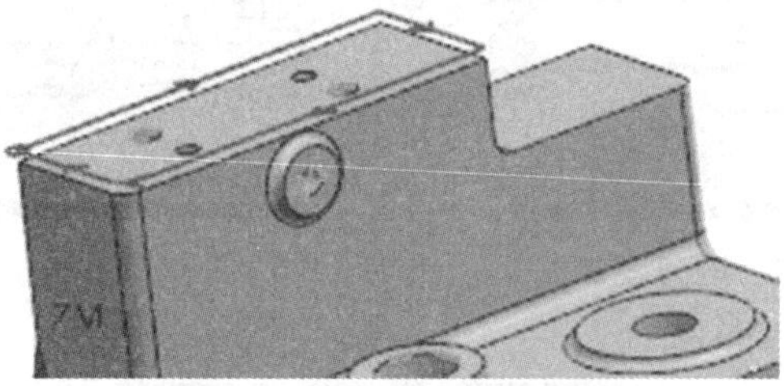

图 6-2-34 创建后的边界

选择“平面铣”对话框中的几何体“指定底面”按钮，弹出如图 6-2-35 所示的“平面”对话框，选择如图 6-2-36 所示的平面为底面，单击“确定”按钮。

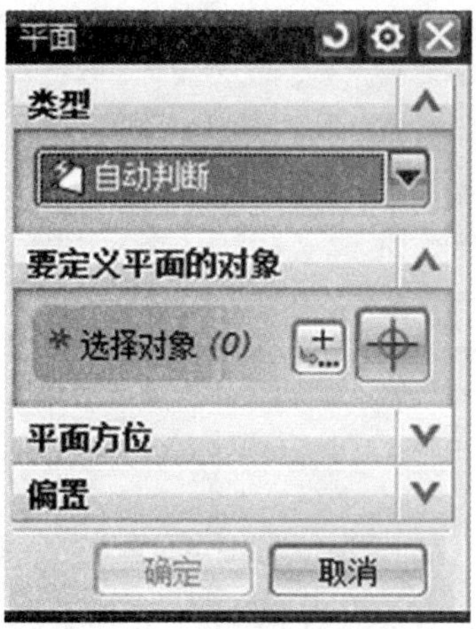

图 6-2-35 “平面”对话框

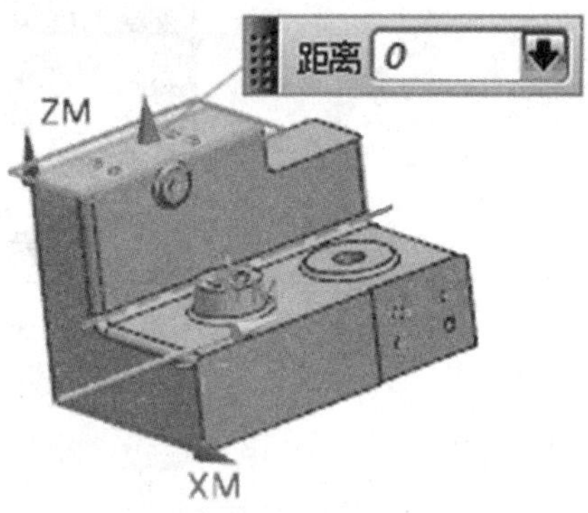

图 6-2-36 选择底面

② 编辑刀轨设置参数。

在“平面铣”对话框的“刀轨设置”组中：

选择“切削模式”：往复。

选择“非切削移动”按钮，在弹出的如图 6-2-37 所示“非切削移动”对话框中设置“进刀类型”：沿形状斜进刀。设置“斜坡角”：3。如图 6-2-38 所示，选择“转移/快速”，设置“安全设置选项”：平面，在指定平面中选择“平面对话框”按钮，弹出如图 6-2-39 所示的“平面”对话框，选择“XC-YC 平面”，输入“距离”：140，单击“确定”按钮，完成如图 6-2-40

所示安全平面的创建。

选择“切削参数”按钮，弹出如图 6 - 2 - 41 所示的“切削参数”对话框，在“余量”选项卡中，输入最终底面余量：0.3。选择“切削层”按钮，在“每刀深度”中，设置“公共”：1.5 mm。

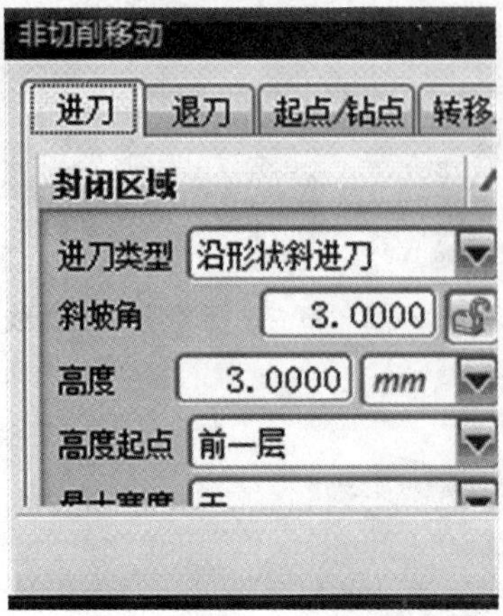

图 6 - 2 - 37　进刀设置

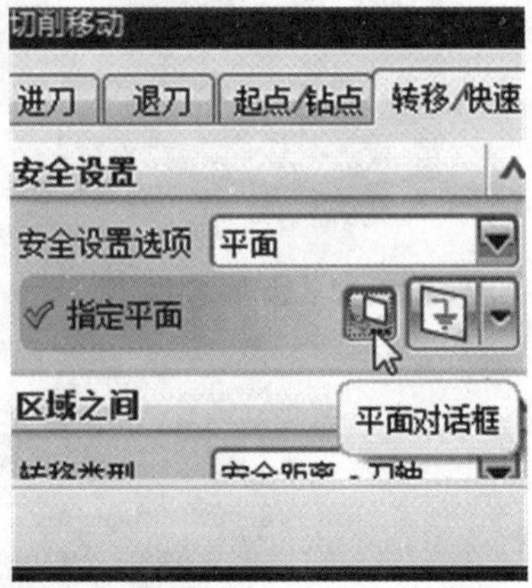

图 6 - 2 - 38　安全平面设置

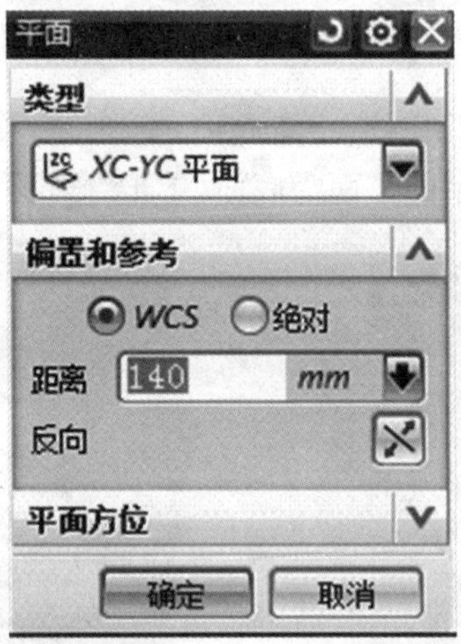

图 6 - 2 - 39　“平面”对话框

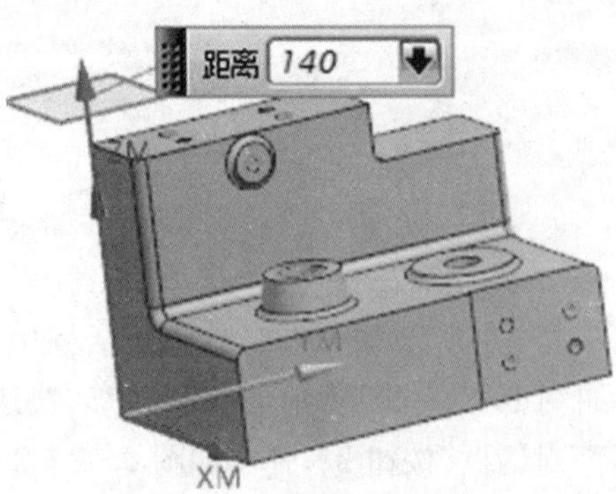

图 6 - 2 - 40　安全平面

图 6 - 2 - 41　“切削参数”对话框

③ 生成刀具轨迹。

在“平面铣”对话框的“选项”组中，单击“编辑显示”，弹出如图 6-2-42 所示“显示选项”对话框，设置“刀具显示”：3D；在“操作”组中，选择“生成”按钮，取消“显示后暂停”和“显示前刷新”等选项，单击“确定”按钮，生成的刀具加工轨迹如图 6-2-43 所示。

图 6-2-42 “显示选项”对话框

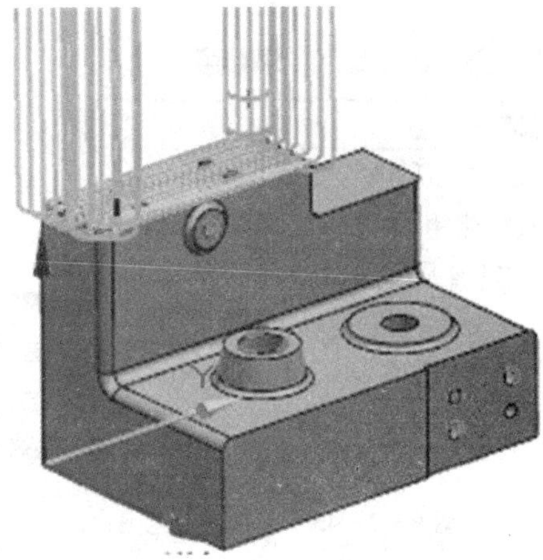

图 6-2-43 刀具加工轨迹

(2) 创建平面 B 和 C 的平面铣操作。

按照相同的方法创建加工如图 6-2-44 所示的 B 面和 C 面的平面铣操作，注意各面沿 Z 轴保留 0.3 mm 余量。B 面边界投影平面距离底面高度 69 mm(实际切除厚度：3－0.3＝2.7 mm)，C 面边界投影平面距离底面高度 56 mm。

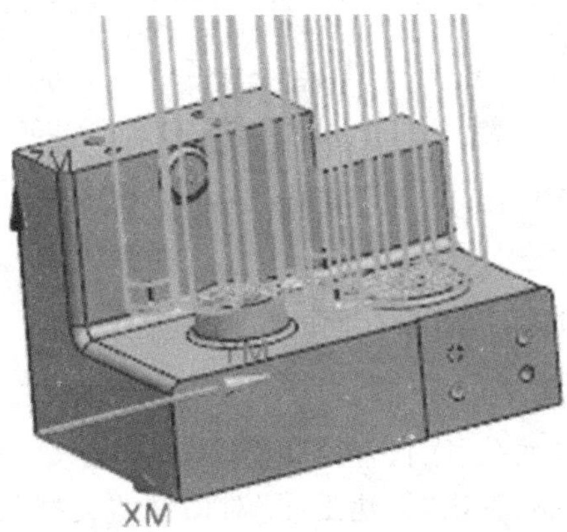

图 6-2-44 B 面和 C 面的平面铣操作

4. 使用平面铣完成平面 A、B、C 的精加工

(1) 创建平面 A 的精加工。

在如图 6-2-45 所示的程序视图工序导航器中，选择“PLANAR_MILL_A_ROUGH”

操作，单击鼠标右键，选择“复制”快捷菜单，再单击鼠标右键，选择“粘贴”快捷菜单，在工序导航器中新增如图 6－2－46 所示的工序“PLANAR_MILL_A_ROUGH_COPY”，该工序提示符号为⊘，表示刀轨没有产生。单击鼠标右键，选择“重命名”快捷菜单，输入该工序新的名称“PLANAR_MILL_A_FINISH”。双击该工序，弹出“平面铣”对话框，选择如图 6－2－47 所示的“刀轨设置”→方法：选择“MILL_FINISH”按钮。选择“切削参数”按钮，在如图 6－2－48 所示的“切削参数”对话框中，设置“部件余量”：0；设置“最终底面余量”：0。选择“切削层”按钮，弹出“切削层”对话框，如图 6－2－49 所示，设置“公共”：0。完成参数设置后，单击“生成”按钮，从生成的刀具轨迹可以看出刀具一直切削到顶面 A。

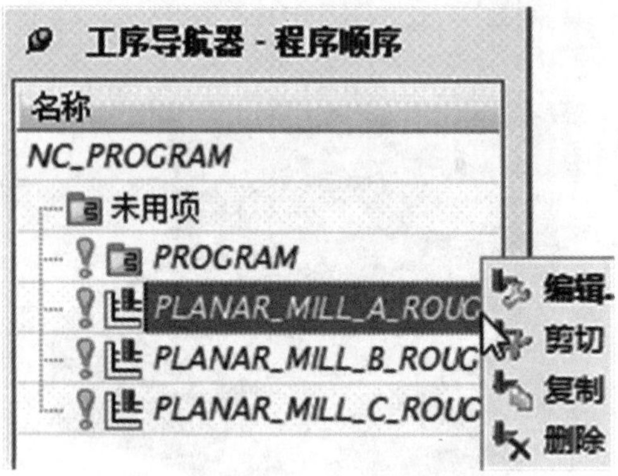

图 6－2－45　程序顺序视图

图 6－2－46　粘贴后的程序顺序视图

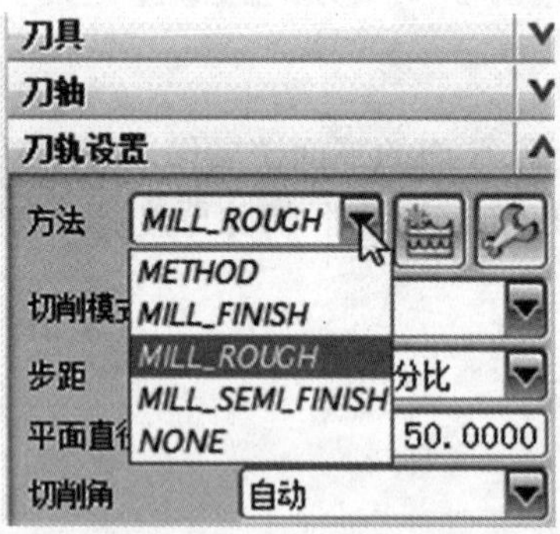

图 6－2－47　“PLANAR_MILL”对话框

图 6－2－48　“切削参数”对话框

图 6－2－49　“切削层”对话框

(2) 按照相同的方法，创建 B 面和 C 面的精加工操作。

5. 创建各孔的加工操作

(1) 创建钻削 M22 螺纹底孔(底孔直径 Φ19.5)。

选择“创建工序”按钮，弹出“创建工序”对话框，“类型”选择：drill；“工序子类型”选择：，父节点参数设置如下：

- 程序——PROGRAM；
- 刀具——D19.5；
- 几何体——MCS_MILL；
- 方法——DRILL_METHOD；

• 名称——DRILLING_D19.5。

单击“应用”按钮，弹出如图 6-2-50 所示的“钻”对话框，设置参数。

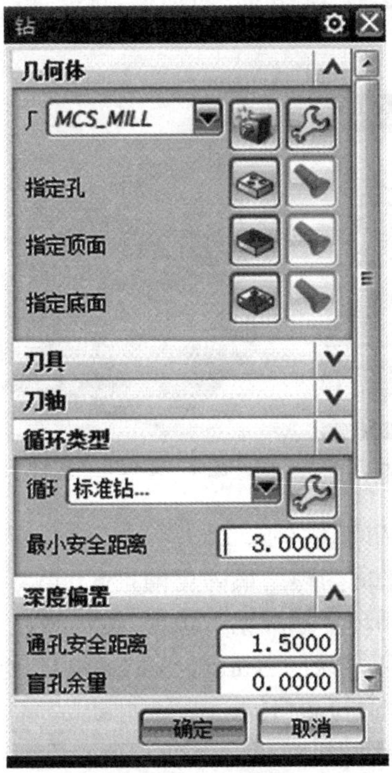

图 6-2-50 “钻”对话框

① 创建几何体。

选择“指定孔”工具按钮，单击“选择”按钮，弹出如图 6-2-51 所示“点到点几何体”对话框，选择“选择”按钮，弹出如图 6-2-52 所示的“选择”对话框，选择如图 6-2-53 所示辅助支承孔，单击两次“确定”按钮，完成加工孔的定位。

图 6-2-51 “点到点几何体”对话框

图 6-2-52 “选择”对话框

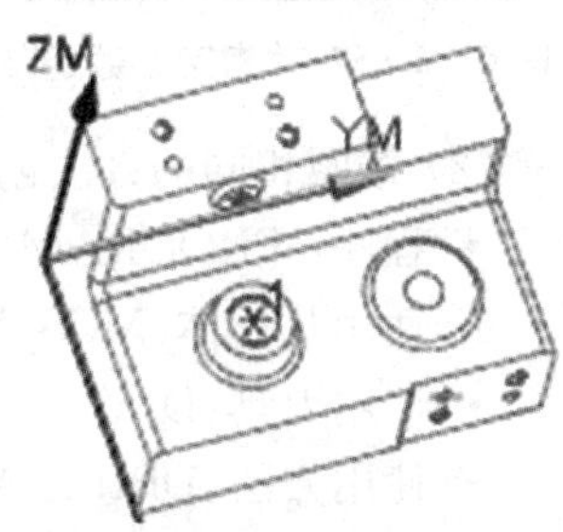

图 6-2-53 选择辅助支承孔

选择“指定顶面”工具按钮，弹出如图 6－2－54 所示的“顶面”对话框，选择如图 6－2－55 所示的平面为顶面，单击“确定”按钮。

选择“底面”工具按钮，弹出“底面”对话框，选择如图 6－2－56 所示平面为工件底面，单击“确定”按钮。

图 6－2－54 “顶面”对话框

图 6－2－55 工件顶面

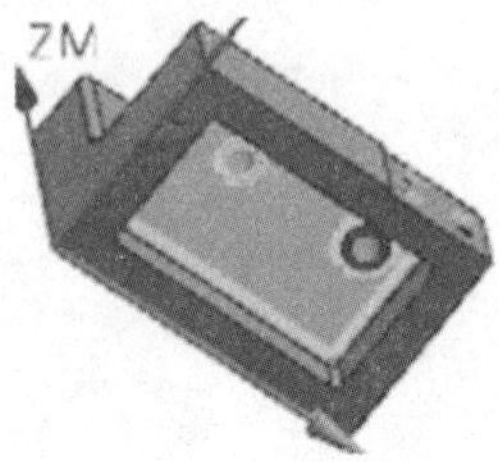

图 6－2－56 工件底面

② 使用“钻”对话框中默认的“最小安全距离”和“通孔安全距离”设置值，并选择“避让”按钮，设置“Clearance Plane”平面为模型最高点偏置 5 mm。

③ 确定“钻”对话框中的循环：“标准钻”，选择“编辑参数”按钮，弹出如图 6－2－57 所示的“指定参数组”对话框，使用默认的 Number of Sets：1。单击“确定”按钮，弹出如图 6－2－58 所示的“Cycle 参数”对话框，设置“Rtrcto”为“自动”。

④ 生成轨迹后的刀具路径如图 6－2－59 所示。

图 6－2－57 “指定参数组”对话框

图 6－2－58 “Cycle 参数”对话框

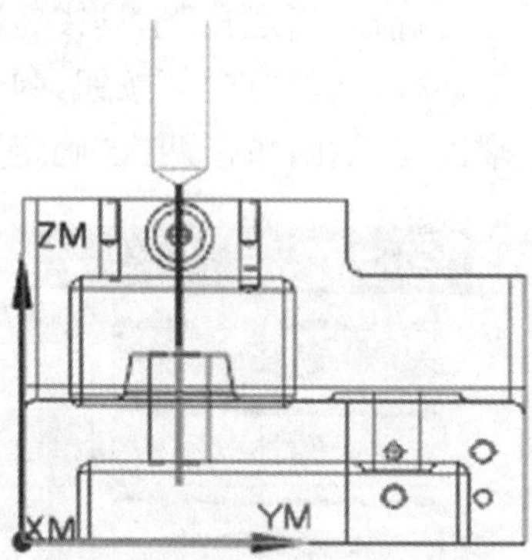

图 6－2－59 刀具路径

(2) 按照相同的方法创建钻削 Φ16 孔。

- 程序：PROGRAM。
- 使用几何体：MCS_MILL。
- 使用刀具：D16。
- 使用方法：DRILL_METHOD。
- 名称：DRILLING_D16。

(3) 创建 2－Φ6.8 螺纹底孔。

- 程序：PROGRAM。
- 使用几何体：MCS_MILL。
- 使用刀具：D6.8。
- 使用方法：DRILL_METHOD。
- 名称：DRILLING_D6.8。

任务评价与总结

一、任务评价

任务评价按表 6-2-5 所示进行。

表 6-2-5　任务评价表

评价项目	配分	得分
一、成果评价：60%		
父节点组创建的正确性	30	
各平面粗加工和精加工使用平面铣工序时，参数设置的正确性，包括所选刀具、加工方法、边界、切削余量	15	
各孔钻加工使用钻孔工序时，参数设置的正确性，包括孔位置、循环参数	15	
二、自我评价：15%		
学习活动的目的性	3	
是否独立寻求解决问题的方法	6	
团队合作氛围	3	
个人在团队中的作用	3	
三、教师评价：25%		
工作态度是否端正	10	
工作量是否饱满	3	
工作难度是否适当	2	
学生对于学习任务的明确和相关信息的收集与理解、工作任务方案制定的合理性	5	
自主学习	5	
总分		

二、任务总结

(1) 使用 Siemens NX 8.0 进行计算机辅助编程前，要根据工件的材料、加工表面精度要求和所使用的机床设备，做好加工工艺分析，明确加工余量在不同加工工序的分配、刀具的选择、切削用量的选择、加工坐标系等。

(2) 方法、几何体、刀具父节点组可以在创建工序前先创建好，在创建工序时直接选用，也可在创建工序的参数设置对话框中直接设定与编辑。

(3) 平面铣操作中需要注意以下问题：

① 临时边界的刀具位置。在创建临时边界中，刀具相对边界的位置包括“对中”、“相切”两种。选择“相切”意味着刀具中心可以定位到刀具轮廓与边界相切位置上；选择“对中”意味着刀具中心可以定位到边界位置上。

② 边界平面。它用在定义边界时，所选的边、曲线、点向该平面投影得到边界。

③ 安全平面。在“平面铣”的“非切削移动”对话框中可以设定安全平面（Clearance Plane），以保障刀具进刀和退刀中，刀具运动的安全距离。

(4) 建立刀具轨迹后，选择工具栏“验证刀轨”按钮，播放刀轨动画或刀轨及材料移除的动画。动画显示材料移除过程中毛坯材料的去除过程和刀具过切情况，有助于确认刀轨是否符合要求。

任务拓展

一、相关知识与技能

1. 加工中的主模型

使用装配功能，建立加工装配部件，不仅可以利用主模型零件的数模，还可以建立夹具部件，并在建立加工工序中定义夹具几何体，实现编程中对夹具的避让。例如图 6-2-60 所示的加工装配部件由加工工件、定位元件和夹紧元件组成，在平面铣中可以定义压板轮廓为检查边界。

图 6-2-60　加工装配

2. 父组的继承关系在编程中的作用

(1) 在工序导航器中，刀具、几何体和方法父节点组的信息能够向下传递到使用它们的工序中。刀具、几何体和方法父节点组的任何改变都会使工序随之改变。可以通过剪切、复制和拖放实现对父组和工序的操作。

(2) 对于程序父节点，把工序从一个程序父节点组移动到另一个程序父节点组下后，如没有改变该工序的任何设置，工序从它的程序父节点不继承任何信息，程序父节点的功能主要是管理输出刀轨的顺序。

(3) 工序符号的意义。工序导航器的工序在各种视图下显示都由多个列组成，包括名称、刀轨、时间、过切检查，并且名称、刀轨等列的前面都有表示其状态的符号。其中第一列“名称”的意义如下：

① 重新生成。表示该操作从未生成过刀轨或生成的刀轨已经过期，需要重新生成刀轨。

② ❢重新后处理。表示从未输出过刀轨或输出后刀轨已经改变，需要重新后处理刀轨。

③ ✔完成。表示刀轨已生成，并经后处理完毕。

3. 加工坐标系

在使用 Siemens NX 8.0 进行辅助编程时，刀轨计算坐标位置所依据的坐标系为加工坐标系(MCS)。如工件有多个表面需要加工，各个表面在加工编程时，需要根据加工安装位置调整加工坐标系位置。如图 6-2-61 所示，加工顶部平面时可以使用(a)图加工坐标系，加工侧面时，加工坐标系需要调整至(b)图所示位置。

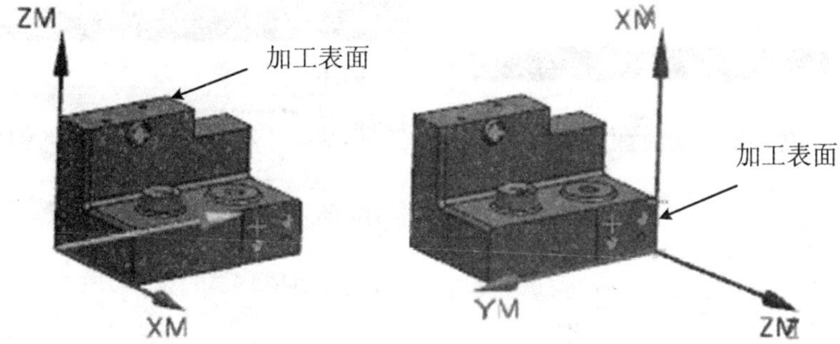

(a) 加工顶部平面的加工坐标系　　(b) 加工侧面的加工坐标系

图 6-2-61　加工坐标系

4. 平面铣相关参数

(1) 切削层：切削层对话框可以完成多深度切削层的设定。切削深度可以由岛顶部、底平面和每个切削层厚度值来定义。切削层分层类型如图 6-2-62 所示，包括“用户定义”、“仅底面”、“底面及临界深度”、“临界深度”、“恒定”。例如，如图 6-2-63 所示，“恒定”分层类型是按照固定的深度值，将由边界到底面确定的切削范围生成多个切削层。最大值用指定切削深度。

图 6-2-62　“切削层”对话框

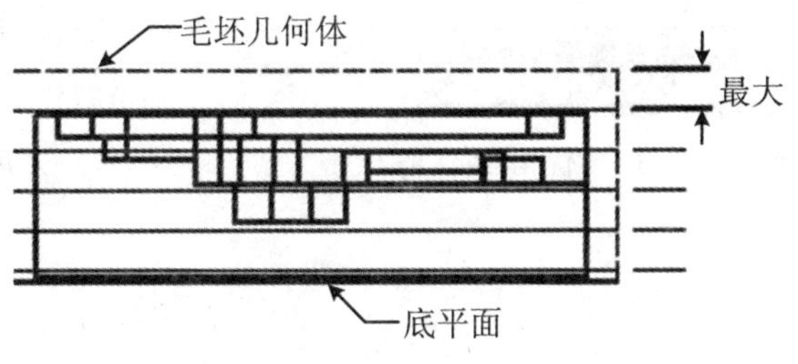

图 6-2-63　“切削层”分层

(2) 余量:“切削参数”对话框“余量”选项卡中,“最终底面余量”是“平面铣”中特定的切削参数,指定刀轨生成后要在腔体底面(底平面和岛顶部)上保留的材料的量。加工方法中定义的“部件余量”在平面铣中是指侧边余量。

5. 面铣

如图 6-2-64 所示,使用面铣工序可以对平面建立类似平面铣的加工操作,同时简化了加工边界的定义过程。如图 6-2-65 所示,其加工对象的定义主要包括指定部件和指定面边界。

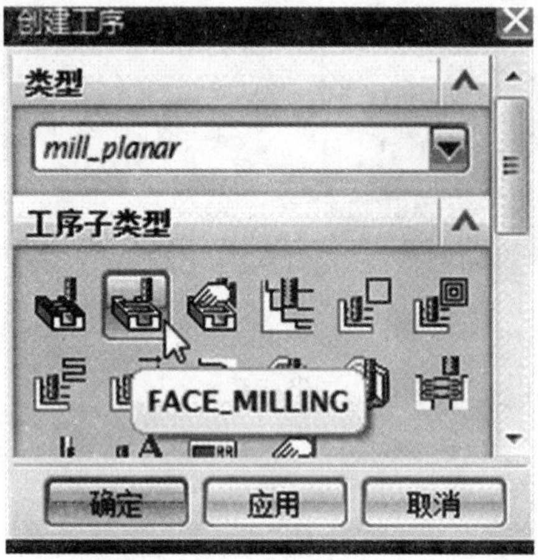

图 6-2-64　面铣工序

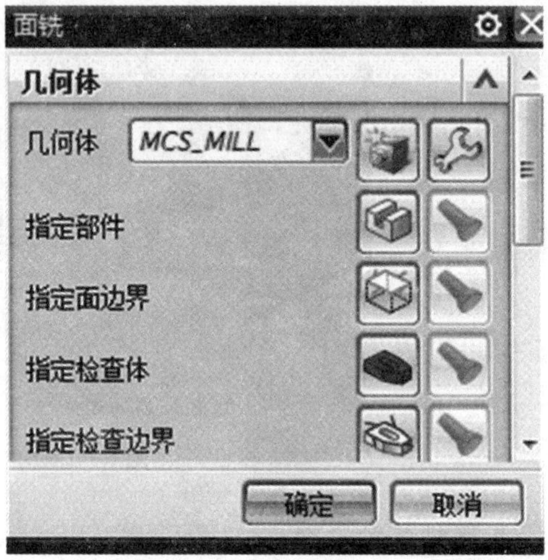

图 6-2-65　“面铣”对话框

6. 钻孔工序的刀具轨迹优化

如图 6-2-66 所示,在“优化”对话框中,可以在“点到点几何体”中选择“优化”,对连接各个钻孔位置之间的刀具轨迹进行优化。如图 6-2-67 所示,

图 6-2-66　“优化”对话框

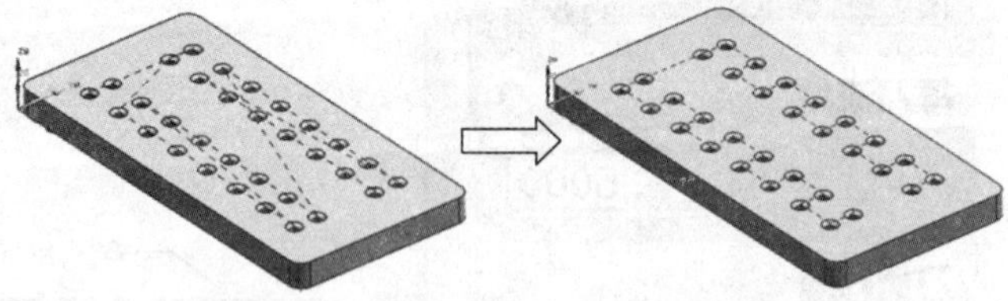

(a) 优化前　　(b) 优化后

图 6-2-67　面铣工序

二、练习与提高

练习与提高内容如表 6-2-6 所示。

表 6-2-6

名称	平面铣与钻孔练习	难度	中
内容：如图所示，分析图示工件的轮廓尺寸、孔径和圆角的大小，选择刀具和切削用量，建立刀具路径。 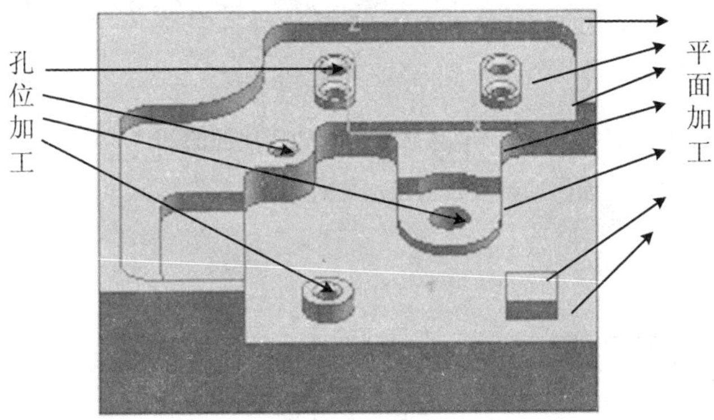		要求： (1) 能够利用“NC 助理”等工具分析零件尺寸，并制定加工工艺规划(包括刀具、切削用量确定等)； (2) 能利用平面铣操作和钻孔工序完成所要求平面的辅助编程。	

任务二　检具本体加工的计算机辅助编程

学习视频 6-2

任务介绍

本次任务是使用 Siemens NX 8.0 加工应用模块，完成检具本体的加工编程，掌握 Siemens NX 8.0 加工模块的型腔铣、固定轴曲面轮廓铣的使用流程，进一步了解刀具、几何体、方法、程序父节点组功能，掌握型腔铣、固定轴曲面轮廓铣工序中参数的使用方法。

相关知识

一、型腔铣

型腔铣(CAVITY)工序创建的刀轨可以切削平面层中的材料，并且在每个切削层上都沿着零件的轮廓切削，所以其可以切削带有锥形壁面和轮廓底面的部件。这一类型的工序常用于对材料进行粗加工，以便为随后的精加工做准备。

型腔铣和平面铣类似，二者都可以切削掉垂直于刀具轴的切削层中的材料。但是，这两种类型的操作在定义材料的方式(即定义零件几何体和毛坯几何体)和切削深度上有所不同。

1. 几何体

平面铣使用边界来定义部件材料。型腔铣能够识别实体的零件几何体，计算出每一个切削层上不同的刀轨形状，所以型腔铣用平面的切削刀路沿着零件的轮廓铣削，而不同于平面铣始终沿着相同的零件边界生成刀轨。平面铣用于切削具有竖直壁面和平面突起的部件，并且部件底面应垂直于刀具轴，例如图 6-3-1(a)所示部件各个台阶面的加工适合采用平面铣。型腔铣用于切削带有锥形壁面和轮廓底面的部件，例如图 6-3-1(b)所示的零件适合采用型腔铣加工。

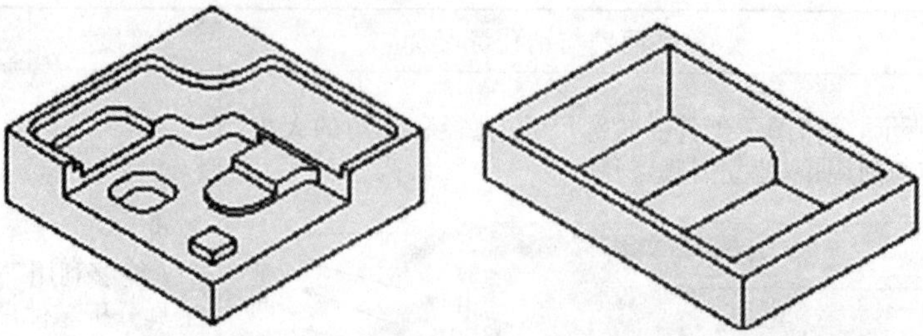

(a) 竖直壁面几何体部件　(b) 有锥形壁面和轮廓底面的部件

图 6-3-1　平面铣和型腔铣适用加工对象

型腔铣的几何体组成如图 6-3-2 所示。

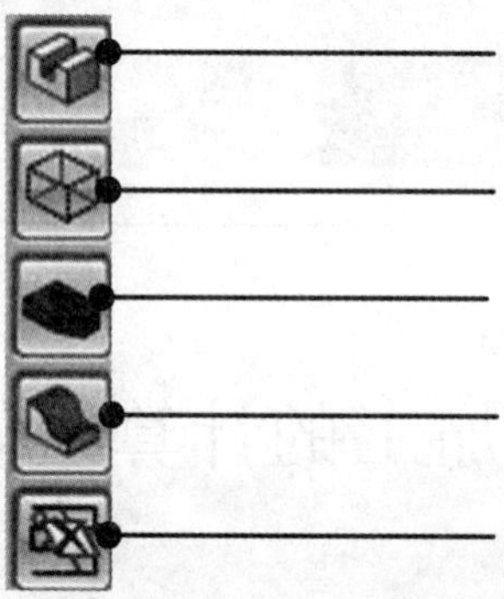

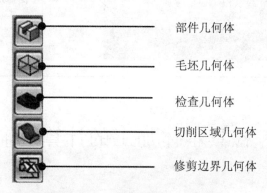

图 6-3-2　型腔铣的几何体组成

部件几何体：表示通过切削后获得的实体和面，即加工完成后的部件。

毛坯几何体：表示加工对象的毛坯材料，“毛坯”体积减去“部件”体积便定义了切削体积（要切掉的材料）。

检查几何体：表示加工中刀具需要避开的部件，如夹具的实体和面。

切削区域几何体：表示“部件几何体”上要加工的特定区域。它可以是“部件几何体”的子集，也可以是整个“部件几何体”。

修剪边界几何体：表示要限制的切削区域，由裁剪的边的闭合边界组成。所有“裁剪”边界的“刀具位置”都为“对中”。

2. 切削层

型腔铣将切削区域材料的总切削深度划分成如图 6-3-3 所示的多个切削范围(Range)，同一切削范围中的切削层深度相同，不同范围内的切削层，深度可以不同。

(1) 切削层符号表示

大三角形是范围顶部、范围底部和关键深度。小三角形是局部每刀切削深度。橙色三角形位于顶层或顶层之上。洋红色三角形位于顶层之下。实线三角形具有关联性（它们由几何体定义）。虚线三角形不具有关联性。

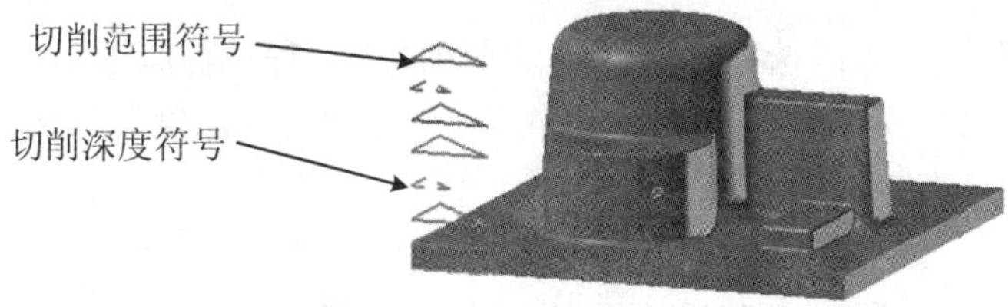

图 6-3-3　型腔铣切削层

(2) 切削层定义方式

切削最高范围的缺省上限是部件、毛坯或切削区域几何体的最高点。如果在定义"切削区域"时没有使用毛坯，那么缺省上限将是切削区域的最高点。如果切削区域不具有深度(例如为水平面)，并且没有指定毛坯，那么缺省的切削范围上限将是部件的顶部。定义"切削区域"后，最低范围的缺省下限将是切削区域的底部。当没有定义"切削区域"时，最低范围的下限将是部件或毛坯几何体的底部最低点。如图 6-3-4 所示。

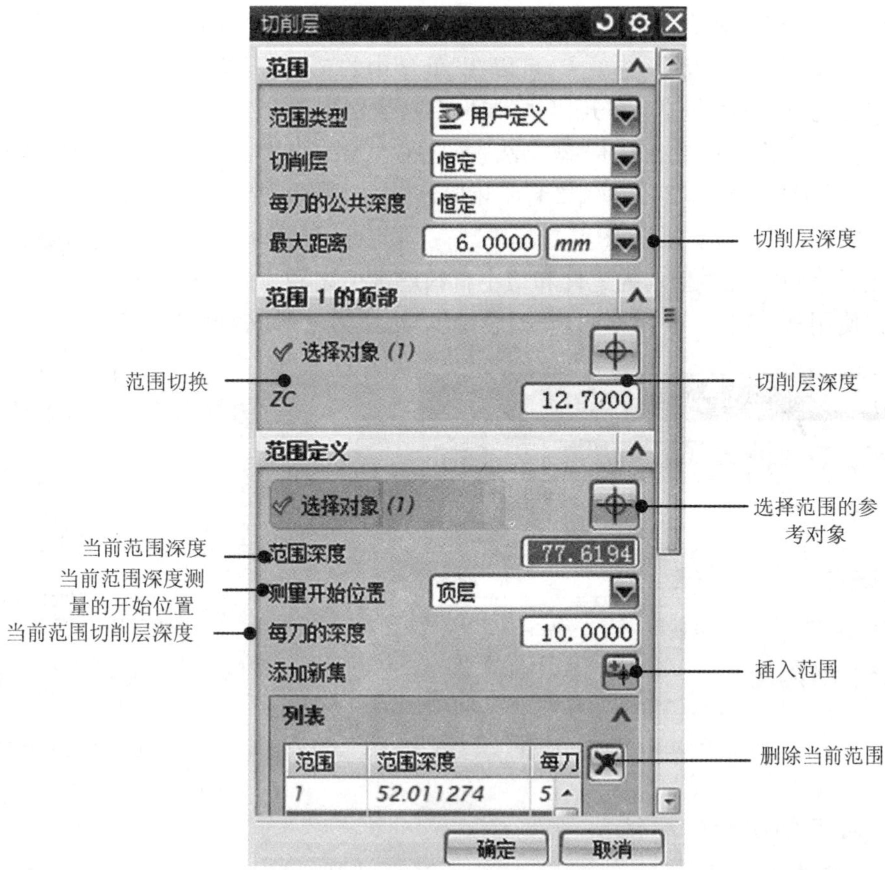

图 6-3-4　型腔铣"切削层"对话框

① 添加范围

在"范围类型"列表中选择"用户定义"，在"范围定义"组中，单击"添加新集"按钮，新范围出现在列表框中，单击"选择对象"按钮，选择一个点、一个面，或输入"范围深度"值来定义新范围的底面。如有必要，可输入新的"每刀的深度"值，然后单击"应用"按钮。

② 编辑范围

在“范围定义”组中，可以选择列表框中的范围作为当前范围，选定范围后，图形窗口中的范围显示与之同时切换显示。切换后，通过输入新的“范围深度”，移动滑尺或选择面、点，可以沿刀具轴移动现有范围的底面。

③ 删除范围

当删除一个范围时，所删除范围之下的一个范围将会进行扩展以自顶向下填充缝隙。如果只剩下一个范围并将其删除，系统将恢复缺省的切削范围，该范围将从整个切削体积的顶部延伸至底部。

3. 工序模型

工序模型(IPW，In Process Workpiece)就是一个工序加工后得到的实体(剩余材料)，常用小平面体表示，可以作为下一个工序的毛坯几何体。使用三维工序模型作为型腔铣操作中的毛坯几何体，可根据真实工件的当前状态来加工某个区域，这将避免再次切削已经被切削过的区域。

如果在“型腔铣”对话框中选择“切削参数”按钮，在弹出的如图 6－3－5 所示的“切削参数”对话框中选择“空间范围”选项卡，可以在“处理中的工件”下拉列表框中定义如下参数：

(1) “无”。使用现有的毛坯几何体(如果有)，或切削整个型腔。

(2) “使用 3D”。使用上一步“型腔铣”等工序创建的小平面几何体。选中该选项后，如图 6－3－6，所示“型腔铣”对话框中“毛坯几何体”图标将被替换为“指定前一个 IPW”图标，在“操作组”中显示所得 IPW 按钮，在“最小材料厚度”文本框中输入数值，则产生的 IPW 上的余量为工序指定的零件和最小材料厚度值之和。

(3) “使用基于层”。使用上一步“型腔铣”等工序刀轨形成的剩余材料。

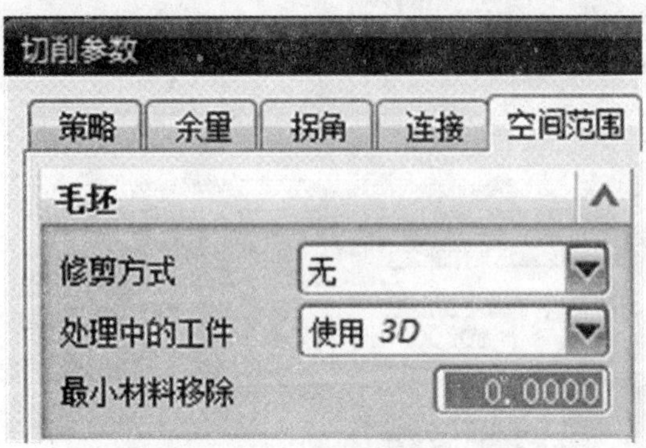

图 6－3－5 “切削参数”对话框

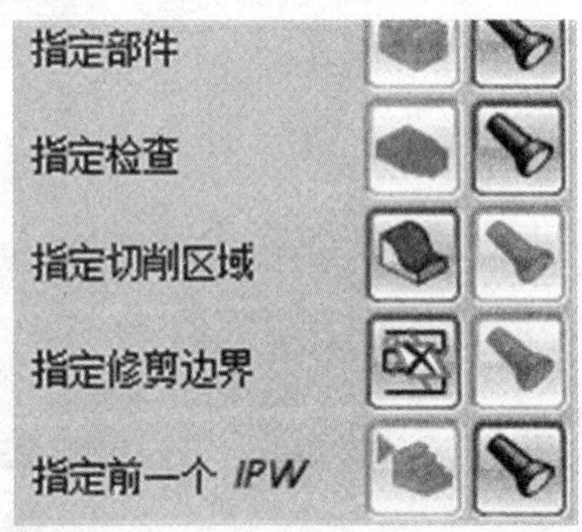

图 6－3－6 几何体工具按钮组

二、固定轴曲面轮廓铣

固定轴曲面轮廓铣(FIX_CONTOUR)以刀轴固定的方式完成零件几何体轮廓的精加工，可以有效地清除其他刀具加工后留下的残余材料。固定轴曲面轮廓铣刀轨生成的过程是从指定的驱动几何体生成驱动点(如图 6－3－7 所示为由边界产生的驱动点)，沿指定的投影矢量将其投影到部件曲面上，然后刀具将定位到部件曲面上的接触点。当刀具在部件上从一个接触点运动到另一个时，刀具尖端的“输出刀具位置点”运动轨迹即为所需要的刀轨(如图 6－3－8 所示)。

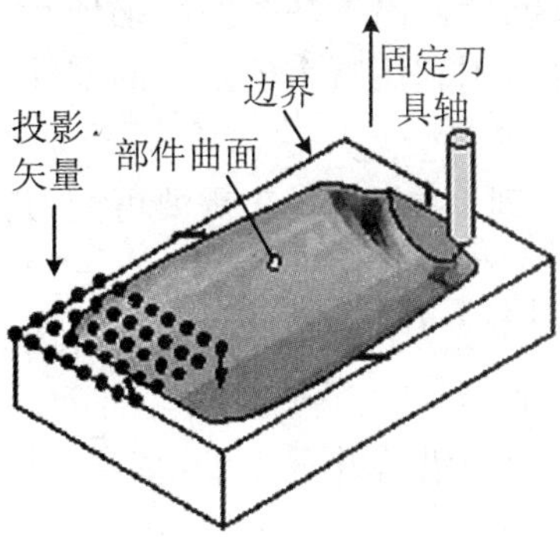

图 6-3-7　驱动点

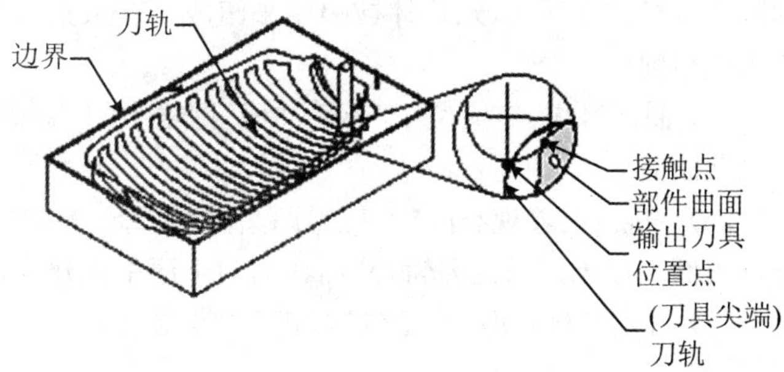

图 6-3-8　固定轴曲面轮廓铣刀轨

1. 驱动方法

驱动方法是定义生成刀轨所需的驱动点的方法，根据被加工几何体类型和加工要求可选用不同的加工方法。选择合适的“驱动方式”应该由加工表面的形状和复杂性以及“刀具轴”和“投影矢量”的要求决定。如图 6-3-9 所示，驱动方式有如下方法。

图 6-3-9　“驱动方法”对话框

(1) 曲线/点:通过指定点和选择曲线来定义“驱动”几何体。指定点时，驱动路径是指定点之间顺序产生的直线段。选择曲线时，驱动点沿指定曲线生成;曲线可以是封闭或开放、连续或非连续的，也可以是平面曲线或空间曲线。

(2) 螺旋:定义从指定的中心线向外螺旋的“驱动点”。指定的中心点是刀具的开始切削点，在通过该点并与刀轴方向垂直的平面内建立驱动点，然后沿刀轴方向投影到零件几何体上，若未指定螺旋点，则利用绝对坐标系原点作为中心点;若中心点不在零件几何体表面上，则刀具沿刀轴方向投影到零件表面上开始切削。

(3) 边界:通过指定“边界”和“环”定义切削区域。边界与零件表面的形状和尺寸无关，而环必须符合零件表面的外边缘线。边界驱动将由边界定义的切削区域内的驱动点沿刀轴方向投影到零件表面生成刀轨。常用于对刀轴和投影矢量的控制最少的固定轴轮廓铣，多用于精加工操作，可跟随复杂零件表面轮廓。

(4) 区域驱动:不需指定驱动几何,而是利用零件几何自动计算出不冲突的容纳环。切削区可以指定表明区域、片体或表明来组成。若未指定切削区,则利用整个已定义的零件几何组成切削区。

(5) 曲面区域:定义位于“驱动曲面”网格中的“驱动点”阵列,常用于加工需要可变刀轴的复杂曲面。

(6) 刀轨:沿着现有的“刀位置源文件”(CLSF)的“刀轨”定义“驱动点”,投影到所选的部件表面上以创建新的刀轨,从而在当前工序中创建类似的“曲面轮廓刀轨”。

(7) 径向切削:使用指定的“步进”、“带宽”和“切削模式”生成沿着并垂直于给定边界的“驱动路径”。

(8) 径向切削驱动方法:使用指定的“步距”、“带宽”和“切削类型”生成沿着给定边界和垂直于给定边界的“驱动轨迹”。此驱动方法可用于创建清理工序。

(9) 用户定义:通过暂时退出 NX 并执行一个“内部用户函数程序”生成“驱动路径”。

(10) 流线:根据选中的几何体来构建隐式驱动曲面。流线可以灵活地创建刀轨。规则面栅格无需进行整齐排列。

2. 刀轴

“固定轮廓铣”对话框中的“刀轴”组用于定义固定和可变的刀轴方向。固定刀轴始终平行于指定的矢量,可变刀轴则在刀具运动时改变方向。刀轴的方向为刀尖到刀柄的矢量方向。固定轴曲面轮廓铣只能定义固定的刀轴。+ZM 为默认的刀轴。

3. 投射矢量

“固定轮廓铣”对话框中的“投影矢量”组定义驱动点投影到部件表面的方式,以及刀具接触的部件表面侧。投射矢量除了“清根”以外的驱动方法都可用。如图 6-3-10 所示,可用的“投影矢量”选项将根据使用的“驱动方式”的不同而有所不同。曲面区域驱动方法提供一个附加选项,即垂直于驱动体,其他驱动方法不提供该选项。

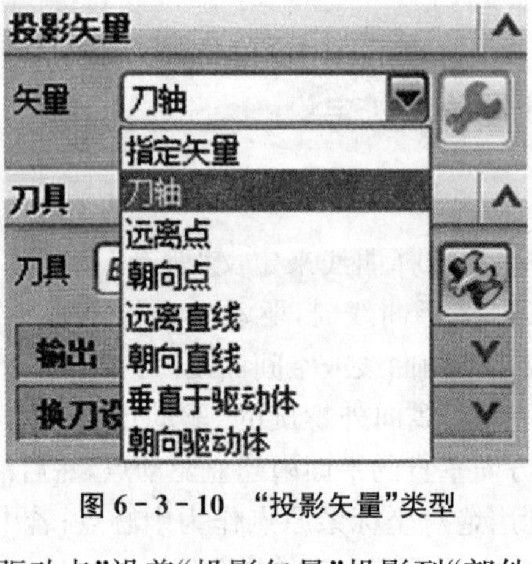

图 6-3-10 “投影矢量”类型

如图 6-3-11 所示,“驱动点”沿着“投影矢量”投影到“部件表面”上。

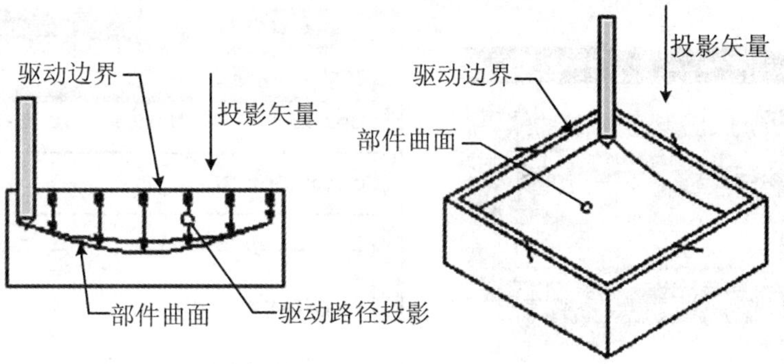

图 6-3-11 投影矢量

任务分析与计划

一、加工分析

如图 6-3-12 所示工件,材料为铝合金,需要加工面为型体上的曲面。由于型面上孔采用钻床加工,不需要进行编程,可以创建有界平面修补内孔。

(1) 选择 Siemens NX 8.0 菜单"分析"→"测量距离",选择轮廓边缘,确定工件轮廓尺寸 290.64 mm×100 mm×70 mm。

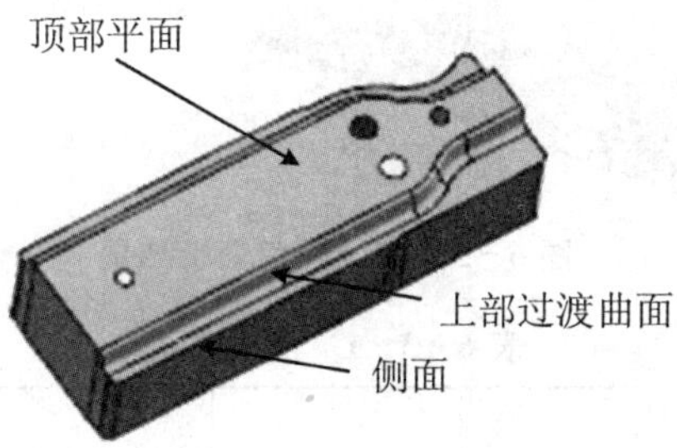

图 6-3-12 工件

(2) 在 Siemens NX 8.0 加工环境中,选择菜单"分析"→"NC 助理",选择如图 6-3-13 所示的"分析类型"下拉列表框内容:圆角,选择加工工件表面,单击"操作"组中的"分析几何体"按钮,选择"信息"按钮,如图 6-3-14 所示,对话框中显示轮廓上各处转角半径,并在图形窗口用颜色标出。也可使用"分析"中的"几何属性"等功能对工件表面进行局部分析。在制定编程方案中,选择刀具需要参照这些信息。分析结果如图 6-3-15 所示。

二、解决方案

加工方案如表 6-3-1 所示。具体操作步骤如下:

(1) 准备模型,修补顶面上的孔。

(2) 建立父节点组。

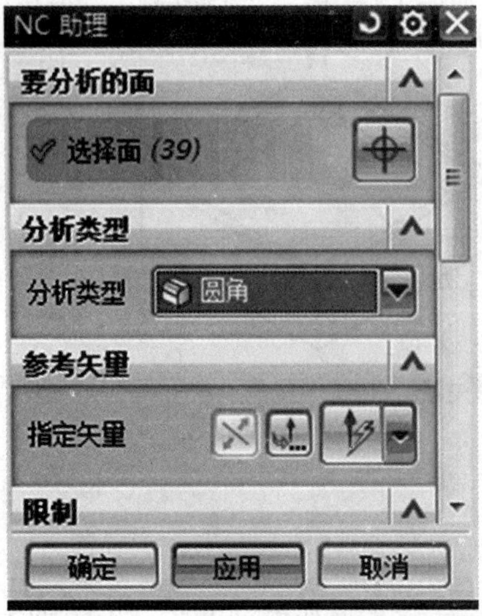

图 6-3-13 “NC 助理”对话框

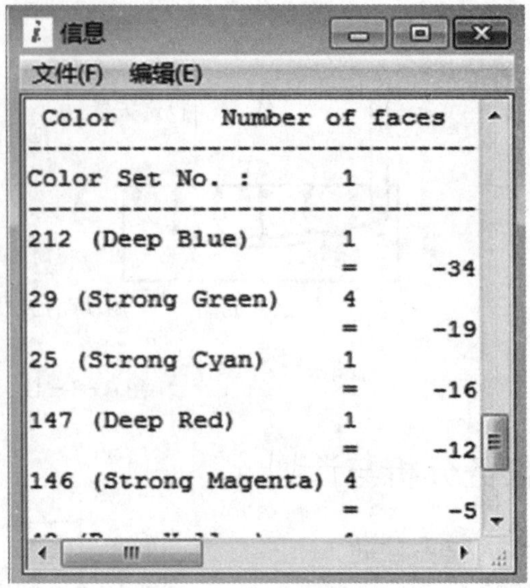

图 6-3-14 “信息”对话框

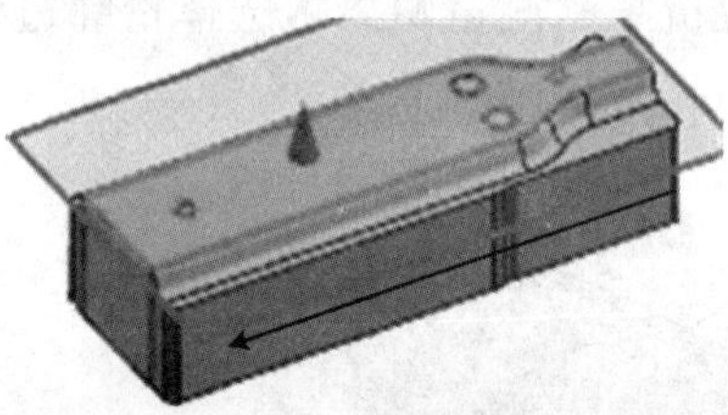

图 6-3-15 圆角分析结果

表 6-3-1 加工方案

加工表面	加工操作	加工方法	加工余量	加工刀具	
				名称	直径
所有表面	型腔铣(CAVITY)	粗加工	5 mm	EM25_R5	Φ25
	剩余铣(REST_CAVITY)	半精加工	0.5 mm	EM16_R1	Φ16
顶面	面铣(FACE_MILLING)	精加工	0.2 mm	EM16_R1	Φ16
上部过渡曲面	固定轮廓铣(FIX_CONTOUR)	精加工	0.2 mm	BM6	Φ6
侧面	深度加工轮廓铣(ZLEVEL_PROFILE)	精加工	0.2 mm	EM16_R1	Φ16

(3) 使用型腔铣工序进行粗加工。

(4) 使用剩余铣工序进行半精加工。

(5) 使用面铣工序对顶面进行精加工。

(6) 使用固定轮廓铣工序对上部曲面进行精加工。

(7) 使用深度加工轮廓铣加工工件四周平齐面。

任务实施

(1) 打开“benti. prt”文件，进入建模环境；在本体顶面，建立两个有界平面，修补实体上的孔，修补后模型如图 6－3－16 所示。

(2) 建立几何体、刀具、加工方法等父节点组。

① 进入加工应用模块。在“CAM 会话配置”列表框中选择“cam_general”，在“要创建的 CAM 设置”列表框中选择“mill_contour”，单击“确定”按钮，进入加工环境。

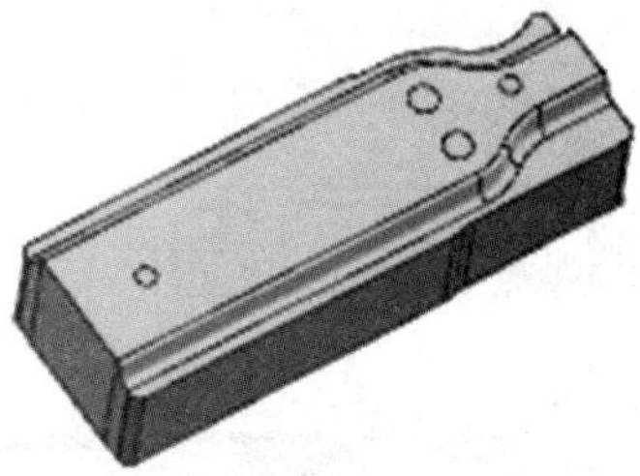

图 6－3－16　修补后的模型

② 调整加工坐标系。工序导航器切换到“几何视图”，双击“MCS_MILL”，弹出如图 6－3－17 所示的“Mill Orient”对话框，单击“CYCS”按钮，弹出如图 6－3－18 所示的“CSYS”对话框，选择“操控器”按钮，弹出如图 6－3－19 所示的“点”对话框，选择类型为“点在面上”，鼠标点击零件上表面，设置“U 向参数”和“V 向参数”均为 0.5，单击两次“确定”按钮后，将加工坐标系 MCS 与模型坐标系 WCS 调整至如图 6－3－20 所示位置。

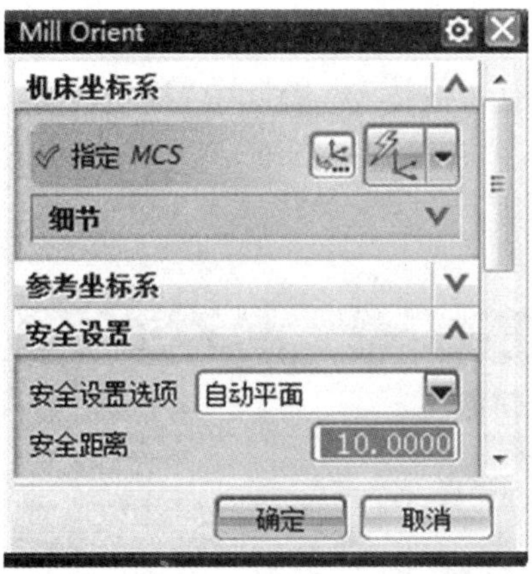

图 6－3－17　“Mill Orient”对话框

图 6－3－18　“CSYS”对话框

图 6－3－19　“点”对话框

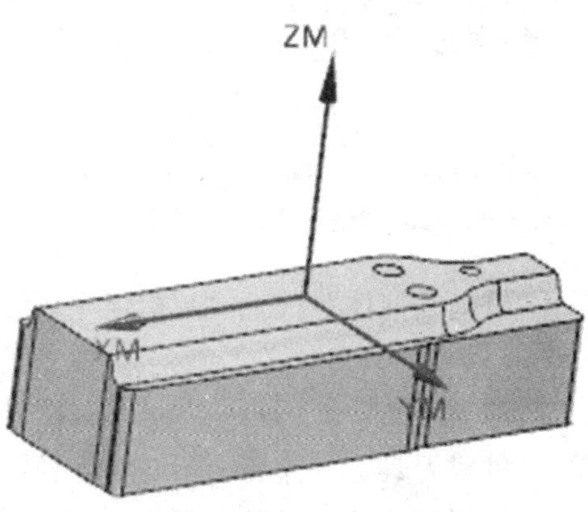

图 6－3－20　调整后的加工坐标系

③ 设置安全平面。在“Mill Orient”对话框中，在“安全设置”选项中选择：平面，选择本体的顶面，如图 6－3－21 所示，在“距离”对话框中输入 10 mm，单击“确定”按钮退出对话框后，再次选择“MCS_MILL”，定义的安全平面如图 6－3－22 所示。

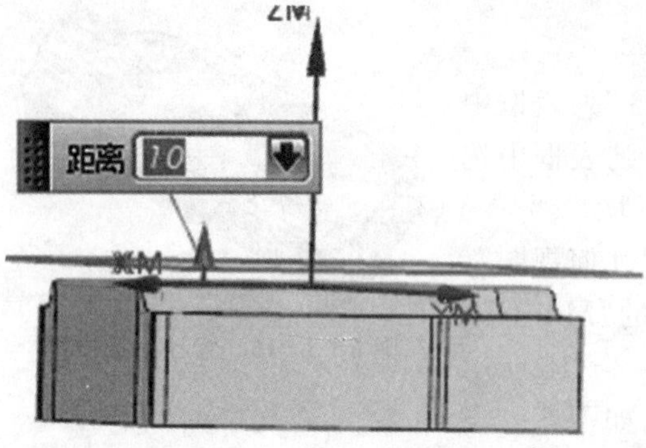

图 6－3－21　“安全平面”高度

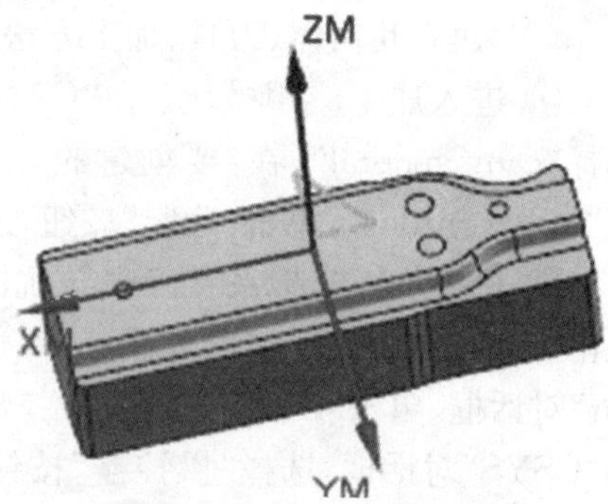

图 6－3－22　安全平面符号

④ 创建几何体父节点。

使“工序导航器”处于几何视图，双击“WORKPIECE”，弹出如图 6－3－23 所示的“铣削几何体”对话框，选择“指定部件”按钮，弹出如图 6－3－24 所示的“部件几何体”对话框，选择本体零件所有表面，单击“确定”按钮；选择“铣削几何体”对话框中“指定毛坯”按钮，弹出“毛坯几何体”对话框，在“类型”中选择：包容块，输入如图 6－3－25 所示的毛坯尺寸。

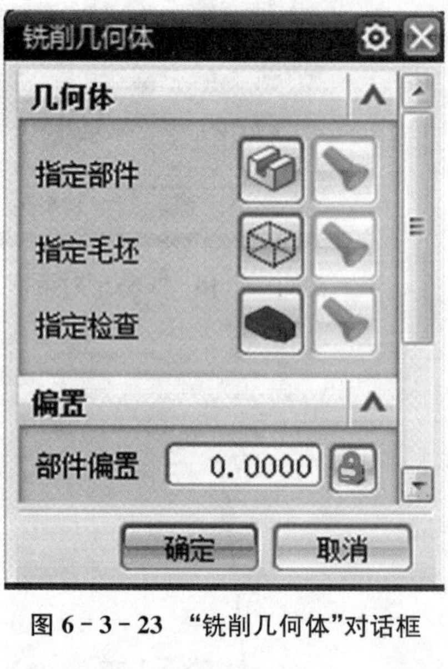

图 6－3－23　“铣削几何体”对话框

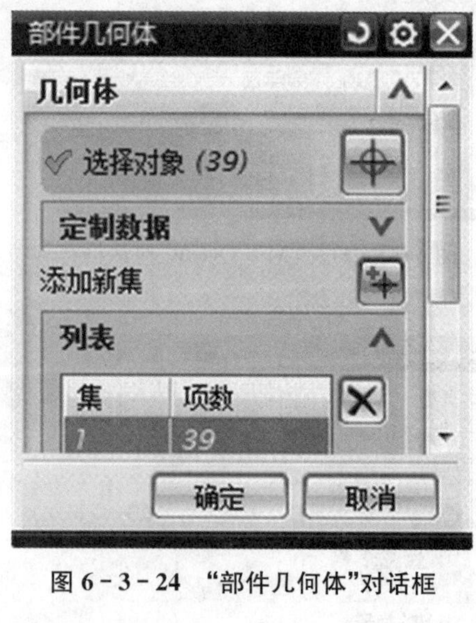

图 6－3－24　“部件几何体”对话框

单击“铣削几何体”对话框中“指定毛坯”的“显示”按钮，则定义的毛坯在图形窗口显示，如图 6－3－26 所示。

⑤ 创建刀具父节点。

单击“创建刀具”按钮，弹出“创建刀具”对话框，类型选择为“mill_contour”，在“刀具子类型”中选择“MILL”按钮（即立铣刀），输入名称 EM25_R5，单击“确定”按钮，弹出“铣

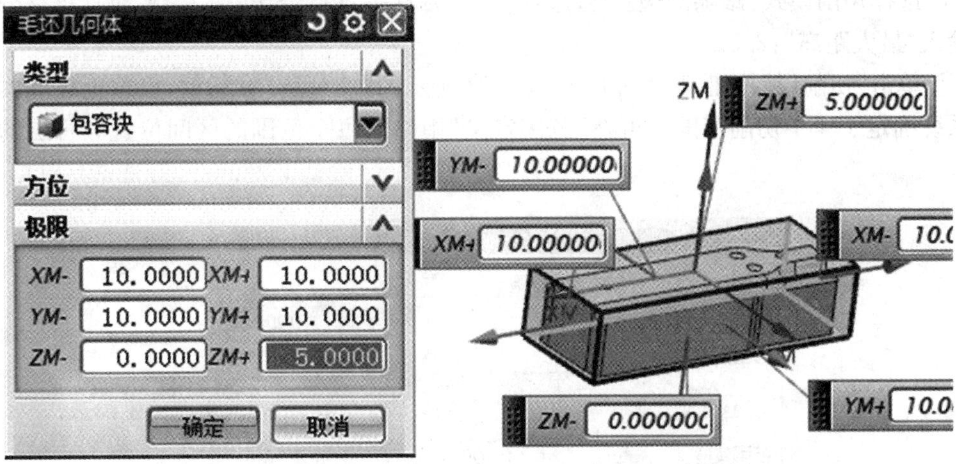

图 6-3-25 “毛坯几何体”对话框

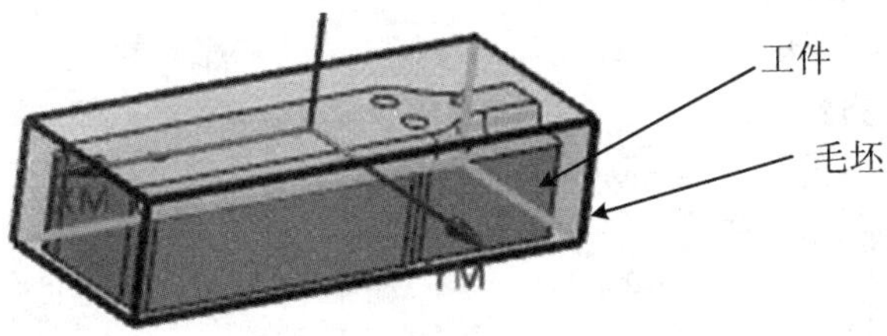

图 6-3-26 部件和毛坯

刀-5 参数”对话框，输入直径：25；输入下半径：5；输入长度：160；输入刃口长度：80。单击“确定”按钮，回到“创建刀具”对话框，单击该对话框中“确定”按钮，完成刀具创建。

按照相同方法创建刀具 EM16_R1 和刀具 BM6。其中 EM16_R1 刀具的直径：16，输入下半径：1；BM6 刀具类型：Ball Mill，直径：3。

⑥ 创建加工方法父节点。

切换“工序导航器”到加工方法视图，双击“MILL_ROUGH”，弹出“铣削方法”对话框，设定部件余量：0.5 mm，内公差和切出公差使用默认值，单击“确定”按钮。

⑦ 创建程序父节点。

切换“工序导航器”到程序顺序视图，单击“创建程序”按钮，弹出“创建程序”对话框，在“位置”组选择程序：PROGRAM，输入名称：benti，单击“确定”按钮。

(3) 使用型腔铣工序进行粗加工。

单击“创建工序”按钮，弹出“创建工序”对话框，“类型”下拉列表框选择：mill_contour，“工序子类型”选择：CAVITY_MILL，其他选项选择如下：

- 程序：BENTI。
- 刀具：EM25_R5。
- 几何体：WORKPIECE。
- 方法：MILL_ROUGH。
- 名称：CAVITY_ROUG。

单击“确定”按钮，弹出“型腔铣”对话框。

① 选择切削模式：跟随周边，选择步距：刀具平直百分比，输入“平面直径百分比”：50，输入“最大距离”：2.5。

② 单击“切削层”按钮，弹出如图 6－3－27 所示的“切削层”对话框，根据毛坯和本体零件，系统确定了 4 个切削范围。可在“范围定义”中修改每个范围的区间位置和每层的切削厚度。

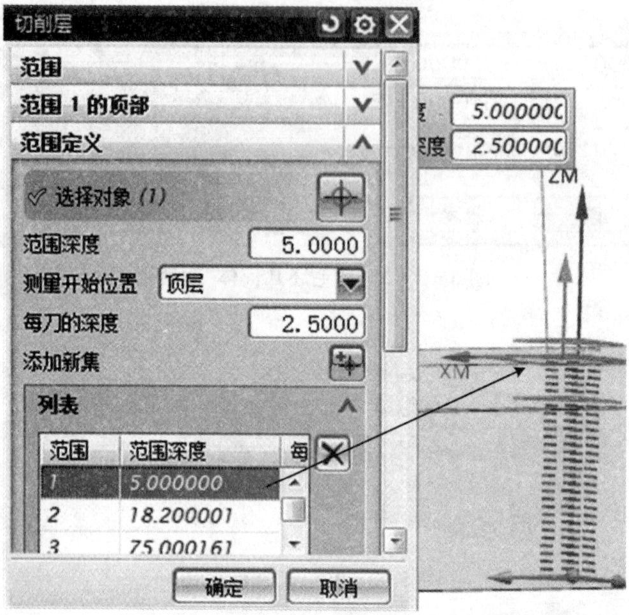

图 6－3－27 “切削层”对话框

③ 单击“切削参数”按钮，弹出 “切削参数”对话框。在“策略”选项卡中，“切削方向”下拉框中选择“顺铣”，“切削顺序”下拉框中选择“深度优先”，其余按默认设置。

④ 单击“非切削移动”按钮，弹出 “非切削移动”对话框。在“进刀”选项卡中，使用默认参数，在“封闭区域”组中，选择进刀类型：螺旋，即在封闭区域采用螺旋下刀法；在“开放区域”组中的“进刀类型”下拉框中选择“线性”，即在开放区域采用斜线下刀法。

⑤ 单击“进给率和速度”按钮，弹出“进给和速度”对话框，在“主轴速度”中输入：1800，在“切削”中输入：1000。

⑥ 创建刀具轨迹。单击“型腔铣”对话框“操作”组中的“生成”按钮，创建刀具轨迹如图 6－3－28 所示。

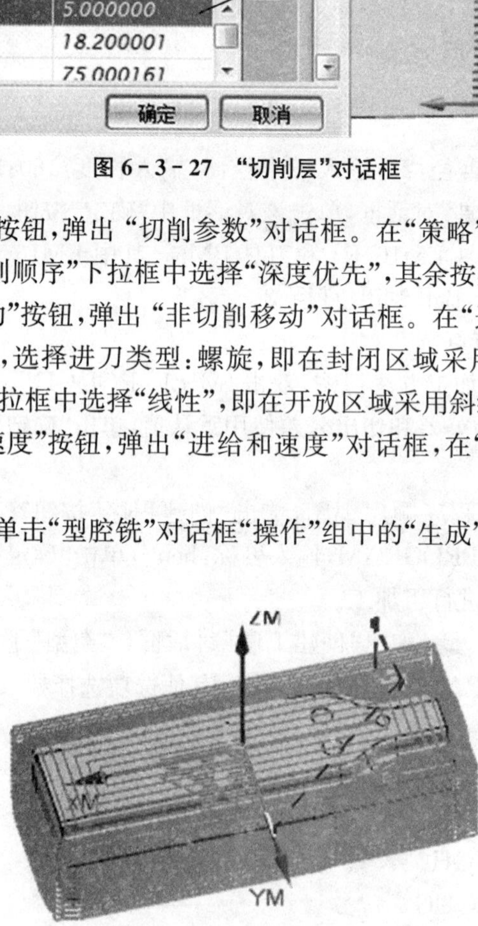

图 6－3－28 创建刀轨

⑦ 刀具轨迹验证。单击“型腔铣”对话框中的“确认”按钮，弹出“刀轨可视化”对话框，如图 6-3-29 所示，选择“2D 动态”，单击“播放”按钮，如图 6-3-30 所示，图形窗口中显示毛坯的模拟加工过程。

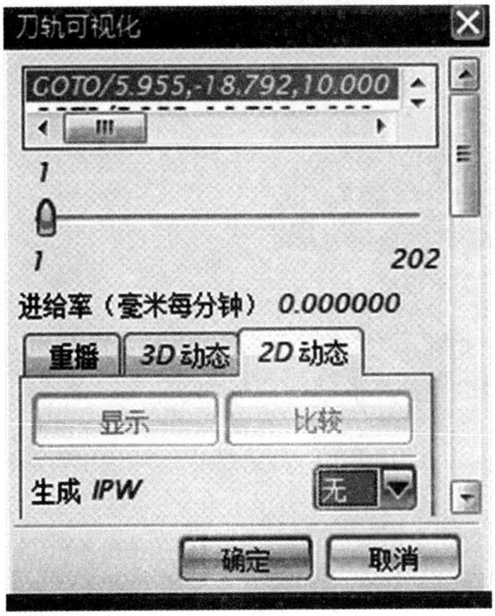

图 6-3-29 “刀轨可视化”对话框

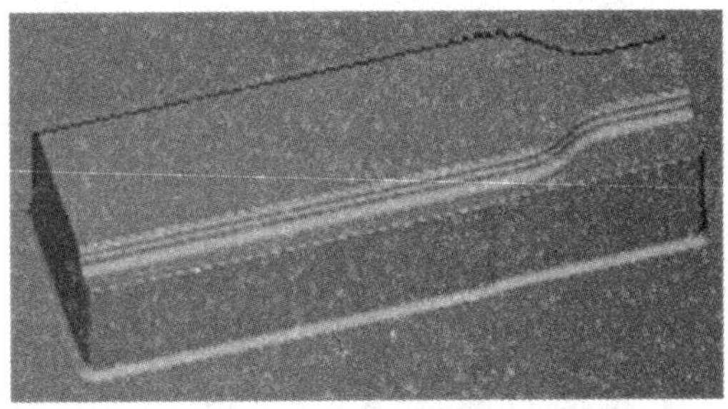

图 6-3-30 刀轨模拟

(4) 使用剩余铣工序进行半精加工。

单击“创建工序”按钮，弹出“创建工序”对话框，“类型”下拉列表框选择：mill_contour，“工序子类型”选择：REST_MILLING，其他选项选择如下：

- 程序：BENTI。
- 刀具：EM16_R1 。
- 几何体：WORKPIECE。
- 方法：MILL_ROUGH。
- 名称：CAVITY_SEMI。

单击“确定”按钮，弹出“型腔铣”对话框。

① 选择切削模式：跟随周边，选择步距：刀具平直百分比，输入“平面直径百分比”：50，输入“最大距离”：1。

② 单击“切削参数”按钮，弹出 “切削参数”对话框。在“余量”选项卡中，确定“使底面余量与侧面余量一致”被选中，“部件侧面余量”中输入：0.2，“切削顺序”下拉框中选择“深度优先”；“空间范围”选项卡中“处理中的工件”：使用基于层的，其余按默认设置。

③ 单击“进给率和速度”按钮，弹出“进给和速度”对话框，“主轴速度”中输入：2500，“切削”中输入：800。

④ 创建刀具轨迹。单击“型腔铣”对话框“操作”组中的“生成”按钮，创建刀具轨迹。选择“剩余铣”对话框中的“确认”按钮，弹出“刀轨可视化”对话框，选择“2D 动态”；单击“播放”按钮，如图 6-3-31 所示，图形窗口中显示的模拟加工过程是对上一步型腔铣加工残料形成的毛坯进行加工。

(5) 使用平面铣工序进行顶面精加工。

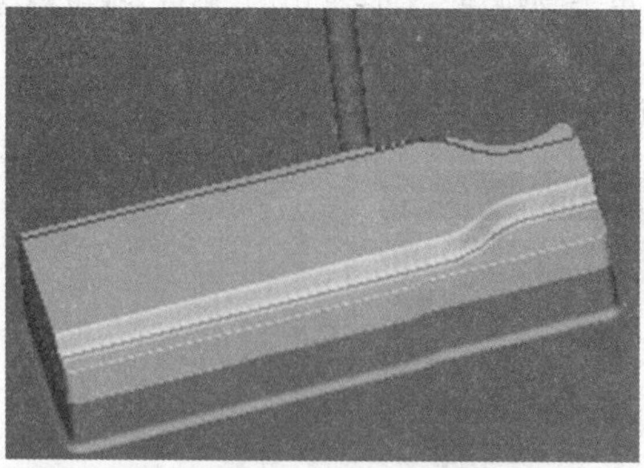

图 6-3-31　剩余铣刀轨模拟

单击“创建工序”按钮，弹出“创建工序”对话框，“类型”下拉列表框中选择：mill_planar，“工序子类型”选择：FACE_MILLING_AREA，其他选项选择如下：

- 程序：BENTI。
- 刀具：EM16_R1。
- 几何体：WORKPIECE。
- 方法：MILL_FINISH。
- 名称：DINGMIAN_FINISH。

单击“确定”按钮，弹出如图 6-3-32 所示“面铣削区域”对话框。

① 单击“指定切削区域”按钮，弹出如图 6-3-33 所示的“切削区域”对话框，选择如图 6-3-34 所示的本体零件顶面，单击“确定”按钮，回到“面铣削区域”对话框。

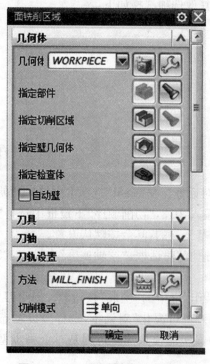

图 6-3-32　“面铣削区域”对话框

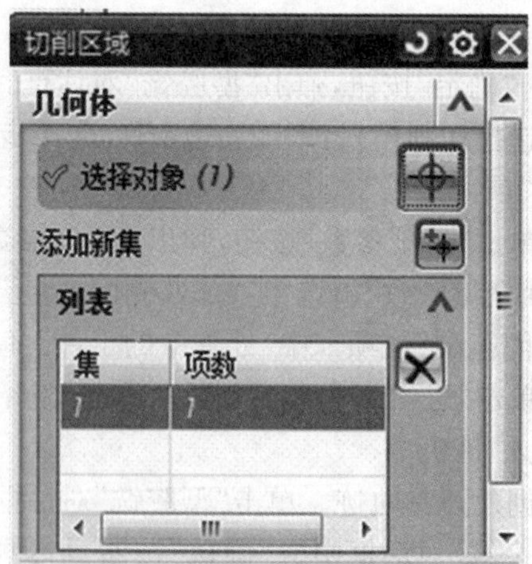

图 6-3-33　“切削区域”对话框

② 选择切削模式：跟随周边，选择步距：刀具平直百分比，输入“平面直径百分比”：75。

③ 单击“进给率和速度”按钮，弹出“进给和速度”对话框，“主轴速度”中输入：2000，“切削”中输入：1000，单击“确定”按钮回到“面铣削区域”对话框。

④ 创建刀具轨迹。单击“面铣削区域”对话框“操作”组中的“生成”按钮，创建刀具轨迹如图 6-3-35 所示。

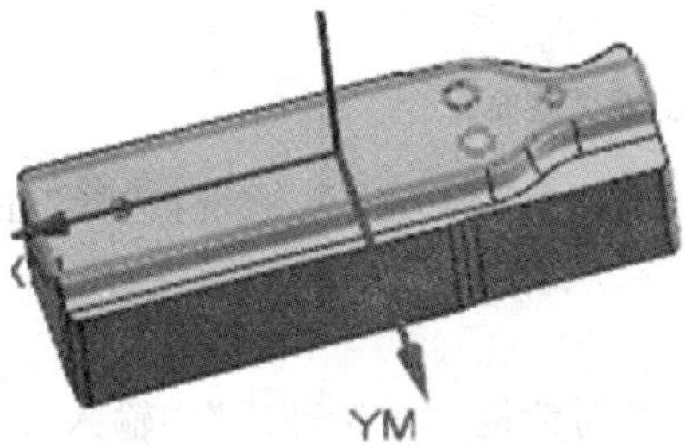

图 6-3-34　选择本体顶面

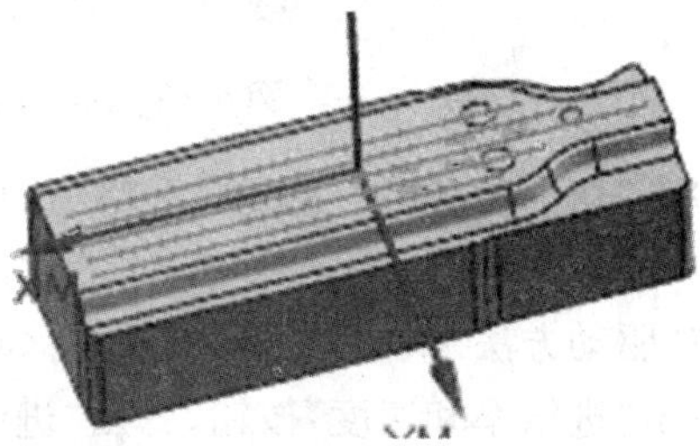

图 6-3-35　本体顶面精加工刀具轨迹

(6) 使用固定轮廓铣工序进行过渡曲面精加工。

单击“创建工序”按钮，弹出“创建工序”对话框，“类型”下拉列表框中选择：mill_contour，“工序子类型”选择：FIXED_CONTOUR，其他选项选择如下：

- 程序：BENTI。
- 刀具：BM6 。
- 几何体：WORKPIECE。
- 方法：MILL_FINISH。
- 名称：GUODUQUMIAN_FINISH。

单击“确定”按钮，弹出如图 6-3-36 所示“固定轮廓铣”对话框。

① 单击“指定切削区域”按钮，弹出如图 6-3-37 所示的“切削区域”对话框，选择如图 6-3-38 所示的本体零件上部过渡曲面，单击“确定”按钮，回到“固定轮廓铣”对话框。

图 6-3-36　“固定轮廓铣”对话框

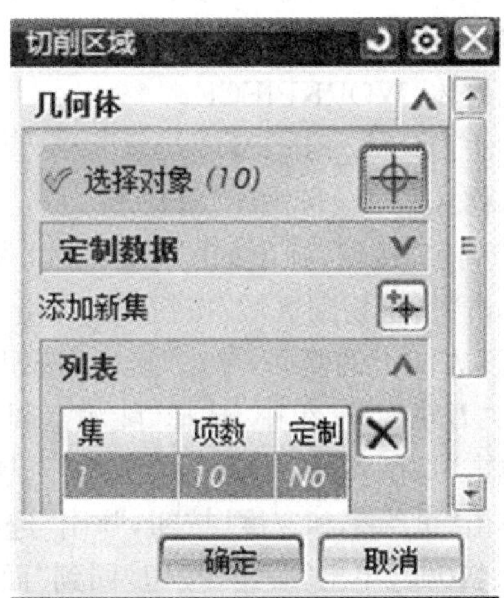

图 6-3-37　“切削区域”对话框

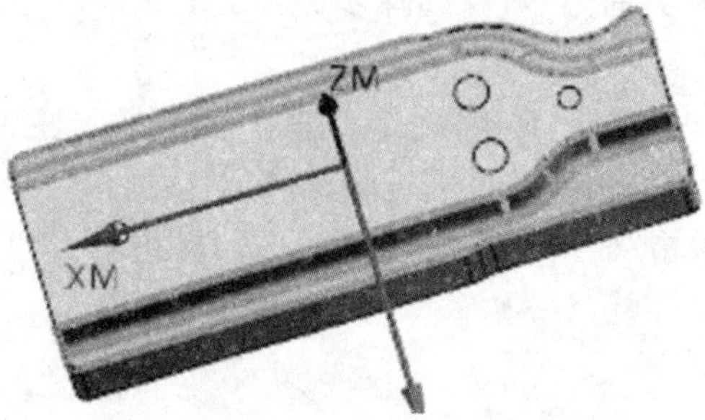

图 6-3-38　选择本体上部过渡曲面

② 单击“切削参数”按钮，在“策略”选项卡中，选择“切削方向”：顺铣，选择“在边上延伸”。

③ 在“驱动方法”组中，选择“方法”：区域铣削。

④ 单击“进给率和速度”按钮，弹出“进给和速度”对话框，“主轴速度”中输入：2500，“切削”中输入：1000，单击“确定”按钮，回到“面铣削区域”对话框。

⑤ 创建刀具轨迹。单击“固定轮廓铣”对话框“操作”组中的“生成”按钮，创建刀具轨迹如图 6-3-39 所示。

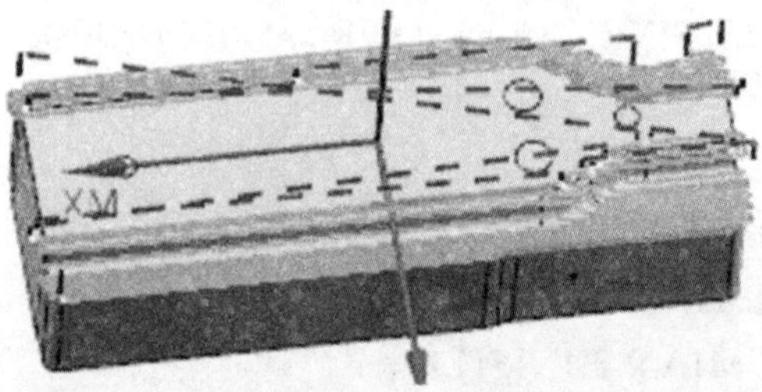

图 6-3-39　本体过渡曲面精加工刀具轨迹

(7) 使用“深度加工轮廓”工序进行侧面精加工。

单击“创建工序”按钮，弹出“创建工序”对话框，“类型”下拉列表框选择：mill_contour，“工序子类型”选择：ZLEVEL_PROFILE，其他选项选择如下：

- 程序：BENTI。
- 刀具：EM16。
- 几何体：WORKPIECE。
- 方法：MILL_FINISH。
- 名称：CEMIAN_FINISH。

单击“确定”按钮，弹出如图 6-3-40 所示“深度加工轮廓”对话框。

① 单击“指定切削区域”按钮，弹出“切削区域”对话框，选择如图 6-3-41 所示的本体零件高度方向上的侧面，单击“确定”按钮，回到“深度加工轮廓”对话框。

② 在“刀轨设置”组中，选择“陡峭空间范围”：仅陡峭的，“最大距离”：2 mm。

③ 单击“切削参数”按钮，在“策略”选项卡中，选择“切削方向”：顺铣。

④ 单击“进给率和速度”按钮，弹出“进给和速度”对话框，“主轴速度”中输入：2500，“切削”中输入：1000，单击“确定”按钮，回到“面铣削区域”对话框。

⑤ 创建刀具轨迹。单击“深度加工轮廓”对话框“操作”组中的“生成”按钮，创建刀具

轨迹如图 6-3-42 所示。

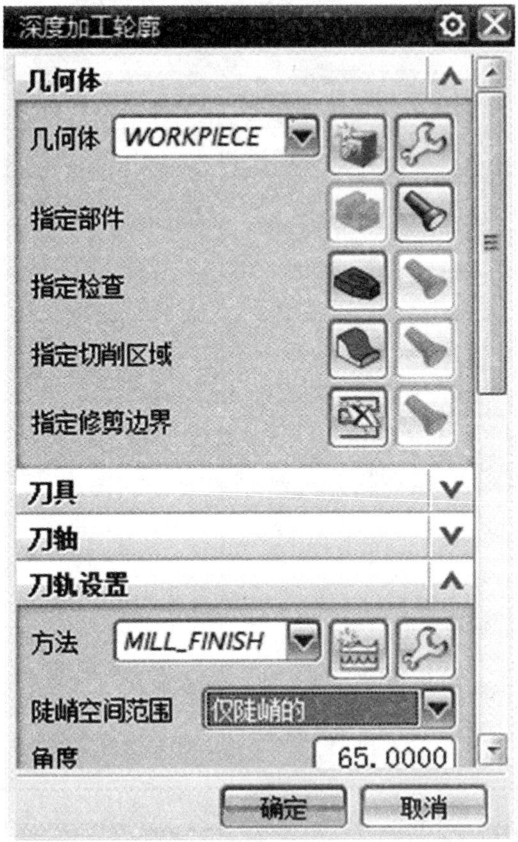

图 6-3-40 “深度加工轮廓”对话框

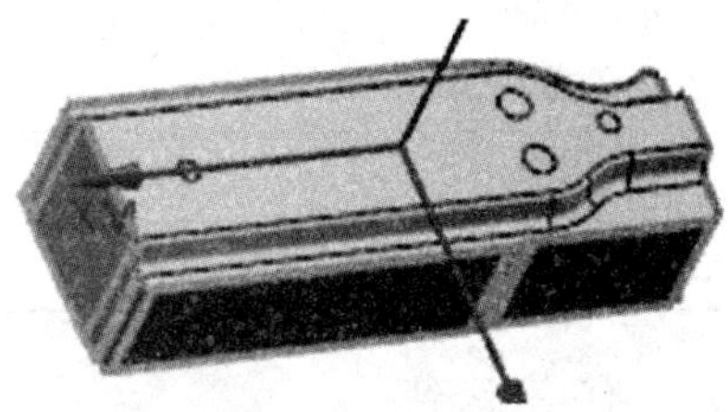

图 6-3-41 选择本体侧面

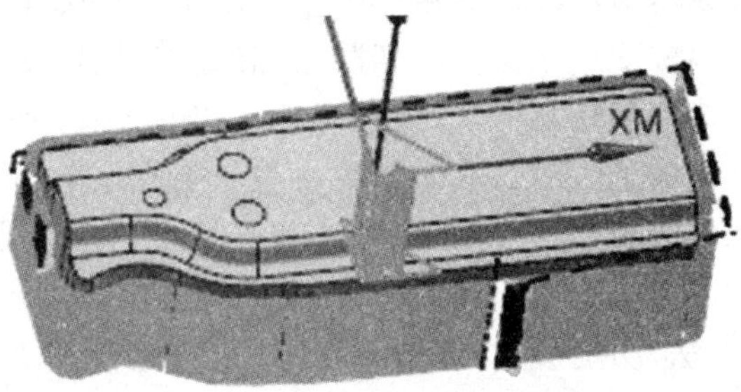

图 6-3-42 本体侧面精加工刀具轨迹

任务评价与总结

一、任务评价

任务评价按表 6-3-2 进行。

表 6-3-2 任务评价表

评价项目	配分	得分
一、成果评价:60%		
父节点组创建的正确性	30	
本体零件各工序参数设置的正确性	30	
二、学生自我评价与团队成员互评:15%		
学习活动的目的性	3	
是否独立寻求解决问题的方法	6	
团队合作氛围	3	
个人在团队中的作用	3	
三、教师评价:25%		
工作态度是否端正	10	
工作量是否饱满	3	
工作难度是否适当	2	
学生对于学习任务的明确和相关信息的收集与理解、工作任务方案制定的合理性	5	
自主学习	5	
总分		

二、任务总结

(1) 型腔铣常用于切削带有锥形壁面和轮廓底面的部件,并主要用于粗加工。例如冲压件检具本体曲面、型腔模具工作零件的粗加工。在创建型腔铣操作中,可以使用"切削范围"及"每一刀局部深度"很方便地定义不同切削范围的切削层厚度。在型腔铣的几何体定义中,除了定义工件几何体和毛坯几何体,还可以定义切削区域。常用于模具和冲模加工。许多型腔都需要应用"分割加工"策略,这时型腔将被分割成独立的可管理的切削区域。随后可以针对不同区域(如较宽的开放区域或较深的复杂区域)应用不同的策略。

(2) 固定轴曲面轮廓铣常用于工件上的曲面精加工。创建固定轴曲面轮廓铣,除了要定义几何体、刀具、加工方法、切削参数、进给率和机床控制参数以外,还要会正确选用驱动方式及其参数,固定轴曲面轮廓铣是通过定义驱动方式来产生驱动点,然后由驱动点产生刀具轨迹的。

任务拓展

一、相关知识

1. 深度铣工序

深度铣(ZLEVEL_PROFILE)是对部件上指定区域符合陡峭角度要求的曲面做轮廓加工,适用于半精加工和精加工。其具有如下特点:

(1) 深度铣不需要毛坯几何体。

（2）深度铣可以定义陡峭空间范围。

（3）在封闭形状上，深度铣可以通过直接斜削到部件上在层之间移动，从而创建螺旋线形刀轨。在开放形状上，深度铣可以交替方向进行切削，从而沿着壁向下创建往复运动。

2. 清根加工

在粗加工、半精加工、精加工中，当刀具半径大于复杂部件上的凹角半径时，会导致部件上凹角材料无法加工，需要采用较小的刀具半径对凹角材料进行单独加工。在 Siemens NX 8.0 中，清根加工可以采用固定轮廓铣中的“径向切削”、“清根”方式实现，也可以选择如图 6－3－43所示的“FLOW_REF_TOOL”等清根工序，根据参考刀具直径判断加工位置。

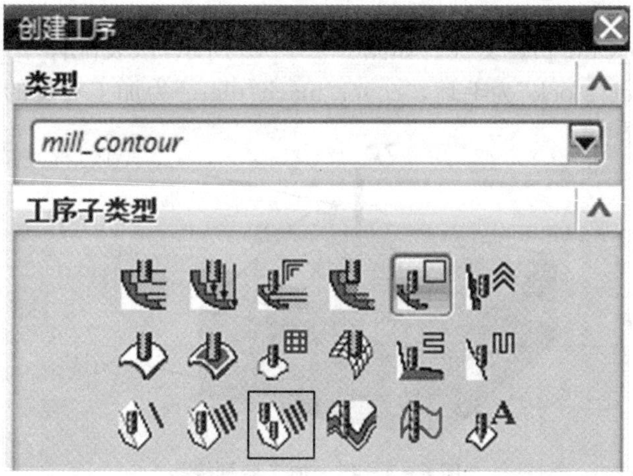

图 6－3－43　清根工序

3. 刀轨设置

刀轨设置选项指定刀轨的参数。例如，可以指定切削模式、切削层、切削参数、非切削移动、进给率和速度。

二、技能训练

在 Siemens NX 8.0 中，一个零件的加工编程可能需要使用粗加工、半精加工、精加工和清根等多种工序操作。如图 6－3－44 所示零件的编程方案如表 6－3－3 所示。其编程的操作过程如下：

图 6－3－44　加工部件

表 6-3-3　加工方案

加工表面	加工操作	加工方法	加工余量	加工刀具	
				名称	直径
所有表面	CAVITY	粗加工		EM20R1.5	Φ20
所有表面	FIX_CONTOUR	半精加工	2 mm	EM8R1	Φ8
所有表面	FIX_CONTOUR	精加工	0.5 mm	BM6	Φ6
拐角处	FLOWCUT_REF_TOOL	精加工	残料	BM4	Φ4
底部侧面	PLANAR_PROFILE	精加工	残料	EM4	Φ4

(1) 打开"asmb_cam.prt"文件。如图 6-3-45 所示,该装配体中组件"male_cover"为加工对象,组件"cover_stock"为毛坯,"cover_mach_plate"为加工对象的安装底板。

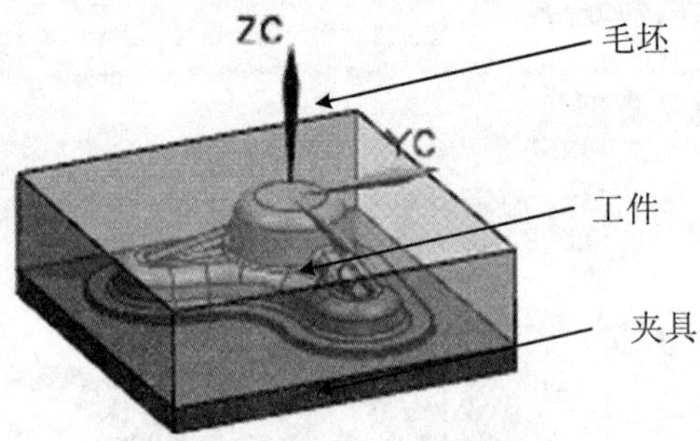

图 6-3-45　加工装配模型

(2) 建立几何体、刀具、加工方法等父节点组。

① 进入加工应用模块。在"CAM 会话配置"列表框中选择:cam_general,在"要创建的 CAM 设置"列表框中选择:mill_contour,单击"确定"按钮,进入加工环境。

② 设置安全平面。调整加工坐标系 MCS 到工作坐标系(WCS),设置安全平面距离毛坯顶部为 10 mm。

③创建几何体父节点。

编辑 WORKPIECE。使"工序导航器"处于几何视图,双击"WORKPIECE",弹出如图 6-3-46 所示的"创建几何体"对话框,选择"指定部件"按钮,弹出 "部件几何体"对话框,选择"male_cover",单击"确定"按钮;选择"铣削几何体"对话框中"指定毛坯"按钮,弹出"毛坯几何体"对话框,确定"类型":几何体,选择部件"male_cover _stock",选择"指定检查"按钮,弹出"检查几何体"对话框,选择部件"cover_mach_plate", 单击 2 次"确定"按钮,退出"铣削几何体"对话框。

创建边界。单击"创建几何体"按钮,弹出如图 6-3-46 所示"创建几何体"对话框,选择"指定部件边界"按钮,弹出如图 6-3-47 所示的"铣削边界"对话框,选择如图 6-3-48 所示的 male_cover 的轮廓边缘,单击"确定"按钮;选择"指定底面"按钮,弹出如图 6-3-49 所示的"平面"对话框,选择如图 6-3-50 所示的毛坯底面,单击"确定"按钮,退出边界定义。

图 6-3-46 “创建几何体”对话框

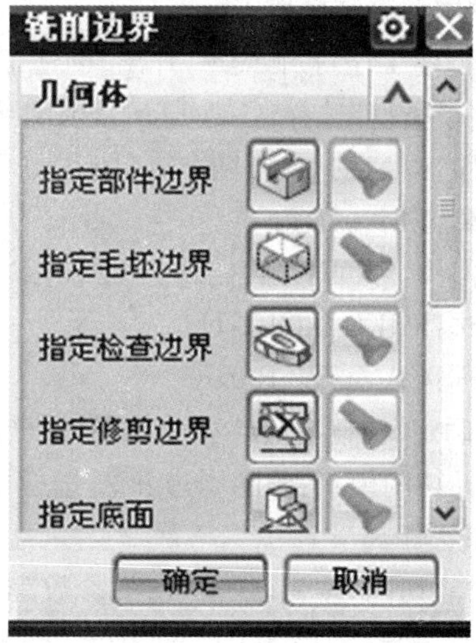

图 6-3-47 “铣削边界”对话框

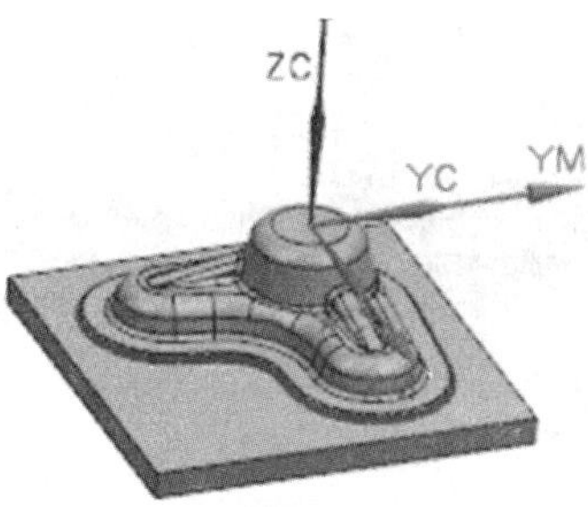

图 6-3-48 选择轮廓边缘

图 6-3-49 “平面”对话框

图 6-3-50 选择毛坯底面

④ 创建刀具父节点。

选择“创建刀具”按钮，弹出“创建刀具”对话框，类型选择为“mill_contour”，在“刀具子类型”中选择“MILL”按钮(即立铣刀)，输入名称:EM20_R1.5，单击“确定”按钮，弹出“铣刀-5 参数”对话框，输入直径:20，输入下半径:1.5，输入长度:120，输入刃口长度:80，单击“确定”按钮，回到“创建刀具”对话框，选择该对话框中“确定”按钮，完成刀具创建。

按照相同方法创建其他刀具，其中 EM8_R1 刀具的直径:8，输入下半径:1；BM6 刀具的直径:6；BM4 刀具的直径:4；EM4 刀具的直径:4，锥角:10。

⑤ 创建加工方法父节点。

切换“工序导航器”到加工方法视图，双击“MILL_ROUGH”，弹出“铣削方法”对话框，设定部件余量:0.5 mm，内公差和切出公差使用默认值，单击“确定”按钮。

⑥ 创建程序父节点。

切换“工序导航器”到程序顺序视图，单击“创建程序”工具按钮，弹出“创建程序”对话框，在“位置”组选择程序：PROGRAM，输入名称：MALE_COVER_MACH，单击“确定”按钮。

(3) 使用型腔铣操作进行粗加工。

选择“创建工序”按钮，弹出“创建工序”对话框，“类型”下拉列表框选择：mill_contour，“工序子类型”选择：CAVITY_MILL，其他选项选择如下：

- 程序：MALE_COVER_MACH。
- 刀具：EM20_R1。
- 几何体：WORKPIECE。
- 方法：MILL_ROUGH。
- 名称：CAVITY_ROUG。

单击“确定”按钮，弹出“型腔铣”对话框。

① 选择切削模式：跟随周边，选择步距：刀具平直百分比，输入“平面直径百分比”：50，输入“最大距离”：1。

② 选择“切削”按钮，弹出“切削参数”对话框，选择“空间范围”选项卡，选择“处理中的工件”下拉列表框：使用3D，单击“确定”按钮，回到“型腔铣”对话框。

③ 创建刀具轨迹。选择“型腔铣”对话框“操作”组中的“生成”按钮，显示如图6-3-51所示的“操作参数警告”，选择“否”，创建刀具轨迹，选择“显示所得的IPW”按钮，生成的小平面体如图6-3-52所示。

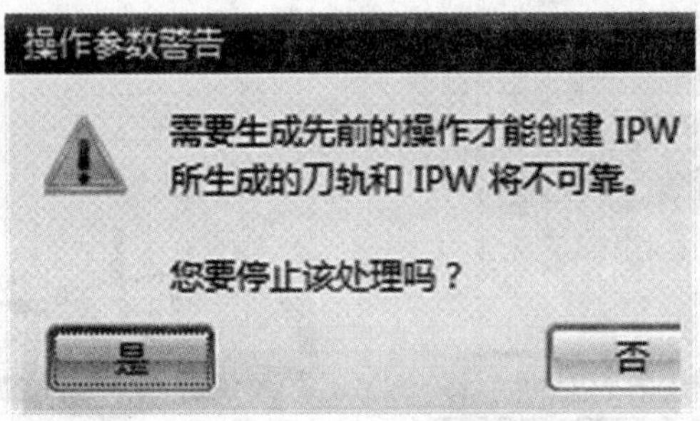

图6-3-51 “操作参数警告”对话框

图6-3-52 小平面体

(4) 使用固定轮廓铣进行半精加工。

选择“创建工序”按钮，弹出“创建工序”对话框，“类型”下拉列表框选择：mill_contour，“工序子类型”选择：FIXED_CONTOUR，其他选项选择如下：

- 程序：MALE_COVER_MACH。
- 刀具：EM8_R1。
- 几何体：WORKPIECE。
- 方法：MILL_SEMI_FINISH。
- 名称：FIXED_CONTOUR_SEMI。

单击“确定”按钮，弹出“固定轮廓铣”对话框。

① 选择驱动方式：区域驱动方式。

② 每一刀全局深度：1 mm。

③ 选择“切削参数”按钮，在弹出的“切削参数”对话框中选择“安全设置”选项卡，选择

“过切时”:警告。

④ 创建刀具轨迹。选择“操作”组中的“生成”按钮，创建刀具轨迹，弹出如图 6-3-53 所示的“消息”对话框，单击“确定”按钮后，弹出如图 6-3-54 所示的“刀轨生成”对话框，单击“确定”按钮，完成刀轨创建，同时弹出如图 6-3-55 所示的“消息”文本框，提示生成的刀轨产生了过切警告。

图 6-3-53 “消息”对话框

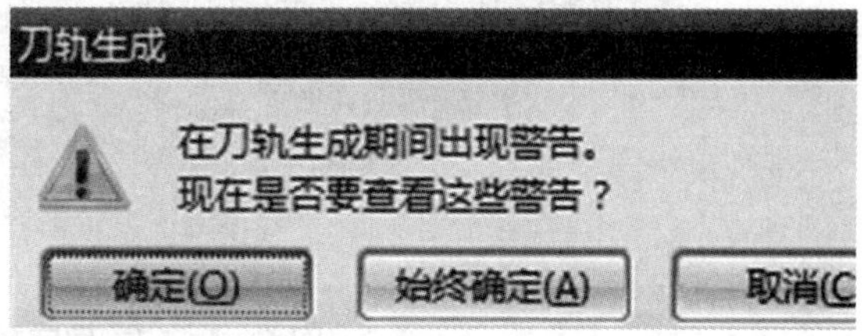

图 6-3-54 “刀轨生成”对话框

单击“固定轮廓铣”对话框中的“切削”按钮，弹出“切削参数”对话框，选择“安全设置”选项卡，选择“过切时”: 跳过。重新生成的刀轨如图 6-3-56 所示。

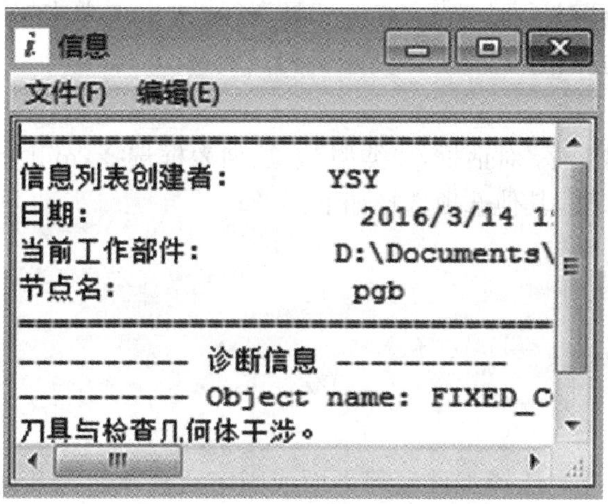

图 6-3-55 “消息”文本框

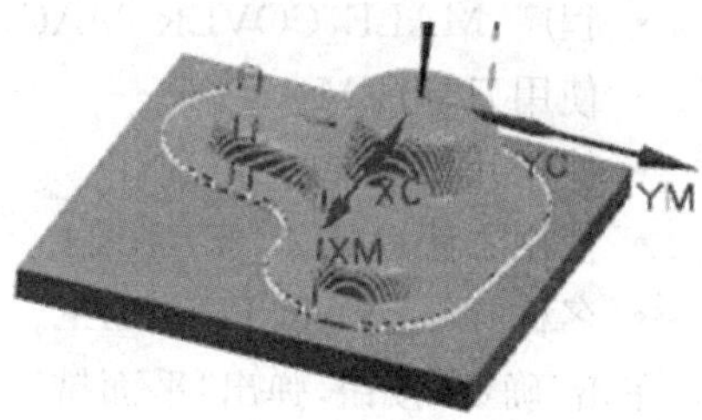

图 6-3-56 完成后的刀轨

(5) 使用固定轮廓铣操作进行精加工。

“工序导航器”切换到程序顺序视图，选择上一步创建的 FIXED_CONTOUR_SEMI 工序，单击鼠标右键，选择“复制”，继续单击鼠标右键，选择“粘贴”，修改工序名称为 FIXED_CONTOUR _FINISH，“工序导航器”切换到加工方法视图，将该工序从 MILL_SEMI_FINISH 节点下拖至 MILL_ FINISH 节点，双击该操作弹出“固定轮廓铣”对话框。

① 在“刀具”组中，选择“刀具”:BM6。

② 选择“操作”组中的“生成”按钮，生成如图 6-3-57 所示的刀具轨迹。

(6) 使用 FLOWCUT_REF_TOOL 进行清根切削。

选择“创建工序”按钮，弹出“创建工序”对话框，“类型”下拉列表框选择:mill_contour，“工序子类型”选择:FLOWCUT_REF_TOOL，其他选项选择如下:

- 程序:MALE_COVER_MACH。
- 刀具:BM4。

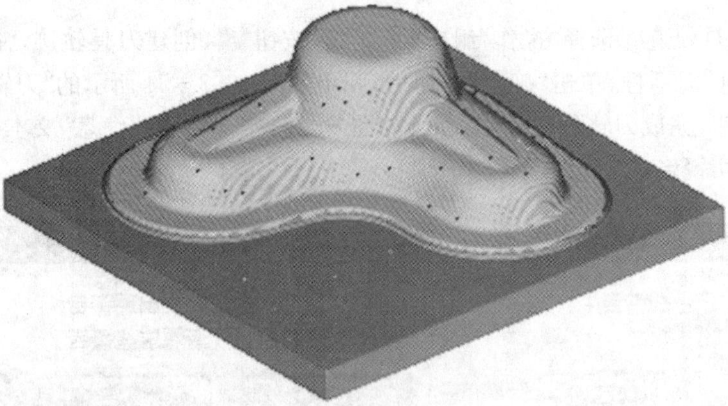

图 6-3-57　固定轮廓铣

- 几何体：WORKPIECE。
- 方法：MILL_FINISH。
- 名称：FLOWCUT_REF_TOOL。

单击“确定”按钮，弹出“清根参考刀具”对话框，输入“参考工具直径”：6 mm，单击“清根参考刀具”对话框中的“生成”按钮，生成如图 6-3-58 所示的刀具轨迹。

（7）使用平面铣工序进行修边。

选择“创建工序”按钮，弹出“创建工序”对话框，“类型”下拉列表框选择：mill_planar，“工序子类型”选择：PLANAR_MILL，其他选项选择如下：

- 程序：MALE_COVER_MACH。
- 使用刀具：EM4。
- 使用几何体：MILL_BND。
- 使用方法：MILL_ FINISH。
- 名称：PLANAR_PROFILE。

单击“确定”按钮，弹出“平面铣”对话框。选择工件底部平面或固定底板顶面为几何体底面。在切削方式中选择“轮廓”。单击 “平面铣”对话框中的“生成”按钮，生成如图 6-3-59 所示的刀具轨迹。

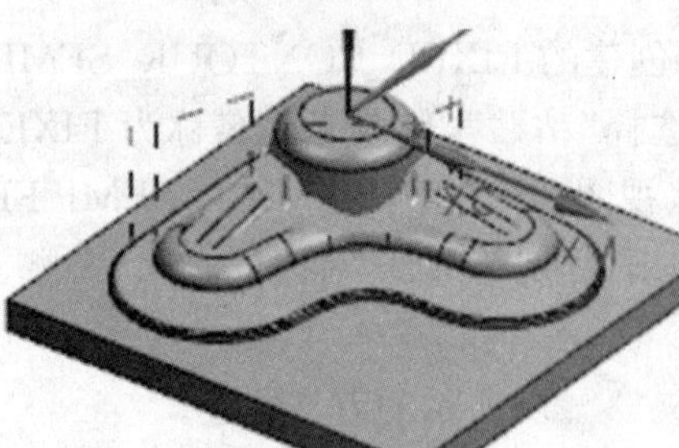

图 6-3-58　清根参考工具刀轨

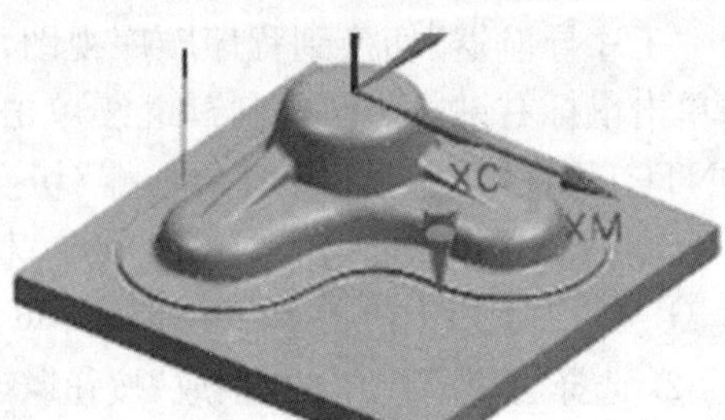

图 6-3-59　平面铣刀轨

三、练习与提高

练习与提高内容如表 6-3-3 所示。

表 6-3-3

名称	型腔铣和固定轮廓铣练习	难度	中

内容：完成如图所示型腔的加工。

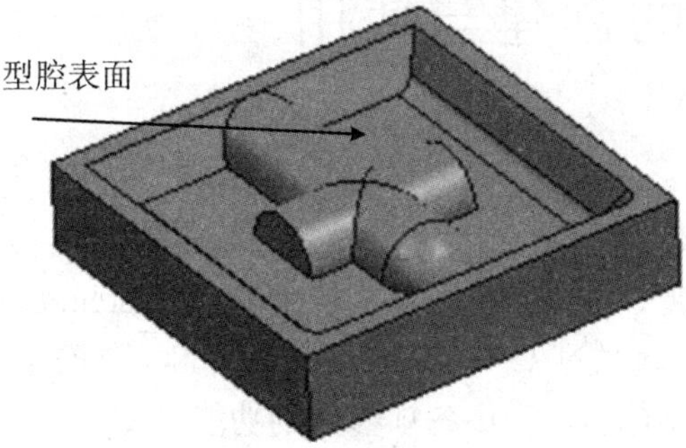

要求：
(1) 能够利用 NC Assistant 等工具分析零件尺寸，并制定加工工艺规划（包括刀具、切削用量确定等）；
(2) 能利用型腔铣和固定轴曲面轮廓铣完成所要求型腔曲面的辅助编程。

建议：采用如下表所示的加工规划。

操作	CAVITY	CONTOUR_AREA_NON_STEEP	ZLEVEL_PROFILE	FIX_CONTOUR	FLOWCUT_SINGLE	FLOWCUT_REF_TOOL
操作类型						
刀具	Φ25 球面硬质合金刀	Φ12 球面硬质合金刀	Φ12 球面硬质合金刀	Φ12 球面硬质合金刀	Φ5 球面硬质合金刀	Φ3 球面硬质合金刀
进给率(mmpm)	255	240	240	240	100	60
主轴速度(rpm)	2546	4000	4000	4000	5000	6000
步进	刀具直径 30%	刀具直径 15%		刀具直径 5%		0.5 mm
切削深度	4	0.55	0.55	0.25	0.25	0.1
内/外公差(mm)	0.0254/0.127	0.0254/0.254	0.0254/0.254	0.0254/0.254	0.0254/0.254	0.0254/0.254
零件余量(mm)	0.8	0.25	0.25	0	0	

任务三　SKDX70100 雕铣机 Siemens NX 8.0 后处理器的创建与使用

学习视频 6-3

任务介绍

本任务的目标是掌握 Siemens NX 8.0 后处理的工作流程，并能够应用后处理构造器完成三轴数控铣床的后处理器建立，掌握 Siemens NX 8.0 后处理器 Machine Tool（机床设置）、Program & Tool Path（程序和刀轨）、N/C Data Definitions（NC 数据定义）、Output Settings（输出设置）、Post Files Preview（后处理）中各项参数的功能。

相关知识

一、后处理的作用

使用 CAM 软件，可以根据零件 CAD 模型生成在数控机床上加工所需的刀具轨迹（简称刀轨），如图 6-4-1 所示，并可将刀具轨迹保存为如图 6-4-2 所示的 CLSF 文件（刀具位置源文件）。一般来说，不能直接传输 CAM 软件内部产生的刀具轨迹到机床上进行加工，因为各种类型的机床在物理结构和控制系统方面可能不同，由此对 NC 程序中指令和格式的要求也可能不同。因此，刀具 CLSF 文件中包含的切削点中心数据 GOTO 语句，还有控制机床的其他指令信息，必须经过处理，以适应每种机床及其控制系统的特定要求。这种处理，在大多数 CAM 软件中叫作“后处理”。后处理的结果是使刀具轨迹数据变成机床能够识别的 NC 程序，如图 6-4-3 所示。后处理必须具备两个要素：

- 刀具轨迹——CAM 内部产生的刀具轨迹；
- 后处理器——一个包含机床及其控制系统信息的处理程序。

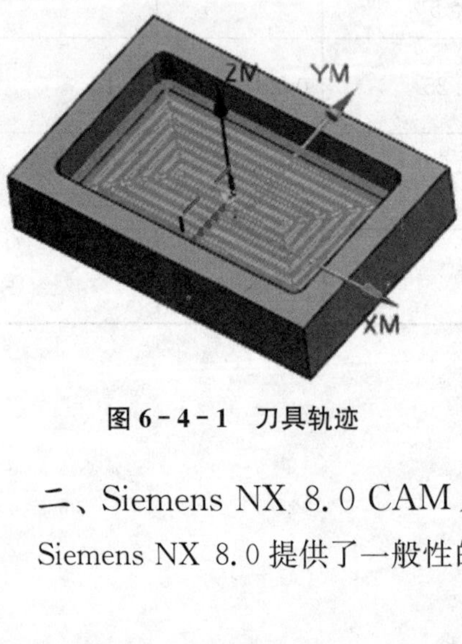

图 6-4-1　刀具轨迹

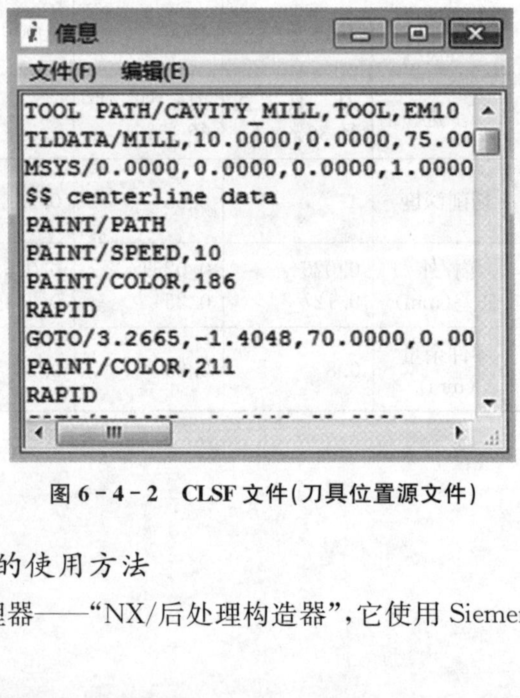


```
TOOL PATH/CAVITY_MILL,TOOL,EM10
TLDATA/MILL,10.0000,0.0000,75.00
MSYS/0.0000,0.0000,0.0000,1.0000
$$ centerline data
PAINT/PATH
PAINT/SPEED,10
PAINT/COLOR,186
RAPID
GOTO/3.2665,-1.4048,70.0000,0.00
PAINT/COLOR,211
RAPID
```

图 6-4-2　CLSF 文件（刀具位置源文件）

二、Siemens NX 8.0 CAM 后处理的使用方法

Siemens NX 8.0 提供了一般性的后处理器——“NX/后处理构造器”，它使用 Siemens

图 6-4-3 NC 程序

NX 8.0 内部刀轨数据作为输入，经后处理后，输出机床能够识别的 NC 程序。“NX/后处理构造器”有很强的用户化能力，它能适应从非常简单到任意复杂的机床及其控制系统的后处理。其使用流程如下：

(1) 启动 Siemens NX 8.0 软件。

(2) 打开文件。

(3) 进入“加工”应用。

(4) 选取需要后处理的工序。

(5) 选取“后处理”工具按钮。

(6) 出现如图 6-4-4 所示“后处理”对话框，选择指定机床类型的后处理器，确定后处理 NC 程序的输出文件后，单击“应用”进行后处理。

图 6-4-4 “后处理”对话框

三、Siemens NX 8.0 CAM 后处理器的创建

1. Siemens NX 8.0 后处理

Siemens NX 8.0 后处理的核心是 TCL 语言的运用。TCL 是一种解释型的计算机语言，由 John K. Ousterhout 于加州大学伯克利分校开发成功，目前由 Scripix 公司提供支持和维护。TCL 是一款自由软件。虽然 Siemens NX 8.0 后处理器本质上都是使用 TCL 语言，但具体实现上却有两种途经：后处理构造器和手工编程。

后处理构造器是 Siemens NX 系统为用户提供的后处理器开发工具。使用它，用户只需要根据自己机床的特点，在 GUI 环境下进行一系列的设置即可完成后处理器的开发。使用后处理构造器不仅生成事件处理器文件(*.tcl，用于定义每一个事件的处理方式)、定义文件(*.def，用于定义机床/控制系统的功能和程序格式),还生成一个特别的文件(*.pui),这个文件是专供后处理构造器使用的,记录着关闭后处理构造器时的配置,并不是后处理器所使用的文件。

手工开发后处理器,就是直接用 TCL 语言编写事件处理器文件(*.tcl)和定义文件(*.def)。这要求用户具有 TCL 语言的基本知识,同时还要了解 Siemens NX 对 TCL 语言的扩展部分。虽然手工开发后处理器对用户技能要求较高,但手工开发灵活、方便,开发的后处理器精炼、易懂、执行效率高。

2. 后处理构造器

(1) 后处理构造器的调用

在 Siemens NX 8.0 中,选择菜单“加工”→“后处理构造器”,即弹出如图 6-4-5 所示的“NX/后处理器 版本 8.0.0”窗口。

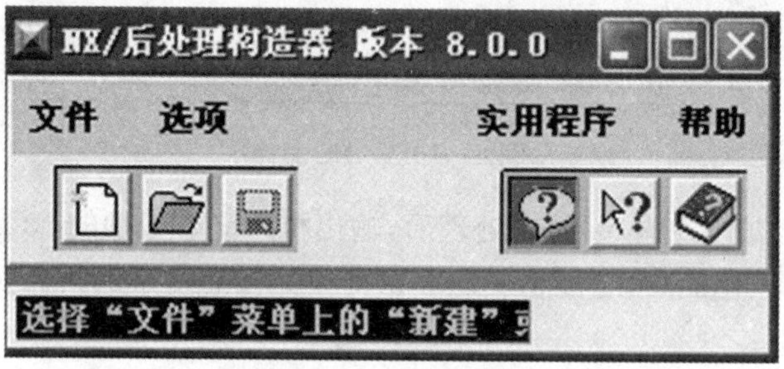

图 6-4-5 “NX/后处理器 版本 8.0.0”窗口

(2) 后处理构造器参数设置

① 后处理单位、机床类型设置

选择“NX/后处理器 版本 8.0.0”窗口中的“选项”→“语言”→“中文(简体)”,将后处理构造器的界面设置为中文显示。选择“新建”按钮,设置后处理的单位、机床类型、控制器。单击“确定”按钮,弹出如图 6-4-6 所示的“新建后处理器”对话框。

图 6-4-6 “新建后处理器”对话框

② 后处理器参数设定

在完成“新建后处理器”对话框的设定后，弹出后处理器参数设定窗口，共有5个参数设置页：机床、程序和刀轨、N/C数据定义、输出设置、虚拟N/C控制器。

1）“机床”选项卡。

该页内容如图6-4-7所示，主要有如下参数设置：

- 输出圆形记录——选择圆弧刀轨输出形式，可以输出圆弧插补或直线插补。
- 线性轴行程限制——机床直线轴行程极限。
- 回零位置——机床回零位置。
- 线性运动分辨率——机床直线运动插补的最小分辨率。
- 移刀进给率——机床快速移动的速度定义。
- 显示机床——按此图标会显示机床结构简图。
- 默认值——单击该按钮，此页上所有参数变为上次文件保存时的设定值。
- 恢复——单击该按钮，此页上所有参数变为这次进入该界面时的设定值。

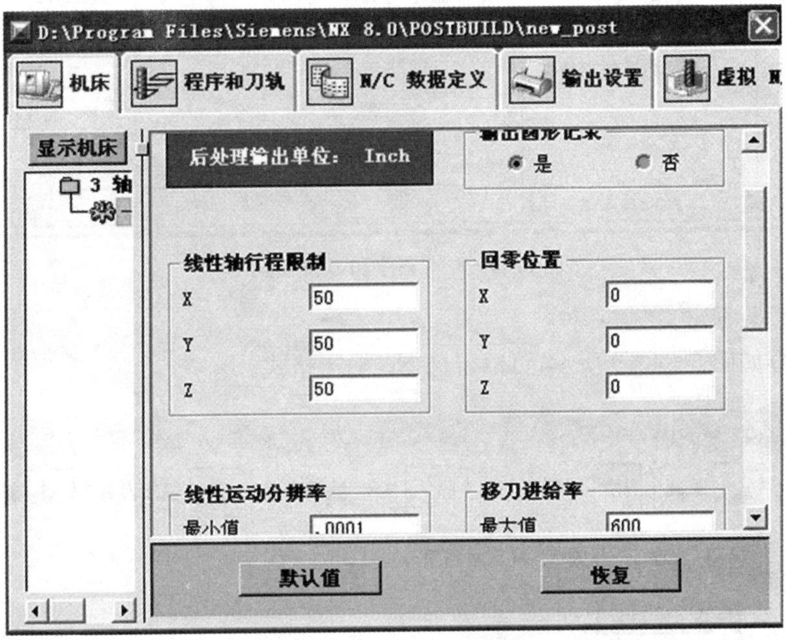

图6-4-7 “机床”选项卡

2）“程序和刀轨”选项卡。

该页内容如图6-4-8所示，该页定义、修改和用户化所有机床动作事件的处理方式。在该选项卡中包括多个子选项卡：

- “程序”子选项卡——主要定义程序起始、操作起始、刀轨事件、操作结束、程序结束处的机床运动事件和特定输出。
- “G代码”子选项卡——定义后处理中相应事件的G代码数字。
- “M代码”子选项卡——定义后处理中相应事件的M代码数字。
- “文字汇总”子选项卡——集中显示后处理中用到的字地址格式。
- “文字排序”子选项卡——定义字地址在同一行NC程序中输出的先后顺序，适用于整个后处理过程。

• “定制命令”子选项卡——建立和编辑用户化命令。这些命令是用 TCL 语言编写的，由事件处理器来执行。

• “链接的后处理”子选项卡——用于管理后处理的链接。

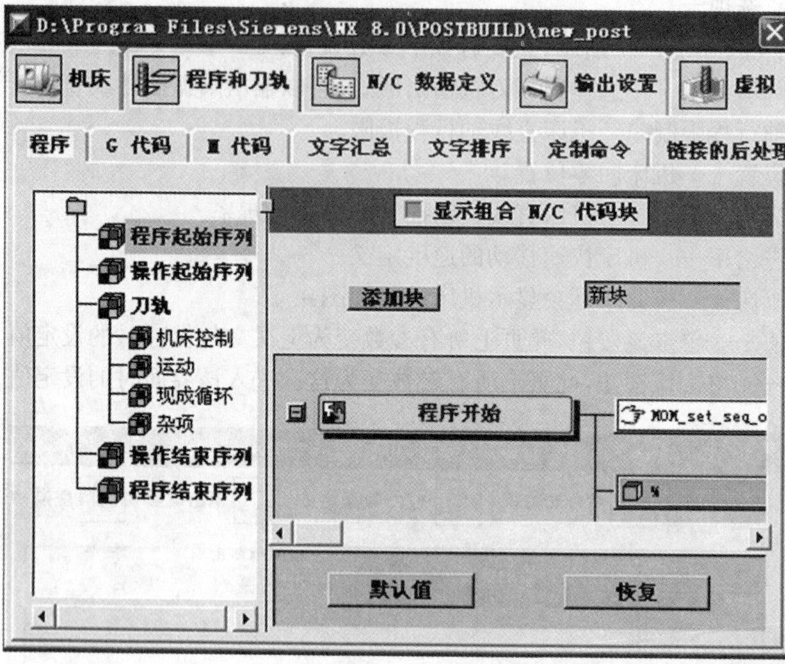

图 6-4-8 “程序和刀轨”选项卡

3)“N/C 数据定义”选项卡。

该页内容如图 6-4-9 所示，可以定义 NC 输出格式。

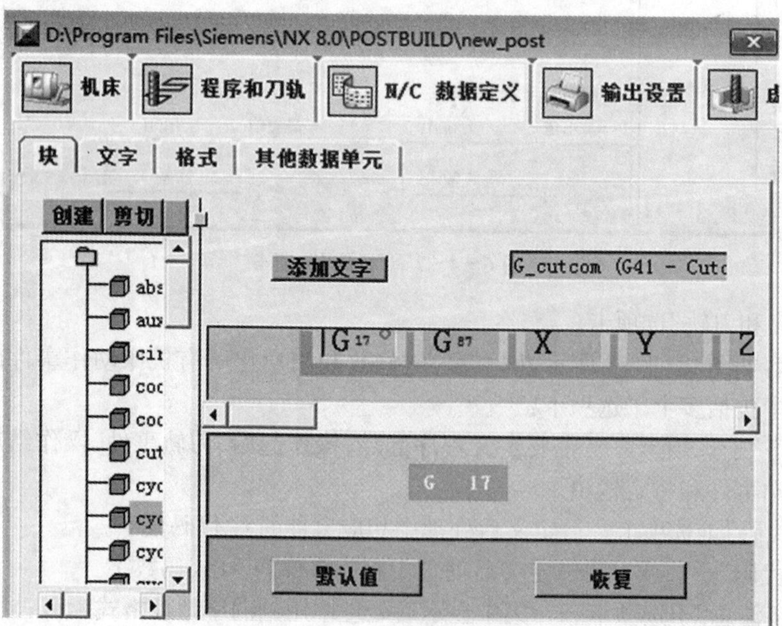

图 6-4-9 “N/C 数据定义”选项卡

• “块”子选项卡——定义每一机床指定的程序行中输出哪些字地址，以及字地址的输出顺序。行由“文字”组成，“文字”由字头加数组成。建立“块”有两种方法：一种是在“程序和刀轨”选项卡中，拖拽一空“块”到序列、事件里，或在序列、事件里编辑一个旧的“块”；一种是在“N/C 数据定义”选项卡的“块”定义里，编辑或建立行的数据。

• “文字”子选项卡——定义“文字”的输出格式。包括字头和后面的参数的格式、最大最小值、模态、前缀后缀字符。“文字”由字头加数字/文字，再加后缀组成。字头可以是任何字母，一般是一个字母如 G、M、X、Y、Z 等，后缀一般是一个空格。定义格式可以直接修改，或从格式列表里取，或在“格式”中建立一个新的格式。

• “格式”子选项卡——定义数据输出是实数、整数或字符串。数据格式定义取决于数据类型，坐标值用实数，寄存器用整数，注释和一些特殊类型用字符串。

• “其他数据”子选项卡——定义其他数据格式，如程序行序号和词间隔符、行结束符、信息始末符等一些特殊符号。

4）“输出设置”选项卡。

如图 6-4-10 所示，该页定义列表文件输出和输入的内容，输出的项目有 X、Y、Z 坐标值，第四、第五轴角度值，还有转速和进给。也可以定义打印页的长、宽和页头，以及文件后缀。

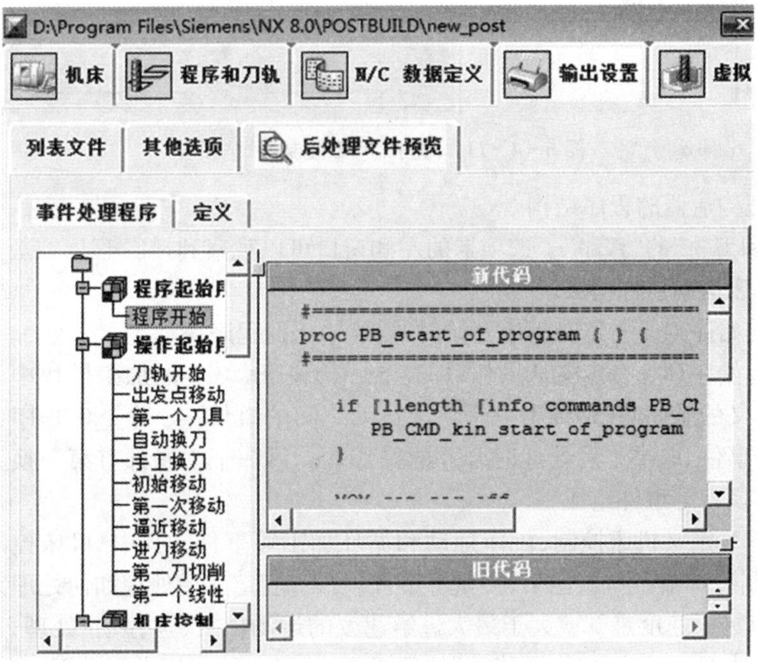

图 6-4-10 “输出设置”选项卡

该选项卡包括如下 3 个子选项卡：

• “列表文件”子选项卡——控制生成列表文件中的 X、Y、Z 坐标轴，进给速度，列表文件的后缀名等信息。

• “其他选项”子选项卡——设置后处理形成的 NC 程序后缀名、是否生成多个 NC 程序、是否激活后处理过程中的检查窗口等。

• “后处理文件预览”子选项卡——用以显示在保存后处理之前检查定义文件和事件

处理文件的改动。

5）“虚拟 N/C 控制器”选项卡。

在“虚拟 N/C 控制器”选项卡中，选择“生成虚拟 N/C 控制器(VNC)”，可建立一个机床 NC 控制器，可用于机床加工模拟和切削仿真。

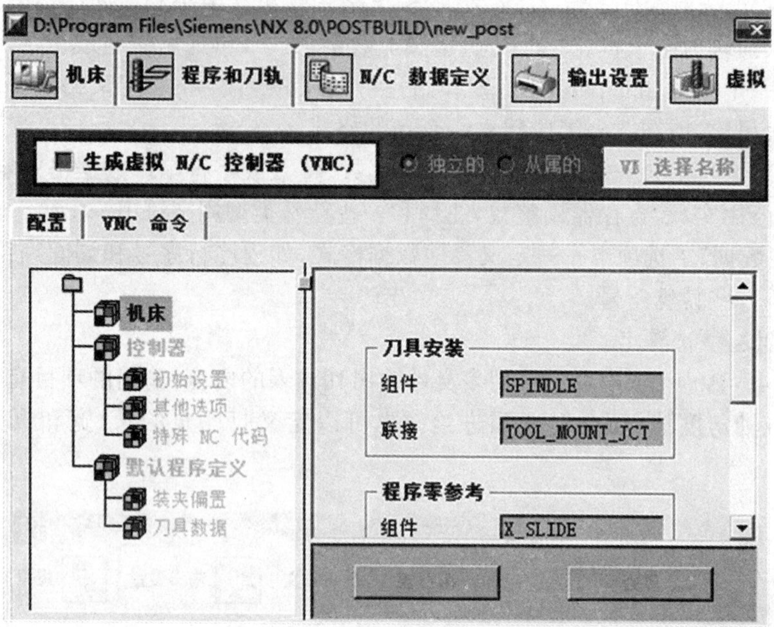

图 6-4-11 “虚拟 N/C 控制器”选项卡

③ 后处理构造器的程序结构

从“程序和刀轨”的“程序”子选项卡的左侧窗口可以观察到，NC 程序一般由 5 个大的节点及一系列机床运动事件构成。

- 程序起始序列——定义程序开始时，需要输出的程序块。
- 操作起始序列——定义从操作(即在 Siemens NX 8.0 的加工模块中，用平面铣、型腔铣等功能定义的工序)开始到第一个切削运动之间的事件。一个 NC 程序可以有一个或多个操作开始事件，取决于后处理时合并的操作数。每一个工序都有第一换刀、自动换刀、人工换刀或不换刀等事件组成。
- 刀轨——定义机床控制、机床运动和循环加工等事件。其中“机床控制”包括换刀、长度补偿、控制冷却液、主轴、尾架、夹紧等事件。“运动”定义后处理如何处理刀轨中的 GOTO 语句，所有进给速度是 0 或大于最大进给速度的运动由“快速移动”处理；速度不为 0 或小于最大进给速度的运动由“线性移动”处理切削、进刀、第一刀、步距进刀、侧刃进刀等；“圆周移动”处理圆弧插补的刀轨。
- 现成循环——定义所有孔加工循环的输出。
- 操作结束序列——定义从最后的退刀运动到操作尾之间的所有事件，包括返回机床原点、主轴停、冷却液停等。如果每个操作尾都是相同的语句，就可以在操作尾中定义。
- 程序结束序列——定义从最后一个操作结尾到程序结束过程中的事件。

任务分析与计划

针对 SKDX70100 雕铣机，使用 Siemens NX 8.0 创建后处理器任务分析和方案制定如下。

1. 任务分析

根据 SKY2006NA 操作手册，SKY2006 数控系统的 G 代码符合标准 JB 3208—83 的规定，并有如下要求：

(1) 程序结尾由指令 M02 构成，不能采用 M30；不需换刀指令；增加“M03 S”、“M08”、“G54”三个标准程序块。

(2) G17、G40、G49、G50、G90、G98 指令为开机后数控系统默认的 G 代码功能，不需要在用户程序中加入。

2. 方案制定

(1) 新建 3 轴铣床，设置参数，建立机床行程范围。

(2) 编辑 “程序起始序列”参数。

① 增加“M03 S”、“M08”、“G54”三个标准程序块。

② 增加提示信息：This NC is for SKY2006NA Controller。

(3) 编辑“操作起始序列”参数，设置如下参数：

① 去除“G91 G28 Z0”。

② 去除预选刀“T06”、“T”等程序行。

(4) 编辑“运动”参数，参数修改内容如下：

修改标准程序块“线性移动”内容“G41 G17 G01 G90 X Y Z F S D01 M03 M08”为“G01 X Y Z F”。

修改标准程序块“圆周移动”内容 “G41 G02 G90 X Y Z I J K F S”为“G02 X Y Z I J K F S”。

修改标准程序块“快速移动”内容“ G00 G90 rap1 rap2 M03 S G43 G00 G90 rap3 H01”为“G00 rap1 rap2 G0 rap3”。

(5) 编辑字地址的格式与输出顺序。

① 修改 F 字地址的整数位数：5，小数位数：2。

② 调整 G 字地址输出顺序：G90 G40 G17 G94。

(6) 使用所创建的 SKDX70100 后处理器完成夹具体平面铣操作的后处理。

任务实施

1. 新建 3 轴铣床

选择菜单“加工”→“后处理构造器”，弹出 “NX/后处理器 版本 8.0.0”窗口，选择“新建”按钮，弹出如图 6-4-12 所示的“新建后处理器”对话框，设置如下参数：

- 后处理名称：SKDX70100。
- 描述：This NC is for SKY2006NA Controller。
- 后处理输出单位：毫米。
- 机床：铣、3 轴。

• 控制器 r：一般。

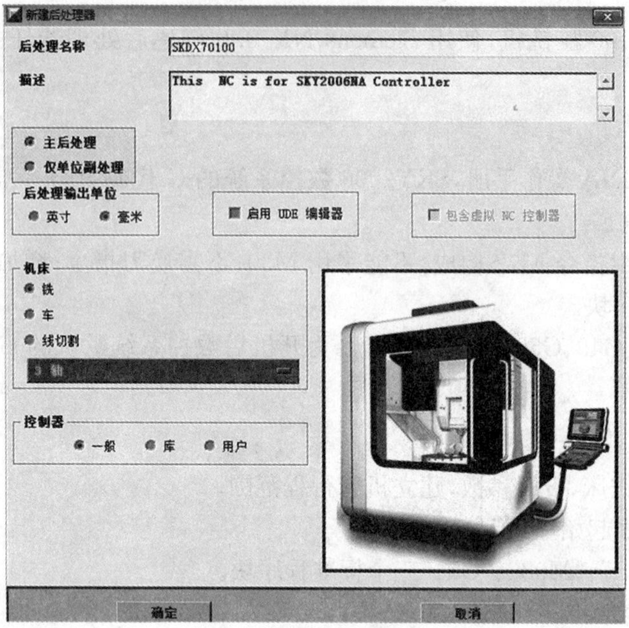

图 6-4-12 “新建后处理器”对话框

单击“确定”按钮后，进入后处理参数设置窗口，默认“机床”选项卡被选中，做如下设置：

① 建立机床行程范围。在“线性轴行程限制”中输入 X：700；Y：1000。

② 移刀进给率。选择移刀进给率最大值：16000。

2. 编辑“程序起始序列”参数

(1) 增加“M03 S”、“M08”、“G54”三个标准程序。

在“程序和刀轨”选项卡中，选择如图 6-4-13 所示窗口左侧的“程序”→“程序起始序列”，从窗口右侧的“添加块”中选择按钮，从弹出的菜单中选择“S M03－(Spindle rpm)”，

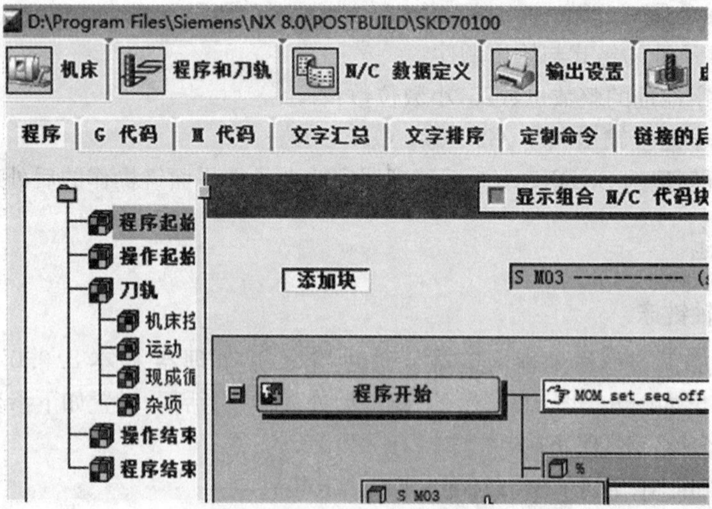

图 6-4-13 添加块“S M03”

拖动“添加块”至右下方标准程序行“%”下方，则“程序开始”中出现“S M03”。在“程序和刀轨”选项卡中选择“文字排序”，在文字的顺序列表中，如图 6-4-14 所示，将“S”拖至“M03”后，重新选择“程序”选项卡，则标记“程序开始”中 “S M03”变为“M03 S”标准程序行。

图 6-4-14　调整文字顺序

在“N/C 数据定义”中选择“块”，从“块”结构树中选择“coordinate_system”，单击鼠标右键，选择“创建”菜单，生成“coordinate_system_1”，修改为如图 6-4-15 所示的“coolant_on”，将右侧对应的 G92 拖至垃圾桶，从右上侧的“块”中选择按钮，从弹出的菜单中选择“M08 - Coolant on”，拖动“添加文字”至右下方，出现“M08”。在“程序和刀轨”中加入“M08”标准程序行。

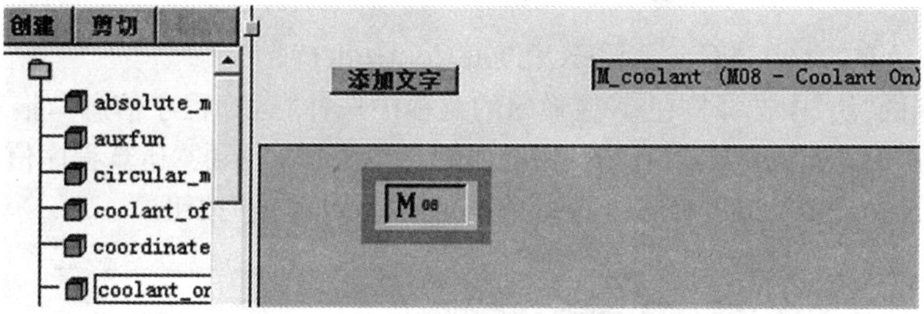

图 6-4-15　创建标准程序行 M08

在右上侧的“块”中选择按钮，在弹出的菜单中选择“新块”，拖动“添加新块”至 M08 下，弹出如图 6-4-16 所示对话框，在“块”中选择按钮，在弹出的菜单中选择“文本”，拖动“添加文字”至 M08 下，单击新增加的文字，弹出如图 6-4-17 所示的“文本 条目”对话框，输入文本：G54，单击两次“确定”按钮，完成后块定义如图 6-4-18 所示。

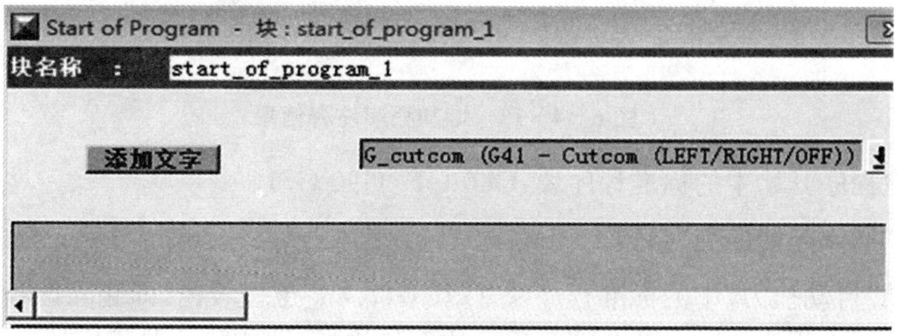

图 6-4-16　块定义对话框

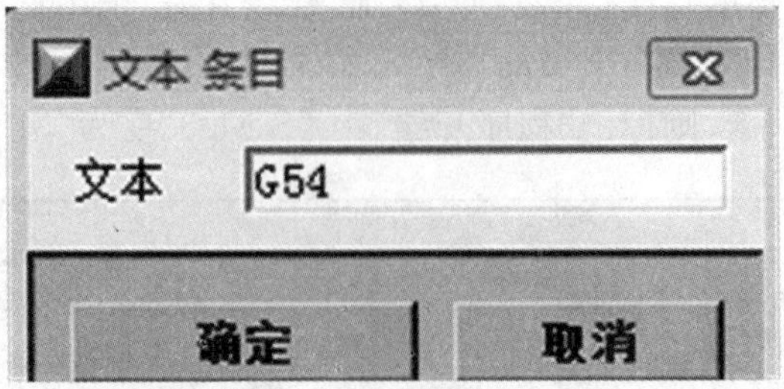

图 6-4-17　“文本 条目”对话框

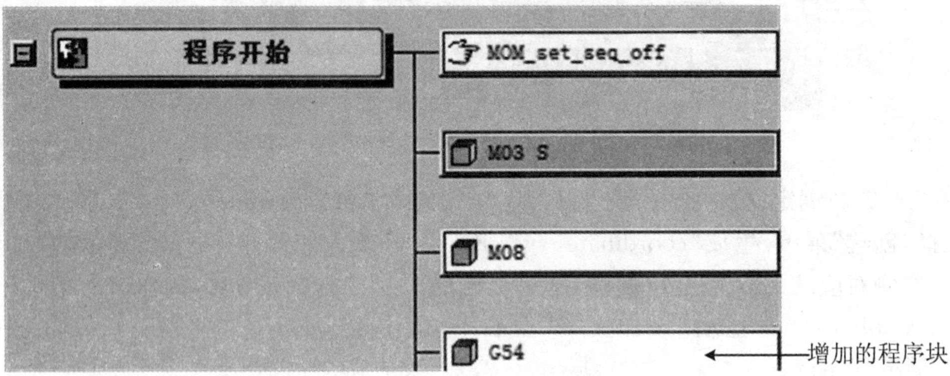

图 6-4-18　完成后的 G54 程序块

（2）增加信息“ This NC is for SKY2006 Controller”。

从右上侧的“块”中选择按钮，在弹出的菜单中选择“运算程序信息”，拖动“添加块”到“程序开始”→“MOM_set_seq_off”下，弹出如图 6-4-19 所示的“运算程序信息”对话框，输入：This NC is for SKY2006 Controller，单击对话框中“确定”按钮。

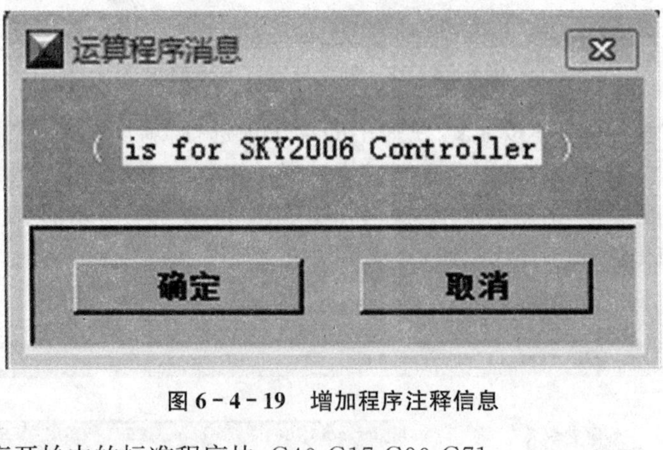

图 6-4-19　增加程序注释信息

（3）删除程序开始中的标准程序块：G40 G17 G90 G71。

3. 编辑“操作起始序列”参数

（1）拖动“自动换刀”中的标准程序块“G91 G28 Z0”至垃圾桶，即删除该程序块。

（2）拖动标准程序块“T06”、“T”等程序块至垃圾桶，即删除这些程序块。

4. 编辑“运动”参数

选择“程序”→“刀轨”→“运动”，对参数做如下修改：

(1) 单击标准程序块“线性移动”，修改“G41 G17 G01 G90 X Y Z F S D01 M03 M08”为“G1 X Y Z F”。

(2) 单击标准程序块“圆周运动”，修改“G17 G02 G90 X Y Z I J K F S”为“G02 X Y Z I J K F S”。

(3) 单击标准程序块“快速移动”，修改“G00 G90 rap1 rap2 M03 S G43 G00 G90 rap3 H01”为“G00 rap1 rap2 G0 rap3”。

5. 编辑字地址的格式与输出顺序

(1) 调整F字地址格式定义。

选择“程序和刀轨”→“文字汇总”，如图6-4-20所示，将“F”的整数位数“7”修改为“5”，其余参数保持不变。如图6-4-21所示，选择“N/C数据定义”→“格式”，则Feed的格式随之发生相应变化。

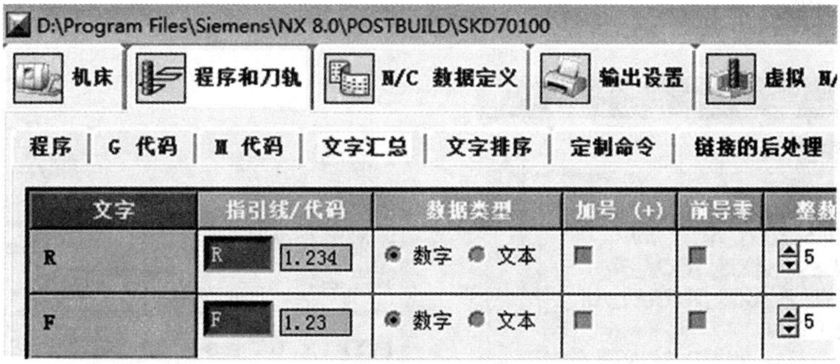

图6-4-20 F字地址

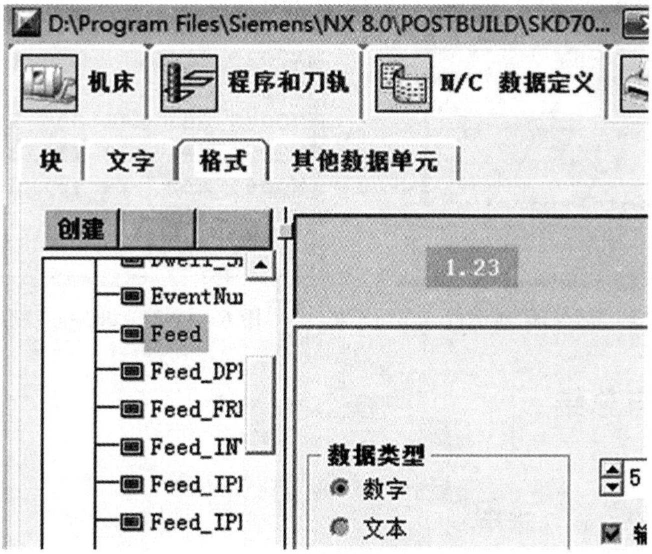

图6-4-21 F字地址格式

(2) 调整 G 代码输出顺序:G90G40G17G94。

选择“程序和刀轨”→“文字排序”,如图 6-4-22 所示,拖动 G90 到第一位置,按相同方法调整其他 G 代码输出顺序为 G90G40G17G94。单击“G94”,使其从蓝色变为红色。

单击“NX/后处理构造器 版本 8.0.0”对话框中的“保存”按钮,退出后处理构造器。

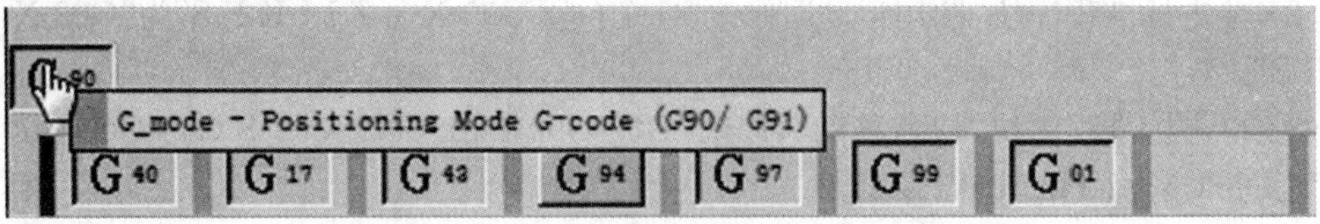

图 6-4-22　G 代码顺序

7. 使用所创建的 SKDX70100 后处理器完成夹具体平面铣操作的后处理

在 Siemens NX 8.0 中,打开 jiajuti.prt,进入加工环境,选择工序“PLANAR_MILL_A_FINISH”,从工具栏中选择“后处理”按钮,弹出如图 6-4-23 所示的“后处理”对话框,选择创建好的后处理器:SKDX70100,使用默认的 NC 输出程序名称,单击“确定”,弹出如图 6-4-24 所示的“信息”对话框,显示后处理后的 NC 程序。

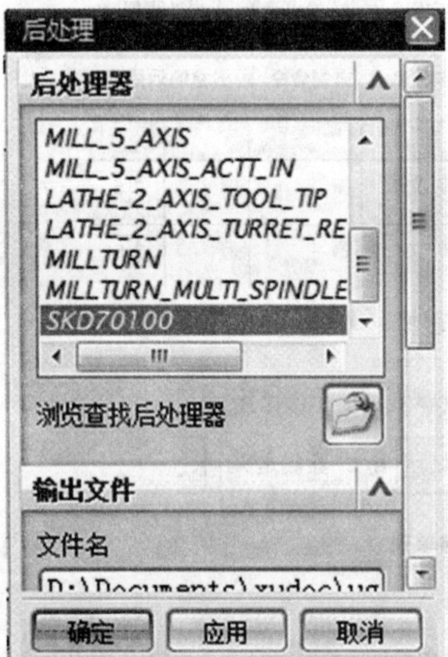

图 6-4-23　“后处理”对话框

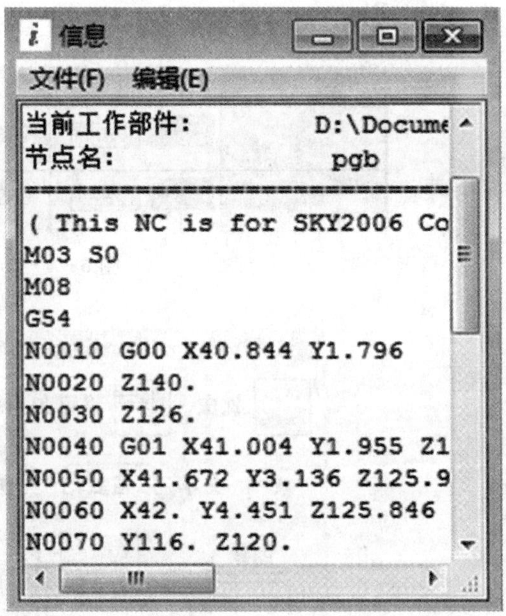

图 6-4-24　NC 程序“信息”对话框

任务评价与总结

一、任务评价

任务评价按表 6-4-1 进行。

表 6-4-1　任务评价表

评价项目	配分	得分
一、成果评价：60%		
SKDX70100 后处理器中"程序起始序列"、"操作起始序列"、"刀轨"中参数定义的正确性	30	
使用 SKDX70100 后处理器对夹具体零件的加工工序"PLANAR_MILL_A_FINISH"进行后处理的正确性	30	
二、学生自我评价与团队成员互评：15%		
学习活动的目的性	3	
是否独立寻求解决问题的方法	6	
团队合作氛围	3	
个人在团队中的作用	3	
三、教师评价：25%		
工作态度是否端正	10	
工作量是否饱满	3	
工作难度是否适当	2	
学生对于学习任务的明确和相关信息的收集与理解、工作任务方案制定的合理性	5	
自主学习	5	
总分		

二、任务总结

(1) Siemens NX 后处理构造器生成的文件如下：

① *.pui —— 存储后处理构造器中的参数设定。

② *.tcl ——用来定义输出格式。

③ *.def ——用来处理机床动作事件。

"*.tcl"和".def"两个文件即构成了 Siemens NX 中用来处理符合指定机床控制系统的刀轨的后处理文件(也称为后处理器)。

(2) Siemens NX 后处理构造器将 NC 程序后处理分成 5 个序列，每个序列由一系列程序块和机床事件组成。

任务拓展

一、相关知识与技能

1. Siemens NX CAM 后处理器工作机制

加工输出管理器(MOM，Manufacturing Output Manager)，是 Siemens NX 后处理构造器提供的一种事件驱动工具，Siemens NX CAM 模块的输出均由它来管理，其作用是将存储在 Siemens NX CAM 的内部刀轨数据加载给事件处理器(Event Handler)和定义文件(Definition File)。除 MOM 外,后处理器主要由事件生成器、事件处理器、定义文件和输出文件等四个元素组成。启动后处理器来处理 Siemens NX 内部刀轨,其工作过程如图 6 - 4 - 25 所示,事件生成器从头至尾扫描整个 Siemens NX 刀具轨迹数据,提取出每一个事件及其相关参数信息,并把它们传递给 MOM 去处理;然后,MOM 传送每一事件及其相关参数给用户预先开发好的事件处理器,并由事件处理器根据本身的内容来决定对每一事件如何进行处理;接着事件处理器返回数据给 MOM 作为其输出,MOM 读取定义文件的内容来决定输出数据如何进行格式化;最后,MOM 把格式化好的输出数据写入指定的输出文件中。

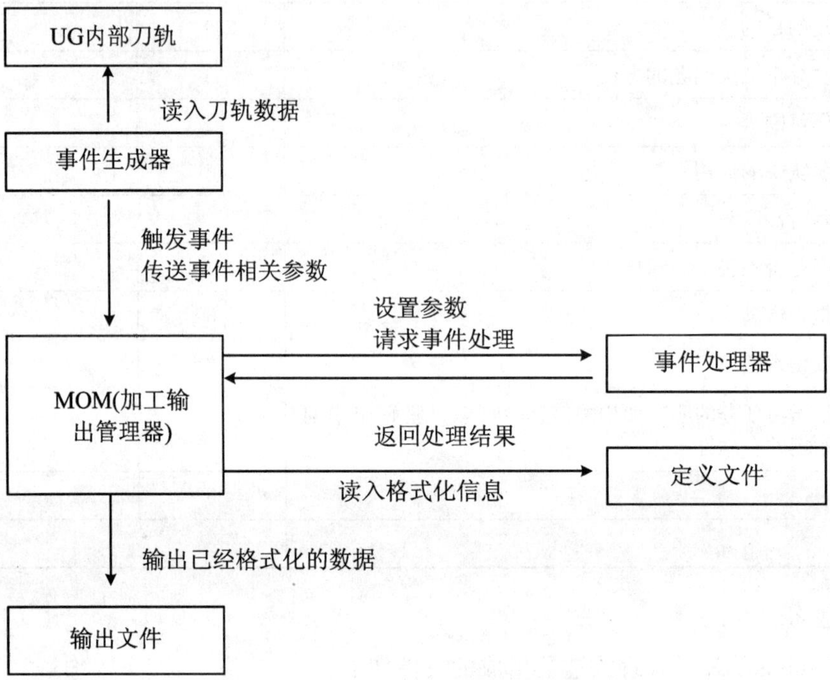

图 6 - 4 - 25　后处理器工作过程

2. “输出设置”

“输出设置”可以控制列表文件是否输出和输入内容,输出的项目有 X、Y、Z 坐标值,第四、第五轴角度值,还有转速和进给。也可以定义打印页的长、宽和页头,以及文件后缀。

“其他选项”包括如下内容:

(1) 输出控制单元——“生成组输出”确定生成几个 NC 程序。如后处理时选择了多个程序组(在 Siemens NX CAM 中),将生成多个 NC 程序,一个程序包含一个组,程序名是文件名加组名。例如文件名是“1234”,组名是“finish_mill”,那么包含这个组的 NC 程序名是“1234_finish_mill. ptp”。当不选择该参数时,所有被选的操作处理成一个文件,文件名是“1234. ptp”。

(2) 激活审核工具——在后处理中,后处理器会激活如图 6 - 4 - 26 所示的“NX Post Debug Lister”对话框,显示 3 个信息窗口。最左面的窗口显示所有处理过的事件,每一事件都有一个序号,选择一个事件,则这一事件的处理程序会显示在右边的窗口里。中间的窗口按字母顺序显示与事件关联的变量和字地址。右边的窗口显示输出的 NC 语句。

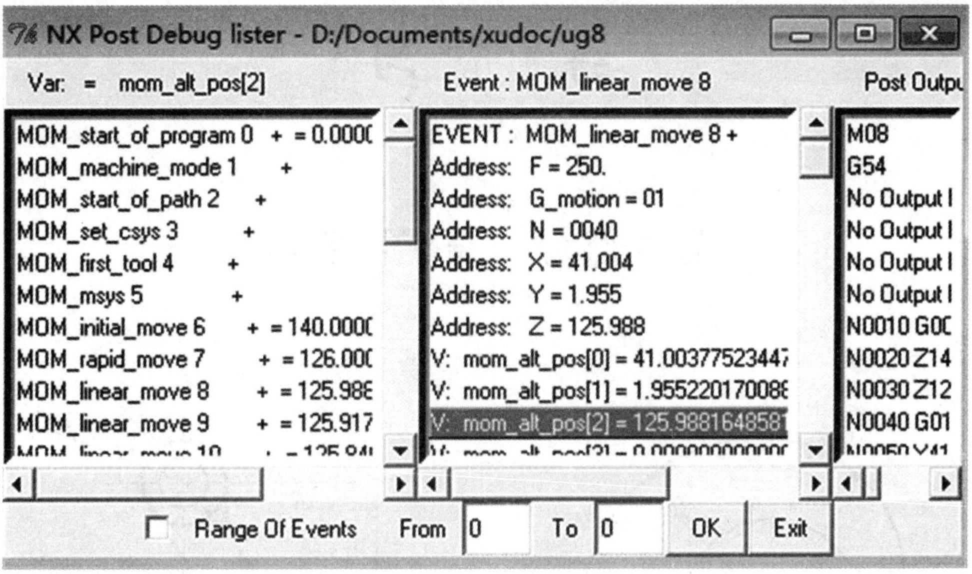

图 6-4-26 “NX Post Debug Lister”对话框

二、练习与提高

练习与提高内容如表 6-4-2 所示。

表 6-4-2

名称	汉川 XK714D 后处理	难度	中
内容：对如图所示的汉川 XK714D 做后处理。 (1) 机床工作行程。 工作台尺寸(mm)：900×400； 工作台左右行程(X 向)(mm)：630； 工作台前后行程(Y 向)(mm)：400； 主轴上下行程(Z 向)(mm)：500。 (2) 数控系统：华中数控 H21。 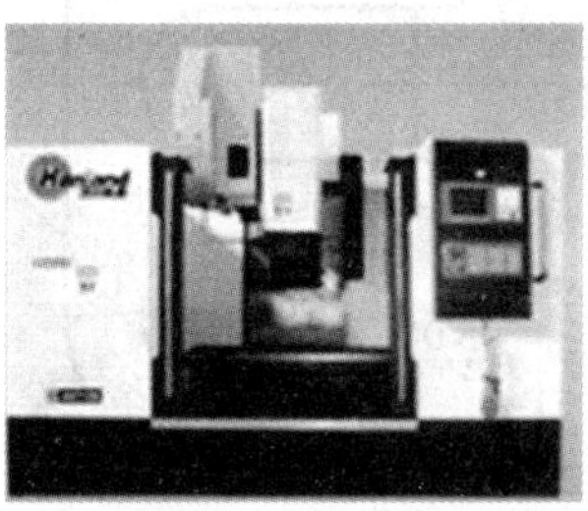		要求： (1) 根据机床参数在后处理器中定义工作行程； (2) 根据华中数控 H21 系统说明书定义程序起始序列、操作起始序列、刀轨、操作结束序列、程序结束序列等参数； (3) 用所定义的后处理器完成检具本体零件加工中的型腔铣操作后处理。	

练　习

第 1 部分　草 图 练 习

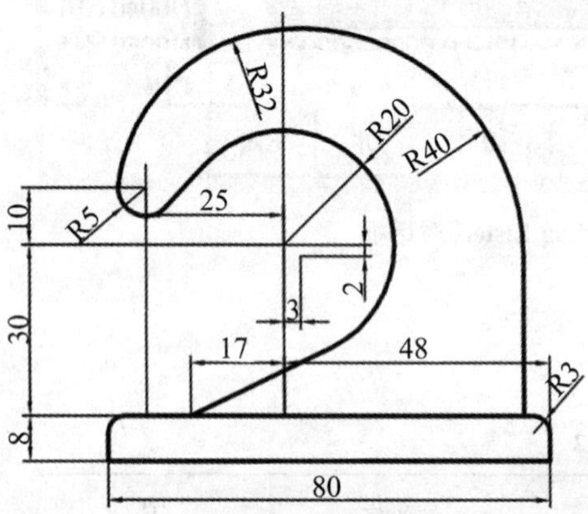

草图练习题 1

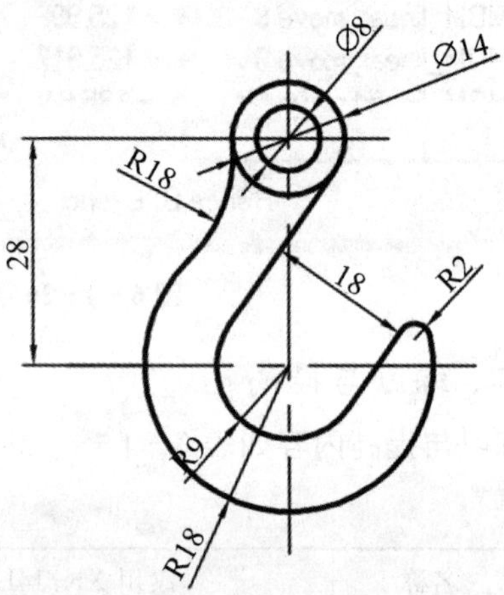

草图练习题 2

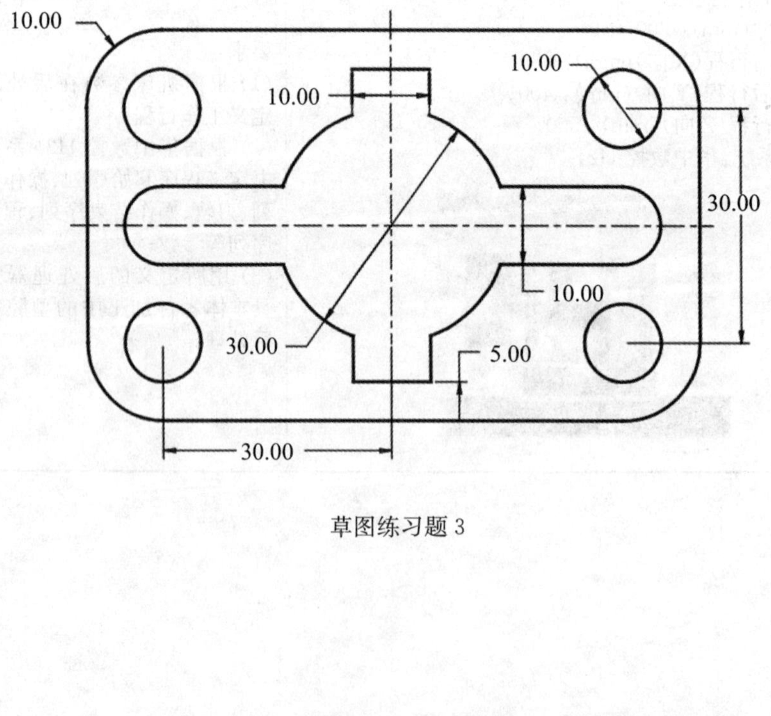

草图练习题 3

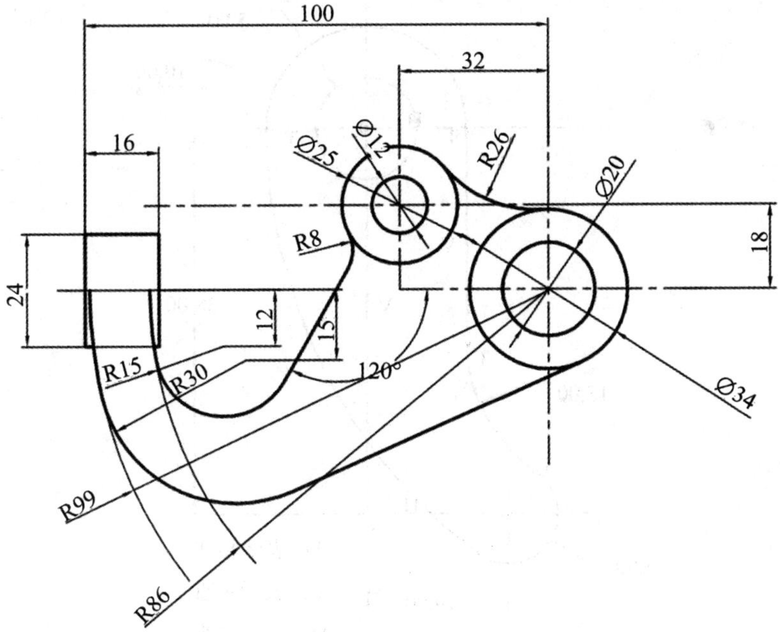

草图练习题 4

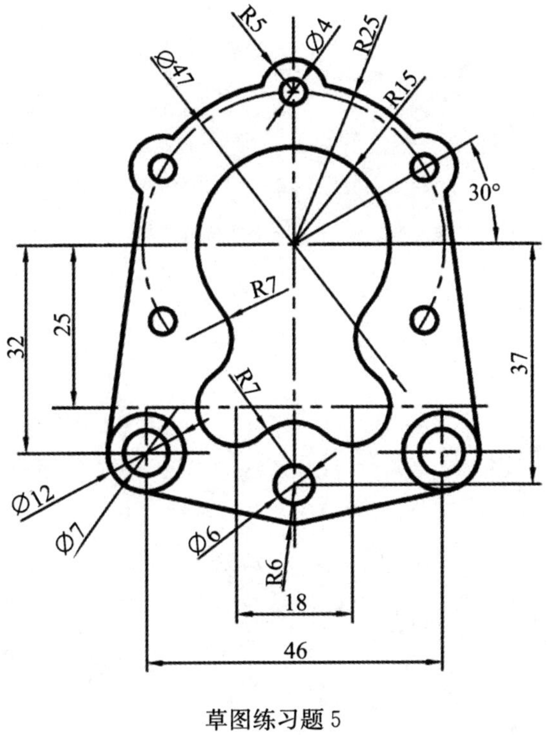

草图练习题 5

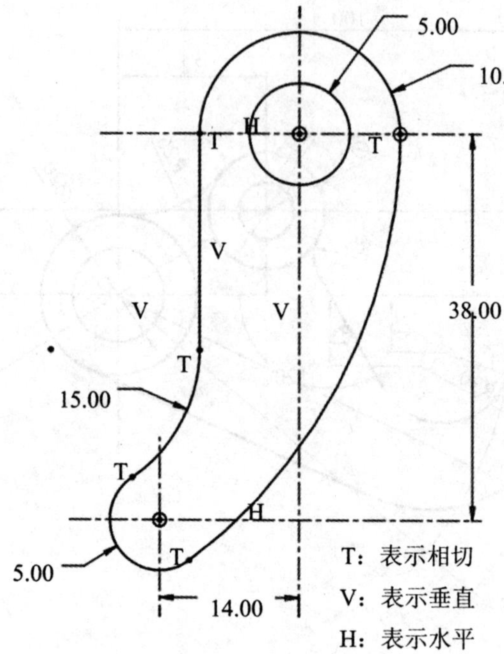

草图练习题 6

第 2 部分　三维建模练习

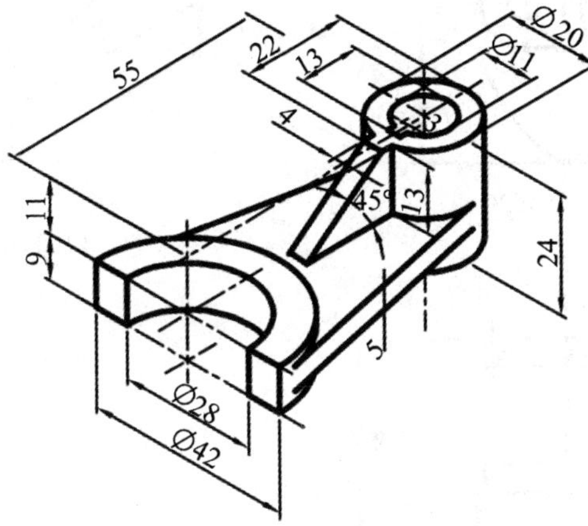

三维建模练习题 1

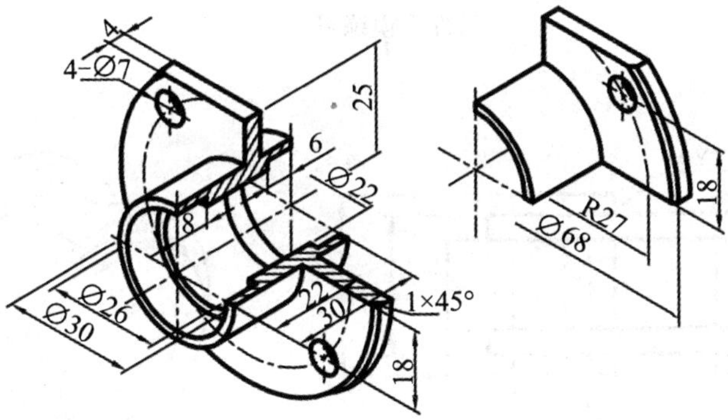

三维建模练习题 2

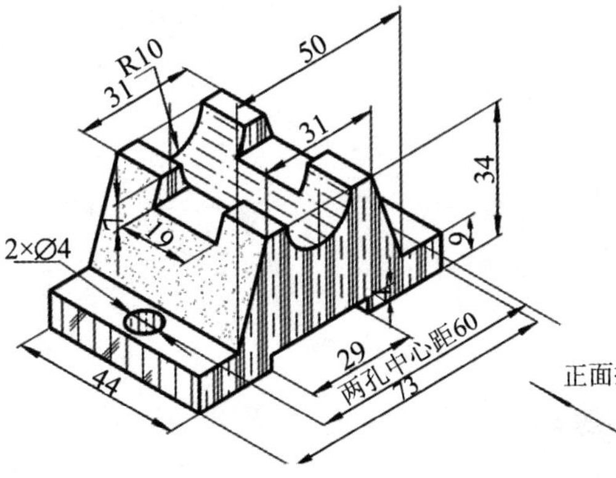

三维建模练习题 3

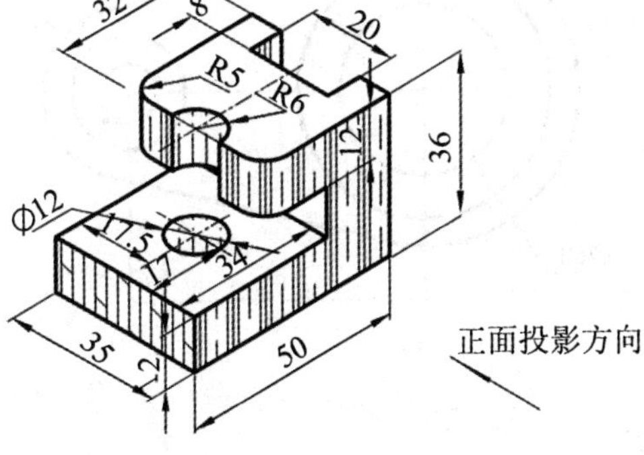

三维建模练习题 4

练习

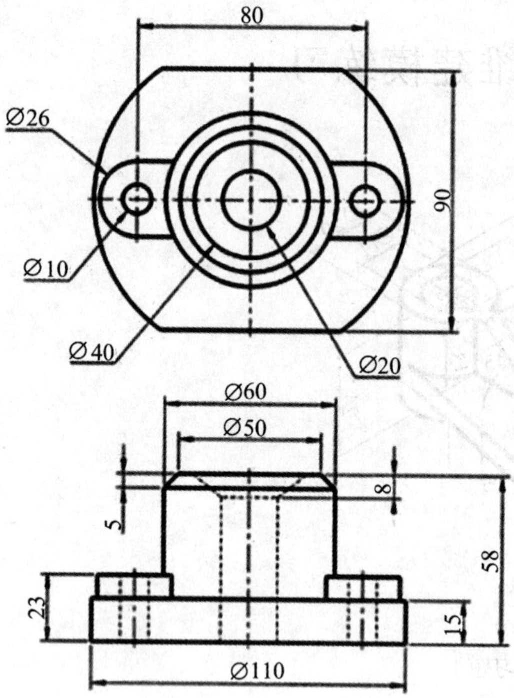

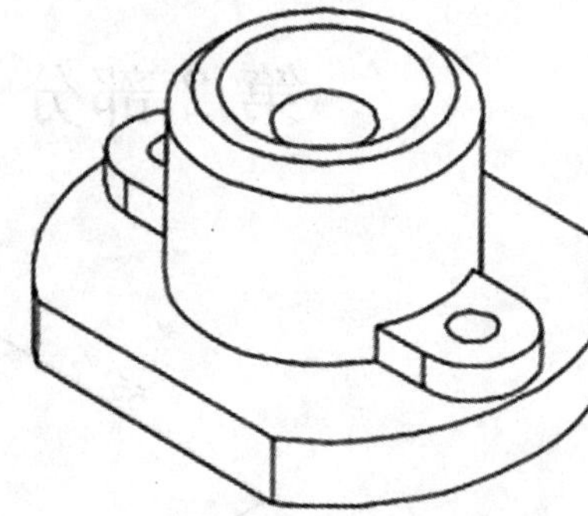

说明:第三视角投影

三维建模练习题 5

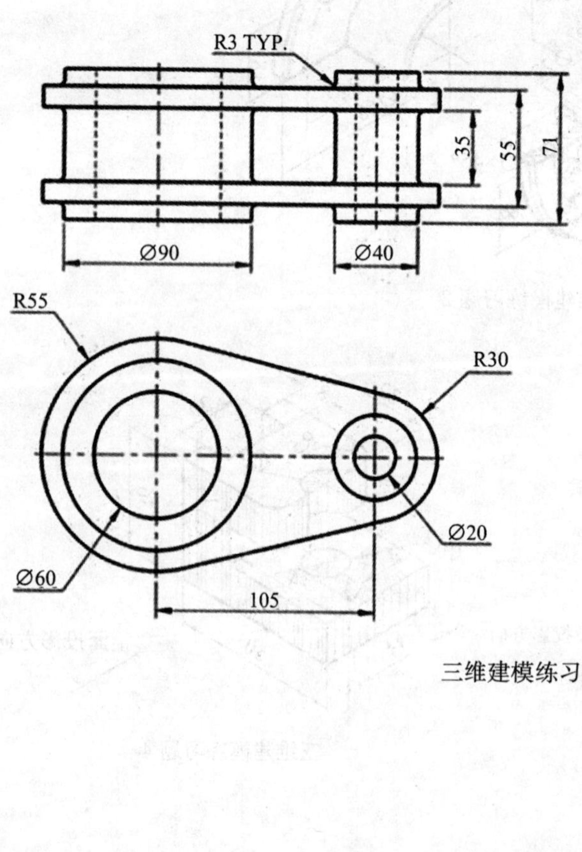

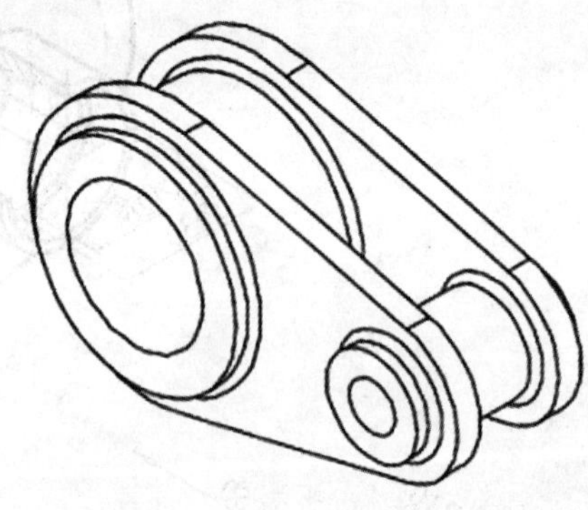

三维建模练习题 6

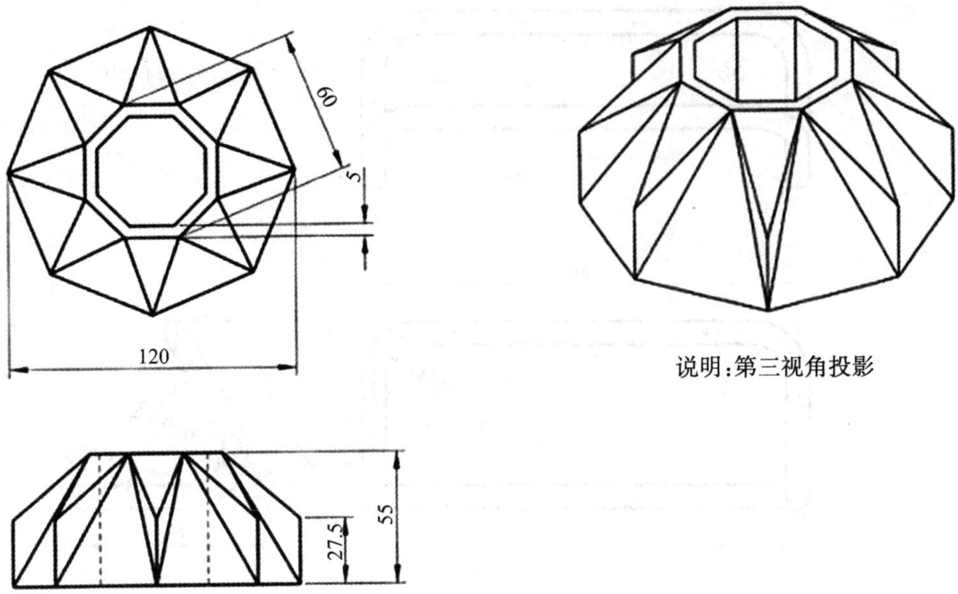

三维建模练习题 7

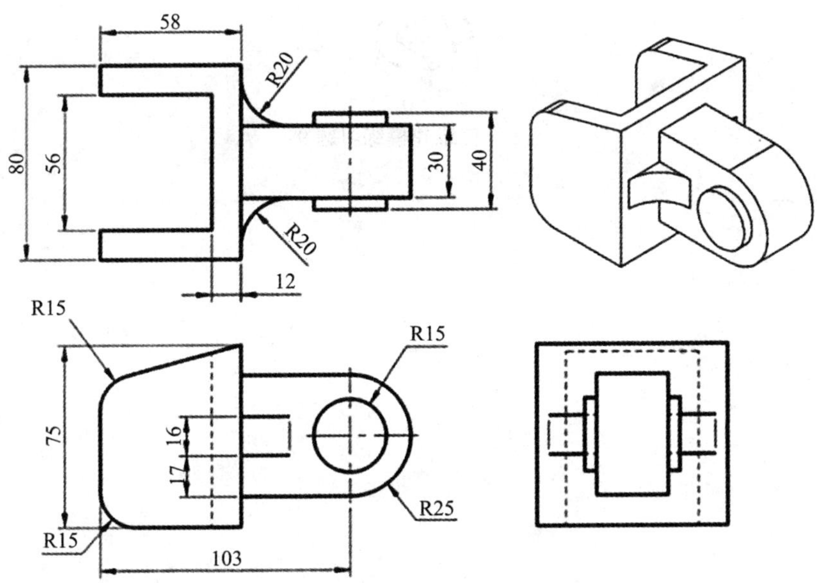

三维建模练习题 8

练
习

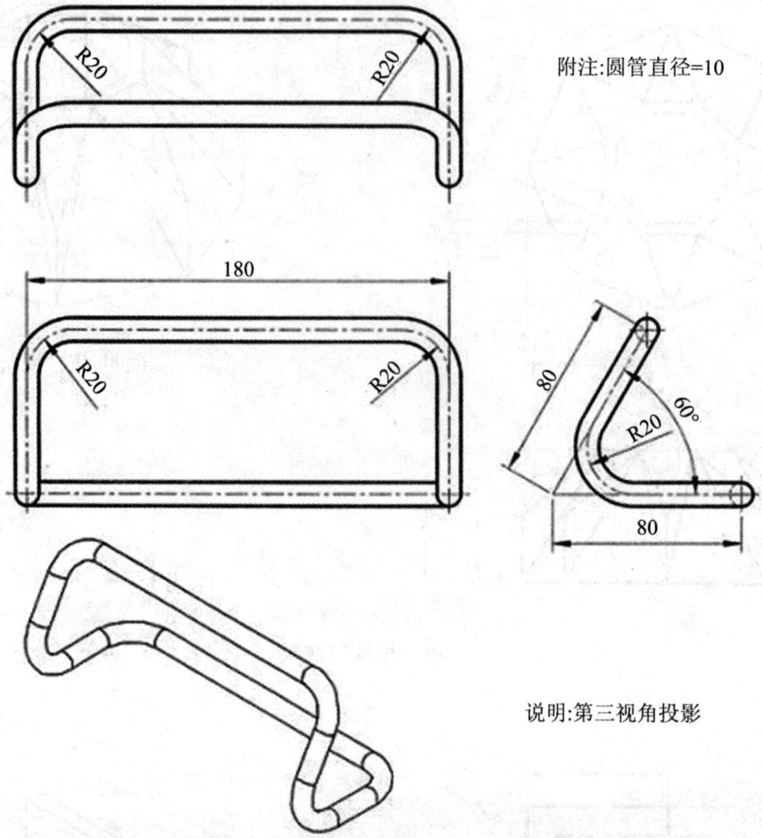

附注:圆管直径=10

说明:第三视角投影

三维建模练习题 9

参 考 文 献

[1] Siemens NX 8.0 帮助文档[R].

[2] 奇瑞汽车有限公司企业标准:冲压件检具技术标准 Q/SQR Q/SQR.06.008—2005[S].

[3] 薛源顺.机床夹具设计[M].北京:机械工业出版社,2007.

[4] 孟宪栋.机床夹具图册[M].北京:机械工业出版社,1992.

[5] 张磊.UG NX 6 后处理技术培训教程[M].北京:清华大学出版社,2009.

[6] 谢国明.UG CAM 实用教程[M].北京:清华大学出版社,2009.

[7] 储军.车身小型冲压件检具设计的一般方法和步骤[J].工具技术,2003(6).

[8] 朱正德.汽车覆盖件检具的原理及应用[J].工具技术,2000(1).

[9] 李立军.基于 UG NX 6.0/Post 三轴数控铣床后处理[J].机床与液压,2013(8).

[10] 谢海东.基于 UGCAM 华中数控系统后处理器研究[J].现代机械,2014(4).